中国科协学科发展预测与技术路线图系列报告

中国科学技术协会　主编

纺织科学技术学科路线图

中国纺织工程学会◎编著

中国科学技术出版社

·北　京·

图书在版编目（CIP）数据

纺织科学技术学科路线图 / 中国科学技术协会主编；中国纺织工程学会编著 . -- 北京：中国科学技术出版社，2021.6

（中国科协学科发展预测与技术路线图系列报告）

ISBN 978-7-5046-9027-2

Ⅰ. ①纺… Ⅱ. ①中… ②中… Ⅲ. ①纺织工艺—学科发展—研究报告—中国 Ⅳ. ① TS1

中国版本图书馆 CIP 数据核字（2021）第 068963 号

策划编辑	秦德继　许　慧
责任编辑	高立波
装帧设计	中文天地
责任校对	吕传新
责任印制	李晓霖

出　　版	中国科学技术出版社
发　　行	中国科学技术出版社有限公司发行部
地　　址	北京市海淀区中关村南大街 16 号
邮　　编	100081
发行电话	010-62173865
传　　真	010-62173081
网　　址	http://www.cspbooks.com.cn

开　　本	787mm × 1092mm　1/16
字　　数	460 千字
印　　张	23.25
版　　次	2021 年 6 月第 1 版
印　　次	2021 年 6 月第 1 次印刷
印　　刷	河北鑫兆源印刷有限公司
书　　号	ISBN 978-7-5046-9027-2 / TS · 100
定　　价	125.00 元

本书编委会

撰写单位

第 1 章　江南大学、中国纺织工业联合会、中国纺织工程学会

第 2 章　天津工业大学、中国化纤工业协会、中国纺织工程学会

第 3 章　江南大学

第 4 章　浙江理工大学、江南大学

第 5 章　江南大学

第 6 章　苏州大学、东华大学、江南大学

第 7 章　东华大学、江南大学

第 8 章　苏州大学、东华大学、江南大学、无锡工艺职业技术学院

第 9 章　东华大学

第 10 章　江南大学、中国纺织工程学会

前　言

纺织科学技术包括纤维、纱线、织物及其复合物的形态、结构、性能的基础理论以及相应的加工成形与改性修饰技术。随着材料科学与工程、生物工程、环境科学与工程等诸多学科的发展和渗透，纺织科学技术学科的内涵已大大改变。当前，纺织产业已不仅仅服务于人们所熟知的衣着服装、家纺用品领域，已经渗透到工业、农牧渔业、土木工程、建筑、交通运输、医疗卫生、文体休闲、环境保护、新能源、航空航天等众多领域。我国纺织行业的科技创新已经从“跟跑”进入“跟跑、并跑、领跑”并存的阶段，是建设社会主义现代化强国、实现全面建成小康社会、推进创新发展、推动人类命运共同体建设和区域经济发展的重要支撑力量，在服务国家战略大局和满足人民对美好生活需求中继续发挥着重要作用。

通过预测纺织科学技术学科发展趋势，明确纺织科学技术学科发展方向，确立重点研究领域，为本学科尽早谋划学科布局、加强组织协同创新、抢占科技发展制高点提出建议，在中国科学技术协会的组织领导下，中国纺织工程学会承担了“纺织科学技术学科发展预测与技术路线图”的研究及其报告的编撰工作，组织了以中国工程院院士俞建勇教授和江南大学高卫东教授为首席科学家的专家撰写组。下设 8 个专题小组，在文献研究、实地调研的基础上，多次召开专家会议进行研讨和修改，并征求行业内专家的意见，最终形成本书。

本书包括我国纺织科学技术学科现状与发展重点，纤维材料、纺纱工程、机织工程、针织工程、染整工程、非织造材料与工程、服装设计与工程、产业用纺织品工程 8 个领域科技发展趋势以及纺织科技创新政策与措施建议共 10 章内容。在研究总结纺织科学技术学科发展态势和规律的基础上，预测纺织科学技术学科发展趋势，提出纺织科学技术学科发展方向和技术路线图。

本书的编撰得到了行业主管部门领导、行业专家的大力支持！在此，谨向所有参与研究、编写、修改和提出宝贵意见的各位专家和领导表示诚挚的感谢！

由于时间仓促，加之研究内容广泛，本书难免存在一些疏漏，敬请广大读者批评指正，以便我们在后续修订中进一步完善。

中国纺织工程学会

2020 年 7 月

目　录

第1章　我国纺织科学技术学科现状与发展重点

纺织科学技术是纺织产业发展的巨大动力。纺织科学技术包括纤维、纱线、织物及其复合物的形态、结构、性能的基础理论以及相应的加工成形与改性修饰技术。当前纺织产业已不仅仅服务于人们所熟知的衣着服装、家纺用品领域，而且已经渗透到工业、农牧渔业、土木工程、建筑、交通运输、医疗卫生、文体休闲、环境保护、新能源、航空航天等众多领域。

纺织行业为劳动密集型行业，同时也是成本敏感型行业。伴随我国劳动力成本变化、国际贸易协定引起的成本变化以及各国经济发展政策调整，全球纺织行业经历了由欧美向亚洲转移以及在亚洲内部转移的过程。当前，全球纺织产业呈现出制造业地区转移，技术创新不断加速，信息化应用日益普及，纺织品服装贸易竞争激烈，纺织品品质档次提升等趋势。我国纺织行业自改革开放以来，经历了一个高速发展期，以科技创新为动力，自主创新能力不断增强，突破了一系列重大关键技术和共性技术，大大提高了技术装备水平和产品开发能力，实现了跨越式发展，呈现出明显的国际比较优势，进入了世界纺织强国行列。

1.1　纺织科学技术发展历程

纺织科学技术是世界各族人民在长期的纺织生产中创造性劳动和经验积累的产物。纵观纺织科技的发展历程，纺织技术在历史上经历了两次重大的飞跃。第一次飞跃约在公元前500年开始于我国，是手工纺织机器的全面形成阶段，经历10多个世纪的发展逐渐普及到世界各地；第二次飞跃在18世纪下半叶发生于欧洲，在完善的工作机构发明后开始了近代工厂体系的形成，这一时期纺织技术的发展历程可以分为以下三个阶段。

1.1.1　第一次工业革命背景下的纺织科技发展

第一次工业革命是指18世纪60年代至19世纪中期，通过水力和蒸汽机实现的工厂机械化阶段。这次工业革命的结果是机械生产代替了手工劳动，经济社会从以农业、手工业为基础转型到了以工业以及机械制造带动经济发展的模式。

在这期间，涌现了一系列纺织技术发明。1733 年，机械师凯伊发明了“飞梭”，大大提高了织布的速度，以致纺纱顿时供不应求。1765 年，哈格里夫斯发明了“珍妮纺纱机”，首先在棉纺织业引发了技术革新的连锁反应，揭开了工业革命的序幕。“珍妮纺纱机”是最早的多锭手工纺纱机，装有 8 个锭子，以罗拉喂入纤维条，适用于棉、毛、麻纤维纺纱。到了 1784 年，“珍妮纺纱机”已增加到 80 个纱锭。

随着机器生产越来越多，原有的动力已经无法满足工业需求。在手工纺织机器工作部件的一系列改进之后，使得利用各种自然动力代替人力驱动的集中生产成为可能。从此，在棉纺织业中出现了骡机、水力织布机等先进机器。1769 年，理查德·阿克莱特发明了卷轴纺纱机，以水力为动力，不必用人操作，而且纺出的纱坚韧而结实，解决了生产纯棉布的技术问题。水力纺纱机体积很大，必须搭建高大的厂房，又必须建在河流旁边，并有大量工人集中操作，纺织业就这样逐渐从手工业作坊过渡到工厂大工业。18 世纪 70 ~ 80 年代欧洲广泛利用水力驱动棉纺机器。到 1788 年，英国就有了 143 家水力棉纺厂。到 1800 年，英国已有这样的工厂 300 家。

塞缪尔·克隆普顿于 1779 年发明了走锭精纺机。该纺机结合了“珍妮纺纱机”和水力纺纱机的特点，可以推动 300 ~ 400 个纱锭，又称“骡机”。这种机器纺出的棉纱柔软、精细又结实，很快得到应用。到 1800 年，英国已有 600 家“骡机”纺纱厂。1785 年，卡特赖特发明水力织布机，使织布工效提高了 40 倍。

纺纱机、织布机由水力驱动，使工厂必须建造在河边，而且受河流水量的季节差影响，造成生产不稳定，这就促使人们研制新的动力驱动机械。1785 年，瓦特的改良蒸汽机开始用作纺织机械的动力，并很快推广开来，引起了第一次技术和工业革命的高潮，人类从此进入了机器和蒸汽时代。到 1830 年，英国整个棉纺工业已基本完成了从工场手工业到以蒸汽机为动力的机器大工业的转变，从此家庭手工业生产逐步被集中型大规模工厂生产所代替。

1.1.2 第二次工业革命背景下的纺织科技发展

第二次工业革命是从 19 世纪后半叶至 20 世纪初，在劳动分工的基础上采用电力驱动产品的大规模生产。这次工业革命，通过零部件生产与产品装配的成功分离，开创了产品批量生产的新模式。纺织生产进入了大工业化阶段，进一步促进了纺织机器更多的革新与创造。

在纤维技术方面，随着纺织进入大工业化生产时期以后，纺织生产规模迅速扩大，对于原料的需求促使人工制造纤维技术的发展加快。17 世纪以来人们的一些尝试在化工技术和高分子化学发展的基础上不断取得进展。19世纪末，人造纤维问世，拓宽了纺织机械的领域，增添了化学纤维机械一个门类。同时，粘胶人造丝开始进入工业生产。20世纪上半叶，锦纶、腈纶、涤纶等合成纤维相继投入工业生产。人工制成的化学纤维品种很多，有的具有比较优良的纺织性能和经济价值，生产规模不断扩大；有的则由于性能不佳或者经济上不合算或者造成严重环境污染而趋于淘汰。以后人们致力研究使化学纤维具备近似天然纤维的舒适性能，或者具备天然纤维所不及的特殊性能。于是改性纤维和特种纤维的开发工作不断取得重大进步。

在纺纱技术方面，1828年美国人约翰·索普发明了更为先进的环锭纺纱机，因采用连续纺纱使生产率提高数倍，经过不断改进，得到广泛使用，到20世纪60年代几乎完全取代了走锭纺纱机。翼锭和环锭的发明使加捻和卷绕两个动作可以同时连续进行，这比走锭纺纱机上加捻和卷绕交替进行提高了生产率。但是加捻和卷绕工作是由同一套机构（翼锭或环锭）完成的，这就限制了成纱卷装的尺寸。卷装尺寸与机器运转速度之间产生了矛盾，要解决这个问题，只有把加捻和卷绕分开，各由专门机构来进行。20世纪中叶，各种新型纺纱方法相继产生，如自由端加捻的转杯纺纱、涡流纺纱、包缠加捻的喷气纺纱、假捻并股的自捻纺纱等。

在织造技术方面，自从1785年动力织机出现后，1895年制成了自动换纡装置，1926年制成了自动换梭装置，织机进一步走向自动化。但是引纬还是利用梭子。为了引入很轻的一段纬纱，要让重几百克到上千克的梭子来回迅速飞行，是对能源动力的极大浪费。20世纪上半叶，相继出现了不带纡管的片梭织机、用细长杆叉入纬纱的剑杆织机、用喷水和喷气方法引入纬纱的喷射织机等，从而从根本上消灭梭子、取消卷纬工序，同时大大提高织机速度，降低噪声。但是打纬还是无法避免，因此织机仍是往复式的，高分贝的噪声依然存在，机器速度也受到限制。

在染整技术方面，纺织化学工艺从18世纪开始也有很大的进展。欧洲一些化学家对染料性能和染色原理的研究首先获得突破。到19世纪以后，人工合成染料取得了一系列的成果。如苯胺紫染料（1856年）、偶氮染料（1862年）、茜素染料（1868年）、靛蓝染料（1880年）、不溶性偶氮染料（1911年）、醋酸纤维染料（1922—1923年）、活性染料（1956年）等。合成染料的制成使染料生产完全摆脱人对大自然的绝对依赖，使印染生产进入了新时期。同时，浸染、轧染的连续化、溢流染色等新工艺的产生，各种染色助剂和载体及相应的染色设备的问世，使染色逐步实现了机械化大工业生产。此外，印花也逐步实现了自动化，滚筒印花、圆网印花等机器先后投入生产，但是某些特别精细的印花品种仍用半自动或手工操作。19世纪以后，纺织品整理技术发展也很快，新型整理方法不断出现，轧光、拉幅、防缩、防皱整理、拒水整理、阻燃整理等工艺都在不断完善，适应化纤制品的各种染整新工艺也已经配套。

1.1.3 第三次工业革命背景下的纺织科技发展

第三次工业革命始于20世纪70年代并一直延续到现在，电子与信息技术的广泛应用使得纺织制造过程不断实现自动化。自此，机器能够逐步替代人类作业，不仅接管了相当比例的“体力劳动”，还接管了一些“脑力劳动”。

现代纺织自动化与信息化主要表现在单机自动化、生产过程自动化、辅助设计自动化、管理信息化等四个方面：①单机自动化：与机械化相结合，将电子技术和计算机技术应用于纺织设备，使之成为具有高速、高效的机电一体化的自动化单机或联合机。如配有计算机控制装置的化纤弹力丝机、配有检测设备的在线监控织机、通过微机控制的烧毛机、自动轧纹版机、自动抓棉机、自动络筒机、自动穿经机、自动卷染机、自动缫丝机以及自动横机等。国外先进的纺织设备已普遍采用电子技术。如配有电子清纱器、自动捻接器、自动计长、自动换管、自动落筒和自动监控的络纱机，具有按钮开停车、电子控制传动、定位制动、电子探纬、选纬、送经、自动采集数据的喷气、剑杆、片梭等新型织机。②生产过程自动化：在印染和化纤生产过程中建立计算机闭环自动控制系统，采用各种传感技术，对各种工艺参数进行自动检测和自动调节。如染整工艺过程中采用的计算机智能开剪，烘房排气温度、湿度的计算机控制，在线控制防缩机，丝光机碱浓度自动控制，浆纱机的浆纱张力、回潮率等的自动控制等。目前，最先进的企业几乎所有可接触和不可接触介质的有关参数都实现了自动检测和自动控制。我国纺织加工设备在机电一体化方面起步较晚，有些参数不能实现自动检测，从而影响了纺织生产过程自动化的发展，但这种状况正在改变。③辅助设计自动化：亦称计算机辅助设计（CAD），它将设计人员的经验、设计规律等建立数学模型，并编成程序输入计算机，协助操作人员实现自动化设计。如彩色图案创作设计系统能向设计者提供各种彩色图案，并可根据设计者要求进行选择修改；花型准备和服装设计系统采用扫描装置、鼠标、摄像机等作为图像输入手段，可进行分色、着色、图形缩放、移动、旋转、生成、拼接、修改、优化排列等处理，从而进行立体造型和服装设计。实现辅助设计自动化，提高了设计质量，缩短了设计周期，同时开发出大量新的纺织花色品种。美国、日本等国的辅助设计自动化程度很高，花型准备已同针织机、电子雕刻机等联机配套，服装设计已同裁剪机联机配套。④企业管理信息化：以计算机远程网络和局部网络为支撑，集计算机数据库、模型库、方法库于一体，主要包括计划、财务、物资、人事、销售等管理子系统；各工序的监测、监控子系统；市场预测、经营和生产决策子系统；产品检验测试仪器集中监测、质量分析的子系统。中国的纺织管理自动化已在企业单项管理方面展开，并向部、局级管理系统发展。一些国家在管理自动化方面发展较早，多级的管理系统已臻完善，计算机局部网络和远程网络已联成一片。

1.2　我国纺织工业现状

我国纺织工业是国民经济发展的重要力量，2017 年我国纺织纤维加工总量为 5430 万 t，占全球比重 50% 以上。2013—2017 年的 4 年间，纺织工业规模以上企业的主营业务收入由 63759.86 亿元增长至 68935.65 亿元，行业主营业务收入占工业比重保持在 6% 左右；利润额由 3506.05 亿元增长至 3768.81 亿元，利润额占工业比重保持在 5% 左右；固定资产投资额由 9140.29 亿元增长至 12309.30 亿元，占社会固定资产投资额比重保持在 2%；全国限额以上服装鞋帽、针纺织品零售额由 8179.8 亿元增长至 14557 亿元。

我国纺织工业在全球贸易中占据重要地位。我国是世界上最大的纺织品服装出口国，同时，纺织品服装出口也是我国贸易出口的重要组成。2017 年，纺织品服装出口总额达 2745.1 亿美元，同比增长 1.6%，占全国出口的 12.13%，占全球纺织品服装贸易总额比重 36.8%。2013—2017 年，纺织行业对外投资由 5.20 亿美元增长至 11.80 亿美元，在制造业对外投资中占比由 7.26% 增长至 7.61%。纺织服装行业从“产品走出去”“产能走出去”进阶到了“资本走出去”。行业的高质量发展有助于将更多优质产品、优势产能、成功经验输出到有需求的国家和地区，促进当地经济社会发展。

我国纺织产业结构持续优化。当前，纺织行业正在落实《建设纺织强国纲要（2011—2020）》与《纺织工业“十三五”发展规划》确定的目标与战略，以推进供给侧结构性改革为主线，不断优化结构，形成发展新动能，创造竞争新优势。2013—2017 年，服装、家纺、产业用三大类纺织品的纤维用量比重由 48∶29∶23 变化为 45.5∶27.6∶26.9，产业用纺织品的纤维用量占比在增加。纺织纤维加工总量中化纤比重由 2012 的 77.2% 增长至 2017 年的 85% 以上，天然纤维比重进一步减少。在纺织产业的国内转移中，新疆等中西部省份成为主要承接地，各省区先后出台了产业转移指导意见或转移升级配套支持政策。2013—2017 年，东部地区投资额由 5430.64 亿元增长至 7270.81 亿元，增长了 33.89%；中部地区投资额由 2938.62 亿元增长至 3780.13 亿元，增长了 28.64%；西部地区投资额由 771.03 亿元增长至 1258.30 亿元，增长了 63.20%。

1.3　近年来我国纺织科技进展

近年来，我国科技创新快速发展，并逐步由跟跑向并行乃至在一些领域领跑转变。世界知识产权组织发布的《2018 全球创新指数报告》显示，我国的最新排名为第 17 位，与 2017 年的 22 位相比提升 5 位。中国科学技术发展战略研究院 2017 年 8 月发布的《国家创新指数报告 2016—2017》显示，在参评的 40 个国家中，世界创新格局基本稳定，美国、日本、欧洲多国依然保持领先。我国创新指数排名第 17 位，比 2015—2016 年度提升一位，与创新型国家的差距进一步缩小。

《国家创新指数报告 2016—2017》包括 5 项一级指标，分别为创新资源、知识创造、企业创新、创新绩效和创新环境，从主要指标中可以看出我国总体科技创新能力不断增强。首先，创新资源投入持续增加。中国 R&D 经费为 2275.4 亿美元，继续居世界第二位，占全球份额为 15.6%；2000—2015 年中国 R&D 经费年均增速为 15.9%，居世界首位，大幅领先其他国家；中国 R&D 人员总量为 375.9 万人年，占全球 R&D 人员总量的 31.1%，2007 年以来连续 9 年居世界首位。其次，知识产出能力显著增强。2017 年中国发表 SCI（E）索引论文数量为 28.1 万篇，占全球总量的 14.4%，连续 8 年居世界第二位，国际科技论文影响力稳步提高；中国国内发明专利授权量达 26.3 万件，占世界总量的 37.5%，首次超越日本，居世界首位。再次，科技创新对经济发展的贡献日益显著。近年来中国科技进步贡献率稳步提升，2015 年达到 55.3%；中国 R&D 经费投入强度已达到历史最高水平 2.06%；知识密集型产业的持续稳步发展为中国产业结构转型升级提供了强有力的支撑。此外，国家创新指数排名已被正式列入《"十三五"国家科技创新规划》总体发展目标，提出到 2020 年我国国家综合创新能力世界排名进入前 15 位。

我国纺织业具有庞大的市场规模优势，助推了纺织科学技术的发展。载人航天、深海探测、清洁能源、环境保护、人工智能等持续突破，也为纺织科学技术领域的发展带来了新机遇。我国纺织行业围绕建设纺织科技强国战略目标，大力推动行业科技创新和成果转化，加大科技投入，在纤维材料工程、纺纱工程、机织工程、针织工程、非织造材料工程、染整工程、服装设计与工程和产业用纺织品领域取得了一系列创新成果，实现了全行业关键、共性技术的持续突破，行业自主创新能力、技术装备水平和产品开发能力整体提升。

2013—2017 年，全行业共有 17 项成果获国家科学技术奖，其中，国家科学技术进步奖一等奖 2 项、二等奖 12 项，技术发明奖 3 项。此外，全行业还有 566 项成果获中国纺织工业联合会科技奖，同时还有多项成果获得了地方各省的科技奖励。行业自主技术以及取得的专利大幅增长，"十二五"期间授权专利超过 14 万件，其中发明专利超过 3 万件。

1.3.1 我国纺织科技创新的主要方面

1.3.1.1 纤维材料技术持续突破

2017 年，我国化学纤维产量 4714 万 t，占世界化学纤维总量的 71%，化学纤维占我国纺织纤维加工总量的84%左右。经过多年的发展，当前我国常规纤维的差别化、功能化水平显著提升，具有优良服用性能和阻燃、抗静电、抑菌等功能性纤维的比重不断增加。

我国生物基纤维在原料的产业化、生产的绿色化方面发展迅速，新溶剂法纤维素纤维、甲壳素纤维、海藻酸盐纤维和生物基聚酰胺纤维等纺丝技术也取得重大突破，生物基纤维的产业技术创新能力、规模化生产能力、市场应用能力大幅度提升。生物基化学纤维总产能达到35万t/a，其中生物基再生纤维19.65万t/a，生物基合成纤维15万t/a。

高性能纤维研发和产业化取得突破性进展。我国碳纤维、芳纶和超高分子量聚乙烯三大品种产量占全球的三分之一，已成为全球范围内高性能纤维生产品种覆盖面最广的国家，高性能纤维行业总体达到国际先进水平。碳纤维、间位芳纶、超高分子量聚乙烯纤维、聚苯硫醚纤维的发展基础得到进一步强化；间位芳纶、连续玄武岩纤维、聚酰亚胺纤维产业发展进程加快；聚芳醚酮纤维、碳化硅纤维研发力度加大；碳纤维、聚酰亚胺纤维、高性能聚乙烯纤维、高模量芳纶纤维、聚四氟乙烯纤维等生产技术进步明显；碳纤维、芳纶、玄武岩纤维等高水平研发体系初步形成。

1.3.1.2　纺织加工技术不断创新

纺织加工技术的进步主要体现在高速化技术、自动化技术和智能制造技术的进步，同时产品质量提升技术和品种开发技术不断创新。

1）高速化技术、自动化技术和智能制造技术。过去几年，国产纺织装备进步明显加快，梳棉机产量达到100 kg/h，细纱机纺纱锭速超过20000 r/min，分批整经速度超过1000 r/min，短纤纱浆纱速度超过120 r/min，喷气织机车速达到1200 r/min，喷水织机车速达到1400 r/min。纺织加工工序的集成和生产的自动化呈现强劲的发展势头，环锭纺连续化集体自动络纱技术得到推广应用，国产细纱机上安装的锭数增加到1600多锭，清－梳联、细－络联、粗－细－络联等为主的棉纺设备技术取得突破，自动化程度和劳动生产率显著提高；同时，显著减少人工，降低工人劳动强度。

2）产品品质提升和品种开发技术创新。环锭细纱机上的柔洁纺技术可有效减少毛羽、改善布面光洁度；针对当前精梳原料多样化及精梳纱支粗支化的特点，开发了多种纤维的高效精梳关键技术；花式纺纱技术以多根粗纱异速喂入，实现在一根细纱上成纱的线密度、混纺比和色彩的花式效应。

1.3.1.3　非织造和产业用纺织品发展迅速

从产品结构看，产业用纺织品有较大幅度增长，行业新增长极的作用日渐凸显。非织造技术和装备水平不断提高，纺粘、熔喷技术实现了原料多样化，纤维加工总量快速增长。产业用纺织品在宽幅织造、立体编织等方面取得突破。产业用纺织品技术含量高、应用范围广、市场潜力大，是战略性新材料的组成部分，是全球纺织领域竞相发展的重点领域。

近年来我国在纤维基复合新材料、大气和水处理及污染治理用过滤纺织品、医疗卫生用纺织品、智能健康用纺织品、康复护理用纺织品、预防和应对自然灾害用纺织品、安全防护纺织品等制备技术取得显著进步，产业化步伐加快，为相关领域发展做出了积极贡献。2017 年产业用纺织品行业规模以上企业的主营业务收入和利润总额分别为 2897.5 亿元和 165.1 亿元，分别同比降低 3.44% 和 3.90%，产业用纺织品领域的工业增加值增速回落至 4.0%，但是固定资产投资继续保持高速增长，同比增长 22.76%，在纺织各行业中处于最高水平。

1.3.1.4 纺织绿色环保受到高度重视

近年来，针对我国印染企业环保工艺水平落后的状况，积极开展绿色生产技术创新研究与应用，以满足未来大众对纺织印染行业生产批量小、个性化程度高、绿色低碳环保要求高的消费趋势，同时实现企业“生态效益、经济效益和社会效益”的统一协调发展。

棉纺织行业实现绿色、环保上浆，目前我国纺织行业 PVA 用量正在减少。在保证浆纱质量和织机效率的前提下少上浆，减少浆料用量，同时后道退浆容易，织物浆料残留量减少。

纺织染整行业一批少水及无水印染加工、短流程工艺、生态化学品应用等染整清洁生产技术陆续得到开发与推广应用，如纺织品低温快速前处理、印染废水大通量膜处理及回用、小浴比染色、针织物平幅染整加工技术、纱线连续涂料染色技术、等离子体前处理技术、活性染料湿短蒸染色技术、泡沫染色及整理技术、数码喷墨印花技术、天然染料染色新技术、非水介质染色技术等。这些新技术必将引领今后纺织印染行业的技术升级，为节能减排提供技术支持。

印染废水的处理技术以及中水回用技术取得进展，废水处理效果和中水质量得到提高，一些资源回收新技术实现突破并在行业重点推广应用。

1.3.1.5 纺织智能制造开始提速

智能制造在纺织行业发展迅速，在产业链不同环节中表现出不同的特点。纺纱全流程在线监控系统、织机监控系统、染化料自动配送系统及工艺控制系统等基本成熟，服装行业数字化大规模定制技术逐步完善；适应纺织行业管理特点的企业管理信息系统功能日趋完善。以数字化纺织全流程生产技术、产业链智能生产追溯系统、生产智能物流系统、智能示范工厂和智能车间等突破性项目为代表的纺织智能制造，将给行业带来颠覆性的变化。

依托工业物联网技术建成的智能纺纱车间采用全套国产清梳联系统、粗细络联系统、智能物流输送系统、自动打包系统、自动码垛系统，采集清花、梳棉、预并、精梳、末并、粗纱、细纱、络筒等全工序数据，将机台运转数据、质量信息、人员信息、设备耗电量、车间环境温湿度、订单、生产调度等集成到大数据平台进行分析利用，大大提高反应速度和管理水平。与此同时，行业智能装备取得普遍进展、智能物流系统形成突破、智能生产线试点建设、个性化定制多点开花、云服务平台发挥作用。

1.3.2　我国纺织科技创新的支撑体系

在纺织教育情况方面，全行业正在从劳动密集型向知识密集型转变，高素质人才尤其是创新人才、科技领军人才、企业家人才、高技能人才是纺织强国建设的决定性要素，也是支撑纺织行业发展的第一资源。目前，在本科生培养方面，全国有40多所高校设有纺织工程专业，有60多所高校开设了服装设计与工程专业，有20多所高校设有轻化工程专业（染整工程方向）。在研究生培养方面，全国有7所高校具有纺织科学与工程一级学科博士学位授予权，分别为东华大学、天津工业大学、苏州大学、江南大学、浙江理工大学、大连工业大学和青岛大学，其中前5所高校还设有纺织科学与工程一级学科博士后流动站。除上述7所高校外，还有12所高校具有纺织科学与工程一级学科硕士学位授予权，分别为西安工程大学、北京服装学院、武汉纺织大学、中原工学院、河北科技大学、南通大学、上海工程技术大学、齐齐哈尔大学、安徽工程大学、五邑大学、四川大学和新疆大学。另外，全国还有多所高校具有纺织科学与工程一级学科下设的二级学科硕士学位授予权。

在纺织科研平台方面，为实现纺织强国建设目标，优化完善纺织科技协同创新体系，发挥市场在资源配置中的决定性作用，加快国家级工程研究中心、国家重点实验室、国家工程实验室和企业技术中心等创新主体以及公共服务体系建设，整合产、学、研、用及行业公共服务体系等多方资源，推动知识创新联盟、技术创新联盟和产品创新联盟建设，提升行业科技要素协同创新能力。目前，我国建有与纺织密切相关的国家级研发平台10个，其中国家重点实验室有2个，分别为生物源纤维制造技术国家重点实验室（依托单位：中国纺织科学研究院）和纤维材料改性国家重点实验室（依托单位：东华大学）；国家工程技术研究中心有7个，分别为国家合成纤维工程技术研究中心（依托单位：中国纺织科学研究院）、国家染整工程技术研究中心（依托单位：东华大学）、国家羊绒制品工程技术研究中心（依托单位：内蒙古鄂尔多斯羊绒集团有限责任公司）、国家毛纺新材料工程技术研究中心（依托单位：江苏阳光股份有限公司）、国家非织造材料工程技术研究中心（依托单位：海南欣龙无纺股份有限公司）、国家桑蚕茧丝产业工程技术研究中心（依托单位：鑫缘茧丝绸集团股份有限公司）、国家纺纱工程技术研究中心（依托单位：山东如意科技集团）；国家工程实验室 1 个，现代丝绸国家工程实验室（依托单位：苏州大学）。已建成的国家工程技术研究中心、重点实验室等创新机构承担了一批国家“973”计划、国家“863”计划、国家科技支撑计划、国家自然科学基金项目，是行业基础性、前瞻性和战略性科学研究的主体。建立了一批纺织产业技术联盟，成为产业集成创新的重要形式。

在纺织标准化建设方面，“十二五”期间，纺织行业共制定、修订标准 828 项，归口标准总数达到 2026 项，全面覆盖服装、家用、产业用三大应用领域以及纺织装备，纺织品安全、生态纺织品、功能性纺织品以及新型成套纺织装备等领域的标准制定和实施工作得到加强，标准体系进一步优化完善，有 23 项标准分别获得中国标准创新贡献奖和行业科学技术奖。全行业标准化技术机构达到 28 个，近 2000 名标准化专家被聘为委员，标准化技术机构和人才队伍不断壮大。积极参与国际标准（ISO）制定，主导提出了 17 项国际标准提案，其中 10 项已由 ISO 正式发布实施，新承担了 2 个 ISO 技术机构秘书处，2 位专家成为 ISO 技术机构主席，大大提升了我国在国际纺织标准领域的话语权。

1.4 纺织科学技术的分支领域及其发展重点

1.4.1 纤维材料工程领域

纤维通常指长宽比在 10^3 数量级以上、粗细为几微米到上百微米的柔软细长体，有连续长丝和短纤之分。纤维不仅可以纺织加工，而且可以用作填充料、增强基体，或直接形成多孔材料，或组合构成刚性或柔性复合材料。常用的纺织纤维包括天然纤维和化学纤维。天然纤维是指自然界里原有的或从经人工种植的植物中、人工饲养的动物毛发和分泌液中直接提取的纤维，包括植物纤维、动物纤维和矿物纤维；化学纤维是指以天然的或合成的高聚物以及无机物为原料，经过人工加工制成的纤维状物体，包括再生纤维、合成纤维和无机化学纤维。新型纤维材料的开发、纤维材料新技术的发展已成为发展经济、提高科技水平的重要方面。

在纺织纤维材料中，天然纤维受到环境和资源的限制，其在我国纺织纤维加工总量中所占比例呈下降趋势，目前约为 15%。化学纤维的加工总量和所占比例仍保持一定量的增长，作为我国纺织工业整体竞争力的基础，化学纤维材料在未来纺织科技进步中也将发挥重要作用。

我国纺织纤维材料工程未来的技术创新主要包括纤维形态差异化技术、化学纤维功能化技术、生物基纤维产业化技术和高性能纤维品质提升技术四个方面。

（1）纤维形态差异化技术

化学纤维的细度、截面形态和纵向形态首先是由喷丝板孔型决定的，同时还会受到纺丝箱体中吹风冷却温度和冷却方式的影响，使得聚合物的微结构也发生变化，影响纤维的机械物理性能，进而影响后道纺织加工过程和最终产品的服用性能。根据各种纺丝液和融体的特性，研发设计新型喷丝板和改进纺丝吹风冷却条件是实现纤维形态结构的有效途径，相关成形加工研发不断取得进展，提高产品性能，如光学性能、热湿传导和手感风格，还包括对天然纤维的仿真。在两种聚合物双螺杆工艺条件下，通过特殊的喷丝板结构设计，纺丝制得的复合纤维以不同聚合物组分的性能互补满足后道加工和最终产品的要求。

（2）化学纤维功能化技术

通过开发新一代共聚、共混、多元、多组分在线添加等技术，使纤维具有特殊的功能性，如抗菌、阻燃、易染、免染、抗静电、保健等功能。开发高效能添功能因子是实现化学纤维功能化的基础，高效能添功能因子不仅具有高效而耐久的功能性，同时有着优良的生态性，不损伤纤维的机械力学性能，能适应纺丝和纺织全流程的加工要求。

（3）生物基纤维产业化技术

在生物基化学纤维产业化方面，突破生物基化学纤维关键装备的制造，攻克生物基化学纤维及原料产业化技术瓶颈；突破溶剂法纤维素纤维关键装备制造的技术瓶颈及高效低能耗溶剂回收等自主创新技术；突破生物基合成纤维原料的产业化制备技术，重点发展非粮食资源的生物基纤维原料生产，提升聚乳酸、聚对苯二甲酸丙二醇酯及生物基聚酰胺的聚合、纺丝和染整产业化技术水平；开发海洋生物基纤维原料，建立甲壳素和海藻纤维的原料基地。

（4）高性能纤维品质提升技术

在高性能纤维产业化和系列化方面，进一步提升与突破高性能纤维重点品种关键生产和应用技术，提高纤维的性能指标的稳定性，拓展其在航空航天装备、海洋工程、先进轨道交通、新能源汽车和电力等领域的应用；扩大单线产能、优化控制过程，实现高级别碳纤维、芳纶、超高分子量聚乙烯纤维、聚苯硫醚纤维、连续玄武岩纤维等高性能纤维的批量化和低成本生产，强化产品质量标准的制定和执行，全面提高产品质量的稳定性，进一步增强产品的市场竞争力，扩大应用领域。

1.4.2　纺纱工程领域

纺纱是将离散的纺织纤维原料加工成具备足够强力、特定外观和连续的纤维集合体——细纱，以满足下游织物生产的要求。由于纺纱生产中所用纤维的种类繁多，其纺纱性能差别较大，所采用的纺纱系统、纺纱机械和加工步骤也不尽相同。纺纱加工过程各工序包括：纤维开松、清除杂质、均匀混合、梳理成条、条子的并合、粗纱、细纱和络筒。

在纺纱工程领域，环锭纺工艺因其纤维原料适应性广、细纱产品品种适应性强，目前 80% 以上的纱线产品由环锭细纱机加工。转杯纺、喷气涡流纺等新型纺纱装备在高速高产和自动化方面优势明显。作为织物加工的原料，纱线产品仍将在服装用纺织品和家用纺织品方面占据主导地位，新型纱线产品和纺纱新技术也将得到进一步发展。

我国纺纱工程技术未来的创新主要包括高品质环锭纺纱技术、短纤 / 长丝复合纺纱技术、花式细纱技术和喷气涡流纺纱技术四个方面。

（1）高品质环锭纺纱技术

对加捻三角区纤维须条集聚技术的研究和创新仍然是环锭纺纱提高纱线品质的重要技术手段，这不仅显著降低纱线的毛羽，还可以提高纱线耐磨和强力。利用气流负压集聚的网格圈型紧密纺技术正在普及，孔眼罗拉型紧密纺因核心部件制造成本高，其应用受到限制，但其有维护成本低的优势。今后紧密纺技术在降低能源消耗和技术改造成本方面仍会有新的进展。非气流型集聚助纺技术也会取得突破，可以取得显著降低毛羽水平的效果，提高强力和耐磨性能，成本费用会大大降低。此外，现有的罗拉、皮辊和皮圈等牵伸器件的性能改善也有助于细纱品质的提升。

（2）短纤 / 长丝复合纺纱技术

短纤 / 长丝复合纺纱技术将短纤维包覆于长丝制得复合包芯纱，实现了离散形态的短纤维与不同种类和性能长丝的复合，同时使短纤和长丝性能互补和纱线功能提升，主要包括改善纱线的可织性能、赋予织物产品弹性和其他功能性、提高面料的保形性和舒适性。短纤 / 长丝复合纺纱技术今后将重点通过长丝喂入量和长丝张力的精准控制，解决长丝与短纤维之间抱合力不足、容易产生相对滑动而造成织造效率低、布面质量差等问题；通过改变常规的短纤维和长丝的包缠结构，丰富长丝复合纱线品种和功能。

（3）花式细纱技术

在三罗拉环锭细纱机上，如果喂入单根粗纱，利用原有的粗纱喂入通道二级牵伸，借助于伺服传动系统动态变化粗纱喂入量，则可纺制出具有特殊外观效应的花式细纱。如果喂入两根粗纱，一根改为由中罗拉喂入，同时辅之中、后罗拉的独立传动方式，两个通道分别为一级牵伸和二级牵伸，则可纺制出段彩纱、混色竹节纱产品。对后罗拉系统进行改造，形成相互独立的双通道两根粗纱喂入，可以按照任意比例独立控制的花式纺装置，即可实现各种花式细纱的纺制。花式纺技术将在研发精巧的牵伸系统、产品的计算机辅助设计仿真基础上，不断开发出形形色色的花式细纱产品。

（4）喷气涡流纺纱技术

在新型纺纱技术方面，利用气流实现纤维之间的交缠抱合高速成纱具有显著的优势。喷气涡流纺纺纱是在喷气纺的基础上发展起来的一种新型纺纱技术，较喷气纺相比，喷气涡流纺采用高速涡流对纱条进行加捻并辅助罗拉牵伸以更好地控制纤维，具有独特的实捻结构，成纱强力也显著提高。同时，纱线毛羽少、耐磨性和抗起毛起球性好，具有良好的导湿性能。喷气涡流纺纺纱速度可达 500 m/min，实现了粗纱、细纱和络筒工序的一体化，用工少、自动化程度高、成纱性能优。喷气涡流纺纱技术代表着未来纺纱技术的发展方向，通过进一步创新，将会在提高纤维品种适应性和拓展可纺纱线支数范围方面取得新的突破。

1.4.3　机织工程领域

机织是将两组相互垂直的纱线系统（分别称为经纱和纬纱）按一定规律（称为组织结构）交织成织物的生产过程。机织工程可分为织前准备和织造两个部分。织前准备是指经纬纱在织机加工前需经过的准备加工，经纱准备加工包括整经、浆纱和穿结经；纬纱织前准备包括络筒、定形等。织造是在织机上完成的，目前广泛应用的织机有喷气织机、喷水织机和剑杆织机。

我国机织工程技术未来的创新主要包括环保浆料高效上浆技术、自动穿经和浆纱排花技术、喷气引纬降耗技术、织疵在机检测技术四个方面。

（1）环保浆料高效上浆技术

经纱上浆是对经纱的增强，以承受在织机上织造过程的反复摩擦、拉伸作用。然而在后续的染整过程首当其冲的就是对织物退浆，这一退除经纱上浆料的过程需要耗用退浆剂和大量的水，因此提高浆料的生态性，少上浆、易退浆和低污染是纺织绿色加工对经纱上浆的要求。人们将针对取代 PVA 为代表的化学浆料而研发被变性处理的淀粉等生物质浆料，要求新型环保浆料具有优良的黏附性能和成膜性能，并以低上浆率就能达到浆纱高织造效率的要求，且后道的退浆容易。同时还将上浆设备与新型环保浆料相协同，在高速状态下精准控制上浆率、伸长率和回潮率，保证浆纱的毛羽贴伏和耐磨。

（2）自动穿经和浆纱排花技术

为了满足织造过程的经纱断头自停、经纱开口和完成打纬的要求，经纱在上机织造前需穿入经停片、综丝和钢筘，人工穿经费神耗力，用工多，劳动强度大，且易出现穿错。开发基于传感器检测和机器视觉技术识别的自动穿经技术取代这一人工操作势在必行，可大大提高织造生产的快速反应速度、提高穿经质量、降低用工成本。类似地，色织浆纱排花是又一项严重依赖人工视觉判断的烦琐工序，浆纱自动排花是应用机器视觉对纱线颜色进行精确识别，配合精密的单纱抓取装置实现色纱循环的准确排列，节省人工的同时大幅提升浆纱效率。自动穿经和浆纱排花技术未来在提高穿经速度和可靠性上会有进一步提升。

（3）喷气引纬降耗技术

喷气织机因引纬速度高和品种适应性广，已经发展成为最大宗的织机机型。在喷气织机上，由主喷嘴和多只辅助喷嘴构成引纬系统，引纬过程需要消耗大量压缩空气，这一能耗通常占到整机能耗的70%以上，所以降低引纬所需压缩空气的消耗成为喷气织机未来发展的技术关键。降耗技术主要包括对主、辅喷嘴结构和安装位置的优化设计，使得主、辅喷嘴的引纬气流达到最佳配合，提高主、辅喷嘴引纬气流的汇流成束性；通过对异形钢筘的筘槽形状设计，进一步提高防气流扩散效果；提高控制辅助喷嘴启闭的电磁阀动态响应特性，减少每组辅助喷嘴的只数，同时精确控制气流喷射时间，以免除不必要的气流消耗。

（4）织疵在机检测技术

机织物的人工验布也是一项费时耗力的工作，工人劳动强度大，易疲劳，易漏检。因此，坯布自动检验一直是机织工程技术的研究热点，自动检验的一致性和客观性好，检测效率高，便于检测数据的存储和进一步分析应用。自动验布未来极有可能由专门的工序被在机验布所取代，也就是在机外的大卷装卷布装置上设置自动验布系统，自动验布系统的织物图像采集是基础，检测算法是核心，需要解决织物柔性体、疵点多样、外观随机性强等一系列复杂问题。

1.4.4 针织工程领域

针织技术是利用织针把纱线等原料弯曲形成线圈、再经串套连接成针织物的工艺过程。根据工艺特征，针织技术可分为经编、纬编以及横编三类。经编采用多根纱线同时沿纵向喂入，并编织成线圈。经编织物结构较为稳定，在一定程度上性能接近于机织物。纬编沿横向方向喂入纱线原料进行编织，结构更为松软，其延伸性和弹性与经编相比更加优越。横编方法与纬编相似，其特点在于可以利用收放针技术进行成形编织，并且可以配合针床移动实现复杂的组织结构。

针织产品在纺织服装领域占据越来越重要的地位。针织产品凭借自身独特的线圈结构和优异性能，已经逐渐应用到各个领域，针织技术也随着科技的进步而不断提升。针织与服装加工新技术的不断涌现，促进了针织产品的创新、质量与档次的提升。为了研制开发新型针织面料，一方面需密切关注新型原料及纤维的发展情况，另一方面要及时探索新织造加工及后整理工艺。在“互联网+”的新形势下，针织行业要挖掘并且抢占先机，深入开展两化融合，加快针织技术装备的智能化研究与推广，提高针织产业的行业竞争力。

我国针织工程技术未来的创新主要包括全成形技术、复合提花技术、高精高密技术、结构增强技术四个方面。

（1）全成形技术

全成形技术是指利用参与编织的织针数量的增减变化、组织结构的改变以及线圈密度的调节形成无需缝制或少量缝制的织物。全成形技术减少了后道成衣的裁剪和缝制，缩短工艺流程，降低了人工成本，减少了材料的损耗，有效提升了产品档次及品质。经编全成形技术较为成熟，涉及的无缝服装、连裤袜、内衣等一系列产品的成形工艺理论已经较为成熟，无缝产品的开发实践已经在服用、产业用等领域得到广泛应用和推广；纬编全成形技术方面，国内在技术和装备上也取得了较大进步，在掌握无缝成形理论的基础上攻克了无缝内衣、鞋材、时装等难题，使得纬编无缝成形产品的开发顺利进行；横编全成形技术目前已能够达到织可穿，下机后经过简单的后整理即可成为成品，未来将在双针床横机上进行粗机号全成形产品的开发基础上，进一步通过增加针床数量，适应复杂产品的全成形织造。

（2）复合提花技术

针织提花产品应用越来越广泛，单一提花已无法满足市场需要，复合提花技术成为针织提花技术的发展方向。经编电子横移提花技术采用电子梳栉横移取代机械式横移机构，解决了花型循环限制的问题；经编电子贾卡提花技术可形成具有凹凸感的立体花纹，改变只能依靠后整理形成立体花纹的现状；纬编移圈提花技术在提花的基础上实现针筒针向针盘针转移线圈，或者针筒与针盘双向转移线圈，形成特殊的提花效果；纬编调线提花技术将提花与调线结合，编织过程中调线纱嘴根据花型快速准确地进行调换，开发带有嵌花或横条效应的提花织物；横编上复合提花技术主要采用嵌花手段实现，横机机头为往复式编织，可满足嵌花顺反转均能编织成圈的特点。

（3）高精高密技术

针织产品逐步向轻薄化方向发展，采用细支纱线在细针距设备上生产的面料手感更加致密，穿着舒适性更优良，这就对机器精度、纱线质量、操作水平以及环境等要求越来越高。高精高密技术难度大，不仅体现在针距要求高、纱线质量好，同时对其机器设备加工精度要求同样较高，各部件之间的配合以及机器运转的稳定性、机件损耗等都是需要攻克的一系列难题。纬编产品已经突破 E62 机号，提花产品也在向高密精细方向发展，最高机号也提升到更为精密的 E40 机号。

（4）结构增强技术

针织特殊的线圈结构以及优异性能使针织物成为纺织复合材料的重要基材，通过针织结构能够提升材料的高性能特征。一般使用高性能纤维作为基础材料，使用针织轴向、网状、管状等加工方法，形成增强的针织结构预制件。针织轴向结构材料在织物的纵向、横向或斜向上衬入纱线，各个方向平行伸直，具有良好的可设计性与混编性，最大限度地发挥了纤维材料的力学性能；针织网类结构材料赋予材料良好的透气性，与间隔织物结合可使产品具有良好的透气透热性，并且有舒适的弹性；针织管状结构材料可在多种针织圆机、双针床横机、双针床经编机以及特制经编多轴向管状织机上生产。加快对高模量纤维的柔性织造技术、异型结构一体成型技术的研究，将进一步扩大针织结构增强材料的使用范围，满足不同产业领域的特殊需求。

1.4.5 染整工程领域

染整工程是借助各种机械设备，通过化学、物理或两者相结合的方法，对纺织品（纤维、纱线、织物和服装）进行处理的过程，大多是利用化学品、助剂、染料和各种整理剂在水介质中，在一定的温度下对纺织品进行处理，包括去除天然纤维伴生物、化学纤维油剂、经纱上浆料和纺织加工中沾染的油污的前处理，赋予纺织品色泽和花型的染色、印花，改善纺织品服用性能或赋予特殊功能的整理。纺织品染整存在着用水量大、能耗高，排放废水化学需氧量（COD）值高、色度深、环境污染严重及纺织品上残留各种化学物质对消费者具有潜在危害等各种问题。随着环保标准和要求的陆续出台、执行的日益严格和消费者生态意识的日益增强，印染行业面临着巨大压力和挑战。因此，染整工程的创新和发展依然是围绕着纺织品的清洁染整生产和节能减排进行。

虽然纺织品的清洁染整生产近年来取得了很大进步，但依然任重道远。未来纺织品的染整工程技术重点围绕以下四个方面开展。

（1）针织物全流程平幅染整技术

针织物是一类十分重要的纺织品，在纺织品中的占比仍在继续增加。但这类产品目前依然采用间歇式的浸染加工，这种加工方式不但生产效率低，水、电、汽和染化料消耗大，而且布面易擦伤，产品品质难以保证。为了提高加工效率，提高产品品质，降低水、电、汽和染化料的消耗，应大力研究、推广针织物的全流程平幅染整技术，解决针织物特别是纬编针织物在平幅加工中因结构松，对张力敏感易卷边、易伸长而带来的影响产品品质、影响染色质量等技术难题。

（2）高速高分辨率数码印花技术

纺织品数码印花具有反应迅速、印花精度高、图案表现力强、染化料浪费少等特点，是集绿色制造、柔性制造和智能制造于一体的印花新技术，而且印花速度也在日益提高，可适应实际生产的要求。但目前数码印花主要采用染料墨水，存在对纤维的选择性、印花织物需预处理和汽蒸、水洗等后处理问题，工艺烦琐，削弱了数码印花反应迅速的优势。应大力研发具有对纤维无选择性，对织物不需专门前处理，后处理只需烘干或低温焙烘的数码涂料印花技术，并解决数码涂料印花色泽不鲜艳、色牢度难以满足要求和易堵喷头的技术难题。

（3）非水介质染色技术

利用染料的水溶性或水分散性在水介质中对纺织品染色是目前采用的成熟方法。但这种方法存在因染料的水溶性或水分散性导致染料的利用率低、水溶液中的染料难以回收再利用及用水量大，废水中色度和含盐量高、污染严重、难以回用等问题。采用非水介质染色可以减少印染加工中水资源的消耗，而且基本无废水产生，是一种非常有价值的新型染色方法。由于纺织品是大宗的消费品，需要高的加工效率，因此应重点研究纺织品的非水介质染色技术，特别是相关染色设备和工程化应用技术、溶剂完全回收利用和循环染色技术。

（4）多纤维织物一浴法染色技术

为了提高或改善纺织品的服用性能，经常将两种或两种以上的纤维进行混纺或交织。不同的纤维由于化学结构和超分子结构的不同，其染色性能差异很大。为了保证染色质量，生产上往往采用多浴法对每一种纤维分别进行染色，或者将每种纤维染色后再进行混纺或交织。这种加工方式不但工艺流程长、生产效率低，而且水、电、汽、化学品、染料消耗量大，废水中残留的染料、助剂多，环境污染严重。应大力研究多纤维织物一浴法染色技术，在保证染色质量的基础上，缩短工艺流程、提高生产效率，降低水、电、汽的消耗和污水的排放，减少废水中的污染物量，同时提高产品品质。

1.4.6 非织造工程领域

非织造材料工程是将定向或随机排列的纤维通过摩擦、抱合、黏合或这些方法的组合而制成的片状物、纤网或絮垫。非织造包括纤维成网、纤维固结和后整理等工艺过程。非织造原料包括了大多数天然纤维和化学纤维。成网是将纤维形成均匀松散的纤维网结构，成网工艺主要有干法成网、湿法成网和聚合物挤压成网。纤网加固是通过相关工艺方法对纤网所持松散纤维的固结，赋予纤网一定的物理机械性能和外观，纤维的加固工艺可分为机械加固、化学黏合和热黏合工艺。后整理是为了改善产品的结构、手感或性能，后整理方法可分为机械和化学方法两大类，机械后处理包括起绉、轧光轧纹、收缩、打孔等，化学后整理包括染色、印花及功能整理等。

非织造技术作为纺织工业新的工艺技术，其产品具有一些特有的性能，其加工流程短、用工少，应用面非常广泛。我国非织造布产量占全球产量的40%以上，已经成为了全球最大的非织造布生产国、消费国和贸易国。

我国非织造工程未来的技术创新主要体现在以下四个方面。

（1）纳米级非织造材料加工技术

纳米纤维非织造材料具有纤维直径小、比表面积大、孔隙率高等特点，已在超精细过滤、卫生防护、电池隔膜材料领域表现出了巨大的应用潜力。通过研究静电纺丝、相分离纺丝、生物合成等纳米纤维成形机理及其高效、规模化制备技术与装备，突破新型纳米级熔喷非织造材料加工技术与设备，实现宽幅高速熔喷模头的国产化，建立品质控制与评价体系以及在过滤、生物医用等领域的应用技术体系，实现宏观成形控制与微观结构调控，解决连续化制备与复合技术问题，进一步提高产品连续性、稳定性和生产效率。开发低成本、连续化、规模化纳米纤维非织造材料制备技术，实现集成化高效生产。

（2）纤维高速自动均匀成网技术

纤网的均匀度直接影响最终产品的质量，通过研究气流纤维箱自调匀整技术、梳理及喂入纤维层自调匀整技术、自动控制系统以及双闭环技术控制系统等，达到改善自动化纤维网均匀性的目的。研究基于空气动力学的新型气流成网新技术，突破有机纤维及无机纤维，天然纤维的立体成网工艺技术，实现高速低耗的气流成网技术。突破纤维素纤维湿法纺丝直接成网技术与装备以及聚乙烯闪蒸纺直接成网技术与装备。

（3）高速湿法成网非织造技术

研究纤维适用性广、速度高、产量大的非织造高速湿法成网技术，使产品可广泛应用于医疗卫生、土工建材、隔离绝缘、复合材料等领域。突破低浓度长纤水力学均匀分散缠结技术；解决高速湿法均匀成网技术；提高高速湿法成网非织造技术应用水平，开发高速湿法成网非织造生产线。

（4）节能环保非织造技术

不断提升纺粘、水刺工艺的脱水、加热、烘干、热能回用等环节的节能降耗水平，提升后整理工艺废气回收、再利用等水平。提高废旧纺织服装制品在非织造产品中的开发和应用比例，研究再生涤纶、丙纶等纤维和废旧纤维材料在吸音、包装、农业、土工建筑等方面的应用技术。研发可降解、可冲散非织造材料的成网工艺与设备，加快推进绿色非织造布的应用，提高一次性可降解、可冲散非织造产品的技术水平和应用比例。

1.4.7 服装设计与工程领域

服装既是纺织终端产品，也是人类必需的消费品，是时尚与价值观念的载体。服装既具有满足人的自然属性、适应自然环境的物性使用价值，也具有满足人的社会属性、适应社会环境的精神审美价值。服装设计与工程是把以织物为主的服装材料作为素材，以人作为对象，将面料和辅料经设计、裁剪、缝纫、制作，完成衣料对人体进行包裹和装扮的过程。该领域包含了服饰文化、服装产品设计、服装生产和工艺管理等内容。服饰文化是通过服饰所展示的外在形象，反映其内在文化修养，体现国家和民族文化特点；服装产品设计属于工艺美术范畴，是实用性和艺术性相结合的一种艺术形式，是解决人们穿着生活体系中诸问题的富有创造性的计划及创作行为；服装生产和工艺管理包括服装生产技术、管理技术、质量管理、服装生产过程组织与管理、物料管理、产品制造和成本管理等。

服装业是创造美好时尚生活的基础性消费品产业和民生产业，也是集中体现人类文化创意、技术进步和时代变迁的创新型产业，在提高人民生活质量、发展国家经济、促进社会文化进步等方面发挥着重要作用。

我国服装设计与工程领域的技术创新主要体现在以下四个方面。

（1）服装设计技术

不仅要研发出智能化系统实现服装的计算机辅助设计，还要制定出服装测量的方法标准，建立人体尺寸数据库，制定服装号型标准，提高三维人体测量、服装3D可视化及模拟技术的精准性和实用化。同时，利用互联网技术，建立起能够连接服装市场、设计师、消费者的平台，完成时尚信息采集、分析与预测，包括具有消费者体型特征、消费习惯的基础信息，集成所有服装设计规则和标准、设计师经验与专家知识，根据流行预测与消费者需求进行设计和服装定制。

（2）服装缝制技术

一方面，在现有吊挂及其他单件衣片自动输送系统、自动缝制单元和自动模板缝制系统的基础上，逐步实现服装缝制技术和设备的自动化、智能化、专业化、高速化。在大类普通服装生产中，突破机械手或机器人衣片抓取、传送、定位技术，实现服装工厂缝制机器人应用，进而实现大类普通服装车间的全自动缝制和无人化。另一方面，通过面料与面料黏合实现裁片拼合，使衣片能够黏合在一起，替代缝纫工序的操作，完成服装的免缝纫加工。

（3）智能服装技术

随着科技发展，服装的功能已不仅局限于满足人们穿着基本需求，而是具备各种功能，对特定的外界刺激做出反应，达到防护、监控、预警、娱乐等目的。智能服装属于可穿戴技术的一种形式，不仅能感知外部环境或者内部状态的变化，而且能够通过反馈机制，能实时地对这种变化做出响应。通过不断地创新和跨界融合，突破电子元器件的集成化技术、柔性化技术，不断提高传感器和处理器与服装的结合度，推出新一代穿着舒适性智能调节和监测穿着者生理数据的服装。

（4）服装营销信息化技术

在服装市场运营方面，加快柔性供应链管理系统和智能仓储物流配送系统建设，加强服装CAT、CAD、CAM、PDM、CAPP、CRM、SCM、ERP等技术及管理系统的二次开发和集成应用，提高系统功能与企业业务流程再造的适应度，实现各管理系统的无缝连接，推进大数据、“互联网+”等技术应用，提高经营决策智能化水平，大力推广大规模定制技术及其制造模式，推动服装制造向服务化转型。

1.4.8 产业用纺织品工程领域

产业用纺织品是指广泛用于工业、农牧渔业、基本建设、交通运输、医疗卫生、文娱体育、军工尖端科学领域的纺织品，通常是专门设计的、具有工程结构特点的纺织品，一般用于非纺织行业中的产品、加工过程或公共服务设施。我国把产业用纺织品分成农业栽培用纺织品，渔业和水产养殖用纺织品，土工织物，传动、传送、通风等管、带、轮胎的骨架纺织品，篷盖布、帆布，工业用呢、毡、垫等，产业用线、带、绳、缆、革、毡、瓦等的基布，过滤材料及筛网，隔层材料及绝缘材料，包装材料，各类劳保、防护用材料，文娱、体育用品的基布，医疗卫生及妇婴保健材料，国防工业用材，其他等16大类。近年来，我国产业用纺织品行业快速发展，市场应用不断拓展，质量效益不断改善，成为纺织工业的主要经济增长极，为满足消费升级需求、加快纺织工业结构调整、促进国民经济相关领域发展作出了积极贡献。

我国产业用纺织品工程未来的技术创新主要体现在以下四个方面。

（1）高端医疗用纺织品

医疗用纺织品是纺织学科与生物医学学科的交叉领域，是产业用纺织品中科技含量高的一类产品。高端医疗用纺织品的开发涉及纤维材料、纺织技术以及医学工程，生物医用纤维材料用于对生物体进行诊断、治疗、修复或替换其病损组织、器官或增进其功能。这类产品开发涉及新型生物医用纤维制备、宏观与微观仿生设计、纺织成型加工、表面改性，提高生物相容性，实现功能与结构的一体化。

（2）精细过滤用纺织品

针对高能耗、高污染产业的发展所带来的大量工业烟尘和废气，开发高性能工业除尘过滤纺织品，从源头上抑制工业排放气体中微细颗粒物对大气环境的污染，突破除尘过滤纺织品过滤精度稳定性、抗形变能力、耐腐蚀性能等关键技术。除了对工业污染源头控制外，开发高效低阻个体防护空气净化过滤纺织品对提高空气净化水平、改善民生环境具有重要意义。

（3）土工合成材料纺织品

土工合成材料在岩土工程中能发挥加筋、隔离、反滤、排水、防渗、保护等功能。重点研发智能土工合成材料、针刺高强土工布、生态型复合土工防渗透垫等产品，不断突破土工合成材料纺织品制备关键技术，不断改进土工合成材料结构设计与提升土工合成材料纺织品的性能，加大土工合成材料技术创新力度，拓展其新的应用领域。

（4）高性能安全防护用纺织品

高性能安全防护用纺织品主要包括热防护、静电防护、生化防护和辐射防护纺织品。加强研究纺织品防护性能的相关机理，突破防护纺织品专用高性能纤维的开发利用、安全防护纺织品的设计与生产、安全防护评价方法与标准制定、检测仪器的研制等关键技术，不断提高安全防护纺织品的功效性和舒适性，逐步缩小我国在高性能、多功能安全防护纺织品及其加工工艺方面与发达国家之间的差距。

参考文献

[1] 中国科学技术发展战略研究院．国家创新指数报告 2016—2017 [M]．北京：科学技术文献出版社，2017.
[2] 中国中纺集团公司．世界纺织史 [EB/OL]．http://www.chinatex.com/tabid/136/InfoID/1273/frtid/140/Default.aspx.
[3] P. Walton. The Story of Textiles [M]．Walton Adverti-sing and Printing Co.，Boston，1912.
[4] S. Robinso. A History of Printed Textiles [M]．M. I. T. Press，Cambridge，1969.
[5] A. Geijer. The History of Textile Art [M]．Pasold Research Fund Ltd.，Stockholm，1979.
[6] E. Broudy. The Book of Looms [M]．Studio Vista，London，1979.
[7] 中国纺织经济信息网．协作共赢传承创新 [EB/OL]．http://news.ctei.cn/bwzq/201710/t20171012_3627104.htm.
[8] 工业与信息化部，国家发展和改革委员会．纺织工业发展规划（2016—2020 年）[R]．2016.
[9] 工业与信息化部，国家发展和改革委员会．纺织工业“十三五”科技进步纲要 [R]．2016.
[10] 工业与信息化部，国家发展和改革委员会．棉纺织行业“十三五”发展规划 [R]．2016.
[11] 工业与信息化部，国家发展和改革委员会．毛纺织行业“十三五”发展指导意见 [R]．2016.
[12] 工业与信息化部，国家发展和改革委员会．化纤工业“十三五”发展指导意见 [R]．2016.
[13] 工业与信息化部，国家发展和改革委员会．印染行业“十三五”发展指导意见 [R]．2016.
[14] 工业与信息化部，国家发展和改革委员会．针织行业“十三五”发展指导意见 [R]．2016.
[15] 工业与信息化部，国家发展和改革委员会．产业用纺织品行业“十三五”发展指导意见 [R]．2016.
[16] 工业与信息化部，国家发展和改革委员会．中国服装行业“十三五”发展纲要 [R]．2016.

撰稿人

高卫东　王　蕾　孙丰鑫　潘如如　韩晨晨　王文聪　卢雨正　朱　博
郭明瑞　邢　乐　瞿　静　白琼琼

第2章　纤维材料领域科技发展趋势

新材料被世界公认为高新技术产业发展的奠基石和各个领域孕育新技术、新产品、新装备的“摇篮”。而纤维材料是新材料技术的产业基础之一，是主要的纺织原料，它包括天然纤维和化学纤维。纤维材料是纺织工业整体竞争力提升的重要支柱产业，与人民生活、经济发展和社会进步等方面密切相关。纤维材料新技术、新功能的开发，将会带动整个纺织制造业实现技术突破，促进中国纺织工业的创新；也将成为引领产业转型升级的重要指引，对于实现纺织强国的目标、满足国民经济和社会发展需要、支撑战略性新兴产业发展具有重要意义。

“十三五”是化学纤维工业和纤维材料领域创新发展、全面转变发展方式的重要阶段，也是我国由化纤大国向化纤强国跨越的关键时期。加快发展纤维新材料，对于引领纤维材料工业升级换代，支撑战略性新兴产业发展，保障国家重大工程建设，加快传统纺织业转型升级，构建国际竞争新优势具有重要意义。因此，在中国纺织工业联合会的积极协调下，地方政府、各企业、高等院校、研究院所的共同努力下，我国化学纤维工业取得了重大成就。

本章旨在分析目前纤维材料学科在生物基化学纤维、通用合成纤维、高性能纤维及功能纤维等方面的新技术、新产品、新功能等方面的发展状况，并结合国外的最新研究成果和发展趋势，进行国内外发展状况比较，对纤维材料领域的科技发展方向进行预测。

2.1　纤维材料领域发展现状分析

2.1.1　发展概况

全球纤维材料产业在新一轮工业革命的带动下，均从自身优势出发，拓宽发展渠道，创新发展规划，争相抢占各细分领域的战略制高点。

美国推出革命性纤维和纺织品计划，建立纤维和织物产业创新机构，重点发展新一代具有智能特征的纤维纱线技术和织物。美国的智能纺织计划其技术研究特点是在碳纤维、芳纶等高性能纤维及其复合材料，生物基纤维材料，地毯、非织造布等产业用纺织品领域的优势明显，特别重视信息技术和管理信息系统。国家组织、高校、大企业是产业重大核心技术供给和产业化主体，国家战略推动技术融合；杜邦公司在高新技术纤维方面以对位芳纶、生物基聚酯为代表的核心技术居于世界领先地位。2016年4月，白宫成立第8个国家制造创新网络计划（National Network Made Innovation，NNMI）项目——革命性纤维与纺织品创新制造中心，旨在NNMI项目框架指导下将传统纺织品升级为集成化和网络化的新一代纺织品。美国先进功能织物联盟AFFOA（Advanced Functional Fabrics of America）成为中标单位，由麻省理工学院牵头，与美国国防部合作，有52家公司及非营利组织、32所大学、5个州及地方政府部门、28个州代表参与其运营，其中有杜邦、康宁、英特尔等一些大公司和康奈尔大学等一流大学。纺织显然具有最为深刻的军方色彩以及深厚的材料、电子、互联网背景。

欧盟推出Horizon“2020计划”，重点是医疗器械和智能纤维制品、新工业发展用的高新技术非织造材料、轻质化的高性能复合纤维材料、纳米纤维先进材料、安全防腐纤维材料等。

德国在“工业4.0”中推出“Future TEX计划”，重点是可再生纤维材料、以顾客为中心的定制化纤维产品制造和以智能纤维为主体的未来新兴纤维材料等。德国未来纺织项目三大目标：提高资源利用率，推行循环经济；打造以客户为中心的柔性价值链：未来纺织工厂－数字化制造过程－大规模定制新的商业模式；研发未来新型纺织纤维材料，强化德国纺织纤维材料的优势地位。德国纺织产业技术创新体系完备，与纺织相关的大学和研究机构有10多个，研发人员超过2000人。高校和研究机构开展跨学科、跨专业的前瞻性研究，并不断开辟新领域，如“蓝天”（基础）研究，以政府资助项目为主；以“四大学会”[亥姆霍兹联合会（HGF）、马克斯·普朗克学会（MPG）、弗朗霍夫应用研究促进协会（FhG）、莱布尼茨科学联合会（WGL）]为代表的国家级研究机构下设相关的分领域研究所，重点发展纤维新材料。

日本依托具有强大研发能力的代表性企业，重点在高新技术纤维和高端纤维制品等领域推动研发和成果产业化，并以其科技综合优势和革命性创新，逐步占据纤维创新及产业战略制高点。日本纺织技术研究特点是高新技术纤维和高端纺织服装技术的领先优势明显：掌握了有碳纤维、对位芳纶和超高分子量聚乙烯三大高性能纤维研发和生产核心技术，拥有聚芳酯、聚对苯撑苯并二噁唑纤维、超高强维尼纶等重要品种的研发技术，日本现今的装备制造、信息和自动化技术也为纺织产业提供强大的支撑。大企业是产业技术供给和产业化的主体，东丽、帝人等大企业在新合纤领域基本拥有除装备外的从纤维到纺织品较完整的技术创新链。东丽公司拥有从碳纤维到复合材料制品的生产和研发。企业设立有不同性质的研发中心和研究所，东丽、帝人等企业在海外设立有研究所，从事应用基础研究。大学为企业提供技术服务，并联合企业进行项目研发、技术咨询服务等。

我国在工业和信息化部、国家发展和改革委员会2016年年底联合发布的《化纤工业“十三五”发展指导意见》中，从三方面对我国“纤维材料”工业发展现状进行定位：一是纺织工业整体竞争力提升的重要支柱产业，2016年，我国化纤产量4943万t，占世界化纤总量的70%，化纤占我国纺织纤维加工总量的84%。来自中国化学纤维工业协会的数据显示，2017年1—12月，我国化纤产品的产量为4919万t，同比增长4.97%；化纤产品进口量为91.7万t，同比增长13.11%；化纤产品的出口量为404.6万t，同比增长3.03%；行业实际完成固定资产投资1330.3亿元，同比增长19.2%；主营业务收入为7905.8亿元，同比增长15.69%；实现利润总额445亿元，同比大幅增长38.2%；主营业务利润率达5.63%，同比提高0.92个百分点，毫无疑问它是一个支柱性的产业；二是具有国际竞争优势的产业；三是战略性新兴产业的重要组成部分，化纤已经不再仅仅应用于传统纺织服装，它实际上关系到交通、能源、医疗卫生等各个方面。

目前，国内化纤行业拥有一个完整的产业链配套以及相关科技人才等，对增强整个产品市场竞争力极为有利。特色集群竞争力也在增强。化纤有很多集群，比如像萧山、盛泽、长乐、海安，它们各自有不同的特点；萧山是中国化纤产业龙头，企业实力强，产业链非常完整，全球占有率高；盛泽也是一个产业链配套完整、形成区域和物流优势、品牌和质量两化融合优势明显的地方；长乐地区，锦纶产业链配套完整并在逐渐提升，成为全球最大的锦纶基地等。

2.1.2 主要进展

2.1.2.1 通用合成纤维

我国化纤行业运行态势总体平稳，通用合成纤维产能过剩，产量增量已进入调整期，2015年，我国化纤生产能力增长率下降至4.5%，2016年我国化纤产量增速放缓至3.8%，全球纤维加工能力预计年均增长2.8%～3.0%，聚对苯二甲酸乙二醇酯（PET）生产能力和国内化纤需求比例保持在88%左右，聚酰胺（PA）生产能力和需求量分别增长至9%和12%，保持在合成纤维的6%，未来增量仍依靠大品种通用合成纤维。

纺织业发展必须是化纤先行，化纤发展必须用科技支撑。近年来，行业整体科技实力在提升，“十二五”期间化纤行业有6项核心技术获得国家科学技术奖二等奖、“纺织之光”中国纺织工业联合会科学技术进步奖一等奖达到13项，这些技术为化纤行业的发展提供了强有力的支撑。

（1）聚酯纤维

2017年我国聚酯产量达到约4100万t，对应PTA需求3506万t，较2016年增长

1.4%。通过多年技术创新，聚酯的聚合与纺丝国产化技术与装备日益成熟，单线产能迅速增加，单位投资与综合能耗明显降低，推动聚酯行业在近十年迅猛发展，在技术上、装备上、产量上、品种上都处于世界领先水平。

我国聚酯纤维产业链配套优势明显。产业特点：① 规模效应和完整的产业体系使聚酯纤维产业具备国际竞争优势；② 聚酯纤维绿色制造智能制造的先发优势为其创造竞争新优势；③ 同质化竞争成为产业发展隐患；④面临发达国家“再工业化”高端领域及发展中国家“承接产业转移”中低端领域的双重挤压。

国家《聚酯及涤纶行业“十三五”发展规划研究》提出，2020 年，我国聚酯涤纶总产量达到 4599 万 t，年均增速 3.2%。因此，PET 纤维企业要在国家政策扶持下，通过官、产、销、研、用“五位一体”合作，以化学改性为主要方向，改进常规产品的缺点，开发差别化、功能性、流行性、舒适性、环保性产品，提高产品的竞争性。

聚酯涤纶行业在规模超大型化、智能化、直接纺、短程化、多功能柔性化、新品种开发特色化等技术创新方面成果十分突出。采用在线添加、短程、直纺工艺，生产市场需求量大、性能优异、成本有竞争力的各类功能性差别化新品种。聚酯工业丝在大型规模化（千吨－万吨－十万吨）的同时，开发液相增黏短程化直接纺新技术，加速产业升级。

在差别化、功能性聚酯方面，中国化纤行业从资源依赖型、投资驱动型向以创新驱动型为主转变，2015 年差别化纤维开发全行业产品差别化率达到 60% 以上，差别化纤维总量超过 2340 万 t；其中涤纶长丝差别化产品产量 1900 万 t，差别化率达到 66%。“十三五”期间涤纶长丝差别化产品开发强调多重技术融合，更加关注环境友好和市场导向，提升产品附加值。差别化发展是我国化纤行业，尤其是涤纶长丝行业提升高端市场竞争力的必由之路。

“十一五”期间，以高仿真差别化纤维与新型功能化纤维为重点开发方向。“十二五”期间，提升差别化涤纶长丝产品高性能值，发展超仿真目标（超仿棉、超仿毛、超仿丝、超仿麻、超仿皮），向功能化复合化发展。

“十二五”期间，“超大容量高效柔性差别化聚酯长丝成套工程技术开发”“高品质熔体直纺超细旦涤纶长丝关键技术开发”等国家科学技术进步奖二等奖；“年产 20 万 t 熔体直纺涤纶工业丝生产技术”“万吨级国产化 PBT 连续聚合装置及纤维产品开发”等获得“纺织之光”科学技术进步奖一等奖;《高效节能短流程聚酯长丝高品质加工关键技术及产业化》获得“纺织之光”中国纺织工业联合会科学技术奖二等奖;《高保形弹性聚酯基复合纤维制备关键技术与产业化》获得“纺织之光”中国纺织工业联合会科学技术奖二等奖;《熔体直纺全消光聚酯纤维开发应用与产业化》获得香港桑麻纺织科技奖一等奖等。2018 年“超仿棉聚酯纤维及其纺织品产业化技术开发”获得

“纺织之光”中国纺织工业联合会科学技术奖一等奖。

涤纶占全球纺织纤维的50%，产业链的竞争能力依然很强劲，尽管涤纶综合性能位于合成纤维之首，但依然坚持可持续发展战略，解决服用安全问题、减少对环境影响、降低资源消耗成为业界的共识。进一步开拓、替代应用市场是提升本产业竞争力的有效手段。

（2）聚酰胺纤维

全球锦纶66聚合物总产能约300万t，其中四分之三在欧美，四分之一在亚洲。2016年锦纶66聚合物产量为231.4万t。全球锦纶66产品2015—2025年将保持年均2%~3%的增长率，其中工程塑料增速较高，但总体来看仍有过剩产能需要市场消化。

中国锦纶行业现状：一是中国锦纶应用全覆盖，产品结构有优化空间；二是企业规模发展迅速；三是技术和装备水平提升，降本增资影响行业效益回升，主要表现在锦纶主要原料突破瓶颈，产业链配套能力增强，如己内酰胺技术垄断被打破，国内产能迅速增长，自主创新取得突破，行业技术和装备水平提升装置运行成本不断下降，大容量锦纶6聚合装置及工艺得到提升，如单线产能400t/d，大规模产量全消光高速切片己内酰胺、聚合一体化，提升产业链综合竞争力，锦纶6纺丝国产设备突破，与进口设备融合，如多头纺技术推广应用，纺丝成本不断下降自动落筒等两化融合技术应用，人力成本将大幅下降；四是产能迅速扩张，供大于求，产能过剩背景下，新旧产能的博弈导致短期效益下降。未来趋势是旧产能开机不足，新产能持续增加。

开发国产化CPL和PA大聚合及细旦、多头纺、军民两用多功能锦纶材料及制品；如日产200 t PA大聚合、年产20万t CPL新技术、多功能及生态锦纶产业链系列新品种等；锦纶在我军被装装备方面有很大装备空间，军被装装备70%以上采用锦纶。

从供需情况看，锦纶上下游产能仍处于扩张期，产能、产量以及表观消费量均呈现增长态势，产能增速2019年略有下降，行业发展呈现上下游一体化趋势，未来处于中间的锦纶切片竞争激烈；从产能净增量情况来看，上游到下游产能增量逐步下降，己内酰胺产能新增最多。由于国内上下游扩能迅猛，产品进口下降，出口量明显增加，2016年中国锦纶长丝已成为净出口国家。

（3）聚丙烯腈纤维

近年来，世界聚丙烯腈（PAN）纤维（腈纶）工业经历了产业结构调整，腈纶消费占纤维总消费比例持续下降，腈纶生产与消费由欧美向亚洲转移加速，而我国腈纶行业经过多年发展，已经形成规模化，多种工艺路线并存，具有较强市场竞争能力的完整工业体系，我国也成为世界最大腈纶生产国和消费国。“十二五”期间，发达国家在腈纶领域继续致力于高附加值的研发和生产，突出表现在工业应用领域。国内高吸水、高强高模、抗菌、抗静电等高附加值腈纶纤维的研发和生产取得了一定成果。

“十二五”期间，我国腈纶有效总产能基本维持在70万~72万t。同时其他合纤品种的产量继续较快增长，并部分挤压腈纶市场空间，使得腈纶产量占合纤产量比例逐年下降，从2010年的23%继续降至2015年的1.6%。我国自20世纪60年代首次引进英国考特尔斯NaSCN湿法一步法以来，通过不断引进和消化吸收，生产工艺路线由单一的NaSCN湿法一步法发展到现在的四种工艺路线。

“十二五”期间，腈纶行业产品差别化率约27%。各企业均投入研发和生产一些差别化产品，包括高收缩、高光泽、超细旦纤维、扁平纤维、抗起球、抗静电的双抗纤维；具有羊绒质感、滑爽细腻的超柔超亮纤维；绿色环保、牢度高的原液染色纤维；具有保暖、保健功能的蓄热纤维；超柔细腻、美观时尚的混纤度腈纶丝束产品等。

（4）聚丙烯纤维

“十二五”期间，国内聚丙烯产业发展迅速，产能不断增长，为丙纶行业发展提供了原料保障。随着一步法等先进装备的应用，产业集中度不断提高；产品结构更加适应市场需求。丙纶以粗旦长丝、短纤和BCF为主要产品，主要应用于产业用和地毯领域，服用纤维占比不到3%。近年来，随着服用超细纤维长丝和家纺填充用功能性短纤维的开发，服用纤维有较快增长，2015年服用纤维占比达到3.7%，比2010年提高1.2个百分点。

丙纶长丝装备技术进步加快，目前，丙纶行业多数企业都使用模块式、纺牵一步法联合机，每位纺丝头数达12、16头，纺丝速度达1600~3000 m/min，纺丝、拉伸、定型回缩、卷绕一步法工艺技术先进、生产流程短、原料消耗和能耗低、占地小、所生产的丝强度高、质量好、产品竞争力明显增强。

丙纶再生技术取得产业化突破，“再生聚丙烯直纺长丝关键技术及装备产业化”项目2014年荣获“纺织之光”中国纺织工业联合会科学技术进步奖二等奖。丙纶生产过程清洁环保，生产技术不断进步，节能减排取得较好成绩。“十二五”期间，随着纺牵一步法、再生丙纶直纺技术的应用，丙纶行业在节能降耗方面成效显著。丙纶原液着色技术更加成熟，80%的丙纶采用色母粒染色。同时利用在线添加技术还开发出磁疗保健纤维、抗静电纤维、负离子纤维、远红外纤维、抗菌抗紫外纤维、相变储能纤维等新品种。

2.1.2.2　生物基化学纤维

生物基纤维是来源于可再生生物质的一类纤维，采用农、林、海洋废弃物、副产物加工而成，生物基化学纤维主要包括生物基合成纤维、生物基再生纤维及海洋生物基纤维。生物基化学纤维原料是以天然动植物为来源，用生物法生产的应用于生产生物基化学纤维的醇、酸、胺等原料。“十二五”期间，1，3-丙二醇（PDO）、

L-乳酸（LA）、戊二胺等生物基纤维原料突破生物发酵和分离纯化核心关键技术；高脱乙酰度壳聚糖、海藻酸和竹、麻浆粕的量产化、绿色化生产技术取得突破；壳聚糖纤维、溶剂法纤维素纤维（Lyocell）、海藻酸盐纤维和生物基聚酰胺等一批生物基纤维领域的纺丝、后整理产业化关键原创性技术取得重大突破。其中，“高品质纯壳聚糖纤维与非织造制品产业化”关键技术获得“纺织之光”2015年度中国纺织工业联合会科学技术奖一等奖，实现壳聚糖纤维从工程级到医用级应用的重大突破，填补生物基纤维领域的世界空白；千吨级Lyocell纤维产业化成套技术的研究和开发项目通过了由中国纺织工业联合会组织的科技成果鉴定，填补连续薄膜推进式真空蒸发溶解干喷湿纺先进技术路线的国内空白，“国产化Lyocell纤维产业化成套技术及装备研发”项目奖得2018年度“纺织之光”中国纺织工业联合会科学技术进步奖一等奖。海藻酸盐纤维在原料处理、溶解、原液着色、纺丝、后处理工艺取得突破；聚乳酸（PLA）纤维熔体直接纺丝关键技术在我国率先取得突破。依靠自主创新，生物基纤维及原料多项技术取得突破，为产业化的顺利实现打下坚实基础。它体现了资源综合利用与现代纤维加工技术完美融合，产品亲和人体，环境友好，并有特有的功能，引领新消费趋势。

2009年，中国工程院作为重点咨询项目“多种生物高分子新纤维工程化与产业化前景研究”立项，2010年启动项目的研究和咨询工作，2013年年初完成；2010年中国化学纤维工业协会研究提出“中国生物基纤维及其原料科技与产业发展（30年）路线图”和“支撑体系建设方案”。2013年5月，国家《生物基材料重大创新发展工程实施方案》编制工作启动。2014年，生物基材料重大工程重点支持生物基材料应用示范和生物基材料产业化集群建设，以一次性餐具、塑料购物袋、日用塑料袋及垃圾袋、酒店易耗品、农用地膜、日用包装材料为重点。支持濮阳、潍坊2个产业集群，深圳、武汉、长春、天津4个应用示范产业集群。生物基材料及生物化学纤维步入快速发展时期（表2-1）。

表2-1 生物基化学纤维产业化情况表

品种	进展情况
新型溶剂法纤维素纤维（Lyocell）	恒天天鹅股份有限公司和山东英利实业有限公司分别引进国外先进技术，建设了2套1.5万t/a生产线，已正常生产运行。中国纺织科学研究院与新乡化纤股份有限公司采用国产化技术共同建设1.5万t/a生产线，实现了国产化技术产业化生产
聚乳酸纤维（PLA）	完成聚乳酸合成及纤维制备工艺研究，上海同杰良生物材料有限公司开发出乳酸一步法聚合新技术。恒天长江开发双组分熔体直纺工艺技术，实现千吨级产业化生产，建成万吨级熔体直纺生产级。目前国内总产能为2.5万t/a

续表

品种	进展情况
聚对苯二甲酸丙二醇酯纤维（PTT）	生物法 1, 3- 丙二醇（PDO）实现产业化生产，整体技术达到国际先进水平，盛虹集团有限公司建成 2 万 t/a PDO、张家港美景荣化学工业有限公司建成 1 万 t/a PDO 生产线并稳定运行生产。PTT 纤维纺丝技术成熟，PTT 纤维已应用于纺织服装领域
生物基聚酰胺纤维（PA56）	攻克戊二胺生物转化多个关键学术和技术瓶颈，开发生物基聚酰胺聚合工艺技术和装备，实现千吨级戊二胺和聚酰胺 56 的生产，产品具有优异的吸湿排汗、本质阻燃、染色等性能，应用领域不断扩大
壳聚糖纤维	突破了超高脱乙酰度和超高黏度的片状壳聚糖提取关键技术，开发纯壳聚糖纤维及其系列制品，实现千吨级产业化生产，产品已应用于服装、医用卫材、航空航天领域等
海藻纤维	突破海藻纺丝液制备、纺丝、原液着色等技术，实现全线自动化生产，建成 5000t/a 海藻纤维生产线，产品已应用于纺织服装、生物医疗、卫生保健等

目前生物基化学纤维及原料核心技术取得新进展，关键技术取得突破。生物基化学纤维初步形成产业规模，总产能达到 35 万 t/a，其中生物基再生纤维 19.65 万 t，生物基合成纤维 15 万 t，海洋生物基纤维 0.35 万 t。生物基化学纤维标准体系建设取得突破，截至 2017 年，共计发布实施标准 21 项，其中有 13 项行业标准和 8 项化纤协会团体标准。应用领域进一步拓宽，从服装、家纺、卫生材料等领域逐渐拓展至航空航天、交通运输、产业用、医用敷料等领域，争先布局高端纤维和纺织技术。

2.1.2.3　差别化与功能化纤维

当前我国功能纤维已达到国际先进水平，冠以全球领先也不为过，其最主要的特点是通用纤维的多功能化和高性能化。纤维的性能向高性能、高功能及结构功能化方向发展；纤维成分由单一向复合、简单向多重构筑方向发展；纤维层次由被动向主动方向发展，重点开展智能化纤维的研究；成纤聚合物的合成；纤维成形技术向生物化方向发展。如具有阻燃、抑菌、抗静电等功能，如硅 – 氮系阻燃粘胶短纤维、聚丙烯腈预氧化纤维、阻燃涤纶、阻燃锦纶，导电涤锦复合纤维、导电间位芳纶纤维，铜碳纳米聚酰胺 6 生态抑菌纤维、聚乳酸生态抑菌纤维、超细旦多孔再生聚酯生态抑菌纤维、异形聚酰胺 6 生态抑菌纤维等。其主要应用于特种军服和消防服、飞机和高铁内饰材料、高档纺织品、医用卫材等领域。

化学纤维最大的品种是聚酯纤维，通过聚酯聚合、纺丝等高新工艺技术、先进装备技术的应用实现资源的高效利用、降低生产成本、提高生产效率、提高产品质量和差异化程度、增强企业的市场竞争力。其主要技术手段包括：大容量聚合、熔体直纺、自动化控制、节能环保技术和从原料、聚合、纤维生产、中间加工品和制品的整个生产链的一体化技术集成。

采用先进的低温短流程平推流塔式聚酯技术、就地闪蒸热媒加热技术、EG蒸汽喷射泵与机械液环泵真空获得系统技术、溴化锂制冷机回收酯化废蒸汽技术、液相增粘技术、熔体直纺在线共混改性技术、原液着色技术等，促进聚酯纤维产业可持续发展。

通过聚合柔性化、纤维细旦化、异型化、多功能化拓宽纤维应用领域，实现纤维产品的差异化和高附加值。大型化、直接纺在保证质量稳定、低成本优势的同时，实现柔性化生产高附加值、功能性和差别化的纤维品种。

大量使用多功能、多组分、复合、混纤、细旦、超细旦、四异（纤度、收缩、截面、材质）、中空、易染等差别化纤维和具有抗静电、高吸水、抗起球、阻燃、导电、远红外保健、紫外线屏蔽、荧光、香味、防污、透气、防水等功能纤维来开发生产高档化纤面料。产品正由单一功能向多功能、高仿真、高性能、舒适化、特色化等方向发展。

我国前沿纤维新材料品种逐渐扩展，目前以相变储能粘胶智能纤维、光致变色再生纤维素纤维、蓄热聚丙烯腈功能保暖纤维和模拟人体器官用中空纤维等为代表的智能仿生纤维逐渐起步；静电纺纳米纤维、纳米改性聚苯硫醚纤维、生物纳米纤维和碳纳米管在理论研究和应用方面均有所突破，以石墨烯改性聚酯纤维、石墨烯再生纤维素纤维、石墨烯改性聚酰胺6纤维材料为代表的石墨烯材料在纤维应用领域不断扩展。

2.1.2.4 高性能纤维

目前，包括碳纤维在内的我国高性能纤维所有品种稳步发展，品种齐全，产能规模已居世界前列。我国碳纤维、芳纶和超高分子量聚乙烯三大品种产量占全球的三分之一，碳纤维、间位芳纶、超高分子量聚乙烯纤维、聚苯硫醚纤维和连续玄武岩纤维发展基础强化；间位芳纶、连续玄武岩纤维、聚酰亚胺纤维产业发展进程加快；聚芳醚酮纤维、碳化硅纤维研发力度加大。碳纤维、聚酰亚胺纤维、高性能聚乙烯纤维、高模量芳纶纤维、聚四氟乙烯纤维等生产工艺技术进步明显；碳纤维、芳纶、玄武岩纤维等高水平研发体系初步形成。

我国已成为全球范围内高性能纤维生产品种覆盖面最广的国家。2015年国内高性能纤维总产能达到18万t，实现出口共计3.8万t，“十二五”期间累计增长150.6%，年均增长率达20.2%。碳纤维、间位芳纶、聚苯硫醚纤维和连续玄武岩纤维等实现快速发展，产能突破万t；对位芳纶、聚酰亚胺纤维、聚四氟乙烯纤维等实现千吨级产业化生产，填补国内空白，打破国外垄断。聚芳醚酮纤维、碳化硅纤维等攻克关键技术，为实现产业化奠定基础（表2-2）。

表 2–2　高性能纤维产能情况表

品种	产能（t/a）
碳纤维	20100
芳纶	21500
超高分子量聚乙烯纤维	15000
聚苯硫醚纤维	10500
聚酰亚胺纤维	3000
聚四氟乙烯纤维	6000
连续玄武岩纤维	18000
合计	94100

2017 年，纺织行业有三项成果获得国家科技奖的最高荣誉：干喷湿纺千吨级高强 / 百吨级中模碳纤维产业化关键技术及应用、工业排放烟气用聚四氟乙烯基过滤材料关键技术及产业化、超高速数码喷印设备关键技术研发及应用项目分别获国家科学技术进步奖一等奖、二等奖和技术发明奖二等奖。

表 2–3　中国纺织工业联合会科技进步奖一等奖高性能纤维项目汇总

年份	项目名称
2010	千吨规模 T300 级原丝及碳纤维国产化关键技术与装备
2011	碳 / 碳复合材料工艺技术装备及应用
2013	聚酰亚胺纤维产业化
2013	高性能聚乙烯纤维干法纺丝工业化成套技术
2013	年产 5000 t PAN 基碳纤维原丝关键技术
2014	高模量芳纶纤维产业化关键技术及其成套装备研发
2014	膜裂法聚四氟乙烯纤维制备产业化关键技术及应用
2015	干法纺聚酰亚胺纤维制备关键技术及产业化
2016	千吨级干喷湿纺高性能碳纤维产业化关键技术及自主装备

高强型碳纤维在千吨级产业化生产的基础上，攻克干喷湿纺工艺技术难关，特别是T700 干喷湿法突破，以及 T800 级 MJ 系列突破，提高生产效率，降低生产成本，拓展产品应用，实现了规模化生产，高模型、高强高模型碳纤维已突破关键制备技术；高强中模型、高模型碳纤维产业化技术相继突破，高强高模型碳纤维关键技术突破，逐步丰富国内高端产品品种。超高分子量聚乙烯纤维突破干法纺丝生产工艺，实现千吨级产业化生产，迈入国际技术先进行列。间位芳纶产业化技术逐步成熟，

产品实现系列化。聚苯硫醚纤维突破线性纤维级树脂合成与纯化成套技术，纤维品种和质量不断提升。间位芳纶、超高分子量聚乙烯、聚苯硫醚等纤维产品的生产规模及产品质量已达到国际水平；聚酰亚胺纤维突破干法纺丝生产工艺，独创的“反应纺丝技术”具有自主知识产权，填补了国际空白，处于国际领先水平。连续玄武岩纤维突破1200孔漏板和“一带六”组合炉技术进一步扩大生产规模和降低生产成本，为未来大规模生产奠定基础。由中复神鹰碳纤维有限责任公司牵头完成的“干喷湿纺千吨级高强 / 百吨级中模碳纤维产业化关键技术及应用”项目荣获国家科学技术进步奖一等奖。

国产高性能纤维在民用航空、交通能源、工程机械装备、建筑结构和海洋工程等领域已得到广泛应用。间位芳纶、聚苯硫醚纤维、聚酰亚胺纤维、聚四氟乙烯纤维等已大量应用于耐高温过滤材料，不仅延长了滤袋使用寿命，而且提高了过滤材料的综合性能。由连续玄武岩纤维制成的汽车消音器滤料已批量出口，复合材料通用工艺装备、成形技术已接近国际先进水平，其中缠绕工艺相对成熟，拉挤技术逐步推广，液体模塑成型工艺逐步丰富，其中树脂传递模塑工艺逐步向快速高效率成型方向发展，可成型大型复杂构件。产品在民用航空交通能源、工程机械装备、建筑结构和海洋工程等领域已得到广泛应用。

经过多年建设，以高校、科研院所和企业为依托，建设一批高水平国家级工程技术中心、实验室、企业技术中心和产业技术创新联盟，提供开展高性能纤维技术研发和工程化、产业化研究的平台，培养一支理论水平较高并具有实际经验的高水平研发队伍，初步形成高性能纤维的研发、生产和应用体系，推动基础研究、工程化研究、产业化研究快速发展，为我国高性能纤维行业发展提供了高水平技术支撑。

目前，我国高性能纤维已成功应用于体育休闲、风力发电叶片、建筑补强、机械制造、光纤增强等工业用领域，特别是在高温粉尘过滤、基础设施建设和安全防护用品等方面取得了较为突出的成就。表2-4为一些高性能纤维产业化的情况。

表2-4　高性能纤维产业化情况表

品种	进展情况
聚丙烯腈基碳纤维（PAN-CF）	突破干喷湿法原丝纺丝工艺技术，实现原丝多元化发展；碳纤维产品已覆盖高强、高强中模、高强高模等多个系列，产品牌号不断丰富，其中T700级碳纤维已具备较强市场竞争力，T800级碳纤维性能基本与国外同类产品一致，M30、M35、M40级碳纤维可满足国内市场应用需要

续表

品种	进展情况
芳纶	间位芳纶已实现规模化生产，产品品质已接近国外先进水平，形成长丝、短纤和芳纶纸三大品种结构。对位芳纶实现高强型、高模型产品国产化，产品主要包括K29、K129、K49三种型号，纤维在强度、色泽、均一性、稳定性、耐温性等方面有较大提高，并完成在个体防护装备中的应用验证
聚苯硫醚（PPS）	突破线性纤维级树脂合成与纯化成套技术和纤维改性技术，提高产品的氧化诱导温度，产品逐渐向细旦化发展，主要应用在过滤材料领域
超高分子量聚乙烯纤维（UHMWPE）	已形成湿法和干法两种生产工艺，产品质量达到荷兰DSM SK75水平、接近SK90水平，产品主要用于防弹无纬布、防割手套、绳缆三大领域，实现产品出口，并逐步向民用领域拓展
聚酰亚胺纤维（PI）	已形成湿法和干法两种生产工艺，均实现千吨级产业化生产规模，突破染色技术，产品主要应用于耐高温过滤材料、森林消防服、户外防寒服等领域
连续玄武岩纤维（CBF）	突破1200孔漏板和“一带六”组合炉技术，生产规模进一步扩大，纤维产品主要为短切纱、无捻粗纱和有捻纱，制品主要是复合筋和纤维布。目前，我国连续玄武岩纤维在规模和技术上处于国际领先水平
聚四氟乙烯纤维（PTFE）	突破膜裂法工艺技术，实现千吨级产业化生产能力，产品主要应用于过滤材料领域，浙江理工大学等研制出制备过滤袋的重要材料——化学性能稳定的PTFE纤维，集除尘和二噁英催化分解功能于一身的过滤系统可解决对粉尘过滤精度低、对气态二噁英无法截留的问题

2.2　趋势预测（2025年）

树立“创新、协调、绿色、开放、共享”的发展理念，以“中国制造2025”战略为指导，在创新型国家建设的大背景下，紧紧围绕提升化纤工业科技水平，实施创新驱动战略，聚焦行业重大共性关键技术和应用基础研究，加快科技成果转化应用，推进科技体系协同创新，全面提升研发设计、工艺技术、生产装备、产品开发水平和能力，培育国际竞争新优势，为建设化纤强国提供强有力的科技支撑。

目前，我国纤维新材料产业的创新发展主要体现在三方面：功能纤维材料开发与品质提升、生物基化学纤维的产业化、高性能纤维的产业化和产品系列化的发展，并以此为基础突破智能制造、绿色制造、品牌与质量提升。

纤维材料发展趋势必然是高新技术化，发展化学纤维高效柔性、多功能加工关键技术及装备。重点突破高效、低能耗、柔性化、自动化、信息化技术，开发多重改性技术与工程专用模块及其组合平台，实现涤纶、锦纶等通用纤维规模化、低成本与高品质附加值产品的统一。依托大容量工程基础，实现通用纤维多重改性，纤维差别化与功能化品质的提升。通过对差别化、功能化通用技术纤维关键技术的突破，形成高仿真、高品质化的功能复合纤维产业化链，提高产品的附加值，提升我国聚酯产业链的竞争力。实现锦纶制备规模化与低成本化、功能化、差别化及高性能化。进一步提高化纤仿真技术水平，在原液染色、抗起球、抗静电、阻燃、防熔滴等差别化、功能化技术方面实现突破。纤维成分由单一向复合、简单向多重构筑发展。扩展高性能纤维在航空、航天等高新技术领域的应用，拓展高性能纤维在过滤、纺织、包装等基础材料领域中应用，实现高性能纤维及制品的低成本、高附加值，提升产品的竞争力。实现新型生物基纤维在服装、家纺和产业方面的应用，满足人们对功能纺织品的需要；实现静电纺纳米纤维在过滤、防护服装、能源和生物医用领域的实际产业化应用，满足人们的生活应用；实现纳米纤维，满足我国在土木工程、建筑等方面的需求；实现国产高等级工程用短切纤维完全替代进口，并实现净出口。

在通用合成纤维，如涤纶、锦纶等纤维品种继续保持世界领先地位的前提下，2025 年功能纤维的生产和应用达到国际领先水平。在纤维功能化方面需要解决和重点研究的科学问题如下：

1）大品种成纤聚合物的分子设计、原位可控合成功能化及熔体直纺大容量聚合过程控制原理。通过新型高效绿色催化剂，功能性及智能型共聚单体，原位可控合成功能化，连续聚合过程控制，在线多重添加和脱单系统实现通用纤维大容量熔体直纺功能化与高品质相结合。聚酯、聚酰胺聚合与纺丝动力学与结构演变机理的全流程计算机模拟，己内酰胺环状低聚物形成和控制机理。

2）成纤聚合物复杂流体流变行为、高速纺丝动力学及纤维结构与性能调控机制。在通用纤维细旦化与功能化研究中，不仅要了解聚合物复杂流体的基本结构与性能，为纤维成形加工提供基础理论及技术指导，还要探索纤维成形加工过程中的新技术、新方法，打破常规纺丝的理念，获得新的纤维结构与形态，实现新型功能纤维的制备与产业化。

聚合物复杂流体的流变行为及规律是建立多相聚合物高速纺丝动力学的基础。分析成纤聚合物复杂体系中基体相和功能性组分在加工流场（剪切流场和拉伸流场）中的受力情况，研究在纺丝成形加工外场作用下纤维结构沿纺程的演变和发展机理，是发展多功能通用合成纤维的关键。

在传统的熔法纺丝、湿法纺丝、干法纺丝及静电纺丝法之外，出现一系列新型的纺丝技术，如离心纺丝、Zetta 纺丝和磁纺反应技术等。

3）有机 / 无机杂化功能纤维的表面与界面特性及其相互作用机理，研究通用纤维表面活化规律，活性界面黏结材料设计、合成与优化，无机功能纳米材料的表面构筑及外力作用下纤维表面与界面研究。

2.2.1　生物基化学纤维材料制备技术

2.2.1.1　需求分析

生物基化学纤维及其原料是我国战略性新兴生物基材料产业的重要组成部分，具有绿色、环境友好、原料可再生以及生物降解等优良特性，有助于解决当前经济社会发展所面临的严重的资源和能源短缺以及环境污染等问题，同时能满足消费者日益提高的物质生活需要，增加供给侧供应，促进消费回流。我国生物质资源储量十分丰富，以农、林、牧、海洋等生物资源为原料生产化学纤维具有很好的发展前景，符合绿色、循环、可持续发展的战略。国家将生物产业列为七大战略性新兴产业之一，提出了大力开发生物基化学纤维及其原料。

目前生物基化学纤维及原料核心技术取得新进展，生物基化学纤维初步形成产业规模，应用领域进一步拓宽，从服装、家纺、卫生材料等领域逐渐拓展至航空航天、交通运输、产业用、医用敷料等领域，争先布局高端纤维和纺织技术，一些关键技术亟须突破。

2.2.1.2　关键技术

以生物基纤维制备与应用全流程系统设计为目标，攻克生物基纤维及原料产业化瓶颈，实现国产化的规模制造，着力开发生物基纤维在服装、家纺和产业用纺织品等方面的应用。到 2025 年，我国将实现多种新型生物基纤维及原料技术的国产化，聚乳酸、生物基聚酯、生物基聚酰胺、壳聚糖等生物基化学纤维主要品种形成规模化生产，实现生物基原料产量 120 万 t 左右、生物基纤维 160 万 t 左右。

（1）生物基碳源纤维制备技术

开发木薯淀粉、秸秆、玉米芯等非粮食资源生物基原料。解决大多数产品成本高、市场竞争力不强、关键技术与产品受制于外，产业化基础薄弱、产业布局分散、产业链尚未有效形成，应用推广有限的问题。

重点攻克低成本 L- 乳酸发酵、高效分离、提纯和聚合技术。突破万吨级 PLA 聚合 / 熔体直纺关键技术。攻克丙交酯提纯、无溶剂本体聚合等核心技术瓶颈，通过提高结晶度 L- 乳酸，D- 乳酸立构复合技术，提高聚乳酸耐热性。攻克聚乳酸染色技术瓶颈；重点攻克生物二元醇高效分离产业化及应用技术，积极推进生物法高效生产乙二醇（EG）、1, 3- 丙二醇（PDO）、1, 4-丁二醇（BDO）、二元混醇产业化，满足纤维、成形加工性能要求。

突破年产万吨级生物基长链二元酸、万吨级戊二胺生产线，推进万吨级 PA56 聚合，满足 PA56 纤维加工性能要求。建设千吨级 Y- 氨基丁酸（GABA）和 PA4 试验线，完成 Y- 氨基丁酸（GABA）与乳酸共聚两千吨生产线开发。

重点攻克国产虾、蟹壳、海藻等海洋生物基化学纤维原料，实现原料多元化。开发竹、麻等新型纤维素纤维原料，扩大生产规模，缓解纤维素纤维国产原料的严重不足，实现“原料替代”。开发高效生物酶和绿色生物处理过程工艺，推进绿色制浆与纤维生产一体化技术，实现规模化生产。到2025年形成生物基原料替代率超过5%。

（2）环境友好溶剂法纤维素纤维制备技术

重点攻克新型纤维素纤维的低成本工程化技术，通过引进消化吸收、自主创新，突破纤维素溶解、溶剂回收等核心关键技术，实现低成本化生产。如，Lyocell纤维、低温碱尿素溶液纤维素纤维、纤维素衍生物熔融纺丝等。用绿色环保的纺丝技术替代传统的“三高”工艺路线，实现“过程替代”。

突破环境友好型溶剂法竹、麻纤维素纤维工程化技术，推广使用绿色环保的纺丝技术，建成绿色工艺示范生产线，实现规模化生产。研究提升低温碱/尿素法、纤维素氨基甲酸酯纤维物理性能的纺丝新技术。

建成麻类生物法脱胶，形成高附加值麻类纤维单线产能3万t/a的绿色生物工艺示范工程，达到纺织高支麻类纱线的要求。

攻克高效低成本等秸秆预处理产业化技术，纤维素专用工业酶产业化技术、生物质生物量全利用技术和在线即时检测技术，引导行业利用生物技术提升产业水平。改造传统再生纤维素纤维生产工艺，推广应用绿色加工新工艺、集成化技术，形成单线产能3万~5万t/a，推进20万t/a的绿色制浆规模化生产和万吨级新溶剂法纺丝纤维素纤维产业化，实现综合能耗比传统粘胶纤维生产下降30%、水耗下降50%、COD排放下降50%。

实现产业化，万吨规模新溶剂法纤维素纤维溶剂回收率高于99.5%，到2025年总产能达到40万~50万t左右生产能力。突破微晶纤维素纤维产业化及应用，实现万吨级生产，扩大在造纸、皮革等领域的应用。

（3）聚乳酸纤维制备技术

聚乳酸纤维产业技术和应用的发展必须攻克聚乳酸纤维大规模产业化科学基础和关键技术问题，建立国际领先的聚乳酸纤维低成本、大规模产业化的技术体系，提高聚乳酸纤维差别化功能化率，为我国成为生物质纤维强国、纤维产业的可持续发展，提供系统技术支撑。

L-乳酸高效分离、提纯和聚合工艺技术装置，直接纺PLA产业化、纺织加工技术；高光学纯、高分子量PDLA合成；耐温改性聚乳酸聚合加工技术；两种构型聚乳酸共混纺丝最佳工艺；赋予纤维高立体复合型结构和优良力学性能的最佳后处理工艺。

重点突破非粮原料发酵制备乳酸的技术，D- 丙交酯的高效制备及提纯技术，高品质聚乳酸连续聚合、纺丝产业化关键技术，差别化、功能聚乳酸纤维开发技术。国产化核心关键技术，推进 PLA 纤维万吨级产业化生产，全面打通 L- 乳酸→聚合→聚乳酸纤维国产化工艺流程，推进聚乳酸纤维熔体直纺，进一步降低生产成本，改善聚乳酸纤维的耐热性与染色性能。研究开发 PHBV/PLA 共混纺丝技术，突破千吨级产业化技术，实现万吨级规模化生产，突破聚乳酸废旧品的回收利用技术。到 2025 年实现产业化生产，满足国内对聚乳酸原料的需求。

（4）聚对苯二甲酸多组分二元醇酯（PDT）纤维制备技术

需要进一步解决的关键技术：生物基乙二醇的生产、提纯技术，提高原料稳定性；生物基聚酯合成技术；生物基聚酯纤维（长丝、短纤）纺丝技术；生物基聚酯纤维织造、染整、后处理技术。实现产业化，2025 年纤维总产能达到 30 万 t 左右。突破 PDT 聚合技术，实现 PDT 纤维的产业化稳定生产，扩大 PDT 纤维的应用范围；优化纤维级 PBT 树脂合成技术，实现 PBT 纤维规模化、低成本化生产，进一步扩大生产规模。

（5）生物基聚酰胺纤维制备技术

生物基 PA 系列产品研究与开发均已相继展开，生物法生产戊二胺和长链二元酸实现产业化突破，已建成千吨级聚酰胺 56 聚合装置。生物基聚酰胺纤维前期开发和应用已覆盖服装、装饰用、产业用等各个领域，生物基聚酰胺纤维可分为服用长丝、工业用长丝、BCF、短纤维、单丝等，还可以通过与聚酯共聚、共混、复合等方式改善聚酯纤维吸湿性、染色性、柔软性以及生产新型差别化复合纤维。

需要进一步研究纤维级生物基聚酰胺的聚合、纺丝技术及设备；突破生物基聚酰胺 56 聚合技术、纺丝生产技术；攻克生物法长碳链聚酰胺聚合及纺丝生产技术，生物基聚酰胺纤维回收利用技术。突破关键技术难点，初步形成具有完全自主知识产权的生物基聚酰胺纺丝技术。到 2025 年聚酰胺 56 纤维总产能将达到 10 万 t 左右。

（6）壳聚糖包覆纤维素纤维制备技术

已设计开发了纺丝专用喷丝头，确定相关工艺参数，在实验室制备出壳聚糖包覆纤维素纤维。需要进一步研究：与产业化规模相适应的喷丝头组件及拉伸、水洗、干燥等纺丝工艺及装备等，解决纤维强度低、容易粘连等产业化关键技术难题；工业化连续生产工艺参数在线实时监测与自动补偿，纺丝废液的回收与循环利用等；评价新纤维的性能与应用领域，突破关键技术，建立示范生产线。2025 年形成产业化技术体系，实现万吨 / 年左右的产能，扩大其在高档服装面料、高端医用敷料、家纺及产业用纺织品领域的应用。

2.2.1.3 技术路线图

方向	关键技术	发展目标与路径（2021—2025）
生物基化学纤维材料制备技术	生物基碳源纤维制备技术	目标：生物基原料替代率超过 5% L- 乳酸发酵、高效分离、提纯和聚合技术 万吨级生物基长链二元酸、万吨级戊二胺产业化
	环境友好溶剂法纤维素纤维制备技术	目标：产能达到 40 万~ 50 万 t 生产能力 纤维素溶解、溶剂回收等核心关键技术 提升低温碱 / 尿素法、纤维素氨基甲酸酯纤维物理性能的纺丝新技术
	聚乳酸纤维制备技术	目标：突破丙交酯关键技术，实现产业化生产 熔体直接纺丝产业化生产技术 耐热性和染色性技术
	聚对苯二甲酸多组分二元醇酯纤维制备技术	目标：2025 年纤维总产能 30 万 t 左右 生物基乙二醇生产提纯技术 生物基聚酯纤维织造、染整后处理技术
	生物基聚酰胺纤维制备技术	目标：聚酰胺 56 纤维总产能达到 10 万 t 左右 进一步研究纤维级生物基聚酰胺的聚合、纺丝技术及设备 开发与聚酯共聚共混技术及其纺丝技术
	壳聚糖包覆纤维素纤维制备技术	目标：实现万 t/a 左右的产能，扩大在高档家纺及产业用纺织品领域应用 确定纺丝相关工艺参数 工业化连续生产工艺参数在线监测与自动补偿

图 2-1　生物基化学纤维材料制备技术路线图

2.2.2 差别化与功能化纤维材料制备技术

2.2.2.1 需求分析

差别化纤维材料作为一类新型的化学纤维，因与传统通用纤维相比具有易染、高吸湿、抗静电、抗菌、防紫外等特性而受到了服装企业和消费者的关注。功能纤维是代表材料、化工、纺织及相关领域科技发展水平的纤维材料，是纤维、纺织、染整、服装、精细化工等领域的科技工作者关注的热点。专业研究人员通过各种技术手段赋予合成纤维各种功能，让合成纤维的特点得到充分发挥的同时也获得了意想不到的收获，使纤维材料发生了划时代的变化，出现了所谓的“超天然纤维”概念，即在模仿天然纤维的过程中得到天然纤维不具备的性能。

当前我国功能纤维已达到国际先进水平，其最主要的特点是通用纤维的多功能化和高性能化。纤维的性能向高性能、高功能及结构功能化方向发展；纤维的成分由单一向复合、简单向多重构筑方向发展；纤维的层次由被动向主动方向发展，重点开展智能化纤维的研究；成纤聚合物的合成和纤维成型技术向生物化方向发展。

2.2.2.2 关键技术

2025 年功能纤维全面达到国际领先水平，差别化率达到 70%。

突破关键技术和目标：

（1）熔体直纺原液着色功能纤维产业化技术

突破关键技术，开发高色牢度深色纤维，提高聚酰胺、直纺聚酯原液染色纤维强度、耐光牢度等。2025 年形成较为完整的原液着色纤维与纺织品产业体系和标准体系。

（2）环保型高阻燃纤维制备技术

攻克阻燃、抑烟、抗熔滴聚酯的聚合及纺丝关键技术，建立示范生产线。2025 年形成产业化技术，建成 50 万 t/a 左右产能。

（3）锦纶 66 纤维规模化功能产品制备技术

开发 5 万~ 10 万 t/a 锦纶 66 聚合工程，升级现有生产技术，优化产品性能，开发高强聚酰胺 66 工业丝，拓宽市场应用。2025 年实现锦纶 66 原料规模化制备，大力提升我国锦纶 66 生产规模与技术水平，改变我国锦纶 66 原料受制于人的被动局面。

（4）静电纺丝制备技术

已拥有多针头式静电纺丝中试设备，下一步需解决：①静电纺丝理论模型研究，溶剂型静电纺丝技术，纳米纤维结构精细调控，提高产量的静电纺丝技术；②产业化设备开发，实现连续生产线上稳定生产及有机溶剂高效回收等。

2025 年形成产业化技术，建成 300 万 m^2 年产能，扩大其在户外防水透气、卫生用品、污水处理、电池隔膜等领域应用。

（5）功能腈纶制备技术

目前超细旦抗起球纤维、抗静电纤维的中试工作已经完成。需重点解决工业化生产时聚合物含水不稳定、连续可纺性差的问题。

2025 年形成产业化技术，建成 3 万 t/a 产能，扩大其在衣料、家纺、卫生用品、工业产品等领域应用。

（6）熔融纺制丙烯腈共聚物纤维

目前，实验室已设计合成出可熔纺加工丙烯腈－丙烯酸甲酯共聚物和丙烯腈－马来酸二甲酯共聚物等，分解温度较熔融温度高 50 ℃以上，并通过熔融纺丝制成纤维。需要进一步解决能够在连续生产线上实现丙烯腈共聚改性技术；熔融纺丝技术与装备；评价新纤维性能与应用领域。

2025 年形成产业化技术，建成万吨级产能，扩大其在衣料、家纺、卫生用品、工业产品等领域应用。

2.2.2.3 技术路线图

方向	关键技术	发展目标与路径（2021—2025）
差别化与功能化纤维制备技术	熔体直纺原液着色功能纤维产业化技术	目标：形成较为完整的原液着色纤维与纺织品产业体系和标准体系
		突破熔体直纺原液着色关键技术
		提高直纺纤维原液染色纤维强度、耐光牢度等
	环保型高阻燃纤维制备技术	目标：2025 年建成年产能 50 万 t 左右
		阻燃、抑烟、抗熔滴聚酯的聚合及纺丝关键技术
		建立示范生产线
	锦纶 66 纤维规模化功能产品制备技术	目标：大力提升我国锦纶 66 功能化技术水平
		锦纶 66 原料规模化制备
		开发高强锦纶 66 工业丝
	静电纺丝制备技术	目标：2025 年形成产业化技术
		高产量及精细结构调控
		产业化设备开发，实现连续生产线上稳定生产

续图

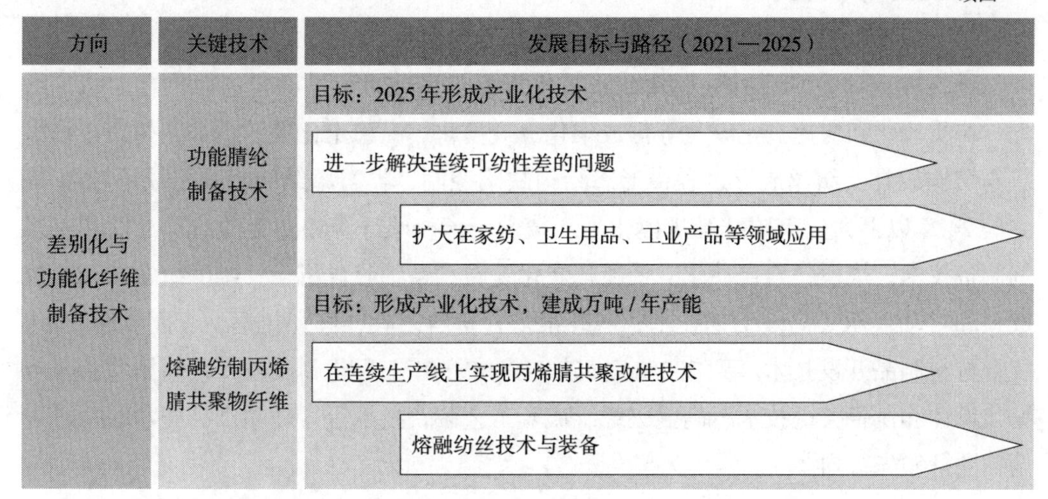

图 2-2　差别化与功能化纤维制备技术路线图

2.2.3　高性能纤维材料的制备技术

2.2.3.1　需求分析

近年来我国纤维产业得到了快速发展，通用纤维的加工量达到了全世界产量的 60% 以上，高性能纤维产量虽然较小，但其以优异的力学性能、环境稳定性及优良的服役行为，在国民经济发展中发挥了重要作用，甚至成为不可或缺的战略新材料。随着国际及国内市场对高性能纤维需求的不断攀升，行业市场更加广阔，需进一步提升与突破高性能纤维重点品种的关键生产和应用技术，充分发挥并拓展高性能纤维作为战略性新兴材料在航空航天装备、海洋工程、先进轨道交通、新能源汽车和电力等领域的应用。攻克国家必不可少的高性能纤维制备的关键技术，满足高技术领域需求。随着基础设施建设、环境治理及现代交通工具等领域的不断发展，对高性能纤维的需求也将持续增长。2025 年大力推动高性能纤维发展，满足工业领域日益增长的市场需求，同时使国产高性能纤维生产基本满足航空航天需求。

围绕高性能纤维及复合材料产业发展，下一步重点推进系列重点产品产业化。大力推进碳纤维及复合材料、高强、高模聚酰亚胺、石墨烯纤维等高性能纤维高附加值、低成本关键工艺及装备工程化，加强标准研究制定，开发系列品种，推动重点领域应用。

以纤维的高性能、低成本制造技术和复合材料制造技术先进化、低成本化为发展重点，逐步实现材料研发 – 设计 – 制造 – 评价一体化、功能化、智能化。

2.2.3.2 关键技术

（1）碳纤维制备技术

高性能低成本碳纤维规模化制备技术方面，突破大容量稳定高效聚合、高速纺丝、均质氧化和快速氧化碳化等低成本化、规模化、高稳定化关键技术，如聚合物组成与结构设计、纺丝成形过程中形态结构缺陷控制、类石墨结构超分子缺陷控制等；突破 24 K 以上大丝束碳纤维规模化生产技术；国产碳纤维相匹配的纺丝油剂和上浆剂制备技术；规模化、自动化、低能耗炭化装备和精细收丝机；三维编织、自动铺放成型和自动模压等高效工艺技术；碳纤维复合材料回收、修补技术、表面改性技术、复合材料制品开发技术。到 2025 年突破 T1000/M60J 工程化制备技术，基体树脂强度韧化设计和制备关键技术、高强碳纤维成套工艺装备技术等，高端产品技术水平进入全球同行领先行列。

T300/T700 碳纤维质量价格与进口产品相当；T800/M55J 碳纤维复合材料技术成熟度达到九级；碳纤维复合材料满足航天航空需要；实现复合材料部件在能源、交通等领域中的示范作用。2025 年 T800 碳纤维质量价格与进口产品相当；T1000/M55J 工程化制备，产品完成应用评价；高强碳纤维复合材料技术成熟度达到九级；国产碳纤维复合材料满足大飞机制造要求；实现国产碳纤维复合材料部件在能源、交通等领域中的成熟作用，我国复合材料技术达到世界同步发展水平。

（2）高强高模对位芳纶制备技术

我国已实现基本型对位芳纶纤维的量产，但高强型（杜邦 KM2）和高模型（杜邦 K–49AP）两种高端产品的工业化制备技术尚未突破，仍需从国外进口，严重制约相关产业的发展。针对个体防弹、室外光缆增强、建筑补强和复合装甲等领域的技术需求，开发高强型和高模型对位芳纶产业化技术，具备批量供应能力，并开展相关应用技术开发和应用验证。

现已突破对位芳纶工程化制备关键技术，建成千吨级连续生产线，产品力学性能指标达到 Kevlar29AP 水平，并在光缆、橡胶和防弹等领域初步应用。需要突破的关键技术是聚合分子量精确控制技术、聚合物的高效溶解、纤维细旦化（高强化）纺丝技术和高温热定型（高模化）制备技术。2025 年形成 3000 t/a 产能，扩大防弹、建筑和光缆领域的市场份额。

（3）中高强聚乙烯纤维制备技术

冻胶纺丝法生产超高强高模聚乙烯纤维，存在溶剂回收纯化能源消耗大、成本高等问题。中高强度低成本聚乙烯纤维短缺。研究超高分子量聚乙烯解缠剂，实现超高分子量聚乙烯熔融纺丝技术。

研究分析有关超高分子量聚乙烯解缠剂，初步探索超高分子量聚乙烯熔融纺丝方法。需要进一步解决关键技术：研究超高分子量聚乙烯解缠剂；研究中高强度聚乙烯熔融纺丝技术及装备。突破关键技术难点，形成中高强度聚乙烯纤维熔融纺丝制备技术。

到2025年完善中高强度聚乙烯纤维制备工艺技术，形成一套成熟的中高强度聚乙烯纤维制备技术。

（4）沥青基连续碳纤维制备技术

国内在沥青碳纤维研发方面已有一定基础，需要进一步解决纺丝沥青的调制，确定纺丝沥青的技术指标；连续纤维收丝技术，解决低强度、脆性沥青纤维连续收丝技术；快速不熔化工艺研发。2025年形成产业化技术，建成50 t/a产能，为航天等部门供货。

（5）高强度聚酰亚胺纤维制备技术

拥有自主知识产权的耐高温聚酰亚胺生产线已经建成投产，已有产品投放市场，为高强度聚酰亚胺纤维突破关键技术奠定了良好基础，需攻克的技术难题：聚合物的分子结构设计、聚合技术、纺丝工艺、聚酰胺酸原丝的转化及高温拉伸。2025年建设年产能20万t/a以上的高强度聚酰亚胺纤维示范性中试生产线。

（6）大规模稳定化连续玄武岩纤维制备技术

我国已经掌握年产800 t全电熔小池窑（组合炉）技术，并掌握1200孔拉丝漏板技术，还需要进一步解决2000孔拉丝漏板技术；遴选出长寿命与全电熔池窑适配的耐火材料；钼电极底插技术；工艺自动化控制技术；若干高性能低成本连续玄武岩纤维浸润剂技术等。到2025年实现年产3000 t电熔池窑装备、年产5000 t气电结合池窑装备的稳定生产，最大拉丝漏板达到2000孔。

（7）高品质纤维级聚苯硫醚树脂及差别化制备技术

提升聚苯硫醚纤维性能，开发细旦与细旦异形纤维产品，实现批量生产；突破PPS超细、异形、改性、复合关键技术，单丝产品直径0.1～0.9 mm，并实现批量生产；开发PM2.5级精细滤料专用规格（1 D以下）纤维及其复合滤料，提高抗氧化，滤袋使用寿命普遍达到3年以上。2025年，大力推广聚苯硫醚酮和聚苯硫醚砜纤维在过滤材料及特种行业服用领域的应用。

（8）连续碳化硅纤维制备技术

碳化硅纤维具有高强高模、高温抗氧化、耐化学腐蚀及优异电磁波等特性，可用于航天、航空等尖端装备的推进及防御系统，连续碳化硅纤维产业化可以大幅提高装备续航能力、服役寿命、机动性等。利用有机先驱体可熔可溶特性，将有机硅纺制成原丝，进行不熔化处理、高温烧结，制成连续碳化硅纤维利用有机先驱体可熔可溶特性，将有机硅纺制成原丝，进行不熔化处理、高温烧结，制成连续碳化硅纤维。

双釜连续闪脱技术，实现大丝束成丝；大批产低预氧化与热交联协同不熔化技术，实现低成本隧道窑式连续不熔化；宽幅、大丝束、闭环控制烧结系统，实现连续 SiC 纤维自动化作业；吸波、透波、涂层、异形截面等系列规格的连续 SiC 纤维产品，实现产品的功能化和结构化。到 2025 年形成年产万吨级连续碳化硅纤维产业集群，积极拓展高档轿车刹盘、高速列车制动装置、汽车尾气再生装置、远红外探测、高档音响器材等民品市场。

高性能纤维要实现系列化生产，需要产、学、研、用产业链合作，实现碳纤维、芳纶、聚酰亚胺纤维和聚四氟乙烯纤维等高性能纤维品种的系列化生产，以满足下游用户需求；突破高强高模型碳纤维、连续碳化硅纤维、硅硼氮纤维、聚芳醚酮纤维等新型高性能纤维制备及产业化的关键技术。同时，要加强高性能纤维创新体系建设，学习国外先进经验，加强高性能纤维及复合材料研发和应用公共服务平台建设，为行业提供技术支撑和培育高质量技术人才。此外，要持续重点关注智能制造和大数据，提高信息化应用技术。

2.2.3.3 技术路线图

方向	关键技术	发展目标与路径（2021—2025）
高性能纤维制备技术	碳纤维制备技术	目标：突破 T1000/M60J 工程化制备技术
		大容量稳定高效聚合、高速纺丝均值氧化和快速氧化碳化等低成本规模化关键技术
		24K 以上大丝束碳纤维规模化生产技术
	高强高模对位芳纶制备技术	目标：形成 3000 t/a 产能扩大防弹、建筑和光缆领域的市场份额
		聚合分子量精确控制技术；聚合物的高效溶解
		纤维细旦化（高强化）纺丝技术；高温热定型（高模化）制备技术
	中高强聚乙烯纤维制备技术	目标：完善制备工艺技术，形成一套成熟制备技术
		超高分子量聚乙烯解缠剂
		中高强度聚乙烯熔融纺丝技术及装备

续图

方向	关键技术	发展目标与路径（2021—2025）
高性能纤维制备技术	沥青基连续碳纤维制备技术	目标：形成产业化技术，建成50 t/a产能 纺丝沥青调制，确定纺丝沥青的技术指标 解决低强度、脆性沥青纤维连续收丝技术
	高强度聚酰亚胺纤维制备技术	目标：年产能20万t以上的中试生产线 聚合物的分子结构设计；聚合技术及纺丝工艺 聚酰胺酸原丝的转化及高温拉伸
	大规模稳定化连续玄武岩纤维制备技术	目标：池窑装备的稳定生产及最大拉丝漏板达到2000孔 遴选出长寿命与全电熔池窑适配的耐火材料 工艺自动化控制技术；连续玄武岩纤维浸润剂技术
	高品质纤维级聚苯硫醚树脂及差别化制备技术	目标：大力推广聚苯硫醚酮和聚苯硫醚砜纤维在过滤材料及特种行业的应用 高品质聚苯硫醚树脂的制备技术 突破聚苯硫醚纤维超细、异形、改性及复合关键技术
	连续碳化硅纤维制备技术	目标：形成年产万吨级连续碳化硅纤维产业集群 双釜连续闪脱技术 大批产低预氧化与热交联协同不熔化技术

图2-3　高性能纤维制备技术路线图

2.2.4　绿色制造与回收利用再生纤维材料技术

2.2.4.1　需求分析

2017年，中国化学纤维工业协会发布的《中国化纤工业绿色发展行动计划》指出，以产业绿色为中心目标，以绿色设计、绿色制造、绿色采购、绿色纤维产品、循环经济、绿色产品标准为抓手，推动绿色纤维材料、绿色纤维产品、绿色工厂、绿色园区和绿色化纤产业链等领域全面发展。到2020年，绿色发展理念要贯穿化纤工业生产全过程，完善的体制机制基本形成，绿色设计、绿色制造、绿色采购、绿色工艺技术、绿色产品将成为化纤工业新的增长点。

回收利用再生纤维是采用废旧纤维及制品或其他废弃的高分子材料，经熔融或溶解进行纺丝，或将回收的高分子材料进一步裂解成小分子重新聚合再纺丝制得的纤维。以聚酯循环再利用为例，我国聚酯年产量达4000万t，纤维及饮料瓶占90%以上，其废旧品总储量超过1亿t，但再利用纺丝产能仅1000万t，再生利用率不足10%；不仅资源浪费大，且环境负担重，是国际纺织循环经济发展的重点。国际废旧聚酯再利用主要是实现资源化处理，解决污染问题，重点发展分拣清洗技术及旧衣回用体系；美国、日本等国家开发的以解聚提纯再聚合的化学法技术，由于工艺复杂、成本高，未能产业化推广，国内大多采用简单熔融再生纺丝工艺，产品品质低，应用受限。废旧纤维材料再利用成为我国纺织及循环经济领域迫切需要解决的方案。

回收利用再生纤维材料方面重点研发废弃聚酯瓶/片，废旧纤维制品的高效分选与回收利用，纺前原液着色、绿色制浆、高效绿色催化等技术，降低纤维生产与废弃制品清洗过程对环境影响，建立高水平循环利用体系。2025年绿色制造及绿色纤维生产达到国际先进水平。

2.2.4.2 关键技术

（1）绿色制浆及浆纤一体化工程技术

目前已突破万吨级工程技术，需要进一步解决：大型工业化装置的低温催化、快速解聚、脱色、高浓制造过程（单纯产能3万t/a以上），绿色制浆药剂大规模生产装置制备技术，纤维素指标在线检测技术，大型生产装备的综合集成技术。开发高效生物酶和绿色生物处理过程工艺，绿色制浆与纤维生产一体化工艺。2025年90%以上粘胶纤维企业实现100万t以上产业化目标。

（2）废弃涤纶及其混纺织物资源化利用

实验室已经实现废弃棉、涤纶及其混纺纤维脱色、分离、再生等。需要进一步解决废旧纺织品快速检测体系，混纺织物原料处理、连续醇解、分离、过滤技术及装备；开发新型高效环保脱色剂，脱色连续化装置设计，染料回收，脱色溶剂循环利用技术；开发高效降解催化剂；设计废弃聚酯纤维降解单元操作装置，实现降解液循环利用和降解产物的分离纯化；技术集成的工程产业化技术。2025年形成产业化技术，建成年处理100t废旧纺织品示范线。应用于服装、家纺等领域。

（3）高质化再生聚酯纤维生产

开发短流程连续化醇解、缩聚生产技术，利用梯度回收提纯与聚合增黏技术，探索环保型催化剂，提高废聚酯解聚率和单体产率，优化工艺降低生产成本；研究具有超大压缩比、强喂入、高效排湿功能的专用熔融装置；共混组分对再生纤维性能的影响规律；分子结构改性、共混、异形、超细、复合等技术，开发功能化、差别化纤维；专用母粒，建立颜色补偿新方法和颜色复配体系，生产多规格、多系列的再生色丝；提高特性黏度，达到普通工业丝使用标准。建立产学研平台，进行人才、专利、技术、装备的整合。到 2025 年进一步提升产品的功能性、差别化，产品差别化率提高到 60% 以上。

（4）再生聚酯纤维过程控制机理与全生命周期安全性评价技术

研究再生聚酯指征小分子物质或链段提取方法；研究基于高效液相色谱的再生聚酯高效化学模式识别方法，建立再生聚酯纤维的鉴定方法；研究再生聚酯中毒害物质在不同温度、湿度、酸碱度及模拟人体皮肤接触环境下的迁移情况及动力学，建立再生聚酯纤维安全性评价体系。

2.2.4.3　技术路线图

方向	关键技术	发展目标与路径（2021—2025）
绿色制造与回收利用再生纤维制备技术	绿色制浆及浆纤一体化工程技术	目标：90% 以上粘胶纤维企业实现百万吨以上产业化目标
		大型工业化装置低温催化、快速解聚、脱色、高浓制造过程
		开发高效生物酶和绿色生物处理过程，绿色制浆与纤维生产一体化工艺
	废弃涤纶及其混纺织物的资源化利用	目标：建成年处理百吨废旧纺织品示范线
		解决废旧纺织品快速检测；开发新型高效环保脱色剂，脱色连续化装置设计，染料回收，脱色溶剂循环利用技术
		设计废弃聚酯纤维降解单元操作装置，实现降解液循环利用和降解产物分离纯化；技术集成的工程产业化技术
	高质化再生聚酯纤维生产	目标：产品差别化率提高到 60% 以上
		短流程的连续化醇解、缩聚生产技术，利用梯度回收提纯与聚合增黏技术
		分子结构改性、共混、异形、超细、复合等技术
	再生聚酯纤维过程控制机理与全生命周期安全性评价技术	目标：建立再生聚酯纤维安全性评价体系
		研究再生聚酯指征小分子物质或链段提取方法及高效化学模式识别方法
		研究再生聚酯中毒害物质在不同条件及模拟人体皮肤接触环境下的迁移情况及动力学

图 2-4　绿色制造与回收利用再生纤维制备技术路线图

2.2.5 化学纤维智能制造技术

化学纤维智能制造是指通过互联网和物（务）联网将终端产品化学纤维与生产过程中聚合、纺丝、加弹等生产设备与PTA、EG、催化剂、抗氧剂等原材料管理以及生产操作过程的人员进行串联，实现互联互通，推动各环节的数据共享，实现产品全生命周期和全流程自动化、数字化和智能化。

化学纤维智能制造的核心是自动化与数字化。自动化即智能装备升级，以智能化装备替代人工操作，提升整体效率。数字化即工业大数据：使整个加工过程各个环节数字化，实时进行数据资产管理，即数据采集、数据质量管理、数据安全管理等；供应链效率优化，强调采购、生产、销售、物流、研发等各个环节的协同，以及与上下游业务过程的协同；客户精准服务，即客户分层分级管理，实现基于客户全面信息的智能化管理，并对业务过程进行有效支持。

我国化纤企业智能制造发展不平衡、不充分的现象普遍存在，往往只实现其中某一部分功能，离真正的智能制造还有一段距离。根据化纤智能制造发展特点及趋势，化纤智能制造将从以下几个方面进行不断完善。

1）化纤加工装备自动化，包括物料自动配送与计量装备与系统、纺丝组件自动清理装备与管理系统、纤维在线自动检测装备与系统，以及自动包装、立体仓库与管理系统。

2）化纤生产工艺数字化，包括聚合过程数字化与精准控制、熔体输送过程数字化与工艺优化、纺丝过程数字化加工与工艺优化。

3）化纤制造管理过程数字化网络化，目前化纤制造的数字化网络化主要包括以下几个部分：MES系统、ERP系统、基于CPS全过程互联互通系统、智能可视化客户交互交易系统与平台。

4）化纤制造全流程数字化网络化智能化，数字化网络化智能化也可称为新一代智能制造。

2.3 趋势预测（2050年）

2.3.1 新型生物基纤维制备技术

2.3.1.1 需求分析

以生物基化学纤维制备与应用全流程系统设计为目标，攻克生物基化学纤维及原料产业化瓶颈，实现国产化和低成本化制造，着力开发生物基化学纤维在服装、家纺和产业用纺织品等方面的应用。2050年生物基化学纤维生产和应用达到国际领先水平。

2.3.1.2　关键技术

（1）生物基碳源纤维制备技术

继续突破L-乳酸发酵、高效分离、提纯和聚合技术；提升生物二元醇高效分离产业化技术；突破10万t级生物基长链二元酸、10万t级戊二胺产业化及制备技术；规模化开发国产虾（蟹）壳、海藻等海洋生物基纤维原料；规模化开发竹、麻浆等新型纤维素纤维原料。到2050年形成生物基原料替代率超过10%。

（2）差别化聚乳酸纤维制备技术

聚乳酸纤维产业技术和应用的发展必须攻克聚乳酸纤维差别化功能化率低，应用范围窄的问题，突破PLLA与PDLA立体网络、添加抗氧化剂等方法制备耐温聚乳酸纤维的关键技术，突破抗水解聚乳酸纤维制备的关键技术，突破异型截面聚乳酸纤维制备的关键技术，突破制备柔软性多功能聚乳酸纤维的关键技术。实现大规模产业化生产。

（3）聚对苯二甲酸多组分二元醇酯纤维制备技术

制备聚对苯二甲酸多组分二元醇酯（PDT）纤维，突破生物基乙二醇生产、提纯技术，提高原料稳定性，突破生物基聚酯合成技术和生物基聚酯纤维（长丝、短纤）纺丝技术，进一步生物基聚酯纤维织造、染整、后处理技术。2050年实现产业化。

（4）壳聚糖包覆纤维素纤维制备技术

制备出壳聚糖包覆纤维素纤维。突破工业化连续生产工艺参数在线实时监测与自动补偿，纺丝废液回收与循环利用等；评价新纤维性能与应用领域，开发出下游终端产品。2050年建立产业化技术体系，实现数万吨/年产能，在高档服装面料、高端医用敷料、家纺及产业用纺织品领域广泛应用。

2.3.1.3　技术路线图

方向	关键技术	发展目标与路径（2026—2050）
新型生物基化学纤维材料制备技术	生物基碳源纤维制备技术	目标：生物基原料替代率超过10%
		突破10万t级生物基长链二元酸、10万t级戊二胺产业化制备技术
		规模化开发国产虾（蟹）壳、海藻等海洋生物基纤维原料
		规模化开发竹、麻浆等新型纤维素纤维原料

续图

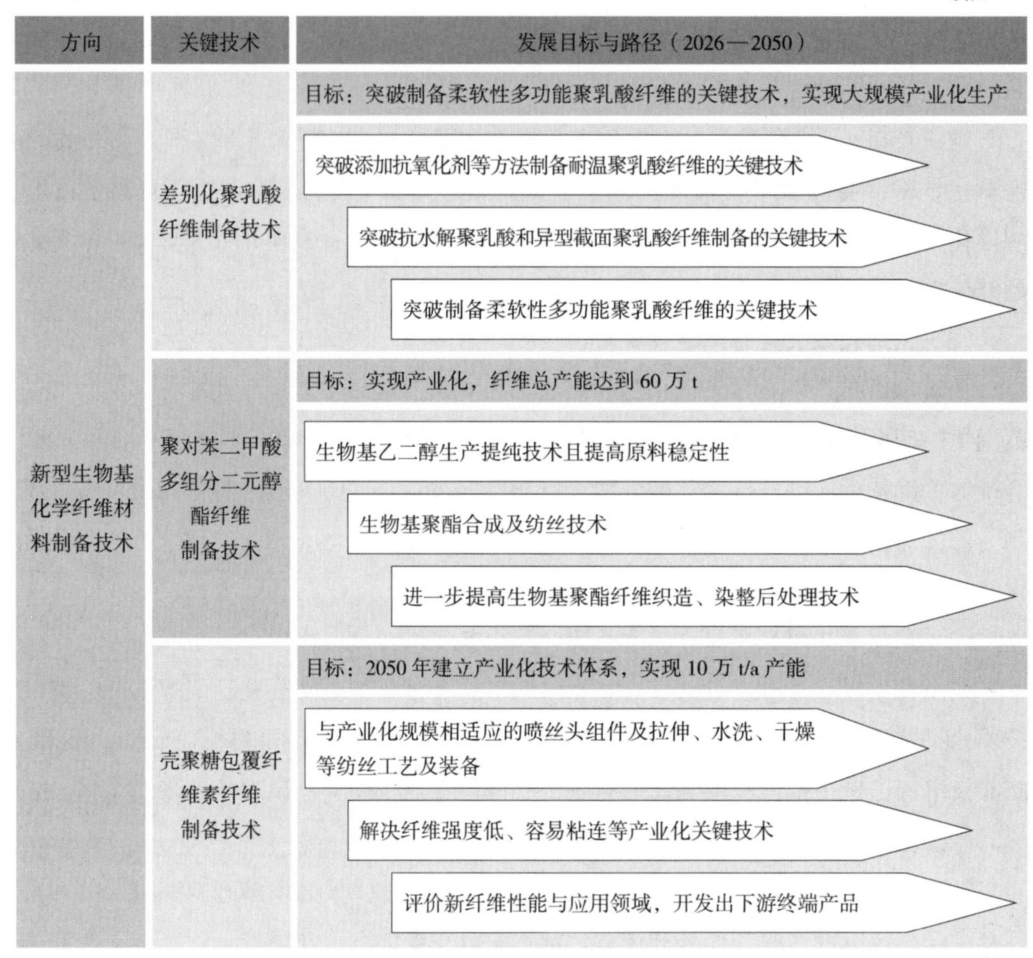

图 2–5　新型生物基化学纤维材料制备技术路线图

2.3.2　新型功能纤维制备技术

2.3.2.1　需求分析

加快推进功能化纤维开发与专业化应用，强调多重技术融合，提升产品附加值，建立高效的新产品开发与推广平台。开发聚合与纺丝一体化装备的设计与制备技术，实现模块化生产；开发高新功能及多功能纤维产品，实现规模化生产与应用，加快功能性服装、功能性家纺和环境与能源应用领域发展。2050 年功能纤维的生产和应用达到国际领先水平。

2.3.2.2　关键技术

（1）新型功能纤维制备技术

建立从纺丝到产品包装的智能化化纤成套生产线，根据化纤生产工艺特点，应用信息技术，采用先进控制方法、感知技术、智能化技术，实现从纺丝到仓储的智能化管理，推动建立涤纶、锦纶等智能车间和智能工厂示范。重点实现长丝生产加工过程全流程自动化、智能化，2050 年在全行业推广应用。

（2）聚萘二甲酸乙二醇酯（PEN）纤维制备技术

聚萘二甲酸乙二醇酯（PEN）纤维具有极其优异的物理机械性能和广泛的用途，国内虽有多家院校进行过有关试验，但总体上国内目前尚属空白，急需突破。需进一步研究：PEN 聚合及纺丝技术工艺与装备；用作骨架增强材料；PEN 树脂应用于啤酒瓶、压力瓶、复合膜、复合树脂技术；阻隔性能、保鲜性能、卫生性能、增强物化指标等检测技术。2050 年实现 10 万 t 级 PEN 国产化成套技术装备生产，PEN 帘子线等骨架材料广泛应用。

（3）静电纺丝制备技术

在静电纺丝理论模型研究成熟、溶剂型静电纺丝技术广泛应用的基础上，实现纳米纤维结构精细调控等；完成产业化设备开发，实现连续生产线上稳定生产及有机溶剂高效回收等。到 2050 年产业化技术稳定，在户外防水透气、卫生用品、污水处理、电池隔膜等领域广泛应用。

（4）环保功能复合型高阻燃型聚酯纤维制备技术

进一步解决环保型含磷阻燃剂、促炭剂以及抑烟剂的复配工艺，各种添加剂预处理工艺及其添加量、添加方式等对聚酯合成工艺影响；攻克阻燃、抑烟抗熔滴聚酯的聚合及纺丝关键技术。为满足特殊要求，开发具有双组分和多功能的阻燃剂，通过加入一种复合阻燃剂，起到阻燃抗菌、阻燃抗静电等性能。2050 年实现产业化，纤维总产能大幅提高。

2.3.2.3　技术路线图

方向	关键技术	发展目标与路径（2026—2050）
功能纤维制备技术	新型功能纤维制备技术	目标：推行长丝生产加工过程全流程自动化、智能化
		采用先进控制方法、感知技术、智能化技术，实现从纺丝到仓储的智能化管理
		推动建立涤纶、锦纶等智能车间和智能工厂示范
		建立从纺丝到产品包装智能化化纤成套生产线

续图

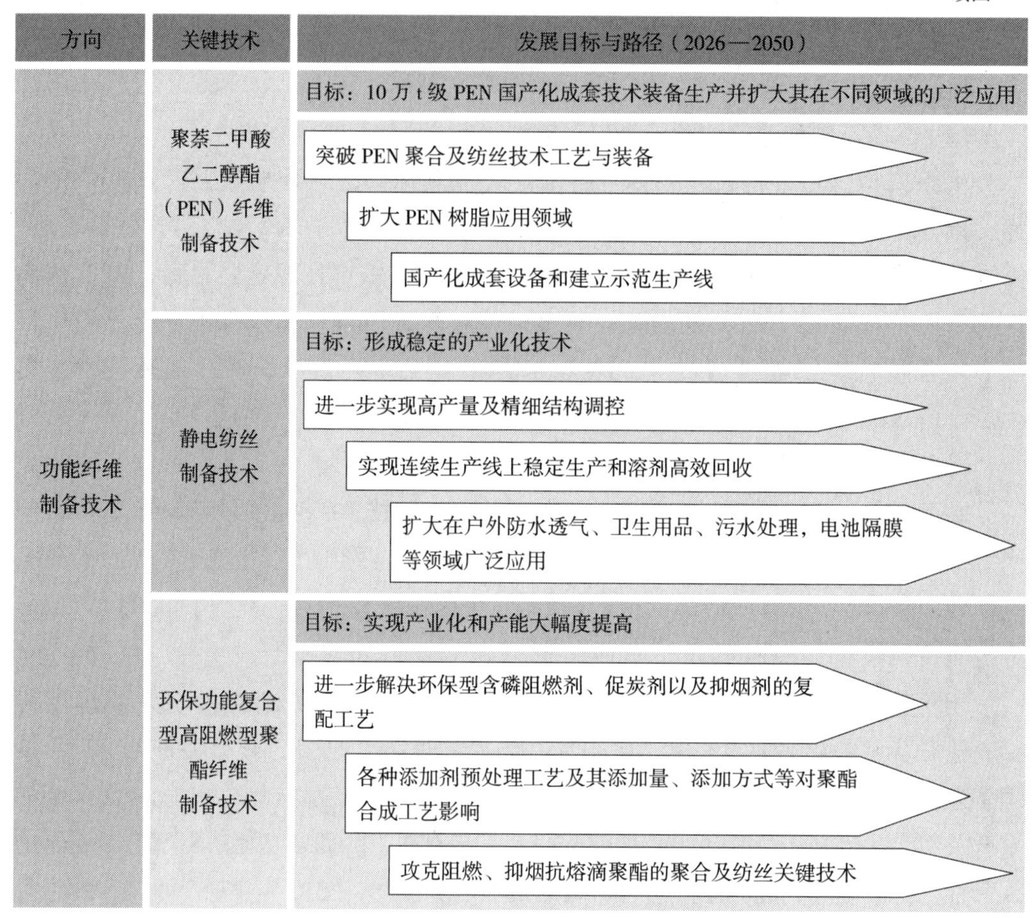

图 2-6　功能纤维制备技术路线图

2.3.3　新型高性能纤维制备技术

2.3.3.1　需求分析

欧洲、美国、日本等发达国家实施“再工业化”战略，加大对高新技术纤维、高功能纤维研发力度，进行大范围行业重组，更加关注与下游终端需求的合作，凭借科技、品牌和渠道等以期继续保持竞争优势。我国需详细了解国际高性能纤维行业现状，分析其发展趋势，加快建设制造强国，大力推动以高性能结构材料和先进复合材料为代表的新材料产业发展。到 2050 年，高性能纤维材料技术处于国际领先水平，总产量达到 40 万 t 左右。

2.3.3.2　关键技术

（1）高端碳纤维制备技术

碳纤维及其复合材料制备是一个复杂过程，是典型技术密集型产业，在研发、试制、生产、应用过程中会形成不同的产品系列，会遇到各种各样的技术难题，要降低碳纤维生产成本，重点攻克大容量稳定高效聚合、高速纺丝和连续碳化、大丝束等关键技术；在高性能低成本碳纤维规模化制备技术方面，攻克 T1000/M60J 工程化制备技术；使得基体树脂强度韧化设计和制备关键技术、高强碳纤维成套工艺装备技术等水平、高端产品技术水平处于全球同行领先行列。

（2）高强度聚酰亚胺纤维制备技术

高强度聚酰亚胺纤维产业化技术突破，将填补国内空白，产品属国际首创。其主要内容包括：开发和研究高强度聚酰亚胺纤维配方；探索高强度聚酰亚胺纤维的纺制条件，确定连续生产的各项工艺参数；建设年产能 20 万 t 的高强度聚酰亚胺纤维生产线；开发可满足实际应用的高强度聚酰亚胺纤维系列产品。

聚合物分子结构设计、聚合技术、纺丝工艺等成熟应用，聚酰胺酸原丝的转化及高温拉伸稳定。继续攻克高速纺丝等低能耗生产技术，实现耐热型纤维低成本化和绿色化；继续突破细旦、超细旦化技术，优化产品结构；等等。到 2050 年高强度聚酰亚胺纤维实现工业化大规模生产。

（3）低蠕变超高分子量聚乙烯纤维制备技术

开发企业已经拥有稳定成熟的产品工艺，继续突破原料高效溶解、过程精确控制和溶剂回收率等关键技术，进一步降低成本，提高质量，研发纤维表面处理技术，提高表面黏结性。2050 年可工业化生产不同功能性能超高分子量聚乙烯纤维，如低蠕变、界面相容性好、有色、高模量等产品。

（4）高品质纤维级聚苯硫醚树脂及差别化制备技术

随着国家加强大气污染治理、遏制 PM 2.5，聚苯硫醚纤维用于高温过滤的用量大幅增加。目前国产聚苯硫化树脂及纤维在品质及规模上与国外还有一定差距，对外依存度高，国外聚苯硫醚产品占据着约 50% 的国内市场份额。

提升聚苯硫醚纤维性能，开发细旦与细旦异形纤维产品，实现批量生产；突破 PPS 超细、异型、改性、复合关键技术，单丝产品直径 0.1 ~ 0.9 mm，并实现批量生产；开发 PM 2.5 级精细滤料专用规格（1D 以下）纤维及其复合滤料，提高抗氧化，滤袋使用寿命普遍达到 3 年以上。

2050 年高品质纤维级聚苯硫醚树脂及差别化纤维产品等在过滤材料及特种行业服用领域得到广泛应用。

（5）亚微米对位芳纶纤维原位生成与应用

亚微米级芳纶纤维在电池隔膜、耐高温精细过滤材料等方面应用潜力巨大。目前制备芳纶纤维的纺丝方法无法获得纤维直径达到亚微米级的纤维，利用芳纶树脂聚合溶液在特定溶剂中原位成纤，可以获得直径更细的纤维。

目前实验室已设计合成出改性对位芳纶溶液，通过控制芳纶分子在不同溶剂中的聚集过程，获得亚微米级的微原纤芳纶纤维。需要进一步解决改性对位芳纶合成技术；芳纶树脂原位成纤技术；亚微米级纤维分离纯化技术；亚微米芳纶纤维成膜以及与基体复合技术。到 2050 年实现工业化规模生产，在电池隔膜、耐高温过滤材料等方面广泛应用。

（6）高性能聚甲醛纤维产业化及应用

聚甲醛纤维（POM）具有优异的耐磨性、蠕变回复性、耐光性和耐久性及高强高模等特性，其长丝纤维可广泛应用于绳索、防洪沙袋和军事掩体、经编增强户外篷盖材料等领域；短纤用于混凝土加固，可有效提高混凝土的抗裂性、抗渗性、抗冻性、抗冲击及抗震性。因此，研究高性能聚甲醛长丝、短纤制备产业化技术具有十分重要的意义。

目前已完成聚甲醛长丝实验室研究和千吨级短纤维生产。需要进一步解决长丝级聚甲醛树脂的开发；聚甲醛长丝纺丝工艺技术及设备；大容量万吨聚甲醛短纤维纺丝关键技术及设备。到 2050 年完善生产技术，建立年产数十万吨级聚甲醛长丝、短纤维生产线，扩大应用。

2.3.3.3 技术路线图

方向	关键技术	发展目标与路径（2026—2050）
新型高性能纤维制备技术	高端碳纤维制备技术	目标：高强碳纤维成套工艺装备技术等水平、高端产品技术水平处于全球同行领先行列
		重点攻克大容量稳定高效聚合、高速纺丝和连续碳化、大丝束等关键技术
		继续攻克 T1000/M60J 工程化制备技术
		基体树脂强度韧化设计和制备关键技术
	高强度聚酰亚胺纤维制备技术	目标：工业化大规模生产
		开发高强度聚酰亚胺纤维配方
		继续攻克高速纺丝等低能耗生产技术，实现耐热型纤维低成本化和绿色化
		继续突破细旦、超细旦化技术，优化产品结构

续图

方向	关键技术	发展目标与路径（2026—2050）
新型高性能纤维制备技术	低蠕变超高分子量聚乙烯纤维制备技术	目标：可工业化生产不同功能性能超高分子量聚乙烯纤维 继续突破原料高效溶解、过程精确控制和溶剂回收率等关键技术 稳定成熟的产品工艺并降低成本 开发低蠕变、界面相容性好、高模量超高分子量聚乙烯纤维
	高品质纤维级聚苯硫醚树脂及差别化制备技术	目标：高品质差别化聚苯硫醚纤维的开发 开发细旦与细旦异形纤维产品，实现批量生产 批量生产超细、异型聚苯硫醚纤维 开发 PM 2.5 级精细滤料专用规格（1D 以下）纤维及其复合滤料
	亚微米对位芳纶纤维原位生成制备技术	目标：实现规模化生产 通过控制芳纶分子在不同溶剂中的聚集过程，获得亚微米级的微原纤芳纶纤维 需要进一步解决改性对位芳纶合成技术；芳纶树脂原位成纤技术 亚微米级纤维分离纯化技术；亚微米芳纶纤维成膜以及与基体复合技术
	高性能聚甲醛纤维产业化及应用	目标：建立年产数十万吨级聚甲醛长丝、短纤维生产线 需要进一步解决长丝级聚甲醛树脂的开发 聚甲醛长丝纺丝工艺及设备 大容量万吨聚甲醛短纤维纺丝关键技术及设备

图 2-7　新型高性能纤维制备技术路线图

参考文献

[1] 工业与信息化部，国家发展和改革委员会. 化纤工业“十三五”发展指导意见 [R]. 2016.

[2] 工业与信息化部，国家发展和改革委员会. 化纤工业“十三五”科技发展纲要 [R]. 2016.
[3] 中国化学纤维工业协会. 2016 年中国化纤经济形势分析与预测（化纤蓝皮书）[R]. 2016.
[4] 中国化学纤维工业协会，化纤产业技术创新战略联盟. 中国化纤行业发展规划研究（2016—2020），（中国化纤行业黄皮书）[R]. 2016.
[5] 牛方. 从“零”到“全产业链”：自立自强的壳聚糖纤维 [J]. 中国纺织，2017（12）：68-71.
[6] 赵昱，龙柱张丹，吕文志. 壳聚糖纤维的制备与应用现状 [J]. 江苏造纸，2017（01）：16-21.
[7] 王玉萍. 中国化纤工业现状与未来——聚焦中国化纤“十三五”[C]// 恒天：2015 年恒天纤维技术中心交流研讨会.
[8] 李增俊. 生物基化学纤维的现状与发展趋势 [C]// 恒天：2015 年恒天纤维技术中心交流研讨会.
[9] 端小平. 我国红维新材料产业技术与核心竞争力建设 [C]// 中国科技大会（海安 2017）.
[10] 白琼琼，文美莲，李增俊，等. 聚乳酸纤维的国内外研发现状及发展方向 [J]. 毛纺科技，2017，45（2）：64-68.
[11] 王革辉，倪至颖. 中国对聚乳酸纤维及其织物的研究与开发现状 [J]. 国际纺织导报，2013，41（12）：4，6-7.
[12] 余晓兰，汤建凯. 生物基聚对苯二甲酸丙二醇酯（PTT）纤维研究进展 [J]. 精细与专用化学品，2018，26（2）：13-17.
[13] 中国化学纤维工业协会，中国国家信息中心. 我国聚酯及涤纶行业转型升级和产业布局研究 [R]. 2013.
[14] 罗益锋，罗晰旻. 高性能纤维及其复合材料新形势以及“十三五”发展思路和对策建议 [J]. 高科技纤维及应用，2015，40（5）：1-11.
[15] 日本化纤协会，台湾人纤公会，纤维年鉴等相关资料.
[16] 中国科学技术协会，中国纺织工程学会. 2012—2013 纺织科学技术学科发展报告 [M]. 北京：中国科学技术出版社，2014.
[17] 肖长发，尹翠玉. 化学纤维概论 [M]. 第 3 版. 北京：中国纺织出版社，2015.
[18] 吴仁. 世界化学纤维行业的现状与展望 [J]. 人造纤维，2015，45（1）：34-35.
[19] 孙玉山，徐纪刚，李昭锐，等. 新溶剂法纤维素纤维开发概况与展望 [J]. 纺织学报，2014，35（2）：126-132.
[20] 王进，刘艳君，陈欣雅，等. 海藻纤维及其混纺纱线的性能研究 [J]. 合成纤维，2016，45（5）：38-40.
[21] 李婷，刘丽妍. 天然蛋白质纤维及制品的阻燃性能研究 [J]. 针织工业，2016（2）：30-34.
[22] Hu Y，Wang W，Xu L，et al. Surface modification of keratin fibers through step-growth dithiol-diacrylate thiol-ene click reactions [J]. Materials Letters，2016（178）：159-162.
[23] Nagarajan V，Mohanty A K，Misra M. Reactive compatibilization of poly trimethylene terephthalate（PTT）and polylactic acid（PLA）using terpolymer：Factorialdesign optimization of mechanical properties [J]. Materials & Design，2016（110）：581-591.
[24] Xiao X F，Liu X，et al. Atomic Layer Deposition TiO_2/Al_2O_3 Nanolayer of Dyed Polyamide/Aramid

Blend Fabric for High Intensity UV Light Protection [J]. Polymer Engineering & Science，2015，55 (6)：1296-1302.

撰稿人

张　华　肖长发　金　欣　李增俊　舒　伟

第3章　纺纱工程领域科技发展趋势

纺纱是纺织产业链的前道工序，其产品质量档次、生产效率与加工成本在整个纺织产业链中具有十分重要的地位。

目前在纺纱生产中普遍采用两类纺纱系统。一类是以环锭纺纱技术为代表的传统纺纱，广泛应用于棉、毛、丝、麻等纺纱领域。随着纺纱技术的不断进步，环锭纺纱技术不但在纺纱方法上取得了重大突破与研究进展，而且在将高科技手段运用在纺纱技术装备上，使纺纱生产装备和纺纱过程管控的自动化、信息化、智能化技术等方面也有重大创新。另一类是以转杯纺、喷气涡流纺等为代表的新型纺纱，其成纱机理、纱线结构不同于环锭纺，由于其在纺纱工序缩短、劳动用工减少等方面具有一定的优势，得到快速的发展，采用新型纺纱技术生产的各类纱线比重逐年增加。但目前用环锭细纱机生产的纱线仍占主导地位。

随着人工成本逐步提升，未来智能制造将是大势所趋。在此背景下，原劳动密集型的纺纱行业对连续化、自动化、智能化的高端纺机设备需求更为迫切。本章将在分析纺纱工程领域近几年发展现状的基础上，对纺纱工程科技未来发展方向进行系统分析，聚焦前沿性纺纱科技技术方向，助推纺纱技术的发展。

3.1　纺纱工程领域现状分析

3.1.1　发展概况

纺纱工艺技术及装备进步是高品质纱线与面料开发的基础。近年来，由于纺纱技术与计算机技术、传感技术、变频与伺服调速技术、物联网技术的完美结合，使纺纱生产实现了自动化、连续化、高质量、高速高产，开启了纺纱技术新一轮的变革。近年来，我国纺纱产业科技进展主要表现在设备向连续化、自动化、高速化、信息化方向发展，特别是加快了对自动络筒、集聚纺纱、粗纱和细纱自动络纱、粗－细联、细－络联、喷气涡流纺、转杯纺等新技术应用，在工程技术、机械设备、辅助材料、纺纱工艺技术、新产品等方面的创新都有了令人瞩目的发展。

棉纺织行业持续进行的结构调整，其中一个重要表现就是技术装备升级步伐加快。在“十三五”期间着重推广的6条智能示范生产线中，纺纱智能生产线发展速度最快，目前已经进入批量推广，也标志着纺纱行业进入高质量发展阶段。但与此同时，棉纺行业还有大量存量传统设备需要提升改造，细纱短车集落改造、电子升降等都快速发展。目前我国在纺纱技术上已走在世界前列，但现有存量传统设备如何适应新型纺纱技术尚需进一步研究和探索。

纺纱行业正朝着生产技术高速化、连续化、自动化、智能化和纱线产品差异化、多样化、高端化方向发展。纺纱工程的技术进步首先是新设备及技术覆盖面不断扩大，在提高生产率和实施高速化的同时，行业用工水平在大幅下降。环锭纺万锭用工从十年前的190人下降到2017年的60人左右。通过全流程装备的机理研究和生产实践，已初步建立起高效生产的关键技术应用体系。“2020五化”（自动化、连续化、信息化、智能化、服务化）建设及工艺创新应用成果频出，各工序设备自身的自动化、智能化水平；换卷、换筒、清洁、接头等和各工序联接的自动化、智能化，不断提高连续化流程高效生产的劳动生产率，万锭用工平均达25人以下。优质化纱线新产品开发技术如柔洁纺纱技术、超大牵伸特细特纱纺纱技术、长丝/短纤复合纺纱、半精梳纺技术、高品质苎麻/汉麻纱线开发技术、花式纱开发技术持续涌现。信息化管理水平不断提升，应用传感网络技术，实施在线检测、质量预测、自动监控、自动控制，实现对产量、质量、能耗、效率、管理的有效监控。

3.1.2　主要进展

3.1.2.1　纺纱生产流程连续化

（1）棉花异纤在线清除

许多棉花中异性纤维（异纤）问题相对较为严重，棉纺企业早期通过雇佣大量人力靠双眼识别异纤挑拣出异性纤维。近年来在线检测清除机相关的技术有了很大的发展，在异纤的高效识别和控制机构准确、高速响应的异纤排除技术取得突破，北京大恒图像的异纤分拣机采用可见光和紫外光组合光源照明，使用两部彩色高速线阵CCD和两部黑白线阵CCD协作的方式检测高速棉流，对于荧光类和一般性异纤都有很高的识别率，异纤的识别清除率达到80%以上。

（2）清梳联

清梳联将开清棉与梳棉两道工序有机连接在一起，通过开清棉机开松除杂和梳棉机的进一步分梳纤维，直接制成梳棉条（又称生条），不但取消了传统纺纱工序的成卷、运卷及梳棉机的换卷等工种，同时也改变了原纺纱工序中，先开松纤维再在成卷中紧压纤维，至梳棉机上又要开松纤维的不合理工艺，对减轻梳棉机高负荷、提高梳棉条质量及减少用工等有积极作用。目前清梳联的运用覆盖面已达65%左右，技术成熟，需全面推广。

（3）精梳自动换卷

在原有精梳机及条并卷联合机的基础上，开发了精梳装备的自动输送棉卷、自动换卷、自动上卷及棉卷自动接头及装置。棉卷的自动输送系统由两部分构成，第一是条并卷联合机与精梳机之间的棉卷及空管的输送；第二是通过悬吊输送系统将8只棉卷同步输送到精梳机上。这一技术在机器运行无人化、提高效率、提高整机的自动化程度和降低工人的劳动强度方面实现了新的突破。但该技术目前尚处于起步应用阶段，实现规模化产业化运用尚需进一步突破。

（4）粗细联与细络联

粗细联与细络联技术是实现纺纱连续化的两项新技术。粗纱自动络纱，通过轨道连接系统直接输送到细纱机的上备用，用完的粗纱管通过轨道运回到粗纱机上。粗纱自动络纱与粗细联技术采用不但杜绝了在粗纱络纱及运粗纱过程中产生的各种瑕疵，同时又可节省粗纱络纱工及运输工。细络联核心是采用集体自动络纱多锭细纱机与托盘式自动络筒机。把细纱落下的满纱管通过智能化纱管输送系统，省去了管纱运送及细纱管搬上络筒机等工作，节约劳动用工，具有突出优势。但粗细联和细络联应用面占比目前还不到10%，普及率低，将有更大的提升空间。

（5）辅助设备连续化

其主要包括以下两类：①筒纱智能物流系统是一款具有独创性的智能化、连续化技术系统。系统实现了络筒机自动取纱、输送、品种识别、机器人卸纱、堆垛称重筛选、自动套袋、编织布无人自动成包、自动打包、整包自动称重、自动贴标、自动码垛、自动入库、自动出库，显著节约了筒纱包装工与运输工；②自动码垛系统实现由智能化机械手抓取筒纱，减少筒纱形状的破坏和污染，单个机械手可满足7台26锭络筒机，减小劳动强度和用工。

3.1.2.2 纺纱装备高速化与自动化

（1）高速化

随着科技的发展，尤其是智能化技术的推广应用、纺纱关键器材制造技术的进步以及材料科学研究成果和微电子控制技术的广泛应用，纺纱生产能力和水平不断提高，为纺纱设备实现高速运转创造了良好条件，纺纱装备的生产速度有了较大幅度的提升。目前各工序的主要纺纱机械的运转速度与生产效率均较传统纺纱设备成倍提高。国内外高速梳棉机产量均超过100 kg/h；并条机在末道普遍采用自调匀整装置来控制输出条子重量差异，近年来并条机运转速度的不断提高，最高速度到1000 m/min以上，多数设备运转速度也在300～500 m/min之间；粗纱机锭速达到1500 r/min，并粗设备技术水平的提高，使纺纱速度普遍比原A系列装备提高1～2倍，每万锭并条机与粗纱机配台从原5～6台至目前2～3台，节省了消耗、人工和占地；国际上采用造型独特的皮带卷绕技术的条并卷联合机，最大棉卷包围角（270°）下接触压力轻柔且均匀，在生产高质量的棉卷的同时缩短落卷时间、出条速度最高可达230 m/min；精梳机的运转速度已普遍到450～500钳次/分，最高达600钳次/分，一套精梳机（6台）单日产量达7000～8000 kg，可供2万环锭纺机生产14.8 tex精梳纱；细纱机最高锭速已达到25000 r/min。

（2）数字化与智能化

纺纱技术在自动化、连续化基础上向智能化方向发展，如自调匀整技术、变频调速技术、电子控制技术及互联网技术等，都在纺纱装备及生产过程中广泛应用，使传统纺纱逐步迈向智能化时代。

自调匀整技术目前已在国内外清梳联与并条机上广泛应用。在清梳联能有效监控棉流运行情况下，及时调整梳棉机输出条子的重量差异；在并条上能根据输出条的单位重量变化及时调整喂入端的速度，使输出的条子长短片段的差异控制在最小偏差范围，并省去传统并条机靠人工频繁调换齿轮来控制条子重量差异。

变频和伺服调速技术目前已在国内外生产的梳棉机、粗纱机、细纱机及空调设备中广泛应用。数字化传动技术如电子牵伸技术、电子卷捻可以消除原来靠齿轮与皮带传动的各种弊端。全数字式粗纱机、细纱机、并条机、精梳机使得工艺计算和工艺调节简单快捷，数字化的实现将推动设备的互联互通，使得纺企向智慧工厂更进一步。

粗纱自动络纱及粗细联系统中全自动络纱粗纱机络纱停车仅需2 min，变频同步智能控制，实现络纱、生头的自动化，络纱、插管、自动生头成功率接近100%，机台联网可集中智能管理、远程诊断。细纱集体络纱及细络联系统可将细纱机落下的管纱通过联接系统直接输送到自动络筒机上络成筒子。通过两个工序的连续化生产，实现了“机器换人”的目标，使细纱与络筒用工最多的两个工序成为用工最少的工序。纺纱机械设备实现了工艺技术参数的计算机输入、实际检测输出及警示，满筒自动络筒、自动络纱等，包括粗纱机自动络纱、自动插管、自动留头；细纱机机械式自动络纱、自动插管、自动留头；络筒机自动接头、自动络筒、自动换管、自动留头、自动测试纱线质量、纱疵切除等基础上，整个纺纱流程正朝着实现自动化、智能化目标迈进。

3.1.2.3 过程监控信息化

（1）梳棉机在线检测自动控制技术

近年来，梳棉机在线自动控制技术飞速发展，基于互联网的梳棉机在线检测、自动控制系统已日趋成熟。由筵棉喂入至生条输出的过程中，包括棉条长、短片段自调匀整系统，在线质量（生条条干、棉结）检测系统，工艺自动设置系统（速度设定、盖板隔距设定与检测、落棉工艺设定等），在线检测控制技术极大地提高了梳棉机的运行效率及生条质量。

（2）并条机自调匀整技术

并条机的开环、闭环及混合环的自调匀整技术，能根据输出条的单位重量变化及时调整喂入端速度，使输出条的长、短片段重量差异控制在最小偏差范围，尤其是当喂入端的棉条缺 1 根或多 1 根时，通过自调匀整装置，及时调整喂入端与输出端的速比，可控范围在 ±12.5% 区间，避免出畸轻与畸重条子。同时采用自调匀整技术后，可省去传统并条机靠人工调换齿轮来控制条子重量差异的方法，正确率显著提高。此外，并条机采用自调匀整技术后，改变了传统纺纱靠多道并合条子次数控制条子重量差异的方法。

（3）粗纱张力在线监控和数字化

在粗纱机上取消铁炮变速传动，用 PLC 控制多台电机传动实现全数字化，在粗纱机车头、车尾、车中运用 CCD 传感技术可精确控制粗纱张力的波动，适时调整卷绕工艺参数以实现恒张力纺纱。目前这种检测和调整只能整机同步完成，无法修正锭与锭之间的差异，离全样监控还有较大的差距。

（4）环锭细纱机数字化技术

数字化技术使环锭细纱机功能向生产多品种发展，主要包括：①单锭监控技术，在每个钢领旁安装一个传感器来监控每只锭子运行情况，可以精确地监控每台锭子的断头率、速度变化、打滑及单锭产量等，还可在线对每台细纱机的牵伸系数、络纱次数、络纱时间和耗电情况实时监控。通过网络化及时将检测到的信息数据反馈到车间和厂部管理层的电脑上，并及时采取措施，消除异常锭子及缺陷部件，提高生产效率。网络视频及时显示，使挡车工有针对性地及时处理断头，检修工及时修复故障锭子；②智能化花色纱装置应用形式多样，有马赛克（MOSAIC）花色纱装置、双芯纱和单芯纱装置、3D 包芯纱装置及竹节纱、段彩纱装置等。这些智能化花色纱装置安装在细纱机上就可生产出形态各异、色彩多样的新颖花色纱或花式纱线，可改变环锭纱色泽与品种单一的格局，极大地拓宽了环锭纺纱线的应用领域。

（5）络筒电清纱线质量监控

采用电子清纱技术来切除并监控各种突发性纱疵。自动络筒机电子防叠、定长、张力控制系统等都已发展成熟。乌斯特公司新研制的 USTER QUANTUM EXPERT3 数字电容式清纱器系统，可用于自动络筒机电子清纱及检测分析纱线产质量和成品起球状况。配有光电及异物检测传感器，清纱容量大，可得到比其他清纱器更大量的数据，2 min 即可了解所加工纱的产质量情况。采用智能技术，可预测纱线需要的切断次数，以保障被卷绕的纱线质量。向机器输入评估有价值的切断信息，以保证最佳清纱次数达到产量与质量的平衡。

（6）数字化全流程纺纱系统

江苏大生与经纬纺机合作的国家智能制造“数字化纺纱车间”项目 2014 年正式

投产，系统采用全套经纬纺机的清梳联系统、粗细络联系统、智能物流输送系统、自动打包系统、自动码垛系统。实现了纺纱生产的自动化。依托智能传感技术，“经纬E系统”在国内首次将不同厂家、不同年代、不同机型、不同接口、不同协议的多种类棉纺织设备并入同一系统，采集清花、成卷、梳棉、预并、精梳、末并、粗纱、细纱、络筒等全工序数据，构建了完善的物联网智能信息采集系统，将纺纱车间的机台运转数据、质量信息、人员信息、设备电量、车间环境温湿度、订单、排产等集成到大数据平台进行深入分析，充分利用这些数据，“经纬E系统”实现9个不同主题的模块，以数据分析反向指导生产管理，在我国纺织行业率先实现闭环式大数据管理。

3.1.2.4　纺纱工艺新技术

（1）以提高成纱强力、减少纱线毛羽等综合质量为目的

以增强纱线强力、减少纱线毛羽等为目的对环锭纺纱过程中纤维的转移进行有效控制的纺纱新技术不断完善。特别是集聚纺纱近几年发展迅速，技术进步主要围绕着提升可靠性和节能降耗等方面展开。2015年我国集聚纺纱锭数已达2000万锭，集聚纱线的产量从2005年的2.5万t增长到2015年的242万t。

“脉动集聚联轴驱动四罗拉集聚纺纱装置”将负压吸管的连续吸气槽型式改为间断的两段设置，使须条在行进过程中受到二次脉动集聚，在保证集聚效果的情况下，大幅度提升了集聚负压的利用率，有显著的节能效果。将负压吸管吸气槽间断的无槽区域设计成下凹台阶结构，从而减少了网格圈与吸管的摩擦长度；并附加了后续吸气槽口，使网格圈具有自清洁作用。新型负压吸管有效延长了网格圈维护周期和使用寿命。在改善或保证集聚品质的同时，集聚负压能耗实际降低40%。

（2）以提高纱线、织物柔软度，改善布面风格和手感为目的

对环锭纺纱过程中捻度传递进行有效控制的纺纱新技术不断完善，如低扭矩纺纱技术、柔洁纺纱技术等。

低扭矩环锭纱生产技术，是在传统环锭细纱机前罗拉和导纱钩之间安装假捻器装置，通过假捻改善纺纱三角区纤维的受力分布，得到扭矩平衡。纱线残余扭矩减少可使织物手感柔软；显著降低针织物歪斜度。从纱条纤维内部结构看，低扭纱中大部分纤维的轨迹并不是同轴螺旋线，而是一个非同轴异形螺旋线，低扭纱外松内紧，大多数纤维倾向于分布在距离纱芯较近的位置，且其径向位置从纱中心到纱表面以较大的转移幅值频繁地变化，这使纱的内部结构更加紧密，纤维间的抱合力进一步增强，纱线断裂强力得以提高。目前，该技术随着我国应用研究的改进和拓展，在解决成纱较高的捻度不匀、挡车工操作困难、生产中因个别锭子断头引起较多邻近锭子刹头等瓶颈得以解决，目前还存在开、关车断头率较高等技术问题。

柔洁纺纱在普通环锭细纱机三角区施加一个纤维柔顺处理（微加热装置），在柔

化三角区纱条的同时，形成很多纤维握持点，握持外露纤维头端，与加捻力、须条牵引力协同作用，将外露纤维有效地转移进入纱线体内，从而改善毛羽光洁度。制成织物耐磨性显著提高。能与单纺与赛络纺及其他纺纱技术组合，对各种刚性、柔性纤维均可适用。目前该技术已由经纬榆次分公司专利生产，2015 年成功实现产业化。

（3）以高纺纱速度、高生产效率、低纺纱成本为目的

以高纺纱速度、高生产效率、低纺纱成本为目的新型纺纱不断应用，如转杯纺纱、喷气纺纱等的应用比例逐步提高。喷气涡流纺技术从引入至今，经过国内纺纱企业的消化吸收与技术创新，在产品开发上已取得了一定的进展，逐步形成了五大类新颖喷气涡流纺纱线，改变了使用原料单一、生产品种少和用途狭窄的局面，拓展了喷气涡流纺纱线的应用领域。喷气涡流纺纱线已从大批量生产常规粘胶纤维纱线向多种纤维混纺与多种纺纱工艺组合转变，呈现出小批量多品种的特点，喷气涡流纺纱线逐渐向用多种纤维、多色纤维、多品种及多用途的方向发展。通过开发特色新颖喷气涡流纺纱线，规避与环锭纺纱线同质化的竞争，使企业获得效益最大化。

（4）以改善织物风格、色彩、功能等为目的

在纺纱工程中进行不同纤维的混纺、长丝与短纤复合纺纱、有色纤维纺纱等技术，如双丝包芯纺纱、包缠纺纱、数码纺纱、段彩纺纱等。

近年来的科技发展支持纺纱走向高端化、品牌化发展主要包括：

1）棉麻毛丝加工技术相互交融，趋势多向棉靠拢；

2）集聚纺纱向多元化、多品种、通用化发展；

3）赛络纺、长丝短纤复合纺进入成熟期；

4）低应力纺纱相关问题有待解决适应需求发展；

5）新型纺纱的喷气涡流纺、转杯纺产品进一步拓展。

纺纱产品研发向复合、高支、时尚、舒适、环保、高品质、功能化发展，但走向价值链高端的技术能力亟待推动。

（5）以实现多种纤维混纺精准混合为目的

多纤维混纺和色纺纱，不仅要求成分比例要符合工艺设计要求，而且要混合均匀。因此，混均是纺好多纤维混纺纱和色纺纱的关键。传统纺纱混合作用主要是在开清棉和并条工序，由于各种原因偶尔会发生色差，如原棉中的黄白差异而导致产生黄白纱使后道工序染色后形成色差，要控制好色纺纱的色差问题，传统的原料棉包混棉和棉条混棉工艺尚存在缺陷，必须采用更完善的混色工艺才能使多色纤维混合均匀。目前的多维精准混棉方法有：把生产品种中各种类、各颜色的纤维在开清棉之前称重预混合，一种形式是人工拌花，混合方式灵活且对纤维损伤较小，但工人劳动强度高，用工较多。另一种是机械混棉方法，在达到精准混合的同时又可以节省用工。

3.1.2.5 短流程新型纺纱

新型纺纱如转杯纺、喷气纺、摩擦纺等都采用条子喂入纺纱，并在纺纱机上直接卷绕成筒，省略了粗纱与络筒两道工序。由于新型纺纱将加捻和卷绕分开进行，依靠高速回转气流或喷嘴直接成纱，取消了环锭纺纱中钢领、锭子等加捻卷绕部件对纺纱速度提高的限制。故纺纱速度均高于环锭纺纱，如转杯纺纱速度是环锭纺纱的 4 ~ 10 倍，喷气纺纱与涡流喷气纺纱速度是环锭纺的 15 ~ 30 倍。用 4 台村田 870 喷气涡流纺纱机（96 头）共 384 头生产 18.4 tex 粘胶纱时，基本可达到环锭纺纱 10000 锭的生产量；或 3 台 AUTOCORO9 全自动转杯纺机（480 头）共 1440 头生产 24.6 tex 纯棉纱时，基本可达到环锭纺纱 10000 锭的生产量。

转杯纺和喷气涡流纺的纱线以其良好的抗起球性和耐磨性等特点获得广泛认可。近年来，该设备技术进步明显，在对原料、后道处理、纱线产品开发以及适应能力的开发上都有长足进展，成为纺纱不可或缺的一环。目前使用的全自动转杯纺纱机和喷气涡流纺纱机基本依赖进口。突破全自动转杯纺、喷气涡流纺等短流程纺纱机械关键技术，形成批量生产成为我国纺纱领域重要的目标之一。

3.2 趋势预测（2025年）

3.2.1 连续化纺纱技术

3.2.1.1 需求分析

目前国内纺纱设备已经实现部分连续化，如清梳联系统、粗细联系统、细络联系统、自动络筒系统、精梳自动棉卷运输系统；新型纺纱的全自动转杯纺纱设备、全自动喷气涡流纺纱设备等已经在纺织企业应用，还需要把这些工序的设备通过自动化等技术作为一个智能化的整体进行管理，实现纺纱成套设备的连续化运行、数字化控制和网络化管理，实现节能降耗，减少用工成本，改善生产环境，降低工人劳动强度，适应多种新型纤维纺纱，提高传统纤维纱线产品的档次的目标。

3.2.1.2 关键技术

研究利用现场总线的控制系统提高纺纱设备的计算和通信能力，研究规模化生产连续性、均匀性、稳定性的生产过程控制和各工序自动生产互联技术系统。

需要进一步研究提高全自动络纱系统的准确率、稳定性和控制精度，大幅提升粗、细、络联机系统的控制精度、络筒机效率和可靠性：①重点推广自动络纱粗纱机长车及粗细联自动输送系统，粗细联、细络联技术与装备，管纱自动生头技术及关键装置等。到2020年，预计年产200台以上自动络纱粗纱机长车及粗细联自动输送系统，管纱自动生头及关键装置规模以上企业应用比例达到25%；②突破关键技术，实施生产过程的集成控制，开发数字化、智能化的成套设备，完成大部分工序间的连接，实现产业化；实现夜间无人值守；③与传统非连续化纺纱流程相比，万锭用工从60人降低到25人以下。全流程连续化或关键工序连续化的中大型企业覆盖率达到30%。

开发适合于纺纱工艺流程的搬运机器人和物流输送系统，进一步重点研究各工序条筒输送；棉条自动接头；精梳卷的自动换卷、自动生头；粗纱的自动接头；细纱机处粗纱空管与满筒粗纱自动交换、细纱的自动接头；自动络筒机多台集中控制；络筒工序筒纱自动输送及自动包装；实现主机设备、辅助设备、原材料、人员、成品等车间全部信息在线监控和智能化管理；实现主机设备、辅助设备、原材料、人员、成品等车间全部信息在线生产监控和智能化管理；实现数据远程分析及诊断。

3.2.1.3 技术路线图

方向	关键技术	发展目标与路径（2021—2050）
连续化纺纱关键技术	粗纱、细纱、络筒自动联接技术	目标：自动络纱系统准确率、稳定性，大幅提升粗细络联机系统控制精度、效率和可靠性
		驱控一体的行业专用型新能源电机与驱动
		物流输送系统的动力学模型构建与分析
		机构与系统实时位置与工作状态的全闭环反馈
	纺纱流程物流输送系统	目标：各工序物流的自动输送
		AGV智能运输小车算法优化技术
		筒子自动包装、精确配重技术
		自动运输过程中抗干扰技术
	物流信息在线监控和远程输送	目标：网络化远程操控、智能化无人值守
		2D图像处理与纹理识别技术、实时数据库技术
		设备单机与机群互联互通与网络远程操控
		3D图像视觉与机器人技术

图3-1 连续化纺纱技术路线图

3.2.2　高速化纺纱技术

3.2.2.1　需求分析

近年来，纺纱工程几乎每个工序设备都广泛应用微电子技术，自动监控水平不断提高，使纺纱机械高速运行成为可能。

（1）主机速度

1）梳棉机由于在线产量、质量及安全生产的自动监控及新型针布等新技术的应用，最新梳棉机台时产量最高可达 150 kg/h，锡林速度最高达 770 r/min。

2）双联式头道并条机（机上配置了两台独立驱动装置），为实现高速运转，创新采用数字化智能控制车头系统的电子牵伸传动，改变了传统并条机依靠齿轮传动的方法，出条最高速度达 800 ~ 1100 m/min，比传统双眼并条机生产效率提高 15%；可在高速运转时进行皮辊清洁与散热，运转平稳噪声小，并可在品种变更时进行便捷的工艺调整，无须人工操作，实现智能化管理。

3）精梳机使用全自动换卷和棉卷接头系统 ROBOLAP，设计速度为 600 钳次 / 分，实际生产速度可达到 500 钳次 / 分以上。

4）最新型粗纱机可达 216 锭，运转速度达到 1500 ~ 1600 r/min，最高速度 1800 r/min。

5）最新型环锭细纱机最多可安装 2016 个锭子，最高达 25000 r/min。

6）喷气涡流纺纱机设计速度达 550 m/min。

7）全自动转杯纺纱机纺杯速度最高可达 18 万 r/min，引纱速度可达 300 m/min；新一代半自动转杯纺纱机，纺杯速度可达 12 万 r/min，引纱速度高达 230 m/min。

（2）配套专件器材

1）为提高专用基础件的质量和生产效率，必须研发高效复合加工专用数控设备，开发包括钢领、钢丝圈、锭子、梳理器材及其底布、槽筒的专用复合加工设备。

2）由于纺织机械专用基础件对表面处理、热处理技术与设备要求较高。目前企业沿用老式的热处理工艺和设备较多，市场上没有专用热处理设备。国外的表面处理技术对我们是封锁的，只有通过自主、合作研发才能提高产品的性能和寿命。为提高专用基础件表面质量，必须研究表面处理和热处理技术，开发钢领、钢丝圈、锭子、梳理器材等专用件的表面处理、热处理设备。

3）摇架、罗拉是环锭细纱机的主要零部件，其技术、质量及一致性水平对纺纱速度、成纱质量有较大的影响。目前的加工、装配方式还有很大的提升空间。

4）锭子是纺纱装备中面广量大的重要部件，由于锭子高速运动，极小的加工误差或变形都可引起较大的振动、功耗增加以及质量的波动。急需开发寿命长、噪声小、功耗小、免加油、维护方便的高速锭子。电锭也是纺纱装备研究的热点之一。

3.2.2.2 关键技术

纺纱装备的高速化及其稳定可靠，与机械结构的运动学、动力学、振动学、可靠性工程、摩擦学紧密相关。

纤维与金属、纤维与陶瓷等的磨损机理，纤维接触部件的表面处理技术都与纺纱关键器材的失效形式和寿命密切相关，直接影响纺纱设备的耐久性。

纤维材料在梳理和牵伸过程中的应力应变特诊和卷绕过程的动态张力特性，加捻、退绕与卷绕系统的控制算法研究，急需开发新的检测技术与仪器。开发的仪器产品包括：牵伸区动态牵伸力测试系统、锭子动态虚拟功率测试仪、高速锭子动态虚拟振动测试分析系统、高速锭子振动、噪声及性能检测仪器等。

研究各种新材料和复合在纺纱关键部件上的应用技术，将对纺机的高速、轻质化设计提供广阔的空间；开展工程陶瓷材料、碳纤维等高性能复合材料配套应用研究。

研究专用基础件用金属材料热处理过程中金相结构变化，优化热处理工艺参数，改进热处理技术，研发专用热处理设备。

3.2.2.3 技术路线图

方向	关键技术	发展目标与路径（2021—2050）
高速化纺纱关键技术	整机高速化纺纱技术	目标：机构简化、机件增强与轻质化、关键元件耐用化
		机械结构的运动学、动力学、振动学模型分析
		纤维与金属、纤维与陶瓷等的磨损机理研究
		结构整体可靠性工程研究
	关键部位高速化技术	目标：高速运转部件轻质化和优良的动力学特性
		纤维梳理、牵伸和卷绕过程应力应变特诊和动态张力特性技术
		加捻、退绕与卷绕系统的控制算法研究
		高速运转部件的动力学特性与空气阻力研究
	关键部件表面强化技术	目标：研发专用热处理设备
		专用材料热处理中金相结构变化研究
		热处理工艺参数优化与控制方式研究
		专用高精度高效光整技术和设备研究

续图

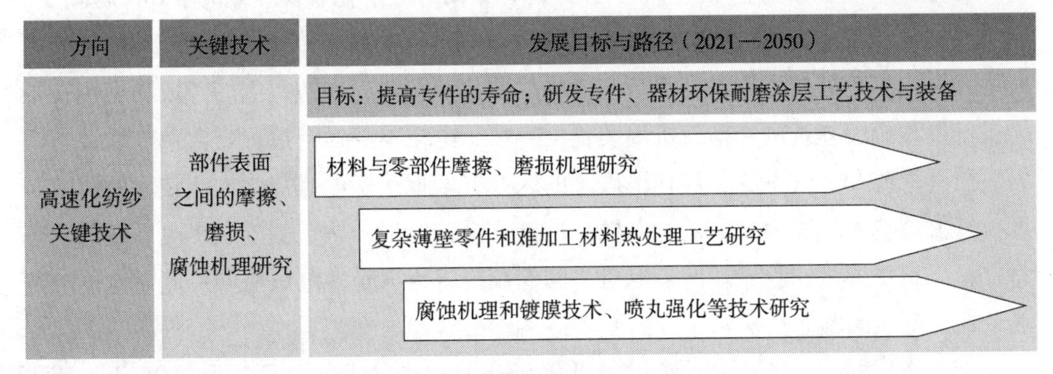

图 3-2　高速化纺纱技术路线图

3.2.3　数字化纺纱技术

3.2.3.1　需求分析

机械化的纺纱技术已经走过了 200 多年的历史。经过改革开放 30 年的飞速发展，国产环锭粗纱机、细纱机实现了集体络纱，长细纱机不配集体络纱装置而依靠人工络纱的状况正在成为历史。但纺纱装备传统的机械传动结构的弊端越来越显现，其不仅传动系统复杂，传动路线长，传动效率低，维护工作量大；改变工艺参数需要人工更换一系列相应的部件且调节精度低。

运用先进的机、电、气、仪技术设计制造自动化程度更高、纺纱功能更全面、操作更便捷的数字化智能粗纱机、细纱机、精梳机等将成为未来市场的必然抉择。

采用数字化与智能化技术，可使环锭纺纱机的性能和自动化程度大为提高，功能更完整、操作更便捷、纺纱工艺的调整更方便。它与传统纺纱机相比有两个显著的区别：第一，取消传统的复杂的机械传动系统，用可调速的伺服电机、变频电机、稀土永磁电机直接或通过变速箱直联传动目标元件；第二，它的程序控制系统的程控器具有更强大的功能和作用。不仅包括驱动控制的数字化，驱动到数控系统接口的数字化，而且还应该包括测量单元数字化、操作单元数字化。用软件最大程度地代替硬件，除完成要求的控制功能外，还可以具有保护、故障监控、自诊断等其他功能。

数字化智能纺纱机肩负着降本增效、节能减排、智能化、无人化和彻底改变纺织行业落后面貌的重任，必将引起纺织行业各方有识之士的关注和瞩目。随着时间的推移，智能纺纱机逐步成为新一代纺纱机的标杆。

3.2.3.2　关键技术

纺织装备中的专用传感器——是纺织装备数字化、智能化的基础，有光电传感器、电磁传感器、温度传感器、压力传感器、图像传感器及各种工艺参数传感器等，广泛用于如异纤检测、条子均匀度检测、棉网均匀度检测、断纱检测、纱线张力检测等，可实现对纺纱过程动态运行状态的有效跟踪，是纺纱数字化装备开发的重要课题。

纺纱设备的多电机协同控制技术，采用多电机传动取代传统的机械传动体系，可以大大简化传动结构，有利于整个装备的轻质化。目前，在纺机上已经成功运用在细纱机、粗纱机、并条机、精梳机等装备上。由于电机本身运行过程有大量非线性的因素；控制系统和负载系统也存在不确定的因素，增加了多电机协同控制技术的研究难度。其关键技术问题为：一是“电机－机械－纤维纱线”构成的复杂机电系统的动态特性；二是带能量回收功能的多电机协同控制技术；三是多电机协同控制对电网的冲击；四是安全问题。

突破关键技术，不断提升技术水平，缩小与先进技术的差距。到 2025 年，使进口产品的依赖度大幅度降低，国内纺纱装备中达到同期世界先进水平的比重达到 50% 以上；源于自主创新开发的产品占 50% 以上。

3.2.3.3 技术路线图

方向	关键技术	发展目标与路径（2021—2050）
数字化纺纱关键技术	关键零部件精度控制技术	目标：提高尺寸稳定性和精度，研发高效复合加工专用设备和生产线
		研究各专件使用性能的关键指标——精度要求
		复杂薄壁零件和难加工材料加工工艺研究
		各类专用件制造技术研究
	关键部件表面强化技术	目标：研发专用热处理设备
		专用材料热处理中金相结构变化研究
		热处理工艺参数优化与控制方式研究
		专用高精度高效光整技术和设备研究
	部件表面之间的摩擦、磨损、腐蚀机理研究	目标：提高专件的寿命；研发专件、器材环保耐磨涂层工艺技术与装备
		材料与零部件摩擦、磨损机理研究
		复杂薄壁零件和难加工材料热处理工艺研究
		腐蚀机理和镀膜技术、喷丸强化等技术研究

图 3-3　数字化纺纱技术路线图

3.2.4　复合纱纺制技术

3.2.4.1　需求分析

复合纱是两种或两种以上的不同性能的纱条（由短纤维或长丝组成）通过特殊工艺复合加工制成的纱，它是在纤维须条上的复合，复合纱生产技术追求与一般混纺纱线不同的纱线结构，由此获得与一般混纺纱线不同的性能。复合纱分为：短纤与短纤复合成纱或长丝与短纤复合成纱。复合纺纱技术的出现，既有利于纺纱技术水平和设备水平的提高，又为改变纱线及其织物结构、风格和品质提供了新途径。

当前纤维和纱线多元化与复合化趋势有两个特点：一是纤维原料的多元化与复合化；二是加工工艺和方法的复合化。以改善织物风格和功能为目的，在纺纱过程中进行不同纤维的混纺、长丝与短纤复合纺纱等技术，如包芯纺、赛络纺、赛络菲尔纺等。

近年来复合纱在适用原料范围、加工方法、纱线品种、质量及功能性等各方面已有了突飞猛进的发展。结构复合纺纱可回避纺织品功能化或智能化须经化学整理或选择功能和智能纤维的定式，在传统纤维与纺纱领域中形成突破，促进我国纺纱技术的进步与创新。

3.2.4.2　关键技术

高弹性与高性能形状记忆：变汇聚点耦合渐变色与渐变功能；张力调控可结构互换的负泊松比；偏粗短、偏脆弱及回用纤维的多向呵护式高支化纱等的结构复合纺纱关键部件、机构、工艺和产品设计与加工。

受迫内外转移式复合纺纱技术：在环锭细纱机或喷气涡流纺纱机上通过双须条隔距周期变化，实现双须条内外转移式复合纺纱；采用偏心摆动、周期张力调节装置，实现复合纺纱过程中长丝和短纤维充分内外转移，不但解决了长丝与短纤维之间抱合力不足，容易产生相对滑动而造成织造效率低、布面质量差等问题，而且实现直接在环锭细纱机上生产既有纤维抱缠结构、外观花色周期性渐变和突变，又有线密度结构周期性变化的复合纱线。不仅弥补现有长丝复合纺纱技术不足，还将丰富长丝复合纱线品种和功能，提升复合纱线的产品附加值和市场竞争力。可生产风格各异纺纱新品种，给企业带来可观效益。在纺纱机构、喂入方式、新型纺纱复合组分等工艺方面形成创新成果。

实现功能和智能功效的成纱结构设计：各系列成纱机构与关键部件研制；结构复合纺纱工艺与织物工艺设计等。突破传统环锭纺结构复合纺纱的关键技术，建立示范和产业化生产线，实现结构复合纱及其纺织品的产业化生产。推广多纤维复合混纺和新结构纱线加工技术，产量达到纱线总产量的20%。

研制出简单、成本价格低、维护保养方便的受迫内外转移式复合纺纱装备，开发出抱合力强的高质量复合纱、多结构多花色变化的花式复合纱、蓬松透气的功能复合纱等，丰富复合纱线品种、结构和功能，提升纺织产品附加值。并将其由传统环锭纺向其他非自由端和自由端纺纱装备、工艺和产业化拓展，使规模以上企业应用比例达到 5% ~ 10%，在行业推广。

3.2.4.3 技术路线图

方向	关键技术	发展目标与路径（2021—2050）
复合纱纺制关键技术	结构复合纺纱机理研究	目标：改善织物风格和功能
		纤维原料的多元化与复合化研究
		加工工艺和方法的复合化研究与分析
		长丝与短纤复合纺纱研究
	功能化结构复合纺纱研究	目标：实现舒适化、时尚化、多元化
		高弹性与高性能形状记忆复合纱技术
		变汇聚点耦合渐变色与渐变功能技术
		偏粗短脆弱及回用纤维多向呵护式高支化纱技术
	受迫内外转移式复合纺纱研究	目标：在纺纱机构、喂入方式、组分结构、工艺设计形成成果
		环锭细纱机或涡流纺纱机实现技术
		双须条内外转移式复合纺纱装置研究
		受迫内外转移式复合纺纱工艺技术研究

图 3-4 复合纱纺制技术路线图

3.2.5 新型环锭纺纱技术

3.2.5.1 需求分析

（1）节能高效型集聚纺纱技术

国内应用的集聚纺纱装置主要结构形式有三罗拉网格圈气动集聚和四罗拉网格圈气动集聚两种，国产化率已高达 90% 以上。我国集聚纺纱锭规模已经达到总纱锭规模的25%左右。集聚纺纱技术生产的纱线品种也在不断拓展，不仅应用于生产棉纺普梳和精梳纱，也用于生产半精纺和毛纺；不仅可以纺制集聚单纱，还能纺制如集聚包芯纱、集聚赛络纱、集聚赛络菲尔纱、集聚赛络包芯纱和集聚花式纱，以及集聚纺、赛络纺、包芯纺和花式纺纱技术的复合应用。集聚（紧密）环锭细纱机及集聚（紧密）纺装置，提高了产品品种适应性，大大提升了纱线的高端化水平，同时大大降低棉纺企业投资成本，与进口设备相比，降低50%～60%。

目前应用中的集聚纺纱技术结构投资和运行成本较高、能耗较大，与低碳化、绿色化的产业发展方向相悖。同时集聚纺纱结构的应用主要以专件与器材的形式附加在细纱机上，其生产方式已形成完整的产业链，但竞争十分激烈。未来生产与需求规模的大幅扩大，仍主要有益于有实力有理念的供应厂商、纺纱企业和下游应用。

随着国家产业政策对低碳化和绿色化要求的提高，发展低能耗的集聚纺纱技术势在必行，发展新结构纱线，应该不以高能耗为代价。

（2）高效柔性系统纺纱工艺

近年来棉纺工艺主要是以提高质量为主兼顾降低成本，一般采用中定量。高效型纺纱工艺的创新核心是粗纱大捻系数、后区大握持距、前区大握持距和后区小牵伸倍数的“三大一小”细纱大牵伸纺纱工艺。提高了成纱实物质量，而且大幅降低了生产成本，具有省设备、省电耗、省料耗、省工耗、升效率、升品质（6个Sheng）的效果和效益。

（3）低捻（假捻）纺纱技术

假捻纺纱技术目前在行业内被习惯性称为低扭矩纺纱技术。与普通环锭纺相比，假捻纺纱技术是一项综合性价比较高的新型纺纱技术，具备低捻度、低能耗、高产能、低端头、低扭矩等特性，与负压式集聚纺纱的高能耗形成鲜明对比。

假捻纱的优势主要在于低捻度和低扭矩特性，纱线的特殊性能、投资运行成本相对较低和对纺纱条件改善的优势，假捻纺纱技术的主要发展契机是织物柔软、舒适和针织物外观的改善，顺应了消费方式和消费观念的转变，是其持续发展的重要潜力。原有传统技术与工业新技术的结合，以及消费方式与观念的转变，使假捻纺纱技术具有广阔的技术和商业发展空间。随着下游应用的拓展和自身价值的发掘，其应用将在并不景气的市场氛围中突出亮点，并将在下一波经济复苏中展现风采。

3.2.5.2　关键技术

（1）节能高效型集聚纺纱

将负压吸管的连续吸气槽型式改为间断的两段设置，使须条在行进过程中受到二次脉动集聚，在保证集聚效果的情况下，大幅度提升了集聚负压的利用率，有显著的节能效果；将负压吸管吸气槽间断的无槽区域设计成下凹台阶结构，从而减少了网格圈与吸管的摩擦长度；网格圈具有自清洁作用有效延长了网格圈维护周期和使用寿命。到 2025 年，发展低投资和运行成本、低能耗的集聚纺纱结构和装置；研究新型负压吸管，在改善或保证集聚品质的同时，集聚负压能耗实际降低 40% 以上。

（2）高效柔性系统纺纱工艺

清梳强调“在分梳中尽可能保护纤维，减少短绒增长率和结杂”。进行适当改造，采用柔性打击与梳理，缩短输棉管道，采用大半径弯头，降低阻力，节省能耗，采用等隔距均衡梳理提高生条质量。并、粗：采用大后区隔距、小的总牵伸倍数并合理牵伸分配，除头并后区牵伸倍数外，均采用 1.16 以下的后区牵伸倍数，牵伸效率必须大于 98%，特别要控制好粗纱的大、中、小及前后排伸长率在 1.2% 以下。粗纱采用“小牵伸、大捻系数、重定量”，其定量增加 20% ~ 50% 可减少前纺万锭配台，全面提升生产效率。

高效型系统纺纱工艺的创新核心是粗纱大捻系数、后区大握持距、前区大握持距和后区小牵伸倍数的“三大一小”细纱大牵伸纺纱工艺。巧妙运用粗纱大捻系数带来的大内摩擦力场在牵伸中对须条牵伸力和纤维控制力的增强。依据冲击弹性测试数据和曲线选择国产丁腈胶辊的胶层厚度和胶辊直径使用区间，利用胶辊的直径增大来增加前罗拉钳口线的握持宽度，提高对纤维的控制力。同时，合理缩窄胶辊工作面宽度，使轻加压强握持成为可能。消除了重加压带来的系统性弊端，工艺变革优势效应突出，已经在国内数十家大型企业运用取得了显著成效。

国内一流纺纱企业成功研制四皮圈超大牵伸与集聚纺融合技术，将细纱总牵伸倍数提高到 100 倍以上，同时创新钢领润滑技术和纺纱增强装置，研发了精密水雾捻接器，高精度数字电源及适应超高支纱络筒的槽筒等，在保持粗纱合理定量的前提下成功生产出 300 英支高品质纱线。到 2025 年，发展低投资和高效率的新型大牵伸纺纱工艺；深入研究牵伸理论和梳理机理，在改善或保证产品品质的同时，吨纱综合效益提升 10% ~ 20%；实现产业化推广。

（3）低捻（假捻）纺纱

现有假捻技术结构包括喷气中心旋转、机械中心旋转、轮盘表面摩擦、龙带直线表面摩擦、皮带搓捻和轮盘搓捻 6 个类型，分为气流假捻和机械假捻两个类别。从假捻元件驱动纱条的方式看又可以分为中心旋转摩擦、单面切向摩擦和双面切向摩擦。假捻过程中，由于假捻元件对纱条的摩擦驱动力使纱条切向产生滚动而获得假捻特性，决定了所有假捻都是由摩擦产生的，由此也决定了假捻元件与纱条间必须通过设置适宜的摩擦系数获得摩擦力。

气流式假捻结构属于中心旋转形式，每个纺纱锭位设置一套气捻腔，能耗大，成本高，接头操作极不便利；轮盘表面摩擦假捻结构是在纺纱段设置以旋转轮盘为假捻元件的假捻装置假捻效率低，在锭位空间、投资成本等方面没有优势，接头操作极不便利；皮带搓捻假捻结构需要成对甚至成组的皮带对，利用皮带对表面动态夹持纱条进行假捻，捻不匀较大，接头操作极不便利。龙带切向摩擦假捻结构，采用集体传动方式，利用循环回转经过每个锭位的直线运动段龙带作为假捻元件。龙带切向摩擦假捻结构是相对性价比较高的假捻结构，在优选假捻结构参数和假捻工艺参数的基础上可进行产业化。到2025年突破关键技术，建立示范生产线。

3.2.5.3 技术路线图

方向	关键技术	发展目标与路径（2021—2050）
新型环锭纺纱关键技术	多元节能高效纤维集聚新方式研究	目标：自主研发节能高效型集聚纺纱装置，能耗下降30%以上
		研发新型负压吸管及吸槽结构
		提升了集聚负压的利用率研究
		研发节能高效型集聚纺纱装置，能耗下降30%以上
	高效柔性系统纺纱技术	目标：吨纱综合效益提升10%～20%
		清梳适当改造实现柔性梳理保护纤维研究
		细纱大牵伸、粗纱大捻系数、后区前区大握持距、后区小牵伸倍数纺纱工艺研究
	低捻（假捻）纺纱技术	目标：突破关键技术，建立示范生产线
		采用龙带切向摩擦假捻结构，假捻元件对纱条的摩擦驱动力模式
		优选假捻结构参数和假捻工艺参数研究，实现产业化推广应用

图3-5 新型环锭纺纱技术路线图

3.2.6 短流程纺纱技术

3.2.6.1 需求分析

新型纺纱如转杯纺、喷气纺、摩擦纺等都采用条子喂入纺纱，并在纺纱机上直接卷绕成筒，省略了粗纱与络筒两道工序。

由于新型纺纱多数为自由端纺纱，依靠高速回转气流或喷嘴直接成纱，取消了环锭纺纱中钢领、锭子等加捻卷绕部件对纺纱速度提高的束缚。故纺纱速度均高于环锭纺纱，如转杯纺纱速度是环锭纺纱的 4 ~ 10 倍，喷气纺纱与涡流喷气纺纱速度是环锭纺的 15 ~ 30 倍。用 4 台村田 870 喷气涡流纺纱机（96 头）共 384 头生产 18.4 tex 粘胶纱时，基本可达到环锭纺纱 10000 锭的生产量；或 3 台 AUTOCORO9 全自动转杯纺机（480 头）共 1440 头生产 24.6 tex 纯棉纱时，基本可达到环锭纺纱 10000 锭的生产量。

转杯纺和喷气涡流纺的纱线以其良好的抗起球性和耐磨性等特点获得广泛认可，得到全球大型服装企业的采用。近年来，该设备技术进步明显，在对原料、后道处理、纱线产品开发以及适应能力的开发上都有长足进展，成为纺纱不可或缺的一环。目前使用的全自动转杯纺纱机和喷气涡流纺纱机基本依赖进口。

喷气涡流纺是在喷气纺的基础上发展起来的一种新型纺纱技术。较喷气纺相比，喷气涡流纺采用高速涡流对纱条进行加捻并辅助罗拉牵伸以更好地控制纤维，具有实捻结构，成纱强力显著提高。同时纱线毛羽少、耐磨性和抗起毛起球性好，具有良好的导湿性能。与传统环锭纺相比，涡流纺具有速度高、工艺流程短、用工少、自动化程度高等特点。

3.2.6.2 关键技术

（1）喷气涡流纺喷嘴参数设计机理研究

喷气涡流纺的工艺参数研究国内已经有了一定的基础。主要集中在喷嘴加捻成纱部分，包括以下喷嘴参数：喷孔角度、导纱针至锭子距离和锭子锥角。需研究纤维性能和棉结数对涡流纱性能和纺纱效率的影响。

（2）驱动与控制技术研究

全自动转杯纺纱机和喷气涡流纺纱机目前已完成样机研制，正在进行纺纱试验。需要进一步研究高速驱动、微电机驱动与控制技术，提高转杯纺全自动接头成功率和接头效率，完成喷气涡流纺喷嘴系统的结构设计和纺纱与制造工艺的研究，解决纺纱锭差等问题。

（3）新产品研发与后道工艺路线研究

突破全自动转杯纺、喷气涡流纺等短流程纺纱机械关键技术，形成小批量生产。全自动转杯纺纱机转杯速度不低于 15 万 r/min；喷气涡流纺纱机引纱速度 240 ~ 550 m/min。突破纺织机械设计制造集成化、模块化、自动化、信息化技术，研发数字化、短流程纺纱，实现纺纱成套设备的连续化运行、夜间无人值守、数字化控制和网络化管理，形成示范生产线。

3.2.6.3　技术路线图

方向	关键技术	发展目标与路径（2021—2050）
短流程纺纱关键技术	喷气涡流纺喷嘴参数设计机理研究	目标：自主研发喷气涡流加捻喷嘴
		涡流纺喷嘴喷孔角度设计研究
		导纱针至锭子距离和锭子锥角设计研究
		涡流纺喷嘴系统的结构设计研究
	驱动与控制技术研究	目标：自主研发全自动转杯纺纱机和喷气涡流纺纱机
		高速驱动技术研究
		新型微电机驱动技术研究
		全自动智能控制技术研究
	新产品研发与后道工艺路线研究	目标：产品开发与工艺路线配套
		纤维性能和棉结数对涡流纱性能和纺纱效率研究，提升成纱强力
		完成涡流纺喷嘴系统的结构设计和纺纱与制造工艺的研究，解决纺纱锭差等问题

图 3-6　短流程纺纱技术路线图

3.2.7　花式纱纺制技术

3.2.7.1　需求分析

我国棉纺企业数量多、设备自动化水平较低，万锭用工人数高于欧美等发达国家，也高于以新设备为主的新兴国家，导致人均劳动生产效率低，企业市场竞争力较低。同时，随着经济的快速发展，尤其是经济较发达地区，企业招工日益困难。环保压力增大，能源成本上涨。这些原因导致我国棉纺行业利润率整体下降。

花式纱由于其结构特殊，形态各异，织成的织物立体感强，富有时尚感，还具有丰富的色彩变化，更符合时尚潮流，可广泛用于服装面料，深受消费者的喜爱。同时，花式纱线多以定制化为主，产品利润率远高于普通纱线，经济效益非常可观。花式细纱产品是色彩、艺术与纺纱技术结合的产物，色彩与艺术元素赋予了色纺更广阔的产品开发空间。为了适应市场及用户对花式纱的要求，国内开始引进和制造花式纱生产设备与装置，但大多数设备或装置功能较为单一。

目前，市场上具有批量需求的花式纱主要是在环锭细纱机上生产的竹节纱和段彩纱等花式细纱。花式细纱的细度、纤维混纺比、纤维混色比三个参量在长度方向至少一个参量发生显著变化，形成特殊的外观效应。在细纱机上通过改变牵伸型式或在改变牵伸型式的同时改变粗纱喂入方式，纺制得的花式细纱具有独特的外观花式效应。根据形态和色彩变化，花式细纱又可以细分为五类：本色竹节纱、混色竹节纱、混色段彩纱、纯色段彩纱和纯色段彩竹节纱。因此，原理简单、原料适应性强、功能齐全的花式纱生产设备与装置具有广阔的市场前景。

3.2.7.2 关键技术

（1）多功能牵伸机构及其附件设计

对称式嵌套后罗拉两通道牵伸装置，嵌套后罗拉结构设计，具有独立旋转自由度的后上皮辊结构设计，嵌套后罗拉圈环的驱动轴结构设计，后牵伸区粗纱集合器结构与参数优化；非对称式窄幅长短皮圈式两通道牵伸装置，窄幅长、短皮圈长度设计、用于分离窄幅长、短皮圈的上销，中、后沟槽上皮辊设计，限位下销设计，窄幅长皮圈张力装置设计，窄幅长皮圈后区托持限位器设计。

（2）高精度、多功能控制系统研发

多台伺服电机控制中、后罗拉动作，花式纱控制系统具有智能化编程，具有人机对话上位机，无线传输纺纱工艺参数，PLC 编程器根据程序控制驱动器，再由驱动器控制伺服电机，实现闭环式自动调速。采用多模态智能控制算法可以避免单纯采用 PID 控制或模糊控制无法同时满足系统的快速性、高精度和无超调的要求。根据细纱机中、后罗拉传动特性，高精度控制后罗拉的启动与停止，过滤 PLC 脉冲信号余波，避免驱动器和伺服电机以极微弱的转速驱动中、后罗拉。合理设置驱动器刚性扭矩参数，避免伺服电机在启动与停止瞬间产生振动。刚性设定值变高，则速度应答性变高，伺服刚性也提高，但容易产生电机振动。根据实际负载，合理设置驱动器惯性比参数，适应中、后罗拉转动惯量。

（3）纺制花式细纱的集聚纺装置

微距赛络型集聚纺装置，混色段彩纱和渐变段彩纱中两种纤维在纱线表面的分布比例和均匀程度有较高要求。纺制以上两种纱线，集聚纺吸风槽对纤维在纱线表面的分布状态有决定性作用。采用单吸风槽集聚纺装置，两束纤维在集束过程中收拢并伴有轻微的翻转，纤维之间有一定的随机混合，导致分布在纱线表面两种纤维的比例有很大随机性，波动比较大。而集聚赛络纺吸风槽，先对前罗拉钳口输出的两根须条分别进行集聚，在集聚槽末端输出时，两根须条被收缩成较细的纤维束，此时两根纤维束以微距汇聚、加捻成纱，则两种纤维在纱线表面分布比例比较均匀一致；组合型集聚纺装置，纯色段彩纱沿纱线长度方向两组分纤维占比发生较大幅度变化，纱线结构和外观呈片段式分布，一种纤维片段瞬时转向另一种纤维片段，两个片段的衔接质量是纺制此类纱线的核心要点，片段衔接质量关系到能否顺利成纱和成纱质量。组合型集聚纺装置上半部采用楔形分布的大量微孔对纤维须条集聚，并对网格圈有足够的支撑作用；下半部分采用三角形吸风槽对初步汇聚的纤维须条进行强力汇聚，进而汇聚成单一须条顺利成纱。

（4）花式细纱参数快速、准确逆推方法

客户往往在服装或家纺织物中抽出几根或者小段，让生产厂进行仿制，需要将原料成分、捻度、捻向和超喂比等工艺参数进行分析、试纺，要做到与样品完全相同，就必须将生产方法、原料、工艺等全部细节弄清楚后才能做到批量生产。此过程要求设计人员有丰富的经验及判断能力。研发快速、准确的花式细纱参数逆推方法具有重要现实意义。

3.2.7.3　技术路线图

方向	关键技术	发展目标与路径（2021—2050）
花式纱纺制关键技术	多功能牵伸机构及其附件设计研究	目标：研发实用性多功能牵伸机构
		分析、推导实现多功能牵伸过程装置的工作原理
		对称嵌套后罗拉两通道牵伸装置及其工艺优化
		非对称窄幅长短皮圈两通道牵伸装置及其工艺优化
	高精度、多功能控制系统研究	目标：研发出高精度、多功能控制系统
		中、后罗拉高精度伺服驱动技术研究
		实现智能化编程及工艺参数的智能优化
		实现工程化应用设备的设计和开发
	纺花式细纱的集聚纺装置研究	目标：研发纺花式细纱的集聚纺装置
		纺不同品种花式纱纤维运动途径和机理研究
		混色竹节、段彩微距赛络集聚纺装置及产业化应用
		纯色段彩纱组合型集聚纺装置及其产业化应用

图 3-7　花式纱纺制技术路线图

3.2.8 纺纱工程信息化

3.2.8.1 需求分析

近几年在中国运用的纺纱信息化技术，包括面向生产制造层面的制造执行系统（MES）、自动监测和动态精细化管理系统，以企业资源计划系统（ERP）为核心的信息系统的集成应用；以瑞士立达公司用于立达全流程生产的SPIDERweb“蛛网”系统和江苏大生与经纬纺机合作的国家智能制造“数字化纺纱车间”中依托智能传感技术的“经纬E系统”为代表，它们将纺纱车间的机台运转数据、质量信息、人员信息、设备电量、车间环境温湿度、订单、排产等集成到大数据平台进行深入分析，以数据分析反向指导生产管理，实现高效智能化车间生产管理模式和纺纱过程闭环式大数据管理。中国纺纱企业能全部或部分应用在线生产监控的企业占比大约16%，实现在线监控的机台比率的平均值大约有36.9%。实现数据自动采集，使其与企业上层的ERP系统，下层管理系统、监测系统等在功能结构上相兼容，实现企业内部生产数据的共享，纺纱过程产品质量智能监控和生产网络化管理，从根本上解决企业内部信息“孤岛”问题。扩大应用到仓储和物流系统，可以帮助企业减少短货现象，缩短交货期，实现差异化生产，准确跟踪物流信息，从而达到降低成本、提高效率的目的，是纺织信息化的发展趋势。

单机在线监测中，乌斯特公司的USTER QUANTUM EXPERT3数字电容式清纱系统和新一代LOEPFE电清YarnMaster ZENIT+均采用多个传感器监测技术，为细纱生产企业提供了极有价值的信息；在该技术的生产运用领域，以无锡一棉为代表的企业将采集的全检数据进行二次开发，建立以大数据为依据的企业质量考核标准并严格贯彻实施，成效显著。

3.2.8.2 关键技术

（1）纺纱制造执行系统（MES）

“十二五”期间，纺织在线生产监控技术得到突破，纺纱在线监控系统已经能够覆盖纺纱生产全流程，已经具备了产业化推广的技术基础。需要进一步研究设备生产信息监测和管理系统、生产过程智能调度系统等，包括：数据的集成、分析、处理；设备通信接口研制；支持分布式监测和实时控制的串行通信网络；可靠性技术，包括由于操作失误造成数据错误的纠错方法；MES软件系统；适合纺织厂大规模、不确定、多目标和多种约束条件下的生产调度模型和体系结构；各层系统之间的连接和数据交换方式。需进一步完善在线生产监控系统功能，进一步扩大采集数据范围，提高系统对采集数据的分析处理和综合利用能力。

到 2025 年，纺织行业大中型以上企业在线生产监控技术和两化融合基本达到综合集成发展阶段；纺织行业大中型以上企业在线生产监控应用覆盖率从目前的 16.5% 提升到 30%。

（2）纺织品智能制造服务平台的研发

1）纺织品制造过程的底层数据采集，并实现互联、互通与互操作，提供开放的数据信息平台，以满足系统不同层次上的信息共享与互动要求；

2）纺织品协同制造过程的精益管控，提高对多变、快速生产过程的敏捷响应与处理能力；

3）构建一个集生产、流通、服务为一体的纺纱制造过程的全质量管控平台，实现纺织品制造过程的质量活动监控与管理；

4）提供更为全面主动、联网式、个性化的集生产、流通、服务为一体的客户服务管控，以形成更敏捷的市场快速反应机制。

到 2025 年，突破关键技术，建立示范企业。力争在 3 ~ 5 家大型纺织制造企业进行推广使用，促进示范企业的制造过程向智能化、精益化、服务化方向发展，加速我国纺织业转型升级、由大变强。

（3）新型纺纱智能化生产线

进一步重点研究各工序条筒输送；棉条自动接头；精梳卷的自动换卷、自动生头；粗纱的自动接头；细纱机处粗纱空管与满筒粗纱自动交换、细纱的自动接头；自动络筒机多台集中控制；络筒工序筒纱自动输送及自动包装；实现主机设备、辅助设备、原材料、人员、成品等车间全部设备、人、物的在线监控和智能化管理；实现数据分析及远程诊断。实现纺纱成套设备的连续化运行、数字化控制和网络化管理，实现节能降耗，减少用工成本，改善生产环境，降低工人劳动强度，适应多种新型纤维纺纱，提高传统纤维纱线产品档次的目标。建设智能化环锭纺纱工厂。建设数字化、网络化、智能化转杯纺、喷气涡流纺生产线。

到 2025 年突破关键技术，完成大部分工序间的连接，建成 1000 万锭数字化、网络化、智能化纺纱规模。实现夜间无人值守；万锭用工降低到 28 人以下。

3.2.8.3 技术路线图

方向	关键技术	发展目标与路径（2021—2050）
纺纱工程信息化关键技术	纺纱制造执行系统（MES）技术	目标：在线监控和两化融合实现综合集成，应用覆盖率达 30%
		支持分布式监测和实时控制的串行通信网络及通信接口研制
		大规模、不确定、多目标和多种约束条件下的生产调度模型和体系结构
		各层系统之间的连接和数据交换方式
	纺织品智能制造服务平台研发	目标：突破生产过程智能化、精益化、服务化关键技术，建立示范企业
		生产过程底层数据互联互通互操作的共享技术
		集生产、流通、服务于一体的全面质量管控技术
		联网式、个性化的客户服务管控技术
	新型纺纱智能化生产线技术	目标：突破关键技术，实现数字化、网络化、智能化纺纱
		研究各工序自动输送、自动接头、筒子打包技术
		全部设备、人、物的在线监控和智能化管理
		数据分析及远程诊断；实现夜间无人值守；万锭用工 28 人以下

图 3-8 纺纱工程信息化技术路线图

3.3 趋势预测（2050年）

纺织纤维原料的加工总量，200 多年来有了突飞猛进的大发展，全球由 1800 年的 160 万 t 增到现在的 1 亿 t 左右，预测 2050 年全球纺织纤维加工总量将超过 2 亿 t。为适应这个发展趋势，棉纺织行业必须不断地进行产品结构调整和技术升级。

3.3.1　高度连续化纺纱系统

3.3.1.1　需求分析

随着科学技术的进步与发展，近几年来传统纺纱产业的面貌正在发生深刻的变化，突出反映在装备自动化、连续化、智能化、高速高效化及低能耗等方面有显著进步。连续化纺纱成套装备取得突破打破了国外技术垄断，是纺纱重大的关键技术进步。纺纱行业的整体用工水平得以大幅改善，环锭纺纱万锭用工从 10 年前的平均 190 人下降到 2017 年的平均 60 人，2050 年棉纺连续化生产达到国际先进水平，实现无人化或夜晚班无人化生产。突破棉包智能上包、梳－并联、并－粗联、精－粗联关键技术，真正实现纱线生产连续化。

3.3.1.2　关键技术

（1）棉包智能上包与高精度自动称量关键技术

在混纺纱线生产中，采用人工混合、棉包混合、条子混合都存在着一定的局限性。研发高精度自动称量控制技术，对各纤维组分进行精确称量，按照比例直接进入清梳联混清机组，从而实现连续生产。

在采用计算机自动配棉的基础上，运用 AGV 小车，实现棉包的自动堆放和抓棉机自动上包。

（2）梳并联合、并粗联合关键技术

实现梳并联合需要突破的瓶颈问题有：①采取有效措施解决 4 ~ 6 台甚至 8 台梳棉机与 1 台并条机产量平衡技术；②实现梳棉生条自动存储，解决各梳棉机到达并条机路径不同的张力有效控制技术；③突破并条机正常生产速度提升到 1000m/min 以上的关键技术，基本实现 6 台左右梳棉机与并条机产量的平衡。

（3）粗针联合关键技术

实现粗针联合需要突破的瓶颈问题有：①粗纱牵伸后在摒弃锭子加捻的情况下，研究加捻装置及有效纱线强度的控制是粗针联的瓶颈之一，需突破运用气流对须条实施加捻的技术；②牵伸后的细纱与针织之间的速度平衡问题，需要研发细纱的存储技术及其张力自动控制技术；③牵伸、加捻成纱与针织机工艺协同技术。

到 2050 年，实现棉包自动上包，高精度自动称量实现组分精确控制技术；研发条桶自动运输或梳并连、并粗联，使纺纱流程实现完全连续化；突破粗针联，实现纺纱与针织的无缝连接。与传统非连续化纺纱流程相比，万锭用工从 45 人降低到 8 人以下。全流程连续化或关键工序连续化的中大型企业覆盖率达到 60%。

3.3.1.3 技术路线图

方向	关键技术	发展目标与路径（2026—2050）
高度连续化纺纱系统关键技术	棉包智能上包与高精度自动称量关键技术	目标：研发高精度精确自动称量设备并实现自动上包
		清梳联合机智能化控制技术
		高精度自动称量实现组分精确控制技术
		自动配棉中运用 AGV 小车，实现自动上包技术
	梳并联合、并粗联合关键技术	目标：实现棉条在梳棉到并条再到粗纱的连续化
		4 ~ 6 台梳棉机与 1 台并条机产量平衡技术
		生条预存储技术和不同运行路径张力控制技术
		并条机产量提升到 1000 m/min 的关键技术
	粗针联合关键技术	目标：实现粗纱直接到针织大圆机联接的突破
		牵伸后运用气流对须条实施加捻的技术与装置
		细纱的存储技术及其张力自动控制技术
		牵伸、加捻成纱与针织机工艺协同技术

图 3-9 高度连续化纺纱系统技术路线图

3.3.2 高端化纺纱装备

3.3.2.1 需求分析

高端纺纱装备在“十三五”期间着重推广 6 条智能示范生产线，纺纱智能生产线发展速度快，也标志着纺纱行业进入高质量发展阶段。但与此同时，棉纺行业还有大量存量传统设备需要提升改造，细纱短车集落改造，自动络纱小车等都快速发展。

高端纺纱装备的发展趋势是高产、高质、高适应性和智能化，彻底解放体力劳动力同时，提升劳动生产率和产品质量的优质化率。

3.3.2.2 关键技术

清梳联设备采用了流体分析、无动力凝棉、高效除杂、高质梳理、信息网络化等新技术；具备智能工艺调整能力，成纱质量稳定，可连续稳定高速运转，组成工艺流程短、除杂效率高，棉结、短绒增长少的新型高效智能清梳联生产线。

粗纱和细纱机的要求主要是高效率、高品质、节能、可靠。运用多电机总线控制系统实现主轴变频、电子升降、集落理管、电子牵伸等数字化和智能化研发，可降低吨纱耗电，提高纱线质量。

建立数据云平台，将每一纱锭每一刻的速度、运行状态、健康状况都记录在系统中，断头检测灵敏；每个机台联网云端分析系统，定时上报数据，海量单锭信息为大数据分析提供基础；可对接粗纱喂停系统、薪酬考勤系统、人事管理系统、工艺管理系统、质量管理系统等，实现智能管控一体化。

实现纺纱工艺智能化设计、细纱自动接头、粗纱自动接头和条子自动接头关键技术的突破，到2050年高端化纺纱装备中大型企业覆盖率达到60%。

3.3.2.3　技术路线图

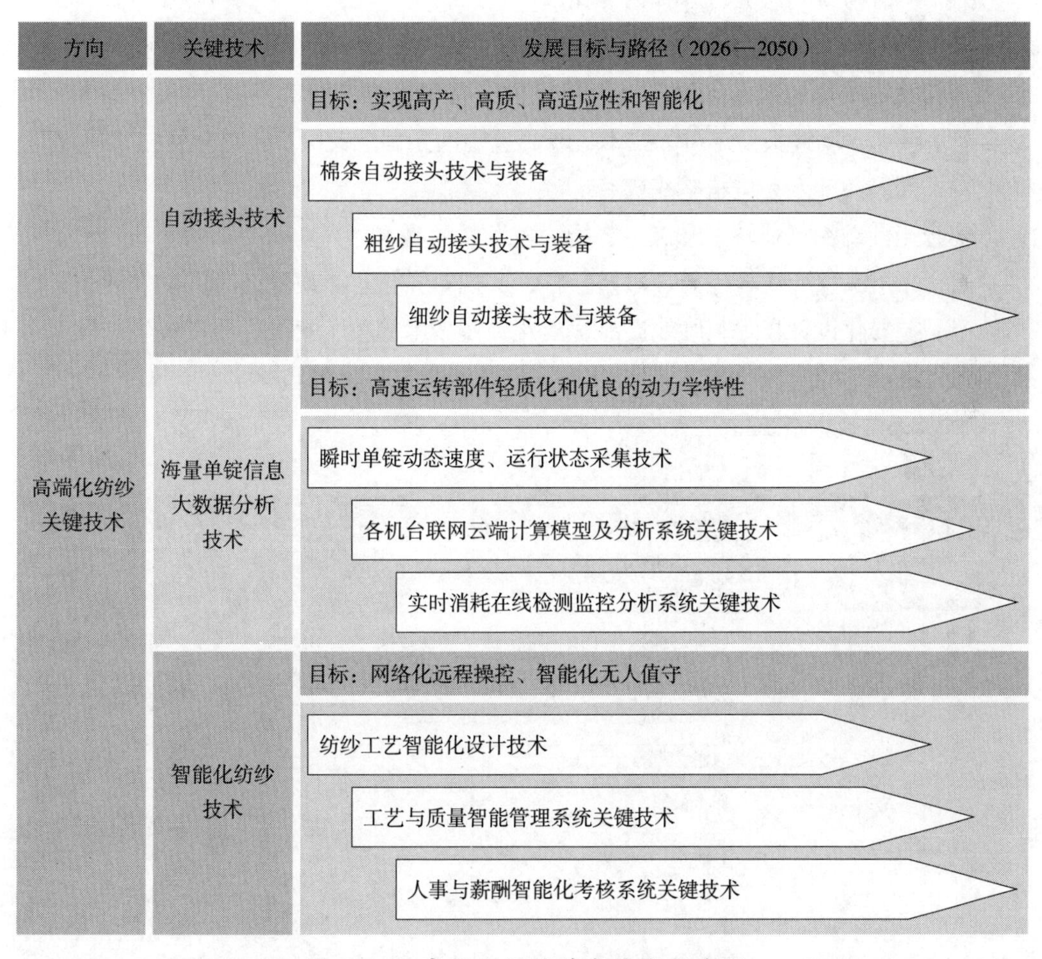

图 3-10　高端化纺纱装备技术路线图

3.3.3　高效纺纱技术

3.3.3.1　需求分析

以高纺纱速度、效率，低纺纱成本为特点的新型纺纱技术的应用，如转杯纺纱、喷气纺纱与涡流纺纱等，是近 30 多年来国内外纺纱技术进步最大亮点。与传统的环锭纺纱比较，新型纺纱具有工序短、生产效率高、质量优、用工省、成本低的优势。

3.3.3.2　关键技术

（1）全自动转杯纺纱机关键技术

开发出在稳定性、可靠性上达到国际先进水平的国产全自动转杯纺纱机，其关键技术包括：①纺杯转速达到 15 万 r/min 以上关键技术；②自动络纱和自动接头稳定可靠技术；③设计制造集成化、模块化、自动化、信息化技术。

（2）全自动喷气涡流纺纱机关键技术

开发具有我国自主知识产权、性能达到国际先进水平的国产全自动喷气涡流纺纱机，其关键技术包括：①喷气涡流纺纱机的喷嘴瞬时单锭动态运行状态监控技术；②自动络纱和自动接头稳定可靠技术；③高速驱动条件下关键部件可靠性技术研究。

（3）新产品开发和工艺路线研究

契合当前纺织行业转型升级、智能绿色发展的要求，开发的纱线条干均匀、毛羽少，面料光滑平整、质量优异、风格独特；实现差异化、品质化、品牌化发展；突破纺纱产品差异化设计技术；纱线产品优质化关键技术等技术瓶颈，使设备生产效率达到国际先进水平。到 2050 年，形成产业化生产年产 500 套以上。

3.3.3.3　技术路线图

方向	关键技术	发展目标与路径（2026—2050）
高效纺纱关键技术	全自动转杯纺纱机关键技术	目标：全自动转杯纺纱机达到国际领先水平
		纺杯转速达到 15 万 r/min 以上关键技术
		自动络纱和自动接头稳定可靠技术
		设计制造集成化、模块化、自动化、信息化技术

续图

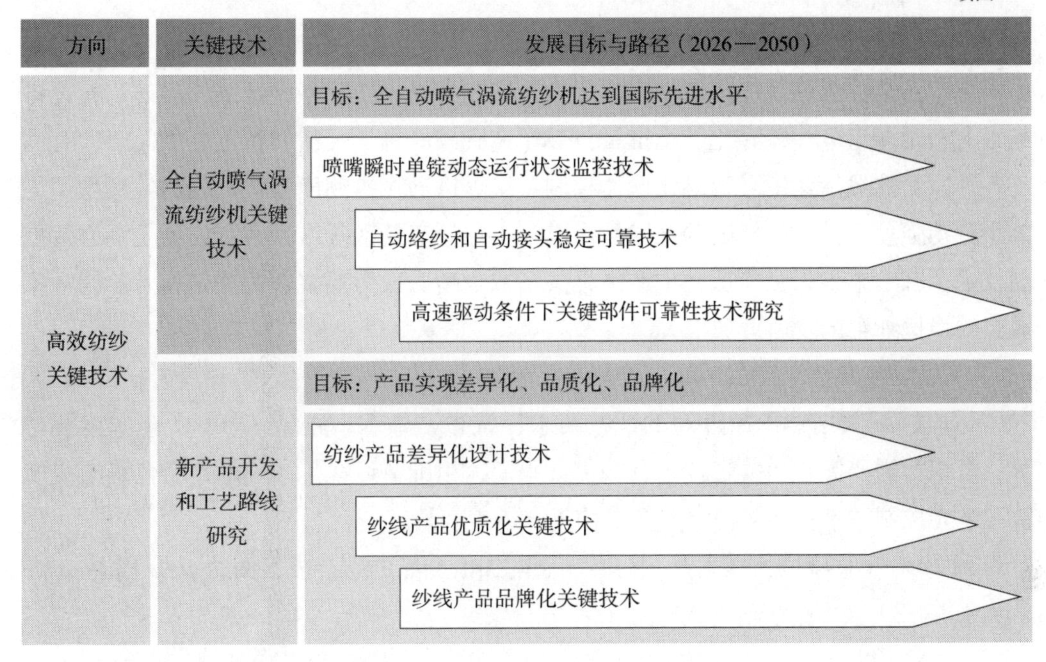

图 3-11 高效纺纱技术路线图

3.3.4 通用型环锭纺纱

3.3.4.1 需求分析

随着国内制造业大趋势的变化，纺纱行业的变革也在潜移默化中进行，越来越多的企业在加大创新和开发的力度，丰富自己的产品线，新产品研发、生产、推广成为多数企业的重点工作。

国际纺织品需求出现新变化，尤其在多品种、小批量方面有了重大发展，纯棉、纯麻产品发展了液氨整理，多纤维混纺，突显了各种外观、手感、功能需求，混色纺和色织大面积普及，提花、增绣、装饰性附件大量增加。纱线开发向差异化、个性化、功能化方向发展，实现订单式生产经营，增加附加价值，提升产品的覆盖面。

3.3.4.2 关键技术

（1）超细特纱开发技术

适应国际服用纺织品轻薄化，织物平方米质量显著减轻，纱线的线密度变细的趋势。要解决的关键技术包括：①在清钢精工序柔性分梳，减少纤维的损伤是超细特纱开发的关键技术之一；②集聚纺纱关键技术是实现超细特纱的必备手段，而集聚纺纱的高效节能是关键；③超柔纱关键技术是系统工程，其中最重要的核心技术是突破细纱大牵伸和粗纱重定量的关键技术。

（2）高触感面料用纱开发技术

适应国际服用纺织品触感要求提高，柔软、弹性、滑爽、不黏、不涩、无刺痒和差异化产品柔性化的制造生产，突出个性化定制特点，实现各种纤维的混纺，在设备配置上满足多组分、差异化、小批量订单快速翻改品种，灵活调整工艺的需要，有利于各种原料的灵活搭配。智能化操作控制系统可以通过控制面板一键调整，减少用工减小劳动强度。其需要突破的关键技术有：①加捻三角区纤维张力及成纱毛羽有效控制技术；②超柔纱因强力低，生产中开关车减少断头成为要突破的关键技术；③触感滑爽的强捻纱生产及后道加工关键技术。

（3）外观多变纱开发技术

适应国际服用纺织品外观的严格要求：抗皱、悬垂、光泽、色彩、色牢度、花纹、组织。需要突破的关键技术有：①数码变速粗细节纱线生产技术；②色彩渐变规律及色光控制技术；③多根喂入变牵伸复合纱生产技术。

到 2050 年，应用新技术开发的高端高附加值产品的生产覆盖面达 50% 以上。

3.3.4.3 技术路线图

方向	关键技术	发展目标与路径（2026—2050）
通用型环锭纺纱关键技术	超细特纱开发技术	目标：增加附加值，提升覆盖面
		清钢精工序柔性分梳关键技术
		细纱高效节能集聚纺纱关键技术
		大牵伸重定量生产关键技术
	高触感面料用纱开发技术	目标：增加附加值，提升覆盖面
		加捻三角区纤维张力及毛羽控制技术
		超柔纱生产开关车减少断头关键技术
		强捻纱生产及后道加工关键技术
	外观多变纱开发技术	目标：增加附加值，提升覆盖面
		数码变速粗细节纱线生产技术
		色彩渐变规律及色光控制技术
		多根喂入变牵伸复合纱生产技术

图 3-12　通用型环锭纺纱技术路线图

3.3.5　纺纱工程信息化与智能化

3.3.5.1　需求分析

数字化、信息化是纺纱技术最终实现智能化的基础。信息技术在纺纱产业的应用支撑着近代世界纺纱历史上的第三次革命，它是计算机与自动控制等信息技术在纺纱技术研究与设计、生产、管理、市场营销等方面的应用，与新材料、先进制造技术及纺纱产业的其他变革等因素的综合作用正推动传统纺纱步入现代纺纱的新阶段，也是纺纱工程的必然方向。

3.3.5.2　关键技术

纱线质量实现智能化在线监控，包括在线检测、在线修正和管纱在线分类、筒纱在线归类。

（1）纱线质量在线监测监控技术

包括全流程生产设备生产状态的在线监控；在此基础上，突破棉条、小卷、粗纱的均匀度在线监测和粗纱伸长的在线监测和棉网棉结等疵点的在线监测技术；突破部分质量如半制品均匀度在线修正技术。

（2）生产过程的智能化管理技术

生产过程的智能化管理：包括生产工艺管理智能化，可依据产品质量要求进行全流程工艺智能设计，根据实际情况进行智能优化。具有自学习能力和再创造能力。

原料选配、上包智能化，能根据试纺质量情况进行原料的智能优化。多维混纺中原料混合比例的智能控制，降低混棉装备的混合压力和后道染色次品率。具有自学习能力。

（3）纺纱车间环境智能化控制技术

纺纱车间环境指标（如温度、湿度、含尘量等）智能化自动调整系统，实现智能化控制。

到2050年，纺织行业大中型以上企业两化融合初步达到协同与创新发展阶段。纺织行业大中型以上企业在线生产监控应用覆盖率达到50%以上。

3.3.5.3 技术路线图

方向	关键技术	发展目标与路径（2026—2050）
纺纱工程信息化与智能化技术	纱线质量在线监测监控技术	目标：纱线质量在线可控，减少质量波动
		全流程半制品均匀度、疵点在线监控技术
		全流程半制品均匀度在线修正技术
		全流程半制品品质在线优化技术
	生产过程的智能化管理技术	目标：大型企业生产监控应用覆盖率达到 50% 以上
		原料选配、上包智能化技术
		生产工艺管理智能化技术
		多维混纺中原料混合比例的智能控制技术
	纺纱车间环境智能化控制技术	目标：大型企业应用覆盖率达到 50% 以上
		纺纱车间温度智能化自动调整技术
		纺纱车间湿度智能化自动调整技术
		纺纱车间除尘智能化自动调整技术

图 3-13 纺纱工程信息化与智能化技术路线图

参考文献

[1] 孙瑞哲. 纺织工业推进高质量发展 [J]. 上海纺织科技，2018（2）：1-2.

[2] 孙瑞哲. 构建中国纺织服装行业的新未来 [J]. 纺织导报，2017（1）：18-28.

[3] 朱北娜. 中国棉纺织行业展望和需求分析 [J]. 中国棉麻产业经济研究，2015（4）：31-33.

[4] 叶戬春. 棉纺行业形势与技术升级发展趋势 [C]//2016 棉纺设备技术升级研讨会论文集. 北京：中国棉纺织行业协会，2016：2-12.

[5] 陈建. 棉纺车间智能化技术的应用体会 [C]//2016 棉纺设备技术升级研讨会论文集. 北京：中国棉纺织行业协会，2016：34-41.

[6] 陈顺明，章友鹤. 提高纺纱市场竞争力重要举措：发展“精、特、新”纱线——2017 年中国国际纺织纱线（春夏）展呈现 3 个特点 6 个亮点 [J]. 浙江纺织服装职业技术学院学报，2017（5）：1-8.

[7] 谢春萍，王建坤，徐伯俊. 纺纱工程 [M]. 北京：中国纺织出版社，2012.

[8] U. Heitmann，郑媛媛. 2015国际纺机展：纺纱工程的革新［J］. 国际纺织导报，2016（9）：22-26，36.

[9] 马丽芸，汪军. 纺纱在线检测的开发应用与管理［J］. 纺织器材，2016，43（3）：61-64.

[10] 朱丹萍，寿弘毅，章友鹤，等. 纺纱设备和技术的进步与发展［J］. 浙江纺织服装职业技术学院学报，2017（1）：1-7.

[11] 潘梁，朱丹萍，寿弘毅. 国外纺纱机械与纺纱器材技术的进步与发展［J］. 纺织导报，2017（4）：56-60.

[12] 章友鹤，朱丹萍，赵连英. 新型纺纱的技术进步及产品开发［J］. 纺织导报，2017（1）：58-61.

[13] 刘荣清. 棉纺粗纱机的发展和展望［J］. 纺织导报，2014（2）：32-35.

[14] 郭东亮. 近期国内外清梳设备的发展趋势［J］. 棉纺织技术，2017，45（2）：81-84.

[15] 毕大明，章友鹤，史世忠，等. 转杯纺与喷气涡流纺新型纺纱技术发展与进步的新亮点［J］. 现代纺织技术，2015（1）：50-52，57.

[16] 纺织工业"十三五"发展规划［N］. 中国纺织报：2016-09-29.

[17] 章友鹤，朱丹萍. 纺纱装备的自动化、连续化、智能化和高速化［J］. 纺织导报，2017（6）：24-32.

[18] 阎磊，宋如勤，郝爱萍. 新型纺纱方法与环锭纺纱新技术［J］. 棉纺织技术，2014，42（1）：20-26.

[19] Xu Bingang，Tao Xiaoming. Techniques for Torque Modification of Singles Ring Spun Yarns［J］. Textile Research Journal，2008，78（10）：869-879.

[20] Liu Keshuai，Xia Zhigang，Xu Weilin，et al. Improving spun yarn properties by contacting the spinning strand with the static rod and self-adjustable disk surfaces［J］. Textile Research Journal，2018，88（7）：800-811.

[21] Soo Han Sung. Development of Digitizing Design Program and Applying It to the Cord-Yarn Sewing Machines［J］. Textile Science and Engineering，2002，39（5）：631-638.

[22] Beceren Yesim，Nergis Banu Uygun. Comparison of the effects of cotton yarns produced by new，modified and conventional spinning systems on yarn and knitted fabric performance［J］. Textile Research Journal，2008，78（4）：297-303.

[23] Uyanik Seval，Baykal Pinar Duru. Effects of fiber types and blend ratios on Murata Vortex yarn properties［J］. Journal of the Textile Institute，2018，109（8）：1099-1109.

[24] Naeem Muhammad Awais，Yu Weidong，Zheng Yonghong，et al. Structure and spinning of composite yarn based on the multifilament spreading method using a modified ring frame［J］. Textile Research Journal，2014，84（19）：2074-2084.

撰稿人

谢春萍　刘新金　苏旭中

第4章　机织工程领域科技发展趋势

纺织产业是人类生活永恒的主题，随着世界科学技术的飞速发展和社会经济生活水平的不断提升，国际纺织产业已逐渐形成新格局，发达国家退出中低支纱、厚重产品等中低端纺织产业领域后，重点在功能产品、智能产品、时尚产品、产业用纺织品等方面加大研发投入，产业重点向高精尖的方向发展，纺织产业链中的中、低端产品的加工制造业已逐渐转到了发展中国家。

机织生产历经手工织造阶段、机器织造阶段、现代织造阶段，进入了当今的智能织造阶段，有权威专家认为，现代机织生产已进入信息化时代，并向智能化方向发展。信息技术、智能设备、系统控制、节省资源等是当今世界机织工程领域科技发展的主潮流，具体表现在：机织物设计的个性化、时尚化、功能化、绿色化和智能化；机织 CAD 技术的仿真模拟、自动化与智能化、集成化与网络化；准备工程的智能化、信息化、节能环保、高速化和精准化；高性能无梭织造技术发展的智能化、数字化。机织工程领域作为纺织科学与工程学科下的重要学科方向，在纺织产业转型升级的大变革下面临着同样的机遇和挑战。

4.1　机织工程现状分析

4.1.1　发展概况

近三十年来，我国机织工程领域在设备改造，新纤维材料应用，服用、家用和产业用纺织品的研发及纺织工艺与产品设计技术等方面都得到了快速发展，在满足国内消费者对纺织品的需求和纺织品对外出口贸易、促进我国社会经济稳定和发展起到了重要作用。

机织工程创新最具代表性的设备是无梭织机。自 20 世纪 50 年代以来，世界上各种无梭织机，如片梭织机、喷气织机、喷水织机、剑杆织机等发展迅速，而我国无梭织机的发展主要是从 20 世纪 80 年代开始，经历了有梭织机无梭化改造、无梭织机引进、消化吸收和自主研发等阶段，目前已形成了以无梭织机为主、有梭织机为辅的机织产业格局，我国已成为生产无梭织机种类最齐全的国家，能够制造剑杆织机、喷气织机、喷水织机和片梭织机，其技术水平不断提高，已逐渐接近国际先进水平。国产无梭织机用各类配套件、器材和专用装置品种齐全，具备了专业化生产能力。近五年来，无梭织机国产设备比例显著增加，新增无梭织机中，国产化比例达 70% 以上，与高速无梭织造相适应的准备机械制造能力也不断提升。

国内机织工程领域已形成了以无梭织造及其相配套的络纱、并纱、倍捻、整经和浆纱等准备工程技术为基础，针对时尚化、功能化服饰面料和高性能各类产业用机织材料的多种需求，优化选用各类差别化、功能性等新型纤维或纱线，或棉、麻、丝、毛等天然纤维，或碳纤维、芳纶、高强聚乙烯等高性能纤维，采用提花、小提花及素织物等计算机设计 CAD 技术，每年研发、生产 1000 余亿米机织产品，机织产业呈稳步发展的态势。

准备工程的基础研究凸显多学科交叉融合特点，如纺织工程、机械设计制造与自动化、计算机技术、物联网工程、材料科学与工程等学科的高度融合，相关教学科研工作人员是机织准备工程新理论新工艺新设备创新发展的中坚力量。

织造工程主要包括织造工艺技术及织造设备，随着近年来我国机织行业采用自动化、智能化、信息化技术对传统产业进行升级改造，科技进步十分显著，纺织高校、研究机构及企业投入大量资金和技术力量进行机织工程各方面的研究，不断创新生产工艺和生产技术。计算机辅助设计技术也在织造工程中得到了发展和广泛应用，为满足纺织产品的小批量、多品种、快交货、个性化等要求提供了技术保障。

机织物产品的设计与开发需要不断适应新纤维材料的变化和织造设备的更新，通过对机织产品深加工、精加工、高品位的开发以提高企业的经济效益。另外，需要根据用户的要求进行定向设计，一方面满足了广大消费者日益增长的物质文化需要；另一方面也满足了工业、农业、医药及其他产业的需要。机织物设计方法随着新纤维的开发以及新技术的发展而同步发展，织物的配色、纹样图案的生成也由传统主观设计逐渐向自动化、智能化发展。

机织 CAD 系统拓宽了产品设计内涵，除对机织物进行工艺设计外，还包括纱线模拟、织物模拟、风格模拟和仿真模块，能根据织物组织、纱线排列、工艺参数以及纱线的种类自动生成织物效果图，能够将织物设计人员的设计意图快速、形象、直观地在计算机显示器上显示出来，能够模拟在服装、家居等场景中的效果，在一定程度上可取代织造打样和试穿效果。部分先进的机织 CAD 系统集成了色织物设计、纹织物设计和织物仿真模拟等功能。更广意义上的机织 CAD 技术还包含采用计算机和互联网技术对机织产品进行生产管理、展示销售和服务管理等。

随着信息、自动化、计算机技术的进一步发展与应用，机织工程领域向着生产智能化和产品高端化方向发展，如生产工艺技术与设备的智能化，机织产品的重点将更强化时尚化产品、功能性产品、智能化产品及高性能产业用技术纺织品方面，同时注重节能环保等要求，实现企业技术进步、产业结构调整和技术升级。

4.1.2 主要进展

4.1.2.1 整经技术

从国内分批整经机技术参数看，设计最高速度已达到 1200 m/min，整经线速度由于受纱线张力、机加工、制造和装配精度的限制，进一步提升的空间有限。从整经机的工作幅宽来看，由于对织物的幅宽没有更多的需求，整经机幅宽 1400 ~ 2800 mm，可以满足目前的市场需求。

江阴四星梶泉机械有限公司 KGA128 型高速分批整经机、江阴四纺机新科技制造有限公司的 GA128C 等高速整经机均采用电机直接传动，变频调速，实现恒线速度、恒张力卷绕，线速波动极小，最高线速度达到 1200 m/min。电子技术在整经机上的广泛采用，使整经自动控制技术能够自动检测、自动修正运行参数，达到运行管理智能化，使整经生产主要工艺参数如张力、伸长、线速等得到准确控制。

江阴华方新技术科研有限公司研发的新型 HF928H 高速智能分条整经机，该设备配备了自动储纱、断纱摄像系统等功能，可实现整经张力 10 ~ 1000 N，倒轴张力 50 ~ 1000 N，整经线速度 1000 m/min，倒轴速度 200 m/min，具备张力低、速度快、效率高等性能，整个设备可编程控制，并配备有显示屏方便工艺参数的设定与监控。

目前国内企业对大 V 形筒子架的发展研究已达到了较高水平，但存在多个生产厂家技术相同和外形近似的局面，缺乏各自突出的技术特点。

4.1.2.2 浆纱技术

整体来说，现代浆纱机逐渐趋向阔幅化、高架化，多浆槽和多单元传动。如郑州纺机的 GA316 型浆纱机全机采用九个单元同步传动，使浆纱机在结构形式、控制技术、设计指标等方面有重大提高。恒天重工股份有限公司研发的 GA313 型宽幅高效浆纱机，宽幅压浆辊压浆力大，轧余率均匀，满足了宽幅浆纱工艺的要求；其水循环冷却系统的冷水湿分绞装置，使纱线与分绞棒接触时确保表面温差恒定；其双面上蜡装置及分层上蜡装置有效地解决了头份多、密度大的经纱上蜡问题。日本津田驹 HS-20、TTS20S，德国祖克 S432 型等新型浆纱机均采用了先进的变频调速技术，实现异步电动机的无级调速，提高控制精度的同时，降低能耗，被广泛应用于浆纱设备中。德国卡尔・迈耶 SMS-SP 型浆纱机带有预湿功能，传动形式采用九处变频电机拖动，设计速度达到 180 m/min。其浆槽采用新型专利技术，如配备三个基于喷淋技术的高射流上浆区域，可以用较少的浆液完成高品质的上浆过程，可节约至少 10% 浆料，能大幅度减少浆斑同时避免过度上浆，降低退浆能耗和污水排放，提高上浆的均匀性。卡尔·迈耶公司也配备有上浆自动控制装置，包括微波测量纱线压出回潮率，折射仪测量浆液含固率，流量计测量浆液消耗以及 PLC 程控器等。

4.1.2.3　穿经技术

目前，自动穿经机主要由国外企业生产，瑞士史陶比尔自动穿经机具有积极式经轴控制和卓越的分纱系统等独特优势。其 SAFIR 系列新型移动式自动穿经机具有电子双经检测、纱线类型识别（包括 S/Z 捻检测）、纱线自动排序等功能，对原料无特别要求，适用于普通纱线及玻纤等特种纤维的穿经。穿经速度最大可达到 250 根 / min，幅宽可达 4 m。在一个穿经周期中，穿经机可实现将经纱直接从经轴穿入停经片、综丝和钢筘中，实现直接上机织造。与之相比，国产设备还处于起步阶段，在国家“机器换人”产业政策的驱动下，浙江日发纺织机械股份有限公司通过消化吸收、组合创新的开发方式及模块化设计方法，成功研发了系列自动穿经机，其基本机型可以适合 C 型、J 型、O 型综丝，适用于 80% 的无梭织机。穿停经片时穿经速度为 140 根 /min、不穿停经片时可达 200 根 /min；其主要技术路线为采用筒纱穿经方式，这种方式比经轴穿经方式性价比更高。但是日发纺机开发的自动穿经机穿经后还需要额外再上机接经，且对穿经原料具有一定的要求与限制。2017 年初旭晟机电科技（常州）有限公司生产的 YXS-A 型自动穿经机也正式推向市场投入生产使用。YXS-A 型自动穿经机可将经纱一次性穿入停经片、综丝及钢筘，最大支持经轴幅宽 230 ~ 400 cm，适合 J/C/O 类型综丝，筘密范围为 20 ~ 500 齿 /10cm，穿纱速度最高可达 140 根 /min，广泛适用于棉、麻、化纤以及色织纱等织造场合。YXS-A 型自动穿经机采用了机器视觉技术，可以对钢筘位置和宽度信息进行识别，实现钢筘的精准定位；利用传感器实时检测纱线张力的变化，控制系统根据张力的变化，实现单双纱的识别；根据织造工艺的要求，研发出了一种具有普适性的综丝花型控制算法，满足不同织造企业的穿经要求；采用总线式伺服控制技术，使驱动系统运行得更加稳定可靠，抗干扰能力较强。

4.1.2.4　织机的高速化自动化智能化技术

（1）剑杆织机的高速化

目前国内的剑杆织机整体装备技术有了长足的发展，剑杆织机正在从低、中端向高端延伸，高效、智能化、模块化大量运用，转速超过 500 r/min 机电一体化剑杆织机已经实现产业化，入纬率 1520 m/min。剑杆织机开始追求节能降耗、低噪音，并优化引纬及打纬等机构，以保证高速稳定织造。

山东日发纺织机械有限公司开发的 RFRL31 型剑杆织机，以自动化程度高等特点特别适用于高档高密织物的织造；RFRL40 型剑杆织机，在现有高速剑杆织机基础上，完成了织机五大运动及相应电控系统等辅助机构的设计与优化，达到了同类型产品国际先进水平。恒天重工股份有限公司推出的 G1736 型剑杆织机，采用了具有自主知识产权的永磁同步电机或开关磁阻电机，可轴向移动的双工位的电机驱动装置等集成技术，减少传动链、调速范围宽、启动转矩大、有效地降低功耗。浙江泰坦股份有限公司的 TT-828 数码高速剑杆织机、TT-858 直驱智能剑杆织机，其性能已接近国际先进技术水平。

浙江万利纺织机械有限公司、浙江理工大学研发的“宽门幅产业用布剑杆织机关键技术的研究及产业化”项目获得“纺织之光”2016 年度中国纺织工业联合会科学技术奖二等奖，解决了高密、宽幅、厚重等产业用纺织国产化设备加工的难题。

意达的 R9500denim 是一款为牛仔布织造而设计的全新织机，独特的梭口几何结构让面料质量、手感更优，特制的剑杆转换确保了织机的多功能性，可织造更多种类的牛仔面料。多尼尔的 P2 系列剑杆织机，是在原有积极式中央交接技术的基础上研发而成的升级机型，其超重机型适用于生产极高密度的织物，该机型的亮点是专门研发的卷取装置、可满足纬密的绝对均匀和 37 kN 的总打纬力，同时其配备了完美的同步驱动技术。

（2）喷气织机的宽幅化、自动化、智能化发展

青岛天一红旗纺织机械有限公司推出了门幅达 460 cm 的宽幅喷气织机，使喷气织机能织造原来主要由剑杆、片梭织机织造的部分超宽幅产品。青岛百佳推出了 JAB-708 喷气织机，被行业专家称为“MINI 喷气织机”，该机无须外接气源，动力来源是主机自带的两个气泵，满足了不少客户的需求。宋和宋纺织机械有限公司研发的筘动式喷气毛巾织机，将高速特点和筘动起圈的优点相结合，可以满足客户定制化需求。上海中纺机生产的 GA708 喷气织机，有 190 cm 和 280 cm 两个系列，能以 1200 r/min 的车速织造全棉衬衫面料和家纺面料。青岛红旗纺织机械有限公司生产的 JA91 型高速喷气织机，车速可达 1325 r/min，具有智能、高速的特点。陕西长岭纺织机电科技有限公司的 CA082 喷气织机以织造短纤维、长丝和种类众多的花式纱，如强捻纱、弹力纱、绳绒纱以及各种变形纱，尤其在织造高支高密织物方面具有突出优势，是国内首家实现 8 色引纬织造的喷气织机，顺应了行业技术发展趋势，实现了高效节能。山东日发的 RFJA33 型喷气毛巾织机和江苏友诚生产的 AJL-900 筘动喷气毛巾织机已经受到了越来越多客户的认可，在毛巾市场开始崭露头角。经纬津田驹纺织机械（咸阳）有限公司生产的 ZAX-GSi 喷气织机拥有 8 色自由引纬控制系统、节能控制（一拖二电磁阀）系统，可实现超高速低压力引纬（WBS-C），拥有 APR 自动补纬装置，能织造出高附加值、高品位的织物。

意达 A9500p 喷气织机在织造非洲锦缎时配以气动折入边、无绳织造等亮点优势

明显。必佳乐推出的高速气动折入边，在高速运行下避免一般气动折入边装置产生的起头、边不匀等问题。日本丰田推出的四款JAT810系列喷气织机分别在灯芯绒、色织布、高级浴巾、细褶皱窗帘布等面料的织造上呈现出了独特的优势。

（3）喷水织机的节能与环保并重发展

喷水织机生产企业加大了产品研发和零部件加工设备的投入，零件制造、整机装备质量和自动化水平逐步提高，织物外观质量明显提升。如采用双泵多色、在230 cm幅宽织机上配电子多臂，生产车速达650 r/min；配凸轮开口，速度达900 r/min，具备停车挡补偿、自动寻纬、变速调速，互联网远程监控功能，整机控制部分模块化、良好的操控性能，优化设计，节能节水等，满足了长丝织造行业对喷水织机高速高效、结构调整、产业升级的要求。

喷水织机产品不断延伸，配备双泵多色选色器及电子多臂和提花开口机构拓宽了产品覆盖范围，其已能从原本织制斜纹、缎纹和三原织结构，到织制条子、格子织物和小花纹织物和大提花织物等。

目前国内已出现了部分喷水织机制造企业，技术及产品已达到或接近国际水平，并以性价比优势占据了全球绝大部分喷水织机市场，如浙江引春纺织机械有限公司、青岛海佳机械有限公司、山东日发纺织机械有限公司等。

4.1.2.5 机织组织结构创新

（1）二维织物组织结构设计技术进展

随着对中国民族特色的重视，将非物质文化遗产与现代织造工艺相结合，将中国特色的文化元素应用于织物设计之中。比如将中国的古建筑元素应用到织物设计中，采用部分起花的经二重组织，织物凸起效应明显，加之由膨体纱织造，织物花型充满古典雅韵，使织物既具有建筑的立面感与挺括感，又不失织物的柔软性与舒适性，在装饰方面具有广泛的应用，其蕴含的美学意义和文化内涵也通过织物这一载体得以发扬。为了将传统缂丝效应应用到现代提花织物上，保留缂丝织物正反面纹样相同和其组织均为平纹组织这两大特征，提出了一种基于表里换层双层组织结构的仿“缂丝”效果提花织物的织造原理，并在组织结构设计、纬纱配置和纹样设计三个方面提出了相应的解决方案，实现了具有缂丝效应的提花织物产品的织造。

多种艺术风格流派的衍生物也逐步成为纺织品时尚纹样，比如欧普风格图案，利用多臂织机织造田子格、菱形格及特殊的千鸟格等欧普风格织物，不同的组织结构表面所呈现的经纬组织点的数量及分布规律的不同，使得形成的色织格纹布格型大小相同，但由于组织结构表面的经纬浮点的差异而产生不同的视觉效果以及视觉心理感受。

褶裥使面料突破二维平面形态，打破原有面料造型的平衡感，给面料增添优雅活泼和丰盈蓬松的视觉效果。由淄博银仕来纺织有限公司、东华大学联合开发，“大褶裥大提花机织面料喷气整体织造关键技术研究及产业化应用”项目获得“纺织之光”2016年度中国纺织工业联合会科学技术奖一等奖。

日本Sakase-Adtech公司选用高性能纤维比如碳纤维做纱线原料织制三向织物产品，从民用高技术运动装备（如高尔夫球拍、雪橇等）到高性能航空航天结构件均得到广泛应用。有研究证实，同等原料的玻璃纤维三向织物与传统平纹织物当受到弹子顶破冲击时，传统织物在弹子顶破处纱线向各个方向裂开，纱线明显地外斜、挤压、变形，而三向织物则均匀承受顶裂的负荷，其歪斜变形仅局限于球形穿破的面积上。因此，和传统织物相比，三向织物的弹子顶裂强力比较高，还可以用作军事防护领域的防弹、防刺穿材料。

（2）三维织物组织结构设计技术进展

整体式三维密度梯度蜂窝结构织物通过织物组织结构设计使其形成层-层连续的，但具有密度梯度的蜂窝织物，经复合后能有效克服黏结蜂窝结构不连续、层间易分离等缺陷，也能为多孔材料在更多领域的应用提供理论和材料基础。

由东华大学与太平洋机电（集团）有限公司共同承担的“碳纤维立体管状织造装备及技术研发”课题，设计了适合机械化生产、力学性能较好的管状立体织物的组织结构；开发了变径管状立体织物的织造设备，实现了碳纤维立体管状织物的机械化、自动化、批量化生产，提高碳纤维管状复合材料产品质量、降低生产成本，具有良好的应用和发展前景。

目前除常规截面和其他异型截面，管状三维织物开发外，研究热点集中在三维织物截面厚度的可控渐变设计研究，即通过三维织物组织变化、逐步对称增加交织层层数、逐步对称改变接结组织结构、逐步增加纬向垫纱数等方法实现连续变厚度三维机织物的设计开发，以应对目前传统工业以复合材料代替金属材料用于各类产品的生产制造中的趋势，如飞机的螺旋桨、风叶叶片等。

此外，尽管目前大部分的三维织物主要应用于复合材料之中，但已有部分研究人员尝试将三维织物应用于服装及装饰用纺织品中，通过三维织物不同于二维织物的结构特征，以实现导湿、调温、防护等功能。

（3）仿真模拟的技术进展

纱线仿真模拟的技术进展：纱线仿真涉及纱线的颜色、材质、线密度、短纤或长丝、单纱或股线、捻度与捻向、蓬松度、花式纱线等特征。纱线的模拟仿真技术主要有参数化二维仿真法、参数化三维建模法和真实纱线提取法三种。二维仿真具有处理速度快、简便等优点，适用于常规纱线的一般仿真；三维建模仿真主要有B样条造型技术、OpenGL造型技术、快速还原型（RP）法，能够较逼真地模拟普通纱线的外观，目前较多 CAD 系统如 EAT 系统、PENELOPE、Pixel、浙大经纬织物模拟软件等都采用此技术进行纱线外观的仿真模拟；此外还有基于泊松方程提取真实纱线，基于光照模型和纱线几何结构纹理叠加等真实纱线提取法用于花式纱线的仿真模拟。

重结构、多层结构复杂组织模拟的技术进展：目前，计算机对二重组织的计算方法是通过限制表里经纬排列比生成计算机重组织，再到由表组织自动生成里组织，模拟技术也已发展到基于 VRML 的二重组织织物计算机三维模拟的实现方法，使之能够方便地观察到织物正反两面的仿真情况。目前机织 CAD 模拟技术，经计算判断后也可以模拟一些二重组织和多层组织，但前提是要求设计者对表里排列比进行某种限制，以确认这种组织是二重组织，然后才能模拟其外观。

织物动静态仿真的技术进展：织物静态真实感模型算法主要是围绕光照处理、微观属性的模拟和纹理映射展开，以产生褶皱、毛绒、纹织效果等动静态仿真细节。有建立 BP 神经网络实现织物力学属性与仿真模型控制参数之间的非线性映射，可模拟不同材质织物变形效果的方法；也有通过改变粒子颜色以及组织构造，从纤维级别上实现几何模拟纹理的效果；还有在 Direct3D 环境下实现多圈高簇绒地毯的外观三维模拟的方法。不少系统采用光照模型后也能模拟出经纬纱同色织物的交织状态，可以模拟表面有凹凸（如蜂巢状等）的织物，可以模拟表面采用多种方法处理后的织物外观，比如经过起毛、起绒、起皱或漂洗等整理后的手感和纹理质地效果，还可以模拟特殊结构织物如纱罗织物的织物外观。目前织物静态仿真有很多已进入商业化应用，主流机织 CAD 系统都支持单经单纬、单经多纬、重经重纬等多种类型的织物模拟，并能对停撬、抛花、换道等工艺以及剪花、拉毛等后处理工艺进行模拟。

织物的三维动态仿真研究主要基于主流的“弹簧－粒子”模型，采用 OpenGL 实现织物的风动和悬垂效果模拟；也有从织物物理模型的建立及受力分析、计算机视觉中非刚体的三维重建这两个角度来实现织物的三维动态仿真；有在织物运动粒子循环过程中通过更改其属性，获取不同复杂织物的悬垂、弹性等特殊模拟效果；也有采用拉格朗日运动学方程，描述弹性体形变的动态变形模拟；还有模型将布料做三角形分割，由三角形的应变和它的外力边界条件算式确定粒子所受的内力，再加上重力、风力等外力处理布匹的褶皱和一些复杂的情况等；此外，还有可以有效捕捉到织物平滑运动产生褶皱和皱纹的基于 NURBS 的织物连续模拟方法。目前，很多三维动态仿真功能尚处于研究与开发阶段，香港理工大学研究的一体化 CAD 系统中，增加了织物的悬垂和风动效果模拟，实现了三维动态展示。

织物虚拟展示的技术进展：虚拟展示目前主要为三维模型材质渲染和实物三维展示两部分。三维模型材质渲染主要是调用或模仿三维软件的材质渲染功能，国外最新软件能够模拟较为真实的三维效果，如服装模型中实现不同裁片织物纹路的不同方向和角度，裁片衔接处的自动接合，更为真实的光照和场景效果等；有基于 OpenGL 的三维场景模拟系统，对 Kinect 三维重构的模型进行织物场景模拟；还有将虚拟现实技术（Virtual Reality，简称 VR）引入机织 CAD 系统，利用其丰富的交互手段和感知功能，在虚拟场景中对织物进行方便的辅助设计与展示，可以实现对单层以及多层织物三维展示。

目前，大部分 CAD 系统都可以实现织物的三维展示功能，即所谓的“立体贴图”，织物可以被贴在设计者指定真实的人物或者沙发、墙壁、餐桌和床上，展示纺织面料的最终使用效果和整体搭配效果，该项技术在国内和国外的 CAD 系统中已经被广泛应用。国外较新的 CAD 系统如 Pixel、Penelope 等还利用预先设置三维网格在实物表面实现织物褶皱、阴影、裁线和裁片角度等模拟效果，真实感更强。西班牙的 Pixel 系统还有供用户自主设计模拟模型的程序。

（4）矢量化 CAD 技术的技术进展

纹织 CAD 中的矢量技术一般包括位图矢量化和矢量编辑这两个部分。矢量技术大大增强了纹织系统的图像处理功能，使同一纹样通过快速修改能够满足各种纹织工艺的要求，提高了纹织图案的复用性和稳定性。

基于改进的 Potrace 算法对索引色纹织物图像矢量化，使用矢量编辑控件 TCAD，能够开发适用于纹织图像的矢量编辑软件；将图像分割中的区域生长法应用到纹织图像的轮廓矢量化算法，改进设计的矢量编辑绘图模块，能根据纹织图像所具有的图形重复对称性和基本图形元素相似性，实现对纹织图像基本图形元素的组合和重复利用等，用于纹织矢量编辑绘图系统的设计开发。

（5）机织 CAD 的技术进展

目前，国内已投入商品化的主要有杭州经纬计算机系统有限公司开发的多臂、纹织、织锦、工艺画系列和早期的提花织物 JCAD 系统；浙大光学仪器厂开发的 EST-Top Jacquard 纹织 CAD 系统；早期还有上海佰锐数码科技有限公司与上海纺织研究所合作开发的 AU 系列 CAD 系统、上海视博与东华大学及绍兴轻纺科技中心联合开发的 FCAD 2000 纺织面料计算机辅助设计系统、天津工业大学机械电子学院 CIMS 研究所与天津宏大集团联合开发的机织物 FJCDA 系统、中国纺织科学研究院开发的机织 CAD 设计系统、浙江理工大学开发的 ZIS 素织物设计系统和 Zcad 面向多重多层织物小提花织物设计系统等。

国外的机织 CAD 系统主要有德国 EAT 公司的 Design Scope Victor 纹织系统、荷兰 Ned Graphics（耐特）公司的 Ned Graphics Texcelle 系统、德国 Grosse 公司的 Jac 系统、英国 Bonass 公司的 Cap 系统、西班牙 Informatica Textil 公司的 Penelope CAD 系统、西班牙 Pixel Art 公司的 Pixel 系列 CAD 系统、意大利 Bottinelli Informatica 公司

的 Jacqsuite 花型生产管理系统、瑞士 Muller（缪勒）公司的 MUCAD 系统、美国 AVL Software 公司的 Weave Maker 织物设计系统、英国苏格兰纺织学院开发的 Scot Weave 机织 CAD 系统、印度 Wonder Weaves Systems 公司的 Woven Fabric Design Studio、法国 YXENDIS 机织 CAD 系统、韩国 SaeHwaLoom 织标 CAD 系统等。近年，较为热门的是斯洛文尼亚 Arahne 公司的 Arah Paint 循环图样绘制软件、Arah Weave 纹织 CAD 和 Arah Drape 纹理贴图展示软件。

EAT、Texcelle2006、PENELOPE、Pixel、Weave Maker、Scot Weave、YXENDIS 等都采用模块化设计，包括多臂织物设计、提花织物设计、面料模拟和面料展示等模块。其中，德国 EAT 系统的织物模拟效果较好，其三维组织、自动设计和自动链库功能也颇具特色。Texcelle 2006 系统的绘图功能强大，特别适合开发新产品和花本试样厂绘图，效率大大高于其他同类系统。Pixel 和 YXENDIS 系统也具有较好的三维展示功能，可对 3D 模型进行材质渲染，也可利用三维网格技术将模拟面料铺设于实物或场景进行展示。2016 年，罗马尼亚开发出一款基于细胞自动机（CA）离散模型，名为 TexCel 的小提花 CAD 软件，细胞自动机能够用简单的规则和结构产生多种多样的小提花织物图案。TexCel 还可自动选择并显示平衡组织或包含固定的最大纱线浮长数的组织，具有极大的时尚面料设计潜力。

4.2　趋势预测（2025年）

纺织工业作为我国国民经济支柱产业、重要民生产业和创造国际化新优势的产业，是科技和时尚融合、生活消费与产业用并举的产业，在美化人民生活、带动相关产业发展、拉动内需增长、建设生态文明、增强文化自信、促进社会和谐等方面发挥重要的作用。中国纺织行业正致力由“大”向“大而强”的转型发展，谋求在部分领域实现突破并引领世界。加快新一代信息技术与纺织业融合的创新发展已经成为大势所趋，结合持续的科技创新，推动纺织产业向绿色低碳、数字化、智能化和柔性化等方向发展，实现这一伟大转变的必由路径。

应用信息化技术改造和提升纺织工业是纺织产业的重要发展方向。具体而言，我国纺织业应适应纺织加工装备及工艺技术继续向自动化、连续化、高速化、信息化以及高效、智能、节能、模块化应用方向发展，加强数字化纺织技术及数字化纺织装备与网络化制造技术研究，研发有效的信息分析工具，以自动、智能和快速地发现大量数据间隐藏的依赖关系，并从中抽取有用的信息和知识，从而为工艺优化及产品质量的提高提供依据，进而发展数字化高端纺织装备。

4.2.1 机织物设计的个性化、时尚化、功能化、绿色化和智能化

4.2.1.1 需求分析

2016年3月5日，李克强总理在政府工作报告中提出：壮大网络信息、智能家居、个性时尚等新兴消费。这是“时尚”一词第一次出现在政府工作报告中，且自下达《国务院办公厅关于开展消费品工业“三品”专项行动营造良好市场环境的若干意见》（国办发〔2016〕40号）以来，纺织企业积极发展个性化、时尚化、功能化、绿色化、智能化纺织品服装，提高产品科技含量和附加值，适应和引领消费升级需求，加快推动我国纺织服装产业迈向中高端。重点研究个性化、时尚化、功能化、绿色化和智能化机织物结构及设计技术。

4.2.1.2 关键技术

现状：目前，国内基本实现了机织物基本要素的设计，尤其是机织物的花纹图案、组织结构、配色及其织造工艺等方面的设计，形成了从机织物设计CAD到无梭织造CAM技术的广泛应用。然而，因机织物用途的不同就有不同的内在性能需求，其中不仅包括作为纺织面料的基本性能以外，还要求有多种功能性，如满足调温控温羽绒服、抗皱旅行服、防水运动服、远红外保暖户外服、超轻薄皮肤衣、阻燃抗紫外功能窗帘、透光防窥抗紫外窗纱、生态感应毛巾、人体健康监测床垫、抗菌防霾口罩等需求。这就需要有一种基于性能和功能要求的机织物设计技术，这方面还需要进一步的努力。

挑战：在外观上，近年来，随着人们生活水平的提高以及对于审美的追求，服装以及家纺面料已经不局限于简单的二维形态而寻求更多的肌理效果，因此未来可在原料选用、组织结构、配色搭配及织物规格等方面进行创新设计，实现产品的时尚性。在功能上，随着人们生活水平的提高，对织物功能性的要求也越来越高，在面料的开发中需将科技特征与时尚外观相结合，因为未来可从功能性原料和功能性整理丰富织物产品的功能化。

目标：为满足舒适性需求，采用多层织造，将表层、中层、里层织成一块面料，并且还能做到三层功能各不同，例如表层防水透气，中层隔温保暖，里层亲肤顺滑且快干。采用3D立体无缝整体织造，无须缝纫淘汰裁片概念，形成成衣立体无缝织造，直接织出一个完整的袖子甚至整件衣服。以应用需求为导向，建立部门间协调机制，推动产品标准与应用领域使用规范对接，促进原料、生产、应用之间的协同创新，推动过滤、土工、安全防护等领域产业用纺织品产品质量认证评价，提高产品质量、安全水平和应用水平。扩大产业用纺织品在环境保护与生态修复、医疗健康养老、应急公共安全、建筑交通、航空航天、新材料等重点领域应用。

4.2.1.3　技术路线图

方向	关键技术	发展目标与路径（2021—2025）
机织物设计关键技术	多层多功能织物织造技术	目标：实现多层多功能织物结构优化设计与织造
		表层、中层和里层的多层结构优化及织造技术
		赋予织物表层、中层和里层多种功能技术
	立体无缝织造技术	目标：实现成衣立体无缝织造
		成衣局部立体无缝织造技术
		实现整件成衣立体无缝织造技术
	产业用机织物生产技术	目标：扩大产业用纺织品在重点领域的应用
		建立部门间协调机制
		扩大产业用纺织品在重点领域的应用

图 4-1　机织物设计关键技术路线图

4.2.2　机织 CAD 技术的仿真模拟、自动化与智能化、集成化与网络化

4.2.2.1　需求分析

随着计算机科学、互联网技术以及大数据分析的不断发展，机织 CAD 技术的研究将围绕仿真模拟、设计自动化与智能化、设计集成化与网络化等主要方向。

机织物产品的设计与开发需要不断调节和适应新纤维、新材料的变化和设备的更换，促进品种的更新换代和产品的深加工、精加工、高品位，通过新品种的开发以增加提高企业的经济效益。另外，需要根据用户的要求定向设计，满足广大消费者日益增长的物质生活需要，满足工业、农业、医药及其他产业的需要，以提高企业的社会效益。机织物设计方法随着新纤维的开发以及新技术的发展也相应发展，织物的配色、纹样图案的生成也由靠主观设计逐渐向自动化、智能化发展。这些机织物设计及设计方法等方面的需求将需要通过机织 CAD 技术的进步来实现。

机织 CAD 技术在现有的多臂 CAD 系统和大提花 CAD 系统基础上，进一步提高系统的仿真模拟尤其是动态仿真模拟效果，在组织设计、配色设计、上机工艺设

计及纹样编辑、意匠处理和纹织工艺等模块实现CAD设计的自动化与智能化，同时需要CAD设计的集成化与网络化，实现异地设计与生产。此外，机织CAD技术还应具有计算机和互联网技术对机织产品进行生产管理、展示销售和服务管理等功能。

4.2.2.2 关键技术

（1）机织CAD仿真模拟关键技术

现状：采用三维几何模型、虚拟现实技术和各种曲面算法对纱线进行建模仿真是未来纱线和织物仿真模拟的主要研究方向。如基于粒子系统的方法，模拟纱线动态加捻过程并得到最终加捻纱线，然后进行三维填充渲染，以实现纱线的真实感绘制；还有通过NURBS算法对纱线表面形态进行模拟仿真，并对某些控制顶点进行修改，建立不同形态的纱线外观模型，根据纱线的形态结构和性质，分别用虚拟现实技术VRML及非均匀有理B样条（NURBS）曲面算法对纱线外观进行建模，根据骨架建模思想实现了纱线和织物的真实感仿真等。

随着计算机图形及图像处理技术的不断发展和深入研究以及人们对仿真模拟要求的提高，织物的动态仿真技术是未来仿真模拟的主要方向，为了实现织物的动态仿真，需要模拟织物受力产生的各种形变。目前，越来越多的电子游戏商家和当前热门的虚拟演播室等也在致力于人物角色服装的褶皱及自然动态效果的仿真技术研究。织物的三维动态仿真研究虽然具有很大的实用价值和现实意义，但也充满了难题和巨大的挑战。

挑战：纱线和交织结构可变参数繁多，最终织物的动态仿真技术难以满足人们不断提高的对仿真模拟的要求。

目标：充分利用不断发展的计算机图形及图像处理技术，通过模拟织物受力产生的各种形变，实现织物的动态仿真。

（2）机织CAD自动化与智能化关键技术

现状：智能CAD就是将传统的CAD技术和专家系统相结合，形成高度集成的CAD系统。在浙大经纬新版的CAD View60系统中，系统可以提供意匠的自动配色和打样自动配色。意匠配色根据设置的经纬线颜色，依据色彩搭配原理，将意匠上的颜色进行自动变换，批量随机生成多个不同的意匠配色效果，供用户选择。打样配色是利用上机纹版文件，模仿织造过程，根据配色方案，自动替换经纬纱颜色，并高效地生成出配色模拟效果图。此外，系统还支持智能多图层意匠工艺及分色处理，大大提高了系统的应用效率。棉织像景自动处理软件、丝织像景自动处理软件、床品工艺自动处理软件等能够实现单一品种织物设计流程的完全自动化；Arahned.o.o公司的Arah Drape、Arah Weave和Arah Paint系列软件，程序的自动化和智能化程度也非常高。

自动化和智能化将大大提高机织 CAD 应用的便利性与设计效率，这是一个具有潜在意义的发展方向，它可以在更高的创造性思维活动层次上，给予设计人员以更有效的辅助，以智能化设计促进产品的创新，以多快好省、灵活多变的方式创造性地设计出个性化的创新产品。

挑战：在更高的创造性思维活动层次上，给予设计人员以有效的辅助，以智能化设计促进产品的创新，以多快好省、灵活多变的方式创造性地设计出个性化的创新产品。

目标：通过自动化和智能化的设计，进一步提高机织 CAD 应用的便利性与效率。

（3）集成化与网络化关键技术

现状：进入 21 世纪，网络技术的发展为机织 CAD 技术赋予了新的设计理念与技术内容，原本单机化的 CAD 软件已经不能适应现代网络化办公的需要，计算机集成制造系统（CIMS）能够解决这一问题，它包括 CAD/CAM、CAPP、PDM、FNAD 等的信息集成和功能集成。织物 CAM 技术就是利用计算机及其外部设备辅助进行纺织产品及工程控制和产品开发、生产的技术；纺织 CAPP 是指工艺人员借助计算机，根据产品设计阶段给出的信息和产品制造工艺要求，交互或自动地确定产品加工方法和方案；纺织 PDM 技术是指纺织产品开发的数据管理技术；FNAD 是指纺织品网络辅助设计技术。纺织 CIMS 实际上就是多个信息化子系统，它覆盖了企业从产品报价、接受订单开始，经过产品设计、生产计划安排和制造到产品出厂及售后服务等全过程的全部经营活动。如浙江大学设计的织物定制平台，是一个基于 Web 技术搭建的垂直化电子商务平台，实现行业信息整合、织物一站式定制以及织物线上交易等功能，并通过将可网络化的机织 CAD 技术封装成云服务插件解决了传统机织 CAD 软件使用成本高以及维护不便等问题；天津工业大学开发的机织 CAD 在线设计系统结合了网络技术和数据库技术，该系统除了具有原有 CAD 软件的优点外，还能提供网络协同设计、信息交流、丰富的素材数据库等功能。

随着全球经济一体化模式的发展，纺织企业为了实现全球化经营，对异地协同设计、制造加工纺织品的要求越来越迫切，将不同企业的机织 CAD 数据与织物 CAM 数据进行交换与共享，机织 CAD 的集成化与网络化是未来机织 CAD 技术的重要发展方向和研究热点。

挑战：实现全球化经营，满足异地协同设计、制造加工纺织品的要求，将不同企业的机织 CAD 数据与织物 CAM 数据进行交换与共享。

目标：进一步提高机织 CAD 的集成化与网络化程度。

4.2.2.3 技术路线图

方向	关键技术	发展目标与路径（2021—2025）
机织 CAD 技术	机织物仿真模拟技术	目标：实现机织物的动态仿真
		模拟织物受力产生的各种形变
		实现织物的动态仿真技术
	自动化与智能化技术	目标：提高机织 CAD 应用的便利性和效率
		传统 CAD 与专家系统的有效融合
		机织 CAD 系统的自动化和智能化设计技术
	集成化与网络化技术	目标：提高机织 CAD 的集成化与网络化程度
		机织 CAD 的集成化与网络化计技术
		不同企业的机织 CAD 数据与织物 CAM 数据进行交换与共享

图 4-2 机织 CAD 技术路线图

4.2.3 机织准备工程的智能化、信息化、节能环保、高速化和精准化

4.2.3.1 需求分析

机织准备工程的主要任务是改变卷装形式及改善纱线质量，从而将机织原料加工成能符合上机织造要求的经、纬纱半制品卷装，涵盖络筒、并纱、倍捻、定型、整经、浆纱、穿经等准备工艺，工艺配置直接影响织造工程能否顺利进行以及织物的产量和质量。

国产准备工程设备的技术水平正在逐步接近世界先进水平，其发展趋势朝着智能化、信息化、节能环保、省人工、免维护等方向发展。国内制造企业和研究机构在消化吸收国外先进技术的同时，应加大自主核心技术研发力度，研发符合中国国情的织前准备设备。同时紧扣国家倡导的“智能制造”战略，研发自动化、智能化水平更高的前织设备。

整经是织造准备的重要工序之一，其目的是将卷绕在筒子上的经纱，按工艺设计的长度、根数、排列及幅宽等平行卷绕在经轴或织轴上，以供后道工序使用。整经工艺分为分批整经、分条整经、分段整经和球经整经，其中分批整经和分条整经

使用最为广泛。现代整经工艺要求速度高、卷装应满足经纱片纱张力、排列、卷密均匀。

浆纱是对纱线表面和内部黏附、渗入一定量的浆液，再经烘燥使纱线表面成膜，以此来增加原纱的强度和耐磨性，减少表面毛羽，提高其织造性能。浆纱后，经纱在织造中可承受反复拉伸、摩擦和冲击等作用，尽量减少断头，提高织造效率。同时要求浆纱工艺体现节能、节水、减耗、绿色环保等特点。

穿经或结经是经纱准备工作中的最后一道工序，是一项十分细致的工作，经纱绞头、错穿、漏穿等都会直接影响织造的顺利进行和织物外观。由于国内结经机的研发相对成熟，目前国内多数工厂采用国产自动结经机来完成结经。而穿经是指织轴上的经纱按照织物上机图的规定及穿经工艺，依次穿过停经片、综丝和钢筘，以便在织机上由开口装置形成梭口，与纬纱以一定的组织规律交织成所需的织物。自动穿经设备相对复杂，价格较高，国内使用尚未普遍，多数仍由手工穿经完成，但自动穿经质量高、速度快、用工少，必将成为国内研究开发的方向，应用前景广阔。

4.2.3.2　关键技术

（1）整经机、电、气及计算机技术一体化技术

现状：当今整经技术发展迅速，将机、电、气及计算机技术一体化，具有整经设备智能化、整经速度高速化、整经质量高质化、控制技术自动化等特点。国产整经机消化吸收国外先进技术的基础上，自主研究、自主设计，在计算机辅助功能中增加信息管理功能、故障显示与诊断功能，以不断提高经轴质量、节省劳动力与减轻劳动强度、改善工作环境、节省能源。

挑战：从整经技术发展来看，整经机技术水平已基本满足纺织企业对整经生产的要求，但在自动化控制、张力控制、整经速度方面与国外先进的整经机还存在一定差距。德国卡尔迈耶推出的ISOWARP分条整经机，以高速度与较小的经纱张力相结合来提升生产力。其通过减少分条定位距离和调整进入平衡罗拉的经纱角度，使在低张力条件下获得较高的经纱卷绕密度，分条整经时的张力自动控制系统可以保证经轴卷绕点处纱线张力不随经轴直径和整经速度的变化而发生变化，并以正反馈方式对经轴张力进行控制。ISOWARP可加工的织轴盘片直径最大可达1000 cm，比原先增加了20 cm，而速度增加了30%。瑞士贝宁格（Benninger）公司以其独创的分条整经技术而闻名，整经线速度可达1200 m/min；日本津田驹分条整经机适应性较强，可用于30 dtex以上的各种无捻长丝、弱捻长丝的整经。

目标：发展机电一体化技术的新型整经机、浆纱机、染浆联合机等，以适应配套需要。提高整经机卷绕速度，解决大功率可调速直接传动技术等。解决无级调速大功

率传动技术，气动加压、油压制动技术，经纱张力自动补偿技术等。

（2）节能环保和高速化浆纱技术

现状：目前国内浆纱设备注重节能环保和高速化上浆技术的研发，同时针对高支高密阔幅家纺产品更高的上浆质量要求进行攻关，基于人工智能的控制系统对浆纱伸长率、回潮率、压浆力、温度等浆纱工艺参数实现精确控制并对生产过程的全部参数采集、存储、传输从而实现与 ERP 管理系统对接，在提高设备控制精度的同时，利用基于互联网的数字化信息集成技术、云技术、互联网通信技术实现远程调试系统参数、在线的统一生产和管理。

挑战：现代浆纱机逐渐趋向阔幅化和高速化，多浆槽和多单元传动，智能化和个性化。进一步降低浆纱工艺中的能耗和水耗。解决压出带水量与浆槽浓度的稳定性问题。如在上浆过程中，浆槽内的浆液浓度逐步降低，为了保持浆液浓度的稳定性，要随时对浆槽中浆液浓度进行自动监控并及时调节。

目标：解决浆纱机运行状况和上浆工艺参数的在线检测及控制技术等。开发生产具有浆槽浆液浓度自动监控与自动调节的机电一体化设备。实现面向物联网的网络化纺织制造技术、装备和协作开发系统，构建基于物联网的网络化纺织机械测控管一体化平台。研发节能、高速、智能化浆纱机，浆纱速度突破 100 m/min。

（3）全自动穿经和分纱技术

现状：上机准备过程中穿经、穿综和穿筘等工序耗费人工劳动力巨大，相比之下自动穿经机可大大缩短所需时间，提高穿经质量。自动穿经机能使用箭带钩将梳理好的经轴纱层上的纱线快速穿入排列在同一直线轨道上的停经片、综丝、钢筘筘齿从而实现自动穿经，不仅可缓解用工成本压力而且能快速响应多批少量的市场需求。目前自动穿经机的市场保有量仅约为 400 台，绝大多数分布在毛织、色织等对穿经质量要求较高、难度较高的企业，自动穿经机市场前景广阔，发展空间很大，据统计预计到 2020 年整个市场需要 8000 台左右自动穿经机。

挑战：自动穿经机主要由国外企业生产，需要开发积极式经轴控制和卓越的分纱系统，消除对穿经原料的限制。

目标：研制自动穿经机，用于织前穿经工序，突破关键技术。研究停经片、综丝片分离和定位技术；研究钢筘的图像检测和精确定位控制技术；研究相关检测、控制技术以确保经纱、停经片孔、综丝片综眼、钢筘间隙处在同一条水平直线上。解决综丝片在多综框中的柔性分配和多运动系统的高效协同控制，力争达到 100 根 /min 以上的自动穿经速度。

4.2.3.3　技术路线图

方向	关键技术	发展目标与路径（2021—2025）
机织准备工程	智能化、高速化整经装备	目标：智能化新型整经机开发 大功率可调速直接传动技术、无级调速大功率传动技术 气动加压、油压制动技术、经纱张力自动补偿技术、经轴松式卷绕自动控制技术
	节能环保和高速化、精准排花浆纱技术	目标：智能、高速、节能环保浆纱技术、色织浆纱自动精准排花技术 上浆在线检测及控制技术、自动监控与自动调节的机电一体化设备 实现面向物联网的网络化纺织制造技术、装备和协作开发系统、智能化高速浆纱机的研发 应用机器视觉对纱线颜色进行精确识别，实现色织浆纱自动排花
	自动穿经机和分纱技术	目标：自动穿经机关键技术 停经片、综丝片分离和定位技术 钢筘的图像检测和精确定位控制技术

图 4-3　机织准备工程路线图

4.2.4　高性能无梭织造技术的发展

4.2.4.1　需求分析

全球纺织对织造设备“节能环保”的重视程度越来越高，如剑杆织机的耗电量、喷气织机的耗气量、喷水织机废水全处理与回用，已成为衡量织机先进性的重要指标。

高性能无梭织机主要从入纬率和品种适应性来衡量。对于剑杆织机，研发新型织机控制系统和加强型打纬机构，优化引纬系统，达到扩大品种适应性和入纬率的目的。高速剑杆织机的入纬率达 1500 m/min。同时应进一步拓展剑杆织机的应用领域，可织造各类花式面料以及产业用纺织品，尤其提高 5 m 以上特宽幅剑杆织机的入纬率。对喷气织机来讲，改进喷气织机控制系统，提高引纬控制技术的精确性以及织机高速运转时的可靠性和织造效率，满足市场对高档喷气织机的需求。新型喷气织机的入纬率达到 2500 m/min，在关注高速的同时，应充分考虑能耗水平。喷水织机因产量高、质量好、织造费用较低等原因，仍是当前中国机织业中应用较多的机型之一，目前我国已经拥有喷水织机 40 余万台。因为喷水织造过程中需使用浆料等助剂，导致其废水的 COD、SS 较高，如果不能有效地对喷水织造废水进行处理和循环利用，则会导致环境污染和水资源浪费，因此需要进一步研究喷水织造废水处理和回用最新技术。

预计到 2025 年，国内剑杆织机技术水平达到进口高端织机水平，高端织机市场占有率达 50% 以上，实现数字化集成控制，具故障诊断、自动判断主轴同步、自动平综、自动校织口可自动消除开车痕等功能；织造张力自动调整；实现变速织造、变纬密织造。国产喷气织机耗电量降低 10%，耗气量降低 10%，整机节能降耗基本达到国外水平；实现织机的智能导航功能，实现织机集中管理及网络化协同，提高织机群控能力和效益。国内 90% 以上的喷水织机具有污水处理功能，并实现 100% 可回收利用；拥有自主产权的特种织机如高性能毛巾织机、商标织地毯织机等；实现智能织造全流程数字化工厂。

4.2.4.2 关键技术

（1）剑杆织机机械设计及加工技术

现状：剑杆织机是织造设备中适应性最广的一种机型，纬纱选色器是提供选色数量的保证，国产织机的选色器大部分是 8 色，最多到 12 色，而目前国际最高水平织机可到 16 色。刚性剑杆剑头的工艺设计等机械部件国内外现有技术差距明显，主要与机械材质、结构设计、机械加工技术密切相关；另外，织机电控系统、电子控制元器件的性能及使用寿命国内外的差距较大，集成电路板的开发及精度都需要改善。此外织机的高速稳定性和产品适应性方面仍有较大差距。

挑战：在以下机械设计及控制方面尚有差距，如电子选色器的控制装置设计及织机控制系统中五大运动机构的相互配合，空间连杆高速传剑机构、共轭凸轮打纬设计。剑杆剑头的机械加工工艺及技术的设计；满足厚重类织物，如产业用织物或花式织物织造工艺要求的相关机构设计，以及重型卷取或送经传动装置、大张力织物握持机构、适应多种纬纱引纬剑头等；织机控制箱内集成电路控制元器件的开发及精度的提高，开发伺服电机直接驱动主轴与电子送经、卷取运动同步的控制系统。

目标：剑杆织机电子选色器可达到 16 色选色，达到国际最高水平，电子控制系统完全国产化。适用多种类型的引纬剑头，剑杆剑头的机械加工工艺达到国际先进织机的制造工艺，包括提高剑头的引纬适应性、机械强度、部件寿命、镀层质量等。改进高速剑杆织机电控系统、集成电路元器件可靠性，优化控制程序设计，提高电子元器件对多尘环境的适应性，开发出适应碳纤维等导电纤维的电器控制系统。

（2）喷气织机的节能及高效发展

现状：喷气织机是近年来发展最快的无梭织机。但其能耗大于其他类型无梭织机，增加了生产成本。喷气织机能耗的大小主要取决于引纬耗气量的大小，因此降低气耗是其关键问题，也是与国外喷气织机的差距所在。我国在喷气引纬系统的工艺优化及引纬系统中的主喷嘴、辅助喷嘴、异形筘、电磁阀及空压机技术较国际领先水平仍有明显差距。目前大部分国产喷气织机只能提供 4 个或 6 个主喷嘴，满足 4 ~ 6 色选纬，仅有陕西长岭机电纺织科技有限公司 CA082 八色引纬喷气织机，而德国多尼尔织机在 2000 年就可实现 8 色引纬，同时织机在高速条件下的稳定性和产品适应性方面仍有不小的差距，造成我国高性能喷气织机仍依赖进口的局面。

挑战：进一步优化喷气织机的引纬系统，研究改进主喷嘴、辅助喷嘴、异形筘、电磁阀及储气罐等部件，提高喷嘴、电磁阀等关键部件效能，优化引纬系统工艺参数实现高速低气耗引纬。发展空压机技术，国内企业使用的空气压缩机运行效率较低，且振动与噪声都比较大，压缩机要安装在距喷气织机车间较远距离的位置，造成管道气耗偏大。主喷嘴的数量制约了选色的数量，国内的主喷嘴数量及引纬条件还远低于国际领先水平。

目标：对主喷嘴、辅助喷嘴、异形筘的形状进行改进设计，实现节约气耗的 5% ~ 10%。改进提高现有电磁阀的性能，合理配置电磁阀与辅助喷嘴的配置，如辅助喷嘴电磁阀的应用由过去的 4 ~ 6 只辅助喷嘴配置 1 个电磁阀到 2 只辅助喷嘴配置 1 个电磁阀，优化喷气引纬系统工艺参数，通过电控箱控制电磁阀的有序开关，以达到气流理想接力引纬的目的，节约气耗 10% ~ 15%。开发设计合理高效的小容量空压机，合理配置空压机的安装位置，缩短压缩空气的传输距离。提高现有电子控制变频电动机、无级变速的空压机的技术，根据耗气量的大小调节电动机的速度。加大多色喷气织机的研发，提高现有的主喷嘴引纬质量，达到喷气织机八色引纬的技术水平，进一步扩大花式品种适应性。改进引纬系统及工艺参数，进一步扩大产品适应性。实现化纤长丝、化纤短纤维、纯棉纱、羊毛纱、各式花式纱线等各种原料的喷气织造；可生产高支高密轻薄型织物到粗支高密粗厚型织物，如生产过滤织物、砂布斜纹织物、汽蒸织物和玻璃纤维墙布等产业用织物。

（3）喷水织机的节能及环保发展

现状：喷水织机的使用始终离不开污水排放问题。浙江长兴、江苏盛泽等长丝织造产业集群区响应国家对环境保护的严要求，淘汰低端落后喷水织机、开展喷水废水处理与回用。由于合纤长丝织物比例的不断增加，决定了作为最适宜织造合纤长丝织物的喷水织机仍有较大应用需求。东部发达地区环保整治，提升产品附加值，限制发展喷水织机，长丝织造产业正在向中西部水资源丰富的地区转移，要求严格做好污水处理，达到零排放，企业的新上项目和淘汰更新双管齐下，环保、高效的喷水织机是未来长丝织造产业的发展方向。

挑战：①喷水织机的节水、废水处理及回收利用。由于喷水织机消耗水资源的特性，通过废水处理再回用，可在一定程度上缓解用水的压力。②织造原料的突破。喷水织机主要适应的原料是合纤长丝纤维，相对而言织机的纤维适应性单一。③产品种类的延伸。因为喷水织机原料的限制，导致织造的产品种类多为轻薄至中厚型的长丝织物，不太适应厚重型织物。

目标：对喷水织机织造过程中因使用浆料等助剂，致废水中含有较高的 COD、SS，实现污水处理 100%，中水回用 100%。提高产品适应性，广泛采用低弹丝、强捻丝、异性丝、异收缩丝、复合丝、包缠丝等新型纤维原料，向差异化、功能性、仿真丝绸、仿毛织物、仿麻织物、小提花织物、大提花织物等方向发展。探索原料多样化应用，采用多种纤维混纤及交织等方式，优化配置，使织物即具有天然纤维的透气性、舒适性，又有化学纤维的挺括、抗皱、高强等特性。从织制薄型织物发展到织制中、厚型织物，通过机架加固、打纬机构改造，提升喷水织机织造厚型织物的能力，并逐渐从织造服装和家纺面料为主向织造产业用织物过渡，开拓新的织造领域。

（4）超强、超轻、超幅宽和超模量织物织造关键技术

现状：随着国内外产业用纺织品使用领域不断扩大，2017 年产业用纺织品行业出口 242.61 亿美元，同比增长 5.99%，扭转了连续多年来出口低速增长甚至下降的局面；同期我国进口产业用纺织品 70.54 亿美元，同比增长 12.18%，进口的大幅增加表明中国经济充满活力，对高技术含量、高品质产品的需求依然比较旺盛。

如此广大的市场对特种织机也有较高的要求，目前我国出口的产业用纺织品所用的生产设备大部分是进口设备，如德国多尼尔织机剑杆织机、瑞士苏尔寿片梭织机。法国史陶比尔旗下子公司Schonherr的ALPHA 500双层双剑杆地毯织机，织机幅宽5.3 m，最高 12 色选纬，配备 2 组史陶比尔 LX2493 提花机构，提花针数达到 13440 针，通过改变花型、幅宽和经纱组数，实现镶边地毯、全幅地毯、高密地毯等规格的地毯织造。比利时范德威尔公司 RCi02 双层剑杆绒头地毯织机，幅宽 5 m，配备 13000 针博纳斯提花机构和 VDWX2 喂纱器，由多台伺服电机相互配合完成织造运动，具有智能化割绒机构，生产效率和灵活性高。公司还有 VSi32 型天鹅绒织机和 Cobble MYRIAD 簇绒织机。VSi32 型天鹅绒织机采用提花织造，幅宽最高可达 3 m，生产的天鹅绒织物可用于家居装饰、汽车内饰等领域。

一方面，超强、超轻、超幅宽和高模量等机织物的需求进一步增加，而我国在这一方面仍存在较大的差距，应加大特种机织物织造设备的攻关、工艺技术及配套技术的研究，特别是各类无梭织机品种适应性的提升，逐步缩小与国际先进水平的差距；

另一方面，加大对超强、超轻、超幅宽和高模量等机织物产品的研发。其中包括战略新材料产业用纺织品，以大飞机、高速列车、高端装备、航空航天、新能源等领域应用为重点；环境保护产业用纺织品，围绕大气、水、土壤污染治理三大专项行动，继续提升空气过滤、水过滤用机织物性能水平，扩大生态修复用纺织品应用范围；应急和公共安全产业用纺织品，包括在个体防护、应急救灾、应急救治、卫生保障、海上溢油应急、疫情疫病检疫处理等方面可以发挥作用的产品；基础设施建设配套产业用纺织品，应用在大型水利设施、城市地下管网、高速铁路、大型机场改扩建、港口码头建设等领域；“军民融合”相关产业用纺织品，为纺织行业与军工行业双向融合、互动发展提供了新机遇。

挑战：研究特种产业用纤维、纤维束的可织性，探寻纤维与织物之间的量化关系。探索特种产业用纤维机织物的结构与形成机理，提炼特种织物组织结构、织造工艺及其参数量化。根据纤维、织物特点研发特种织造装备或改进现有装备的送经、卷取、引纬、打纬及开口（移动）等机构，实现超强、超轻、超幅宽和超模量等机织物的织造。

目标：形成超强、超轻、超幅宽和超模量等机织物织造技术体系。突破关键技术，试制超强、超轻、超幅宽和超模量等特种织物织机，实现主要特种织物或产品的织机国产化。

4.2.4.3　技术路线图

方向	关键技术	发展目标与路径（2021—2025）
高性能无梭织造技术	高速智能化剑杆织机及其关键技术	目标：剑杆织机技术水平达到国际先进水平，部分达领先水平
		进一步优化剑杆运动规律，满足高速、宽幅织造要求、电子选色器可达到16色选色
		高速智能化剑杆引纬织造工艺及电控系统优化、开发适应碳纤维等导电纤维的电器控制系统
	喷气织机的节能及高效化技术	目标：开发高效节能的喷气织机
		高速低气耗喷气引纬系统及其工艺参数优化
		提高多色纬织制技术、优化喷气织机电器控制系统
	喷水织机的节能及环保技术	目标：提高喷水织机节能环保技术
		污水处理和中水回用技术
		提高喷水织造产品适用性

续图

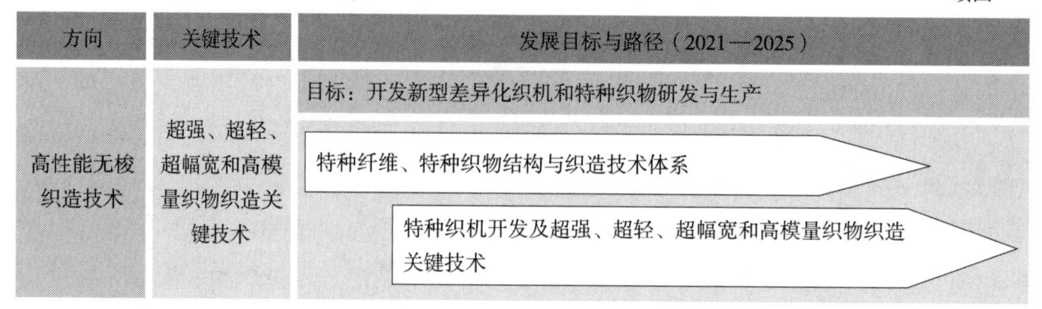

图 4-4　高性能无梭织造技术路线图

4.2.5　智能化、数字化织造生产系统的发展

4.2.5.1　需求分析

进一步提高织造装备的自动化、智能化水平。研发先进的控制系统和专家系统，快速进行在线数据采集、监测和设定，调整各种工艺参数，远程故障诊断；通过互联网、工业以太网、现场总线，实现机器联网控制、诊断和管理，织机设备操作更加简单方便，减少用工、降低维护成本。

在机电一体化无梭织机的基础上，采用网络化、智能化数控系统，实现织造工艺在织机控制系统中的有机集成，实现准备和织造车间的群控管理，形成数字化监控系统。以打造机织行业智能化工厂为目标，高标准、高质量实施智慧工厂战略，运用云计算、大数据、移动互联网等技术，加快工业化与信息化深度融合。不断融合 ERP、物流 iWMS、供应链 SCM、分销等信息系统，向纵深发展，向平台化、流程化、标准化、程序化、制度化等发展。

4.2.5.2　关键技术

现状：我国机织产业拥有体系完整、基础厚实、全球影响力大、行业科技持续进步、绿色发展成效明显等优势。但在新工业革命和发达国家加强发展先进制造技术及“再工业化”进程中，我国产业面临低成本制造优势逐步丧失、传统生产经营模式与飞速发展的网络信息技术不匹配、智能化升级起点低且产业处于价值链低端、网络服务安全和协同信用机制不健全不利于智能化转型等诸多挑战，也面临互联网和大数据为机织产业发展智能制造奠定基础、制造业与互联网产业相互渗透为产业发展智能制造提供新模式、工业机器人技术快速发展为纺织产业发展智能制造提供硬件支撑等发展新机遇。

目前国内已有机织企业实现了部分智能化车间，如山东鲁泰纺织股份有限公司在织造车间采用自动分绞机、自动穿筘机、自动寻纬系统等，提高了生产效率。达利丝绸（浙江）的智能化准备车间实现了倍捻等设备的集中检控，提高了生产效率，且节能减耗、减少用工等。

目前，我国纺织产业向智能制造转型升级在共性技术、智能制造车间示范、数字化智能化纺织装备和工艺、纺织服务制造及网络协同制造等领域取得了一定进展。但与国外先进水平相比，我国尚存在纺织装备和数据缺乏互联互通，纺织制造数据采集、信息融合、智能执行、智能运营能力不足，纺织制造与新一代人工智能融合缓慢，纺织智能制造关键部件、基础件和电子元器件大多依靠引进等问题。

挑战：关于智能化、数字化织造工艺、多台套织机生产管理系统的建设。织造设备中央控制系统及智能化在线监控系统的建设。织造工艺参数在线检测及产品质量反馈系统。纺织智能制造研发投入不足、纺织智能制造软硬件基础能力弱、跨领域协同不够。

目标：建立机织智能生产车间，建设的智能制造中央指挥调度中心，作为智能工厂的大脑和神经中枢，可对生产运营全过程数据进行统一调度，并与 MES、ERP 实现数据协同，打通数据孤岛，实现全厂数据互联互通。建设的智能设备监控，可集成应用一系列高灵敏度传感装置及高精度质量在线检测系统，实现高速生产条件下设备状态、产品质量的精准检测、实时反馈、在线诊断和智能修正。

4.2.5.3　技术路线图

方向	关键技术	发展目标与路径（2021—2025）
织造生产系统	智能化、数字化织造车间关键技术	目标：建设机织智能生产车间
		智能化、数字化织造工艺、多台套织机生产管理系统
		织造车间无人化系统
	智能化、数字化准备车间关键技术	目标：建设准备智能化生产车间
		智能化、数字化准备工序生产管理系统
		准备车间无人化系统

图 4-5　织造生产系统技术路线图

4.3　趋势预测（2050年）

展望 2050 年，纺织产业有良好的发展机遇和宏伟的远景，但是也面临许多亟待解决的问题。纺织加工对环境的影响受到各种条件如节约能源、减少污水污物排放、节约用水、降低能源消耗、对环境友好等绿色、低碳的要求。同时，用工成本的不断提高，对机织工程设备的智能化和数字化提出更高要求。对现有机织工程的加工技术、方法、设备、工艺等都需要革命性的创新。

到 2050 年，机织三大产品（服装、装饰、产业）的比例会发生明显变化，产业用机织面料比例明显上升。产业用纺织品要求高强度、超高强度、高模量、低模量、耐高温、低电阻、高绝缘性、防高能粒子等新要求。比如，航天事业上，宇航员穿着的出仓的宇航服，包括我国为实施月球登陆而研制的服装，这些服装的使用环境特殊，朝向太阳的一面服装最低温度是 185 ℃，在背向太阳的一面服装的最高温度是零下 160 ℃，所以服装表层的纤维要在 185 ℃以上不变软，更不能融化，在零下 160 ℃以下不能发硬、发脆，对服装提出了严格的要求。要满足这些要求不但要开发新的纤维品种，还要开发新的纺织加工工艺、设备等。

过去的 30 年机织工程领域已经取得了长足的进步。但是展望未来，机织工程领域必将产生更大的进步，特别是基于新算法、互联网、大数据和云计算的机织 CAD 技术、机织生产智能化技术、高入纬率机织技术、电子式开口技术和特种机织物结构及制织技术等技术。

4.3.1 新一代机织 CAD 技术

4.3.1.1 需求分析

机织 CAD 技术的研发和推广不断深入，将通过相关新算法的研究与创新，改进 CAD 系统中纱线和织物模拟效果与三维展示技术，增强 CAD 系统的纹织图案的处理和编辑功能，提高系统的自动化与智能化水平，提高系统使用的灵活性与适用性；在计算机技术、互联网技术、大数据、云计算等技术的应用基础上，通过建立相应的管理和行业标准，打通产品设计、生产、销售及服务之间的通路，进一步提高机织 CAD 系统的集成化和网络化水平，缩短产品设计生产周期、实现快速交货，形成具有我国特色和世界先进水平的计算机集成制造系统。同时，加强与机织 CAD 密切相关基础理论的研究，包括织物力学性能、热学性能等微观物理变化对织物外观形态影响，实现我国机织 CAD 设计生产水平的整体提升。

4.3.1.2 关键技术

（1）机织物静态、动态仿真模拟技术

1）纱线仿真模拟技术。纱线仿真模拟是实现织物仿真模拟的基础。在现有纱线模拟的基础上，需要进一步根据纤维材质、纱线结构等要素的改变，采用参数化二维仿真法、参数化三维建模法和真实纱线提取法等方法，模拟真实纱线的毛羽形态、纤维排列、光泽效应等特征，并形成参量化的纱线模拟数据库，满足织物模拟时随时调用。

2）织物静态模拟技术。根据织物的组织结构、纱线配置、经纬纱密度和色纱排列、织物后处理等要素，通过计算机模拟形成织物图像，静态展示其外观效果，以评估设计效果。需要进一步研究组织结构、纱线配置及其在织物中的状况、经纬纱密度和色纱排列、织物后处理方法等要素与织物实际外观效果之间的关系，建立其模型，提升织物静态模拟的真实性。

3）织物动态模拟技术。机织物在使用过程中受外力条件下发生各种变形，不同的织物其形迹状态也有不同，为动态模拟增加了难度。在现有弹簧－粒子模型等模型基础上，进一步研究建立适应机织物变形特征的力学模型，更好地描述机织物变形状况及其外观等方面的变化，实现其动态模拟，预测其在使用过程中的实际表现，进一步完善机织物的设计。

（2）机织物设计互联网、大数据、云计算集成技术

1）基于大数据的机织物 CAD 技术。基于大数据、云计算技术构建机织物 CAD 技术，建立机织物大数据中在纤维材料、纹样设计、品种规格设计、组织结构设计、色彩与配色设计、织造工艺路线设计、印染工艺路线设计、纺织文化工艺品设计研究、成品设计、版型设计、产品陈列设计、产品风格及产品时尚流行等方面的变化趋势分析和预测方法，发布预测流行趋势，并运用数理统计、数值计算、图形学、色彩学、仿生学等原理研发机织产品创意设计技术。在此基础上，研究开发基于互联网技术的机织物 CAD 技术，实现异地、实时、交互式设计。

2）基于互联网的机织物预测、生产管理和营销技术。采用互联网、大数据和云计算等技术，研发基于机织物大数据的分析与预测技术，建立大数据词频分析方式，描述当代中国机织产品在世界各国的影响力的变动轨迹、主要贸易主体及路线、与销售国家或地区之间的互动格局，建立机织产品流行趋势预测等以指导机织物产品设计与生产。建立基于互联网的机织生产管理和产品营销系统，完善机织产品从预测、设计、生产到销售全链条 CAD 技术。

4.3.1.3　技术路线图

方向	关键技术	发展目标与路径（2026—2050）
新一代机织 CAD 技术	机织物 CAD 系统的自动化与智能化	目标：提高系统的织物模拟真实性、实际使用的灵活性，实现 CAD 系统的智能化
		提升纱线仿真模拟技术，完善纱线库
		提升织物静态、动态模拟技术，实现三维展示技术
		实现 CAD 系统的自动化与智能化

续图

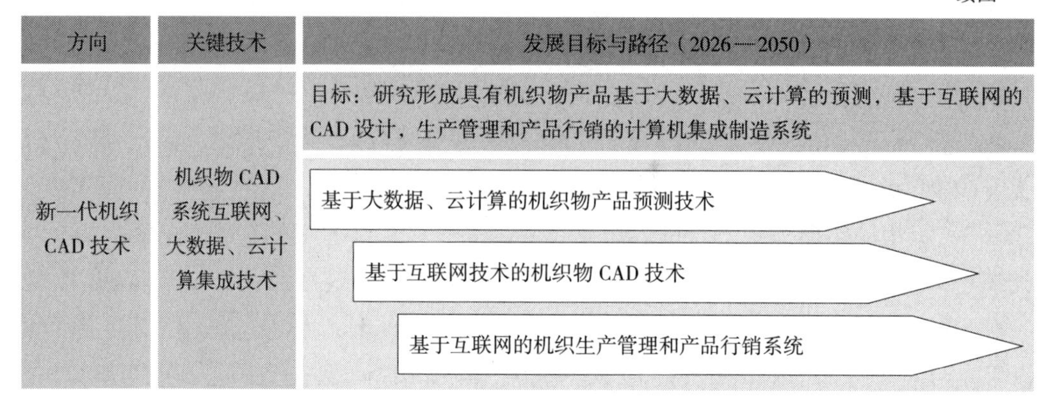

图 4-6　新一代机织 CAD 技术路线图

4.3.2　机织生产智能化技术

4.3.2.1　需求分析

实现机织生产智能化，首先需要重点解决目前没有实现自动化操作的工艺技术和智能化控制技术，其中包括全自动穿结经、准备和织造各工序中的断送自动处理、从准备到织造整个机织生产过程中纱线原材料到机织物的原料要素的自动运输和流动、准备和织造各工序工艺参数的自动检测、诊断和自动调节等技术，以实现机织生产智能化，最大限度地减少机织生产用工，并向无人车间的目标努力。

4.3.2.2　关键技术

（1）智能化穿结经技术

1）自动穿经技术。目前在整个机织生产过程中，只有穿经工序仍主要采用人工，只有少数机织企业引进国外生产的自动穿经机，这一状况大大制约了机织生产自动化、智能化进程，同时也显示出了产业对自动穿经技术旺盛的需求。到 2025 年，我国将研制生产出基本满足国内机织生产需要的自动穿经设备，到 2050 年将研制成功并广泛应用国产全自动、智能化穿经机，消除机织生产过程中的短板，为智能化机织生产创造必需的条件。

2）自动结经技术。针对机织同一品种换织轴时则采用结经工序，目前大多数机织企业都采用自动或半自动结经机进行结经。国内自动结经技术相对较成熟，基本能满足国内机织企业的需要。但与瑞士、德国等生产的结经机相比，在自动化程度、产品适应性、传感与张力控制和结经速度等方面仍有一定的差距。

（2）准备操作智能化技术

1）断头自动处理技术。机织准备过程中包含络纱、并纱、倍捻、整经、浆纱等工序，工序多、工艺复杂，其间最大的问题是各个工序中会出现纱线断裂情况，影响了生产效率和产品质量，处理这种纱线断裂是实现准备工程自动化、智能化的最大的障碍。采用人工智能、信息和自动化等技术，可实现准备工程各工序纱线断裂检测与自动处理。

2）准备工艺参数自动检测与调整技术。机织准备中络纱、并纱、倍捻、整经、浆纱等工序工艺要求不同且因产品而异，需要单机控制。影响产品质量的关键是纱线在各工序生产过程中的工艺条件的均匀性，为此各工艺参数的自动检测、诊断及自动调整成为准备工程智能化生产的关键，目前已部分实现了准备机中单锭运动参数的自动检测、分析与报警，但在智能化自动调整方面还未达到，将是重点努力的方向。

3）准备工程各工序系统化集成技术。针对各机织产品的纱线原料、组织结构等要素的差异，需要制订不同的准备工艺流程，其中包括不同的生产工序及准备设备，纱线原料将在不同的工序之间进行运输流动，采用计算机、信息和自动化和机器人等技术，研制准备工程各工序的集成系统，统一调度各工序，实现准备工序的无人化管理与操作。

（3）机织挡车与生产智能化技术

1）断经自动处理技术。类似于机织准备工程，机织过程中用工最多的也是织造过程中出现的经、纬纱线断裂，影响织造生产效率和产品质量。通过人工智能、信息和自动化等技术的应用，全新研发针对经纱断头的自动处理机构或设备，解决人工接头技术难题，以实现无人化机织挡车。

2）织机工艺专家系统。不同品种织物织造生产过程中需要配置不同的织造工艺参数，同时在织造生产过程中因外界条件等因素变化而需要作相应的调整，这些均应包含在织造工艺专家系统之中。织造工艺专家系统的研制中，除考虑机织产品，还应考虑织机种类的区别，如针对剑杆、喷气、喷水和片梭织机就应该分别有不同的专家系统。

4.3.2.3　技术路线图

方向	关键技术	发展目标与路径（2026—2050）
机织生产智能化技术	自动穿经技术	目标：研发高速、高精度全自动穿经机，满足智能化机织生产要求
		钢筘、综丝和停经片智能识别技术
		经纱智能识别和分纱技术
		综框选择、综眼识别和穿经自动控制技术

续图

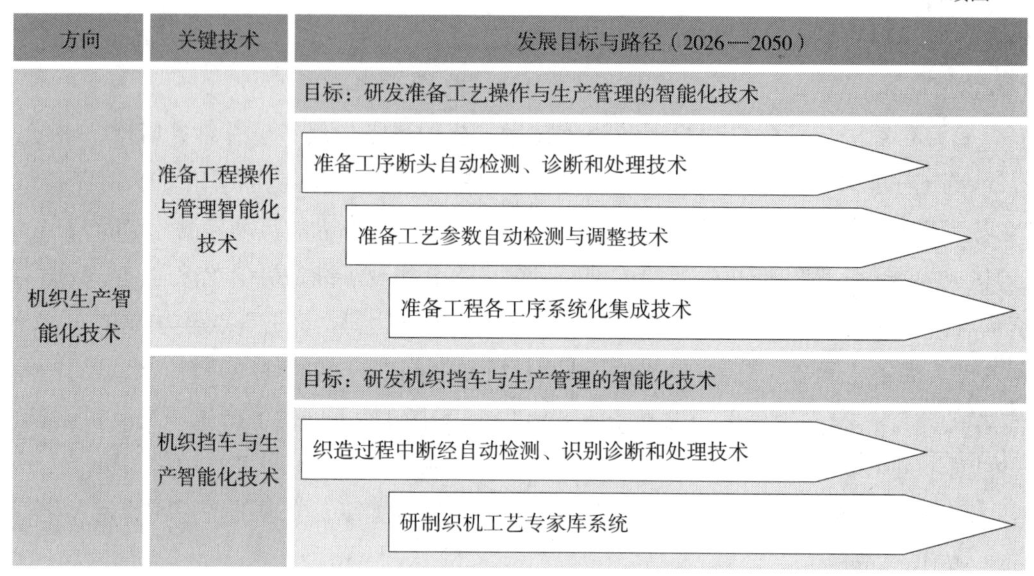

图 4-7　机织生产智能化技术路线图

4.3.3　高入纬率机织技术

4.3.3.1　需求分析

到目前为止，从入纬率的角度来看无梭织机的发展已进入较稳定的阶段，进一步提高织机的入纬率需要从多梭口或多相织造技术方向发展。瑞士苏尔寿·吕蒂（Sulzer Ruti）公司在 1998 年已推出了经向多梭口织机，即 M8300 型多相喷气织机，并已开始进入实际生产。由于可同时引入四根纬纱，其入纬率可高达 5000 m/min，是目前高速喷气织机的 2 倍以上，但由于该织机存在生产织物组织简单、品种档次低等问题，未能扩大规模。到 2050 年，希望成功开发纱支范围广、品种适应性强、入纬率高的多梭口织机。

重点研究形成经向多梭口开口机构、多梭口高速引纬和打纬技术、有效控制机上织物和经纱的张力，研制适应性广的高入纬率多梭口织机。

4.3.3.2　关键技术

（1）高入纬率织机多梭口开口技术

研究经向多梭口开口组件，实现连续多梭口的梭口形成，并满足机织物基本组织的织造需要，在可能的条件下实现复杂素织物和提花织物的组织织造需求，通过开口组件的改进克服目前典型多梭口织机经纱密度受限制的局限性。

（2）高入纬率织机多梭口引纬技术

研究采用喷气无梭引纬方式，实现多梭口、多纬同步高速引纬。优化主喷与辅助喷嘴的供应气压及喷射时间，提高引纬速度、减少耗气量，保证引纬的可靠性。研制所适用的全幅测长储纬装置，实现恒速恒张力引纬，最大限度减少纬纱断头。

（3）高入纬率织机打纬技术

研究适合多梭口织造的旋转式梳形筘等打纬装置，优化其运动规律，解决其打纬力偏小的缺陷，适应常规紧密度要求的机织物织造需求。

（4）高入纬率织机织物和经纱控制技术

与常规无梭织机相比，由于特殊的多梭口开口、多纬同时高速引纬和旋转式梳形筘打纬等形式，对其卷取和送经运动也提出了不同的要求，其中包括控制纬密均匀和维持经纱张力的稳定，同时要克服现有多梭口织机产品适应性方面的不足。

4.3.3.3　技术路线图

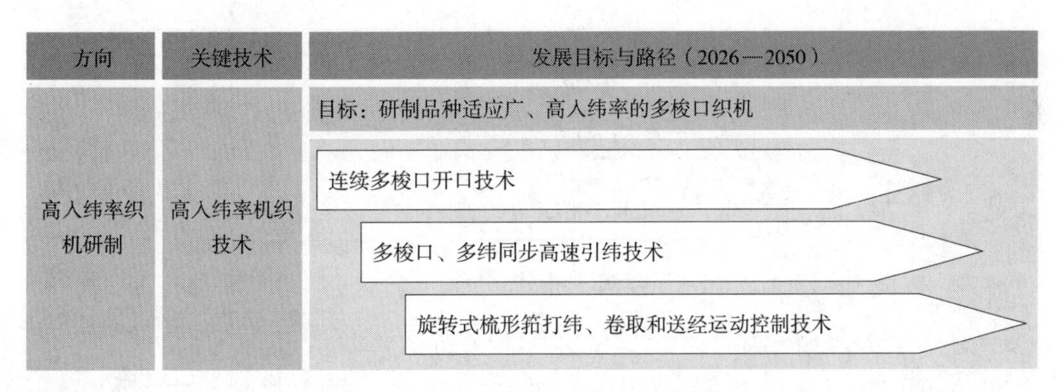

图 4-8　高入纬率织机研制路线图

4.3.4　电子式开口技术

4.3.4.1　需求分析

在现有旋转式电子多臂开口和电子提花机的基础上，需要紧跟高速织造开口技术前沿，研发适用于电子式多综框开口和提花开口的伺服电机，有效减小服电机尺寸、提高其可控性，实现开口运动的精确、高速控制；研究电子式综框控制和大纹针数通丝控制系统，提升开口运动的灵活性，进一步提高织机的产品适应性。

4.3.4.2　关键技术

（1）电子式综框开口技术

与高速无梭织机相配套的现有开口机构中，无论是凸轮开口、多臂开口或者是提花开口，尽管实现了全自动控制，但最后的提综运动大都采取凸轮传动的形式，不仅能耗较大，而且综片或综丝的可控性也偏差。针对多臂开口技术，近年来已出现了电子式综框开口技术，如日本丰田公司的 e-shed、法国史陶比尔公司的 UNIVAL 500T 开口装置，其特点是采用一个伺服电机直接带动一片综框，一般配置有 16 片综框，每一片综框通过微机可以独立设定运动规律、形成所需要的梭口高度或形式，增加了开口运动的自由度，且适应高速织造。目前丰田公司的 e-shed 已实际应用于 JAT810 喷气织机，史陶比尔公司的 UNIVAL 500T 开口装置适合于产业用机织物织造，已显露出其应用前景。

（2）电子式提花开口技术

类似于电子式综框开口技术，法国史陶比尔公司研发了 UNIVAL 100 电子式提花开口装置，它是采用单个小型伺服电机直接带动单根提花机通丝，单台提花机可控制多达 1.5 万根纹针，且适应高速织造。这种提针方式具有单根经纱独立调整及控制、经纱可不同时提升、各经纱开口高度可变、提花机由自身装置驱动、与织机电子式同步等新功能，具有良好的应用前景。

4.3.4.3 技术路线图

方向	关键技术	发展目标与路径（2026—2050）
电子式开口技术	电子式综框开口技术的研制	目标：研制电子式控制综框开口技术，进一步提高其开口运动的高速化、灵活性和可织造生产的产品适应性
		电子式综框开口用伺服电机的研制
		电子式综框控制系统的研制
		与高速剑杆、喷气等无梭织机的适配技术
	电子式提花开口技术的研制	目标：研制电子式提花开口技术，进一步提高其单台纹针数、开口运动速度和灵活性，进一步扩大其可织造提花产品范围
		电子式提花开口用控制系统研制用小型伺服电机的研制
		与高速剑杆、喷气等无梭织机的适配技术

图 4-9　电子式开口技术路线图

4.3.5 特种机织物结构及制织技术

4.3.5.1 需求分析

为满足增强复合材料等领域特种结构机织物的织造要求，需要深入研究复杂结构机织物、特殊形状机织物的形成原理及其设计技术，研究基于最终材料性能需求的织物结构设计方法。并针对不同类型机织物的结构类型研制相应的织机和织造工艺技术，如碳纤维等高性能纤维机织物、3D 结构机织物和特宽幅、特厚重、重叠双梭口、变高度起绒等特种机织物的特种织机及织造技术。

4.3.5.2　关键技术

（1）特种机织物设计技术

1）复合材料增强用机织物设计技术。复合材料增强用机织物设计包括织物结构设计和纤维混杂设计两个方面。复合材料增强用机织物可以分为平面（二维）纤维集合体、三维纤维集合体以及多向立体织物。与平面预制件相比，整体结构的三维预制件和立体织物使复合材料的增强部分成为不可分层的整体，克服了复合材料层间强度低、易冲击损伤的缺点，具有比强度高、比模量大、特殊力学耦合性好、可设计性好等一系列的优点，成为全球关注的增强骨架材料。纤维混杂结构为复合材料增强的另一种形式，它进一步扩大了复合材料的应用范围，使复合材料既保留了单一增强纤维的优点，又实现了纤维之间的优势互补，使复合材料在低成本的条件下实现多功能化，具有广泛的适应性。针对复合材料增强用不同机织物的纤维组成、应用领域，以其增强复合材料性能为导向形成其组织结构、纤维成分及其织造工艺等内容的织物设计技术。

2）复杂结构机织物设计技术。复杂结构机织物由多组经纱和纬纱交织而成，主要应用复杂组织中重纬、重经、双层、多层组织来完成织物的结构设计。对于复杂结构机织物而言，在简单组织的基础上进行组织的组合设计是最基本的设计方法。由于复杂组织的结构特征复杂，效果难以简单推断，所以传统的复杂组织设计是一种经验型的工作，不仅设计过程烦琐，而且需要考虑组织间的配合及织造工艺等问题，研究形成复杂结构机织物的设计技术已成为必需。目前对诸如三维机织结构或者三维夹芯结构等复杂机织结构的设计在国内外报道相对较少，因其在复合材料等领域的广泛应用，须在研究复杂结构机织物的形成原理、设计方法、织造工艺及复合材料的性能的基础上，形成完整的设计技术。

（2）特种机织物织机及织造技术

碳纤维等高性能纤维机织物织机及织造技术。以碳纤维等高性能纤维织物为增强体的纤维增强复合材料作为21世纪新材料领域中最先进的高科技产品，在航空航天、建筑材料、文化体育器材、交通及医疗等领域已成为不可缺少的关键材料。

以碳纤维为例，其织物的品质取决于碳纤维的品质、织造设备的先进水平和织造者的娴熟程度。从外观上，高品质的碳纤维织物看起来平整、没有色差和毛丝，手触光滑，经纬交织形成的屈曲波大小一致。碳纤维本身为极细纤维，其单位强度高但直径极小，又是脆性材料，断裂伸长率低，变形容易断裂。而碳纤维成品是上千单根碳纤维单纱的集束，尽管成品纤维已上浆，但织造过程纱线束仍易劈裂，纤维束不耐磨、极易起毛。仅从碳纤维织造设备方面考虑的话，要织造高品质的碳纤维织物，需要从减少摩擦和张力控制两个方面下功夫。然而国内在碳纤维等级高性能纤维织造设备方面还存在很大差距。

（3）3D 结构机织物织机及织造技术

3D 结构机织复合材料，因其极佳的层间剪切强度、极好的抗冲击损伤性、适宜的韧性和较高的比强度、比模量等特性，应用广泛。

3D 结构机织技术，要求多组纤维在三维空间中沿着多个方向分布并相互交织在一起形成不可分层的整体结构，有的还要求直接制织各种形状、不同尺寸的整体近形预制件，以满足复杂外形复合材料部件的制备。这些 3D 结构机织物的织造技术难度大，现有的织机造价高、产量低，仍不能满足实际应用的需要。目前国内研制的三维织机多为手动或半机械状态，或处于实验室样机阶段，所能制织的 3D 结构织物的品种少，质量稳定性难保证，在织造装备及织造技术方面需要有突破性进展。

（4）特宽、特重、重叠双梭口、变高度起绒等织机及织造技术

现代织造行业中，制织产业用织物已成为一个重要的领域，鉴于此类织物本身的特性和对幅宽的要求，传统有梭织机与无梭织机均无法满足制织的要求。据此，现实提出特种织机的概念，涉及更广的织物范畴，包括特宽幅、特厚重、重叠双梭口、变高度起绒等机织物。从国内企业的情况来看，光靠引进国外的特种织机来满足各种特种织物需求量的不断扩大并不现实，特种织机作为一个新兴的研究领域需要快速发展。

4.3.5.3 技术路线图

方向	关键技术	发展目标与路径（2026—2050）
特种机织物结构及制织技术	特种机织物设计技术	目标：研究复合材料增强用机织物和复杂结构机织物设计技术，形成与之相关的 CAD 设计系统
		特种机织物结构及组织设计技术
		纤维混杂特种机织物设计技术
		复杂结构机织物设计技术
	特种机织物织机及织造技术	目标：研发以碳纤维等高性能纤维为原料，制织 3D 结构机织物及特宽、特重、多层、变高度起绒等特种结构机织物的织造设备和织造技术
		3D 结构机织物织造技术研究及织造设备的开发
		特种织物织造关键技术研究及织造设备的开发
		特宽、特重、重叠双梭口、变高度起绒等各种特种织机研发

图 4-10　特种机织物结构及制织技术路线图

参考文献

[1] 顾平. 织物组织与结构学 [M]. 上海：东华大学出版社，2010.

[2] 祝成炎，周小红. 现代织造原理与应用 [M]. 北京：中国纺织出版社，2017.

[3] 杨凌江，鲁建平，张红霞，等. 仿“缂丝”效果的提花织物工艺设计 [J]. 丝绸，2017，54（8）：51-55.

[4] 韦超. 千鸟格织物的设计与生产 [J]. 上海纺织科技，2017（11）：44-45.

[5] 马颜雪，李毓陵，刘梦佳，等. 整体褶裥机织面料的织造新方法 [J]. 纺织学报，2018（4）：42-46.

[6] 王泉，祝成炎. 绗缝效果提花织物组织结构设计原理及方法 [J]. 丝绸，2016，53（2）：51-55.

[7] 贺荣，张红霞，祝成炎. 电子提花纱罗织物设计原理与实践 [J]. 丝绸，2016，53（8）：39-44.

[8] 胡慧娜，裴鹏英，胡雨，等. 三维机织物的分类、性能及织造 [J]. 纺织导报，2017（12）：26-30.

[9] 刘菁，靖逸凡. 圆锥壳体三维织物的织造及其性能 [J]. 棉纺织技术，2018（5）.

[10] 工信部. 纺织工业“十三五”发展规划 [J]. 纺织科技进展，2016（12）.

[11] 工信部. 解读《产业用纺织品行业“十三五”发展指导意见》[J]. 纺织科学研究，2017（3）：26-29.

[12] 韩俊霞. 让创新成为托举民族品牌的中坚力量——“2017年度纺织十大创新产品评选”亮点撷英 [J]. 纺织导报，2017（12）：32-33.

[13] 夏本亮. 纱线建模和纹织物三维仿真技术研究 [D]. 青岛：山东大学，2010.

[14] 李文杰. 智能优化算法在织物动态仿真中的应用研究 [D]. 杭州：浙江理工大学，2013.

[15] Cordier F，Magnenat-Thalmann N. Real-time Animation of Dressed Virtual Humans [C]//Computer Graphics Forum，2002：327-335.

[16] 朱东勇. 纤维可控的三维布料动态仿真 [D]. 杭州：浙江理工大学，2016.

[17] Lu J，Zheng C. Dynamic cloth simulation by isogeometric analysis [J]. Computer Methods in Applied Mechanics & Engineering，2014，268（1）：475-493.

[18] Meng Tianqi. CAD algorithm for woven photograph based on computer graphics [J]. Teaching and Computational Science，2015：57-61.

[19] 王松，马崇启. 织物CAD在线设计系统 [J]. 纺织学报，2014，35（3）：132-135.

[20] 蒋黎. 基于云服务的纺织物订制平台设计与实现 [D]. 杭州：浙江大学，2015.

[21] 姚鹏鹏. 纹织CAD矢量编辑技术的研究 [D]. 杭州：浙江大学，2014.

[22] 蒙天骐. 集成彩色像景混色算法的纹织CAD系统设计 [D]. 杭州：浙江大学，2016.

[23] CristianI，Piroi C. Cad application for dobby weaves design based on cellular automata theory [C]//The International Scientific Conference Learning and Software for Education，2016，3：484.

[24] 田瑞芳. 自动络筒机管纱自动对中机构及力量控制 [J]. 纺织机械，2017（12）：64-65.

［25］王琛，杜宇，杨涛，等. 整经机的技术特点与发展现状［J］. 纺织器材，2017（1）：01-07.
［26］中国纺织机械协会. 织造及准备机械（上）［J］. 纺织机械，2017（4）：52-59.
［27］Inoue K，Shimo H，Hasui K. Bobbin isolating device and automatic winder：EP，EP2495204［P］. 2016.
［28］史博生，徐谷仓. 降低上浆率新工艺的研究［J］. 纺织导报，2016（6）：80-83.
［29］徐盼盼，永旭晟. 打造国产自动穿经机第一品牌［J］. 纺织机械，2018（2）：74-75.
［30］杜宇，王琛，杨涛，等. 基于 PLC 的整经机恒张力控制系统设计［J］. 毛纺科技，2016（6）：58-61.
［31］王树田. 中国纺织机械协会会长王树田：随市场"变"理性迎接 2018［J］. 纺织机械，2018（1）：16-24，26-38，40，41.
［32］赵永霞. 2018 年土耳其国际纺织机械展览会回顾［J］. 纺织导报，2018（5）：99-105.
［33］盖佳. 探寻纺机行业发展新思路——记 2018 全国纺织机械行业生产经营工作座谈会［J］. 中国纺织，2018（1）：40-41.
［34］徐林. 高端喷水织机是必然趋势［J］. 纺织科学研究，2018（1）：52-55.
［35］潘鹏，李小兰. 近期喷气织机节能新技术概述［J］. 棉纺织技术，2017（1）：75-79.
［36］高华斌. 长丝织造既着眼智能织造又紧盯清洁生产［J］. 中国纺织，2018（5）：72-73.
［37］中国产业信息网，2018 年中国纺织机械行业发展现状及发展趋势分析［OL］. http://www.chyxx.com/industry/201804/629971.html，2018 年 4 月 13 日 .
［38］中国纺织经济信息网，纺织工业"十三五"发展规划及科技发展纲要（2016—2020 年）［OL］. http://news.ctei.cn/bwzq/201609/t20160928_2292593.htm，2016-09-28.
［39］尤飞. 西藏古建筑典型装饰织物的阻燃及燃烧特性的研究［D］. 北京：中国科学技术大学，2008.

撰稿人

祝成炎　田　伟　李艳清　李启正　王宁宁　马雷雷　金肖克　朱炜婧　蒋晶晶
王鸿博　潘如如

第5章　针织工程领域科技发展趋势

针织技术是利用织针把纱线等原料弯曲形成线圈、再经串套连接成针织物的工艺过程。针织工业是我国纺织工业中产业链相对较为完整的行业，针织产品凭借自身独特的线圈结构和优异性能，在纺织服装领域所占比例越来越重要。随着国内外市场的不断扩大，我国针织行业近几年都保持了较快的发展。“十三五”期间，针织行业产业结构得到全面优化，服装用、装饰用和产业用针织产品均衡发展，针织时尚产品的影响力逐步提升，针织产品已经逐步拓展到特种、高端及新应用领域。为突破传统行业限制，针织技术与多学科交叉融合，促进针织产品创新、质量与档次提升。为研制开发新型针织面料，一方面需密切关注新型原料及纤维的发展情况，注重新型原料在针织工程领域进行开发应用及推广；另一方面要不断创新织造加工及后整理工艺，对于新型原料的织造后整理方法进行深入研究，寻找到最利于产品性能的工艺条件。为提升针织产品的质量与档次，针织装备向高速化、高密化和智能化方向发展，设备越来越先进，产品质量越来越好。

新型原料的开发、工艺的创新和针织应用领域的拓展，促进了针织行业装备数控技术的快速发展。中国中高端针织产品出口和全球市场份额总体上维持上升态势。在“互联网 +”的新形势下，针织行业要挖掘并且抢占先机，深入开展两化融合，加快针织服装、针织技术装备的智能化研究与推广，提高针织产业的行业竞争力。

5.1　针织工程领域现状分析

5.1.1　发展概况

针织技术近 30 年在我国经历了革命性的发展，新材料、新工艺、新技术的突破以及新应用领域的拓展，使我国针织科技发展迅猛。高效生产技术、数字提花技术、成形生产技术、结构材料生产技术和智能生产技术的全面研究与应用，促进了针织工艺技术的不断革新。“十三五”期间，针织行业产业结构得到全面优化，产业布局更加合理。服装用、装饰用和产业用针织产品均衡发展，针织时尚产品的影响力逐步提升，针织产品已经逐步拓展到特种、高端以及新用途等领域。针织产品的多样化需求又给针织机械带来了巨大的发展空间，促使针织机械不断朝着高效、智能、高精度、差异化及高稳定性等方向发展。针织机械设备在设计、加工与制造水平等方面日益提高，针织机械呈现智能化、节能和绿色环保的发展趋势，与针织机械配套的专用电子装置、控制系统、产品设计系统及各种专用智能化生产管理系统的技术水平更趋完善。

针织行业在我国纺织服装领域占据越来越重要的地位，针织产品的使用范围延伸到人们生活的各个领域。针织面料和服装的风格、性能影响因素主要有原料选用、织物结构设计与编织工艺、后整理技术等。新型纤维材料开发与纺纱技术的进步，为面料的多功能和多风格提供了可能性。针织与服装加工新技术的不断涌现，促进了针织产品的创新、质量与档次提升。针织面料正在向轻薄、弹性、舒适、功能和绿色环保等方向发展。为了研制开发针织新面料，一方面需要跟踪国内外新型纤维与纱线的发展动态，另一方面还要根据新型原料的特性和最终产品的用途来设计面料，并探索相应的针织加工技术和后整理工艺。

在纺织产业结构调整、升级步伐加快、技术水平和生产工艺稳步提高、产品附加值大幅度提升的背景下，全球中高端针织产品的生产向中国转移的趋势日益明显，中国中高端针织产品出口和全球市场份额总体上将维持上升态势。中国针织业的竞争力正在经历由规模到档次的转化，中国在全球高端针织业的竞争地位正在不断提升。但是随着全球经济的变化，市场需求低迷、成本持续攀升、环保形势严峻、产品同质化严重，我国针织产业比较优势下降，生产向外转移加快，下行压力加大。因此，在新常态下如何实现技术的突破，实现针织产业可持续发展是值得关注的重要问题。

近年来针织技术高效化、精细化、信息化的发展态势已非常显著。高精密设备制造技术、领先的数字化控制技术、智能的生产管理技术和先进的成形编织技术成为国内外针织产业发展的目标。中国应紧紧抓住新一轮产业革命的新机遇，在新形势下，挖掘和抢占先机，迅速融入“互联网 +”行动计划，深入开展两化融合，加快针织装备智能化技术研究与推广应用，促进针织生产管理模式的转型升级，建立绿色低碳的可持续生产模式，提高针织产业的国际竞争力，实现针织大国向针织强国的转变。

5.1.2 主要进展

5.1.2.1 工艺技术

提花技术、成形技术和增强技术是针织科学技术领域的三大核心技术，21 世纪以来，针织工艺在提花、成形和增强方面快速发展。

（1）提花技术

提花技术是通过不同色纱编织或变化的组织结构形成花纹或图案的编织技术。国内近年来在针织经编、纬编和横编提花方面，通过自主创新，带动了提花技术的快速发展。经编提花技术方面，对经编高速提花、毛圈提花、毛绒提花、成形提花和剪线提花工艺技术进行了创新，研制出了经编高速提花、毛圈提花、毛绒提花、成形提花和剪线提花装备。纬编提花技术方面，对纬编移圈提花、调线提花、立体提花和成形提花工艺技术进行了创新，研制出了纬编移圈提花、调线提花、立体提花和成形提花装备。横编提花技术方面，对横编颜色提花、结构提花和成形提花的工艺技术进行了创新，研制出了横编颜色提花、结构提花和成形提花系列装备。提花技术的创新研究，为针织提花装备和高端提花产品的生产提供了解决方案，带动了我国针织提花产业的发展，打开了国内针织企业的国际化高端市场。

（2）成形技术

成形技术是利用参加编织的织针数量的增减、组织结构的改变或线圈密度的调节形成成形针织物的技术。成形技术在服用与产业用应用领域都发挥着巨大的作用，成形技术与提花技术结合多用于服饰领域，成形技术与增强技术结合多用于产业用领域。成形工艺减少了后道缝制，减少人工成本，降低裁剪损耗，增加了服装舒适性，提升了产品质量和档次。经编成形技术方面，国内已全面研究了双针床经编机上服装、连裤袜、手套等系列产品的无缝成形原理，完善了普通经编产品的无缝成形理论。纬编成形技术方面，国内已经掌握了纬编无缝成形原理，攻克了纬编无缝内衣、成形鞋材和成形时装的编织难题，研制了具有双面移圈功能的电脑提花无缝圆机。横编成形技术方面，国内通过产学研联合创新，攻克了局编、筒形编织、隔针编织等成形技术，利用添纱技术和移圈技术，实现在双针床电脑横机上的全成形产品开发。目前国内对四针床电脑横机的工艺和产品设计方法已经开展，对四针床电脑横机主要机构的工作原理和工作方式进行了研究。

（3）结构增强技术

结构增强技术指采用玻璃纤维、碳纤维、芳纶纤维等高性能纤维通过特殊的针织方法形成增强的针织预制件技术。三维立体结构织物通常采用高强纤维或功能性纱线织造，在双针床经编机、双面圆机或横机上生产。双针床经编机生产的间隔织物由双面网布和中间连接丝组成，网面赋予材料透气性，中间连接丝为较粗涤纶单丝，保证了织物的回弹性。这类结构具有优越的透气透热性、舒适的弹性、易洗快干，可用于服装、床垫、坐垫、睡垫、浴缸垫、摩托车坐垫等。超大隔距双针床经编机产品，织物表面与橡胶、硅胶、PVC 等材料复合之后，成品厚度在 150 mm 以上，这类复合材料具有很好的回弹性、抗压性、抗震性、吸音隔音性和保暖性。

5.1.2.2 装备技术

随着制造技术的发展，针织设备的机械精度得到了很大改进，生产效率和织物精细化程度明显改善，满足了市场对于高质量产品的要求。机号的提高、机速的提升、关键部件的材料升级、数控技术的完善以及节能技术的突破都促使针织装备向着高精化方向发展。

（1）经编装备技术

1）高速化。生产高速化，即是在保证针织产品品质的条件下提高针织装备生产速度，从而降低生产成本。国产高速特里科型、多梳拉舍尔型和双针床拉舍尔型经编机近年来在机器速度方面有所发展。目前，国产三梳高速特里科经编机，采用曲轴连杆传动和碳纤维增强材料的成圈机件床体等先进材料和工艺制造技术，218″/E28 的宽幅型经编机速度达到了 2500 r/min；短纤纱专用全电脑高速经编机，生产速度达到 1800 r/min；电脑多梳贾卡经编机，通过对成圈传动机构和成圈机件结构的不断优化，43 梳机器突破 1000 r/min；双针床经编机，采用曲轴连杆机构传动成圈机件技术，生产速度达到 1000 r/min。

2）阔幅化。为适应市场需求，提高经编企业的竞争力，经编机工作幅宽越来越宽。以多梳经编机为例，经编花边生产企业先是由传统幅宽 134″编织 2 幅，提高到幅宽 201″编织 3 幅，甚至采用 268″幅宽编织 4 幅。宽幅设备生产效率高，生产成本降低。国产多梳、贾卡、双针床经编机均有达到或超过 200″幅宽。由于经编机主轴过长，负载较重，需要将单端输入轴改为中央输入轴，以减少转角扭差，提高成圈机构同步性。通常针床、针芯床、地梳、贾卡梳分两端配置，花梳一端配置。

3）多梳栉和多配置。为了生产花纹繁复的多梳产品，经编机械厂商还推出了超出 100 把梳栉的多梳机。展会中展出的经编机最多梳栉已达 103 把。为了花边产品的灵活适应性，机械厂商推出的多梳设备配置差别较大。比如压纱多梳贾卡经编机，贾卡梳可配置在衬纬花梳之前，也可配置在衬纬花梳之后，从而形成不同风格的花纹效果，这为蕾丝花边产品的差异化创造了条件。

4）网络化。随着互联网应用技术的不断深入，越来越多的经编机开始具备互联互通功能，控制系统支持远程操作。将经编机作为网络终端的在线生产管理系统，管理人员在生产过程中可以实时掌握机台生产状况和工作人员工作状态，实现业务数据与资源共享。基于互联网的生产管理系统可以及时掌控生产，及时处理异常情况。系统还可以对生产人员的产量及效率进行统计分析，建立企业生产数据库，积累企业生产管理经验数据，避免人员流动造成的数据遗失。

5）智能化。随着劳动力资源的减少和人力成本的升高，近年来经编生产的智能化研究与开发日益受到重视。基于机器视觉技术，即利用照相机镜头采集织物表面的图像信息并进行图像处理，实现织物疵点自动检测，生产经编平纹织物的高速特里科经编机上已经开始普遍配装照相自停装置。

（2）纬编装备技术

1）高速化。在针织圆机编织生产过程中，当生产速度较高时，对圆机的整体结构设计、成圈机件运动与配合设计技术、织针与三角以及针筒支承等部件的材料选择、加工技术等均有较高要求，以实现高速下的平稳运转和精密配合。随着国内圆机设计与制造水平的不断提高，通过对成圈机件如织针、沉降片及三角的材料与运动配合的不断改进，并结合沉降片斜向运动技术和伺服控制输纱量技术，针织圆机的生产速度得到了较大提升，国产32″单面开幅圆机的生产速度已提升到45 r/min。

2）细针距。针织面料逐步朝轻薄化方向发展，采用细支纱线，在细针距设备上生产的面料具有更好的穿着舒适性。一般细针距设备是指机号高于E40的圆机，国内最高机号已经达到E62。随着机号的提高，机器加工与配合精度、纱线质量、挡车工与保全工的技术水平、车间环境等要求也越高。细针距电脑提花机由于电子选针部件精度和响应速度要求高，对机械制造配合精度、电脑控制技术、机电一体化水平要求更高。目前单面和双面电脑提花机的最高机号仍为E36。

3）多元化。为适应新产品的开发需要，近年来设备呈现多品种、多元化的发展态势。针对小批量、多品种的发展趋势，许多机器都具有快速更换不同针距的针筒/针盘功能，以及更换少量部件实现在单面多针道机、卫衣机和毛圈机之间的互换。泉州精镁公司JHG/1.5F双面电脑提花移圈机，针盘/针筒机号为E28/E14，即针盘的针距为针筒的1/2，下针采用三功位电子选针，上针2针道，主要作为单面移圈圆机来使用，即下针向上针单向移圈，可连续三次单面移圈，编织较大网孔薄型面料。惠安金天梭公司TD-ET双面电脑提花移圈调线机，机号E16，上下针电子选针两面提花，40路编织+20路移圈，四色调线，可生产服装和家纺面料。绍兴祥铭公司推出了MX-D型双面多针道机，机号E28，下针6针道，上针4针道，棉毛罗纹对针可以互换，是针道数最多的圆机，拓展了织物结构种类。

4）无缝成形。为了适应国内外无缝针织产品的发展，国内在纬编无缝内衣机研发方面有了改进与提高。泉州凹凸、宁波慈星和广州科赛恩公司，都研发了与意大利圣东尼公司经典机型SM8–TOP2功能相似的单面无缝内衣机。宁波慈星公司的GE82机型，采用齿轮与带传动相结合，可降低噪声提高传动精度。上海经纬舜衣公司生产双面无缝内衣机，机号分别是E28和E22。下针每路1个压电陶瓷电子选针器，有独立步进电机控制线圈密度，下针向上针移圈；上针三针道，每一针道长短踵两种针。8英寸小筒径的机器可以编织带罗口的无缝成形衣袖，且袖口至肩头从小到大直径可变，与大身相配组成无缝服装。单双面混织则主要生产带罗口裤腰的紧身裤、连裤袜、护膝等双面无缝产品。

（3）横编装备技术

横编装备在近年也得到了长足发展，特别是传统知名品牌横机生产厂家利用独立直接送纱（Autarkic Direct Feeding，ADF）技术、急转回头技术、多针距技术、恒张力导纱技术和经纬编织技术等实现横机专业化、多样化和精细化生产。STOLL公司的ADF530–32多针距电脑提花横机是一款多样化生产的新机型，每把导纱器由电机独立驱动，上下移动编织交换添纱结构，可任意停放在所需位置，能编织32色的嵌花产品。日本岛精力推轻型机头，典型的机型有SSG和SIG等，同样开发了急速回转（1.6 m/s）、定长喂纱、压脚、多针距、多针种等技术。

编织过程中纱线种类、纱筒大小、机头回转、车间温湿度等因素会影响纱线张力，引起线圈不均匀，导致布面品质变差。可以通过对实际送纱量进行测定，并且比较实测送纱量与设定送纱量的差值，在下一次送纱时进行调整，保证整件织物送纱张力恒定，有效提高生产品质。在岛精MACH2机器上配备了电子式送纱装置：数字式纱环控制系统（Digital Stitch Control System，DSCS）、智能数字式纱环控制系统（intelligent-Digital Stitch Control System，i-DSCS）和数字式张力控制装置（Digital Tension Control，DTC），DSCS可以实现一边测定纱线使用量，一边调整送纱量，i-DSCS+DTC可以根据需要自动控制正向及反向送纱，适合对羊绒等脆弱易断、有编织难度的纱线。

中国已成为世界电脑横机制造的集聚国，也是世界上较大的电脑横机消费市场，已经完成了从手摇横机、半自动横机到电脑横机的升级。我国电脑横机的制造水平与世界先进水平的差距在不断缩小，具有很强的竞争力。STOLL和岛精采用的新技术如机头快速回转、动态密度、多针距等已成为国产电脑横机的标配。电脑横机制造出现专业化分工趋势，控制系统、工艺软件、机头、针床等部件都由高水平的生产厂家专业生产，形成完整的供应链。国内在技术和规模上比较领先的电脑横机制造企业有宁波慈星、江苏金龙，其设备系列齐全，可以满足不同机号、不同类型服饰的要求，机器速度已达到1.6 m/s。

5.1.2.3 软件技术

随着针织提花技术、计算机技术和互联网技术的快速发展，针织CAD在工艺设计、花型设计、织物仿真等基本功能外，三维虚拟展示和产品数据库建立等方面也得到了进一步加强。

（1）经编CAD技术进展

经编织物仿真方面建立了适用于经编织物的质点–弹簧模型，根据垫纱数码、织物密度、纱线张力等形变影响因素对不同类型垫纱设定不同的弹簧形变系数，利用胡克定律和显示欧拉方程求解弹簧受力和质点位移。针对绒类织物提出了基于层状纹理的仿真思想，提出了经编提花毛绒织物的纹理层生成方法，利用层状纹理模拟织物绒纱效果，通过纹理图实现绒纱的明暗和高低效果。

江南大学研发的WKCAD系统是功能较为完备的CAD系统，具有垫纱设计、贾卡绘制、织物仿真、数据输出等功能，广泛应用于广东、福建、江苏、浙江、山东、台湾等省的600多家经编企业，是目前同行业中使用最多的经编针织物CAD系统，已推广至韩国、日本、土耳其等16个国家。

（2）纬编CAD技术进展

纬编织物仿真方面，一般采用将平面模型立体化的方法，建立长方体弹簧-质点模型，模拟纬编织物复杂的组织和立体效果。通过基本组织、花色组织和织物结构受力变形三维弹簧-质点模型的建立，实现纬编针织物三维模拟，这种仿真方法动态、实时、快速，仿真效果逼真。

目前国内针织企业采用纬编CAD系统设计主要有：购置国外机器设备，直接采用配备的纬编专用花型设计系统设计产品；应用图形、图像应用软件，如Photoshop、Photo Draw等的图形编辑功能，将设计图存储为花型设计系统可识别格式，调入系统后经过相应设置，最终生成上机文件；采用高校、科研机构自主研发的通用花型设计系统来设计产品。总体而言，国内市面上纬编软件相对单一，设计、生产还未进入系统化、规范化。特别是提花类圆机普遍沿用日本WAC系统，而类似无缝内衣这类比较新颖的设备，由于目前制造技术无法达到国际先进水平，配套CAD系统也发展缓慢。

（3）横编CAD技术进展

横编织物仿真方面，提出了一种基于交织点的线圈中心线模型，基于三次Bezier曲线对成圈、集圈的常规形态和变形形态进行拟合。以线圈中心线为基准进行纹理映射，通过插值算法增加真实感。为了能够使二维的线圈表现出三维的串套关系，提出分区分层贴图法，即对线圈纵向进行分区，将不同区域的图形按照一定规律放置于不同的图层中，将图层组合呈现线圈的消隐关系。为了解决线圈重叠关系，优化和完善了贴图顺序，完成了对常规组织和绞花组织的线圈结构图表达。

国内在横编花型准备系统的开发方面，有HQ-PDS系统、智能吓数系统等。江南大学从横编CAD的数据结构、图形表达、织物设计方法以及成形工艺等方面展开研究，建立了横编针织物数学模型，将横编针织物信息分为花型信息和参数信息两种，并采用编织工艺图，花型意匠图，线圈结构图三种视图的方式表达针织物，分析了编织工艺图中图形单元包含的数据信息，在电脑横机编织原理及成形方法研究的基础上进行系统开发，直观地表现针织物结构，该系统有助于设计师直观高效地完成横编针织物的设计，也为将来实现横编产品的个性化定制服务打下基础。睿能下属的琪利公司展出了琪利工艺软件，该软件是集针织服装的工艺制作、生产推码、成衣缝合为一体的工具软件，内置大量标准款式工艺模型，可以快速生成工艺。

（4）针织 MES 技术进展

针织 MES 系统是面向车间层的生产管理技术与实时信息系统，能为用户提供一个快速反应、有弹性、精细化的生产制造环境，帮助企业降低成本、按期交货、提高产品质量和服务质量。MES 系统是生产车间过程控制系统（PLC）和企业计划层（ERP）信息交换的桥梁，能帮助实现车间生产管理的优化。

江南大学自主研发的互联网针织 MES 系统于 2017 年 4 月通过中国纺织工业联合会组织的科技成果鉴定。系统达到国际先进水平，目前已成功应用于江苏丹毛、浙江万方、福建佳荣、常州申达等国内 10 余家企业。常熟市悠扬信息技术有限公司、厦门市软通科技有限公司在纺纱、机织、针织、印染等设备上均有进行 MES 系统的开发。

5.1.2.4 产品开发技术

针织产品功能性和智能化开发，是纺织产品开发水平和企业技术研发实力的综合体现，代表了行业高新科技的应用方向，是实现针织产业竞争新优势的重要途径。

（1）吸湿排汗针织面料开发

吸湿排汗针织面料适合于运动量较大、出汗较多以及天气较热的环境下使用，一般是通过贴身运动服将人体表面的汗水向外传导，使皮肤保持干燥的舒适感。纤维可采用吸湿排汗纤维，如 CoolMax、CoolTech、Aerocool 等异形截面化学纤维；结构可采用平针、珠地、添纱、两面派等结构。两面派内层采用疏水性纤维，以蜂窝状或网眼状结构增加内层接触点；外层采用亲水性纤维，利用纤维毛细管芯吸效应将皮肤含水向外层传导，并向环境蒸发，实现单向导湿。整理可使用亲疏水单面整理，形成差动毛细效应，实现单向导湿。

（2）舒适凉感针织面料开发

凉感针织面料主要利用凉感纤维良好的导热性，降低运动时人体的表面温度，给人以凉爽感。凉感纤维一般通过在纺丝液中加入纳米矿物质，如云母纤维、玉石纤维等，使纤维吸热速率降低，散热速率增加。该类面料还可对纤维结构进行改性使其表面具有微孔结构或产生大量微细沟槽加快水分的转移。结构方面多采用单面双珠地、双面罗纹等。后整理通过添加凉感助剂，如木糖醇冰胶囊、凉感硅油等实现凉爽功能。

（3）保暖功能针织面料开发

保暖针织面料主要提供保暖与防寒功能。该类针织面料采用的原料主要包括中空类化纤或者天然纤维纱线；加入远红外陶瓷粉末，使纤维具有远红外保暖功能；各种发热保暖纤维，例如，吸湿发热、吸光发热、伸缩发热等；利用相变蓄热技术生产的蓄热调温纤维，在纤维表面涂覆含有相变材料的微胶囊实现蓄热保暖等。保暖针织面料一般设计成能储藏较多静止空气的绗缝、三明治或空气层结构以及较厚实的衬垫类和毛圈类织物。通过对织物进行起绒、磨绒、刷绒等处理也可以提高保暖效果。

（4）户外运动针织面料开发

户外运动面料要求服装手感柔软、弹性好、散热和透气、防水、防风保暖、轻便易携带。美国 Malden Mills 公司的 Polartec 面料是一种针织抓绒织物，有经典、保暖、超柔、防风、防水等多个系列。Schoeller 公司的“3X-dry”技术，即将防水剂与增稠剂调成高黏度的防水浆料，采用加强高目数镍网将防水浆以点阵排列的形态施加于织物表面，要求处于半浸润状态，实现单面防水、单面导湿、透气、单面吸湿排汗功能，还具有一定的防风功能。采用异形聚酯纤维和大豆纤维进行混纺开发的生理性户外运动服面料，具有光泽持久、吸湿排汗、防寒保暖、防紫外线和抑菌的优良性能。

（5）智能针织面料开发

通过智能纤维、特定结构设计以及新型染色或后整理等手段，开发具有医疗、防护、运动等功能的智能产品。例如光致变色生物质纤维，在受到光源照射后，纤维颜色能够发生变色。目前，我国已成为全球针织面料生产的第一大国，企业、科研院所在功能性针织面料方面做了很多的自主研发工作，包括发热、吸湿排汗、速干效果以及触感舒服性等功能技术已经基本完备，可以提供更舒适的功能产品。但总体而言还存在着功能单一、持久度差，综合性能低下等问题。国外在新型材料，如差别化纤维、生物基纤维等研究方面领先于国内。耐克、阿迪达斯等国际著名运动品牌推出的针织面料不仅根据应用细分化功能，达到综合的功能性以满足不同的运动性要求，而且科技含量高，时尚美观。国内在功能性面料研发方面尚需加强。国外服装品牌众多，品牌引领市场，市场带动开发，国内外的品牌差异导致在针织产品开发方面存在落差。需要探索新原料、新纤维的应用，结合现代人类的生活方式，拓宽产品应用领域，实现功能性表现形式的服装服饰产品，加大自主品牌建设。

5.2　趋势预测（2025年）

为使针织产品更好地应用于各领域中，针织技术装备更要不断进行开拓。针织设备的高速高密化是未来针织工程领域发展趋势之一，提升产品质量与生产效率，满足消费者个性化与创新开发的需要，打造高档低调产品。同时，提花工艺技术也在不断创新，向复杂多变的组织结构发展，丰富产品种类，拓宽针织产品的应用领域。为了满足人们对于不同场合的特殊要求，赋予针织产品不同的功能特性，进行功能产品开发。主要通过功能纤维纱线、功能后整理、材料复合等手段进行，使其具有一定程度的功能特征。由于针织独特的线圈结构，能够在一定情况下保持稳定状态，为使这种稳定状态持续存在，针织结构复合材料越来越值得专家学者们进行研究探讨，而将针织结构增强材料应用到工业领域中并扩大应用程度，是未来提升针织结构材料的目的。在大数据时代的影响下，智能化发展同样是针织技术工程领域所追求的目标。利用计算机技术实现对针织产品的设计、模拟、仿真，直观地感受到针织产品的质量效果，对产品进行智能管理搜索，形成完整的体系流程。

5.2.1 装备高速化

5.2.1.1 需求分析

针织装备的高速化，是保证生产品质的前提下提高机器速度，提高生产效率，适应小批量多品种、个性化与新产品开发需求。针织装备高速化的发展，必须伴随着机械材料的高强度与轻量化、电气控制的智能与网络化。

预计到 2025 年，高速型针织装备会更大比例地采用碳纤维、合金、稀土材料等轻质高强的特殊材料，增强高速元件的耐磨性与柔韧性，提高生产速度，延长高速元件与整体设备的使用寿命。高速型针织装备在控制系统上将采用全伺服无主轴电控技术，进一步减少机械构件，降低设备机械结构复杂度，增加针织装备操控与生产的灵活性；电气控制系统与机械执行机构之间的动力学耦合将会进一步优化，电控系统的网络化远程互联、无人化智能值守、高速设备整体性能在线预测与故障自诊断等功能将得以实现。

5.2.1.2 关键技术

（1）针织装备高速化机械设计与加工技术

现状：高速经编机导纱梳栉在高速重载、高频往复工况下精准运行，需要导纱梳栉与传动机构的增强与轻量化设计以及保证花盘凸轮优良动力学特性的高精度加工。目前国内外现有技术差距明显，这种差距与机械材质、结构设计、机械加工技术密切相关；高速提花元件的使用寿命国内外差距较大，压电陶瓷材料的品质，提花元件的封装工艺与精度都需要改善。

目标：精度达微米的高速横移传动机械构件的加工与装配，在高速重载和 10G 以上加速度时工作特性保持。运动机构的碳纤维增强轻量化设计，碳纤维构件的有效加工方法与工艺。高频、高耐用性、高压电效应的压电陶瓷材料的研制，环境强适应性的提花元件的加工工艺。

技术路径：提高高速凸轮数控加工精度，改进梳栉横移机构的动力学特性，优化花盘凸轮、机械传动、导纱梳栉、纱线张力整体的耦合系统动力学特性。扩大轻质高强的碳纤维材料以及其他合金及特殊材料的应用。在经编机导纱梳栉、经编机主轴、经编机盘头、圆机机头、横机机头、横机导纱器等运动型机械构建上替代应用的比例，攻克特殊材料在高速针织装备上的设计、加工工艺与方法。改进高速针织装备上的提花元件材料，优化压电陶瓷材料的品质，强化压电陶瓷材料的压电效应，提高陶瓷材料封装工艺对有尘环境的耐受度。

（2）针织装备高速化运动控制技术

现状：对大惯量高频往复运动的经编机横移导纱梳栉以及横机机头的高速化精准控制，要求伺服系统与运动控制系统具备很高的控制实时性，同时能够以程控的方式配合针织装备机械构件，弥补或抑制其在高速运动状态下的共振与精度丢失。因此控制系统与机械系统的一体化是针织装备高速化运动控制技术的重点研究内容。

目标：伺服电机驱动大惯量负载完成每秒钟数百次的往复加减速运动，加速度高达 10G。控制系统与机械执行系统、纱线张力系统动态状态下“机电纱”偶联系统的准确模型构建、与系统 PID 参数自整定。高速提花元件与机构实时运动位置的精确反馈，摩擦机件的温升与性能劣化信息采集。

技术路径：完善驱控一体化伺服运动控制，将实时性专业控制算法嵌入伺服驱动系统；突破行业用伺服电机性能限制，研发适合高速针织装备高频往复大加速应用特征的专业性伺服电机与伺服驱动。构建“机电纱”偶联系统的动力学模型，完善各组件之间的动态力学偶联关系，实现运动控制系统在线对纱线力学变化、横移机构机械性能变化、电气执行机构的性能变化的动态监控与实时调整与控制，依据系统动力学模型可进行 PID 参数动态自整定。完善高速针织装备运动控制系统的性能与安全性信息实时检测，实现经编导纱梳栉、提花导纱针、横机导纱器的动态位置闭环反馈以及动力传导机械构件的热量监测，实现对机械机构性能恒定性的在线评估与故障预警。

（3）针织装备高速化网络与人工智能技术

现状：不同类型针织装备间的网络化互联操作以及远程控制下的无人值守，都将成为改变目前劳动密集型特征的技术手段与发展趋势。3D 图像视觉技术、机器人技术、AI 技术的发展，会对高速针织装备的高速化生产与无人值守提供必需的技术支持。目前上述技术尚处于初步发展状态。

目标：高速化生产过程中对产品品质的实时监控与反馈，尤其是经编蕾丝产品、纬编提花产品的高速化生产实时在线疵品检测。针织车间的无人化值守、经编盘头的自动更换与持续性生产、坯布的自动落布与入库、针织设备的自动持续供纱以及生产过程纱线的自动接纱。

技术路径：突破图像识别技术，解决复杂背景下的花纹识别与纹理提取，识别快速移动中的拥有复杂花型图案的针织提花产品织疵。完善单机控制技术与机群控制技术的互联互通，实现针织车间的自动落布与自动入库操作，经编盘头的自动更换、纬编装备的自动断纱识别与自动导纱续接、横机原料的持续供纱。整合 3D 图像视觉技术、机器人技术与 AI 技术，实现经编导纱梳栉的无人化自动穿纱。

5.2.1.3 技术路线图

针织装备高速化是针织产品高速与高效率生产的重要保证，必将成为未来针织高速与便利化生产的发展趋势；高速、高效、智能是未来高速针织装备的主要竞争特点。典型产品主要包括少梳高速经编机、多梳高速花边机、高速大圆机、提花高速圆机、高速横机、高速多针床横机等。

方向	关键技术	发展目标与路径（2021—2025）
装备高速化技术	高速化机械设计与加工技术	目标：机构简化、机件增强与轻质化、关键元件耐用化
		花盘凸轮的高精度加工技术
		高强材料及陶瓷材料压电效应的设计与加工技术
	高速化运动控制技术	目标："机电纱"系统动力学优化的驱控一体伺服控制
		驱控一体的行业专用型伺服电机与驱动
		"机电纱"偶联系统的动力学模型构建与分析。机构与系统实时位置与工作状态的全闭环反馈
	高速化网络与人工智能技术	目标：网络化远程操控、智能化无人值守
		图像视觉处理与纹理识别技术、实时数据库技术、自动络纱技术
		设备单机与机群互联互通与网络远程操控，机器人技术

图 5-1 装备高速化技术路线图

5.2.2 装备高密化

5.2.2.1 需求分析

我国针织装备设计与加工制造技术落后于欧美等先进制造业国家，尤其是在高密化技术方面与国外的差距更大。开展针织装备的高密化技术研究对缩小与国外先进针织机的差距具有重大意义，是我国针织装备制造业发展的重要方向。

5.2.2.2 关键技术

（1）高品质织针设计与生产技术

现状：在针织用的钩针、舌针和槽针三种针型中，目前纬编生产中广泛使用舌针、经编生产中以槽针为主。由于生产织针用的特种钢材还不能自主提供，且对其热处理加工技术研究不够，我国虽然是织针使用大国，近几年年耗针量15亿枚以上，但针织生产用的织针主要从德国、日本等进口，自给率不足10%。

目标：在针织生产中，由于成圈过程中的送纱张力和织物牵拉张力，织针与纱线之间相互作用，作用力会导致织针变形、磨损直至损坏，从而影响织物品质。开发可用于针织生产的特种金属材料是生产高品质织针的首要条件。针织机成圈过程中，织针必须与沉降片、垫纱器件等其他成圈机件精密配合，才能将纱线弯曲、串套而形成针织物，因而织针的结构与形状设计、加工精度等要求也至关重要；织针在成圈过程中与纱线相互作用，因而织针外形设计与成圈动作的协调一致也很有必要。同时织针制造工艺复杂、加工工序多，制定科学而合理的织针加工工艺也直接影响织针品质和成本。

技术路径：根据在针织成圈过程中对织针的工艺要求，分析针织用针的机械与使用性能要求，与金属材料学科相交叉，开发出良好强度和韧性、足够耐磨性的织针用特种金属材料。结合槽针、舌针和钩针各自的成圈特点，设计出合理的织针外形结构，制订生产工艺流程，开发专用加工设备，形成一个高品质织针制造的子加工生产行业。开发出适合于高密针织机生产使用的高品质针织用针，力争到2050年国产织针自给率能达到70%以上。

（2）经编用碳纤维轻质高强成圈机件加工技术

现状：高速经编机成圈机件加工、装配精度要求高，相互间的配合间隙小，目前国内高速经编机的针床、沉降片床和梳栉等经编机长向件仍普遍采用空心镁铝合金材料，强度较低、刚性不足、温度变形性大，在机器长期的运转中因材料流动而发生蠕变。国外早已使用具有轻质、高强、高模和热膨胀系数小等特点的碳纤维增强复合材料。

目标：由于碳纤维复合材料硬度高、强度大、各向异性、导热性差，无法进行液体冷却，因而在国内对碳纤维轻质高强成圈机件的加工仍存在诸多技术问题，至今在高速经编机上未能大量应用。碳纤维增强复合材料的加工与金属材料不同，特别是在磨、削加工中。复合材料中的增强纤维是切削过程中的主要磨损要素，复合材料中的基体在切削过程中主要将切削力传递到纤维上，材料的各向异性经常导致复合材料制品出现纤维拔出、内部脱粘、分层等缺陷；切削热很难导出，导致刀具磨损严重；粉末状切屑会导致砂轮孔堵塞。因此，碳纤维增强复合材料成圈机件的加工难题是急需解决的技术难点。

技术路径：研究经编机用碳纤维增强复合材料的磨、削加工技术，针对碳纤维增强复合材料各向异性的特性以及通常出现的纤维拔出、内部脱粘、分层等问题，开发加工过程中的专用辅助夹具，保证加工过程中对材料机体的有效控制。建立 2 ~ 3 个碳纤维增强复合材料的经编机长向件加工生产线，对碳纤维增强复合材料的性能参数提出统一的指标要求，为经编机用碳纤维增强复合材料机件的规范化生产提供必要的基础。开发出适合于高速经编机的碳纤维轻质高强成圈机件，并在高速经编机上广泛应用，采用碳纤维轻质高强成圈机件的高速经编机年销量 3000 台以上。

（3）经编高速曲柄轴传动设计与加工技术

现状：高速经编机的生产速度目前最高到 3200 r/min，且产品质量不够理想。虽然目前国内外在高速经编机织针、沉降片和导纱针等成圈机件传动中均已采用了曲柄轴连杆机构，但由于其材料品质以及设计与加工制造技术等方面的差异，整体技术水平仍有较大差距。

目标：由于高速曲柄轴连杆机构的研发，涉及机械工程学、动力学、材料学、纺织工程学等诸多学科，是一个超大规模的跨专业、跨学科的长期研究，在学科组织、整合以及各学科的分工、协作上面临着巨大挑战；加上经编机制造企业规模相对较小、整个行业需求量也不够大，因而缺乏对这类高精尖、投资大和见效慢的基础技术研发的投入能力。研究高速经编机用曲柄轴连杆机构，提高在高速运动条件下经编机成圈机件的运动精度，对于实现高速经编机的高密化十分重要。

技术路径：通过分析高速经编机成圈机件的运动配合，建立成圈运动三维数字化模型，进行机构运动学和动力学仿真与优化设计，确定槽针、针芯、导纱针和沉降片的成圈传动曲柄之间的相位关系，采用矩阵法建立沉降机构的运动精度误差模型，采用 Matlab 遗传算法工具箱进行优化设计。开发一种多相位、不同偏心距、动平衡好、运转振动小和寿命长的高速经编机用组合曲柄轴连杆传动机构，用来替代传统的成圈机件传动机构，弥补因人工调整偏心轮之间的相位关系而导致的生产效率低、误差大、整幅上各组机构同步性差等缺陷。开发出适合于高速经编机的组合曲柄轴连杆传动机构，并在高速经编机上广泛应用，使得国产的高速经编机生产速度达到 4000 r/min 以上。

（4）纬编高密成圈机构设计与加工技术

现状：高密织物具有纹路细密、质地柔和、光泽好等优势，随着生产技术水平和人们生活品质的不断提高，对这类高品质的细密织物需求逐步加大。E40 以上超细针距针织圆机对针筒、织针、沉降片的制造精度要求极高，对针织机传动、组装、三角及三角座的制造精度也随之有大幅度提高，反映了纬编机设计与制造的核心竞争技术水平。以意大利圣东尼、日本福原等国际顶级针织圆机制造商为代表的单 / 双面超细针距的针织圆机，机号最高已达到 E90，而国内品牌的超细针距圆机机号最高只达到 E62。规格相同的超细针距圆机，国外先进针织机的织物品质明显优于国内针织机，究其原因，主要是国内对超细针距针织圆机高密成圈机构的设计与制造技术研究不够、装配精度与工艺不当等，加上机件材料自身的品质也达不到要求，导致了细针距针织圆机的设计与制造技术不过关。

目标：超细针距针织圆机除了对织针、沉降片等机件的制造精度要求极高外，对针筒和织针三角等机件也要求极高。不仅对针筒、三角等机件制作材料有特殊的要求，而且针筒的槽壁间隔大小、针筒口的平整与光洁度和织针三角走针轨迹曲线设计及三角工作面等制造工艺、加工精度有着极为严格的要求。由于超细针距针织圆机机号细密，可加工的纱线细度也很高，因此对织针与沉降片（或针筒口）、针钩等的外形结构、表面处理也是有待深入研究的技术难点。

技术路径：选用合适的超细针距针织圆机用针筒、三角等机件材料，辅以合理的高密成圈机件设计与制造工艺等，提高机件的加工精度和整体机构的装配精度，开发出超细针距针织圆机用成圈机构，为超细针距针织圆机的加工制造奠定基础。在超细针距针织圆机设计中，应突破传统的针织机加工与设计理念，采用创新技术开发新型的成圈机构。意大利圣东尼开发的无须沉降片的超细针距针织圆机用成圈机构，避免了因沉降片而产生稀薄条，同时安装特殊握持片加密机号就是极为成功的案例。预计到 2025 年，开发出生产速度 40 r/min、机号达 E60 的单 / 双面高速针织圆机，实现纬编平纹织物的高速与高密化生产。

5.2.2.3 技术路线图

高品质针织用织针（舌针、槽针）、用碳纤维轻质高强成圈机件 + 曲柄轴传动机构的高速经编机、超细针距针织圆机。

方向	关键技术	发展目标与路径（2021—2025）
装备高密化技术	高品质织针设计与生产技术	目标：自主研发高品质针织用织针
		开发出高品质针织用织针，适合高速经编机和高速圆纬机的生产使用
		通过研发成熟的织针生产线，实现优质舌针需 30 亿枚 / 年、优质槽针需 20 亿枚 / 年以上
	经编碳纤维轻质高强成圈机件加工技术研究	目标：自主研发碳纤维经编成圈机件
		开发出适合高速经编机用的碳纤维轻质高强成圈机件，实现高速经编机高密化
		用碳纤维轻质高强成圈机件的高速经编机 4000 台 / 年

续图

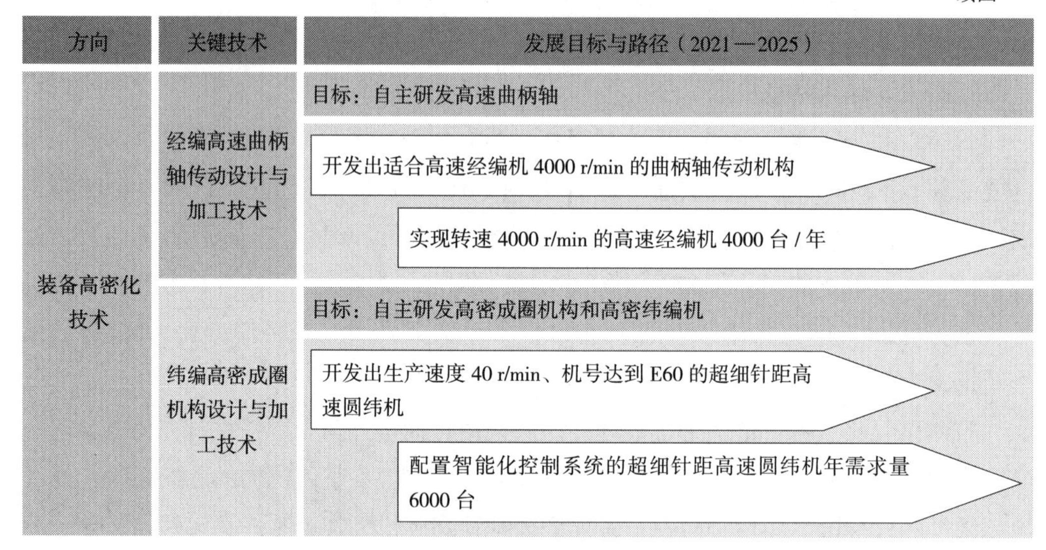

图 5-2　装备高密化技术路线图

5.2.3　提花工艺技术

5.2.3.1　需求分析

针织提花技术是指通过不同色纱编织或变化的组织结构形成花纹或图案的编织技术。针织提花技术是针织领域三大核心技术之一，针织提花具有技术含量高、产品附加值高的特点，代表针织产业的发展方向。

5.2.3.2　关键技术

（1）经编电子横移提花技术

现状：传统的经编机主要采用定长积极式机械送经、机械式牵拉和花盘或链块式梳栉横移机构。由于送经、横移和牵拉等机械式执行机构结构复杂、维护和调整不便，新型的经编机的送经和牵拉已广泛使用电子式控制系统。针前横移时间短、梳栉运动要求高的横移机构主要采用花盘。机械式梳栉横移机构对产品花型的花高限制很大，一般不能超过 48 个横列，产品多以平纹为主。

目标：目前经编产品工艺研究往往仅停留在原料、面密度、尺寸、色泽等方面，或通过后整理中的烂花、刷花、拧花、剪花等工序形成具有凹凸感的立体花纹效果，但这种方式不但生产效率低、能耗大、不环保，而且产品质量难以保证。随着个性化要求越来越明显，现有的经编面料已经不能满足市场的需求。

技术路径：研究伺服电机电子横移提花技术，开发用于控制经编提花产品生产的集成控制系统；用电子梳栉横移取代机械式横移机构能完全解决限制经编产品花型花高和纵向单件循环的问题，花型循环不再受到限制，使生产高花位的经编提花产品成为可能。

（2）经编电子贾卡提花技术

现状：电子贾卡提花技术能形成具有凹凸感的立体花纹，从而改变只能依靠后整理形成立体花纹的局面，不但丰富了花型类型、改善了经编织物的花色品种，而且提高了生产效率，降低了能耗。

目标：贾卡提花装置运动的精确性、运行的稳定性和使用寿命以及贾卡毛圈纱恒张力控制。

技术路径：通过对贾卡梳栉的运动特征研究，研发单针床和双针床的贾卡提花技术；通过计算机辅助设计系统实现花型的快速设计和电子提花文件的生成；研究大尺寸花型实现方法，设计与开发贾卡提花鞋面材料、贾卡提花毛巾等经编贾卡提花针织物。

（3）纬编移圈提花技术

现状：目前常见的只有针筒针选针，即自针筒针向针盘针转移线圈的单向移圈提花技术。双面电脑提花移圈圆机的筒径一般是 762 ~ 765 mm，机号为 12 ~ 18 针 /25.4 mm，细针距目前德国德乐设计的机型机号可达到 28 针 /25.4 mm。

目标：高密双面电脑提花移圈圆机移圈针能进行单针自由选针，移圈针和接圈针结构、移圈和接圈三角曲线的精确设计。

技术路径：研究纬编移圈织物生产原理及提花和移圈复合提花技术，设计织针、提花针和移圈针等编织关键部件，优化成圈机件的配合曲线，移圈系统针筒和针盘各 1 个电子选针器，能进行针筒向针盘或针盘向针筒固定针位的双向移圈，带有翻针系统的纬编机可以编织移圈罗纹网眼织物、移圈凹凸织物、移圈孔眼织物、移圈提花调线织物等。

（4）纬编调线提花技术

现状：目前纬编调线提花技术主要有单面电脑 4 ~ 6 色调线技术、双面电脑 4 ~ 6 色调线技术，针筒旋转一转导纱指变换一次，形成横条纹效应纬编调线提花产品。

目标：高速调线提花技术的调线装置和剪线装置的智能控制，多功能调线纱嘴的设计，适应高速调线提花的成圈三角曲线的精确设计。

技术路径：研究纬编调线提花复合技术，设计适应单面调线机和双面调线机的多功能纱嘴，适应高速调线提花的成圈三角曲线，开发带有嵌花或横条效应的纬编提花织物，研发纬编调线提花织物设计系统，解决准确送纱、高频电子选针、漏针坏针以及电脑控制导纱指任意切换等核心问题。

（5）纬编立体提花技术

现状：纬编双面电子提花圆机上下针选针提花和衬纬纱线的共同作用导致纬编立体提花织物表面具有一定的立体效应，与普通双面提花织物不同，夹层中的衬纬纱导致织物表面产生不同的凹凸效果，为织物设计、生产带来较大的困难。

目标：纬编双面双向立体提花、双轴向立体结构等三维编织技术，纬编立体提花凹凸曲面的三维建模、纬编立体提花织物的图案设计，复合材料增强结构技术。

技术路径：研究纬编双面双向立体提花、双轴向立体结构等三维编织原理，结合树脂浸渍、表面涂层及层合等工艺，开发具有透气性、吸湿性、导湿性、抗震性、过滤性、抗压弹性、防火隔热性等服用性能和物理机械性能的纬编立体提花针织结构，广泛应用于产业用和结构功能复合材料增强结构。

5.2.3.3 技术路线图

针织提花工艺研究和产品开发能够提高企业和产业的创新水平。典型产品主要有经编电子横移提花产品、经编贾卡提花产品、纬编移圈提花产品、纬编调线提花产品、纬编立体提花产品。

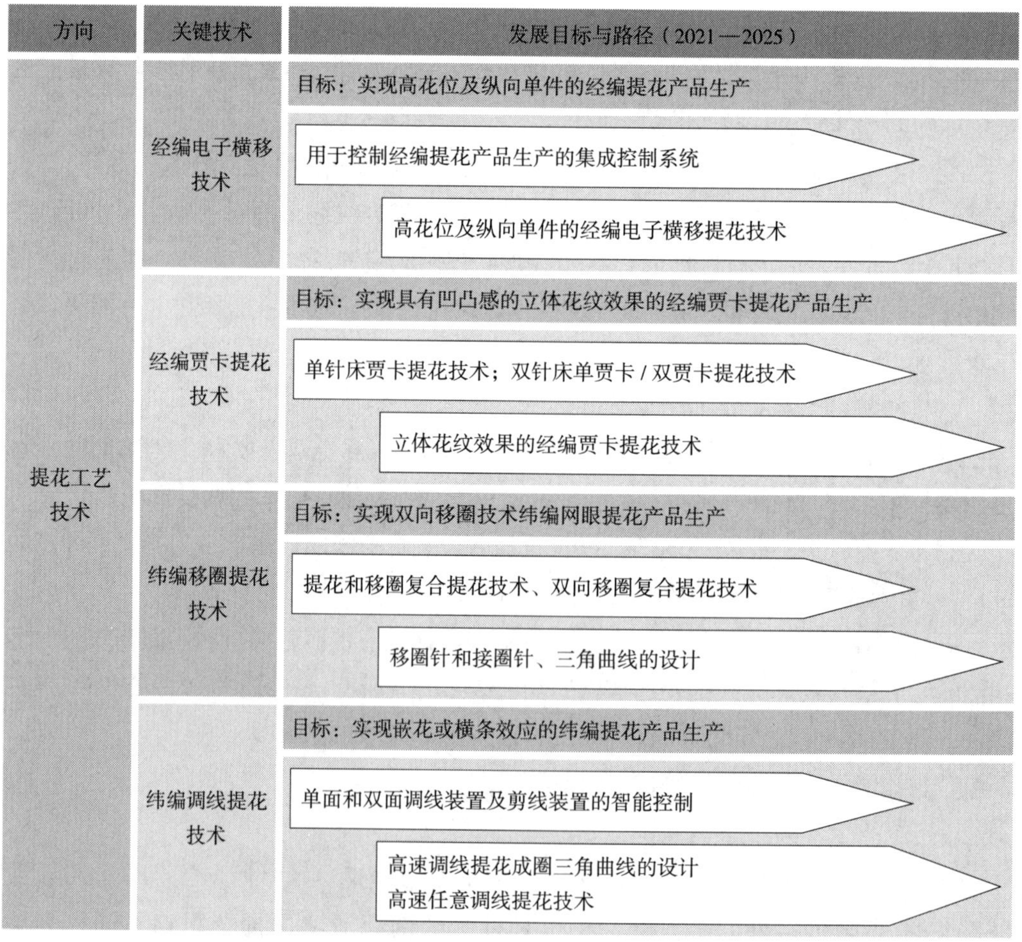

方向	关键技术	发展目标与路径（2021—2025）
提花工艺技术	经编电子横移技术	目标：实现高花位及纵向单件的经编提花产品生产 用于控制经编提花产品生产的集成控制系统 高花位及纵向单件的经编电子横移提花技术
	经编贾卡提花技术	目标：实现具有凹凸感的立体花纹效果的经编贾卡提花产品生产 单针床贾卡提花技术；双针床单贾卡 / 双贾卡提花技术 立体花纹效果的经编贾卡提花技术
	纬编移圈提花技术	目标：实现双向移圈技术纬编网眼提花产品生产 提花和移圈复合提花技术、双向移圈复合提花技术 移圈针和接圈针、三角曲线的设计
	纬编调线提花技术	目标：实现嵌花或横条效应的纬编提花产品生产 单面和双面调线装置及剪线装置的智能控制 高速调线提花成圈三角曲线的设计 高速任意调线提花技术

续图

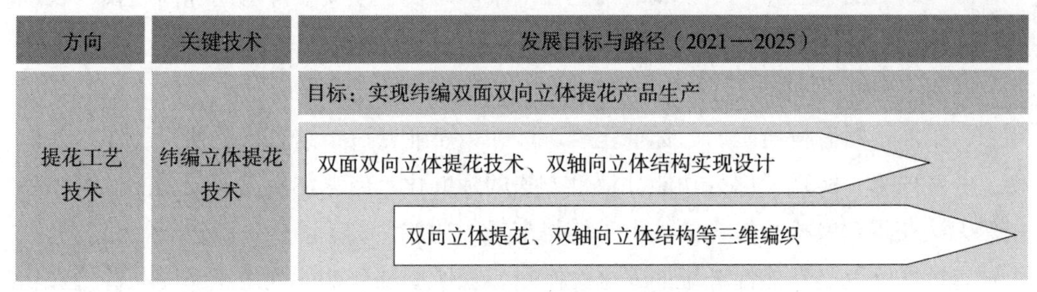

图 5-3　提花工艺技术路线图

5.2.4　针织功能性产品开发

5.2.4.1　需求分析

功能性纺织品通常指超出常规纺织产品保暖、遮盖和美化功能之外的具有其他特殊功能的纺织品，其特殊功能主要通过使用功能性纤维，或对纤维、纱线、织物和纺织产品进行物理或化学的功能性加工等方法获得。随着科技的发展及人们生活水平的不断提高，功能性纺织品已成为开发与消费的热点，其研发和应用正向着多功能、多应用领域、多学科交叉及产业化方向发展。

功能性针织面料越来越强调原料多元化、纱线结构多样化和织物结构复合化。以差别化、功能化新型纤维为原料开发的高档功能性针织面料，可以提高产品服用性能；基本组织和各类花色组织的综合运用，以及针织与机织、皮革等的复合使用，使针织面料的花型、色彩和风格越来越多元化。

普通纺织品可通过功能性整理，即对纤维、纱线及织物成品采用整理剂对其功能整理、涂层或改性等，赋予相应的功能来满足某些特殊使用要求。如用有机氟整理的耐久性抗油拒水织物，采用聚四氟乙烯涂层生产的防水防风透湿织物，用抗菌剂整理的抗菌织物，等等。

5.2.4.2　关键技术

（1）针织功能性纤维 / 纱线加工技术

现状：我国对功能性纤维的研究主要集中在远红外纤维、防紫外线纤维、负离子纤维、抗菌除臭纤维、光催化纤维、纳米纤维、阻燃纤维、芳香纤维、变色纤维、防辐射纤维、导电及抗静电纤维等领域。其中，纳米纤维是近几年的热点。国外已有多个生产商采用复合纺丝方法探索纳米纤维的成形工艺，并在纳米纤维实用化方面取得了长足进步；而我国关于静电纺纳米纤维研究的论文数量虽与美国相当，且多于日本、德国等国，但在其应用研究方面与这些国家的差距还十分明显。目前日本的功能性纺织品已占其纺织品总量的 40% 以上，欧洲为 21% 以上，美国则为 28% 以上。日本在服用纺织品和医药卫生领域的功能性纤维的研发、欧美在产业用和高新技术领域的功能性纤维研发方面处于领先地位。

目标：功能性纤维开发中面临的最大问题是缺乏功能评价方法和评价标准。近年来，虽然不断有科研院所、标准化组织和相关企业开展了这方面的研究工作，并取得了一些成果，实现了部分功能性评价方法的标准化，但总体上大部分功能性纺织品仍然无法获得权威检测机构的认可，使得市场上功能性纺织品的消费过于盲目。另一个被忽视的问题是功能性纤维的安全性问题。众所周知，功能性纺织品的某些特殊功能，主要是通过在纤维材料中添加或在产品的后整理中使用某些具有特殊功能的化学物质来实现的。但目前在功能性纺织品上使用的这些化学物质有相当一部分并未经过严格的安全性评估，特别是需要经过长期跟踪分析的安全风险评估。因此，从消费者的安全和环境保护的角度来看，建立有效的安全性评估规范显得极其重要，能够为功能性纺织品的健康发展提供保障。

技术路径：根据所需要纺织品的性能来设计纤维的分子结构、材料搭配和截面形态等，从而呈现出多功能复合。发展功能纤维新材料，工艺技术的攻关往往是实现产业化、市场化的关键。纳米纤维应把产业化生产实用性为目标，加快节能环保的新型制备方法与技术的产业化，产生经济效益。将可应用、具有发展前景的纤维新材料不断开发成市场产品。

（2）功能针织面料 / 服装结构设计

现状：通过改变面料性质，添加功能性材料，在生产过程和后整理时添加各种制剂和工艺，使面料具有特殊作用和超强性能，而这些性能是一般服装面料所不具备或达不到的性能。针织面料 / 服装设计单一，基本单纯依靠功能原料和功能整理来实现面料 / 服装的功能性。

目标：功能针织面料 / 服装结构设计更依赖与针织技术及工艺的创新和发展，所以发展缓慢，创新不够。通过改变织物组织结构，设计出多层次、结构变化的织物，使得该织物具有特殊结构，达到某种特定性能。

技术路径：功能性针织面料将向时尚化发展，人们崇尚时尚自由，强调舒适合体，因此更加青睐于功能与时尚能够完美结合的服装。综合运用色彩、款式等设计元素，结合针织面料的优异特性进行创新设计，使功能性针织服装与运动、休闲、健身等紧密联系在一起，将促使功能性针织服装更加流行。功能性针织面料将向多功能复合发展，功能性针织面料的开发将从单一功能性纤维到多种功能性纤维的复合，多种功能纤维的介入，使针织服装具有不同的功能和风格。功能性整理也将从单一的功能性整理转向两种以上功能相结合的整理，使针织面料的后整理加工理念提升到功能性和舒适性相兼顾的层面上。

（3）功能针织面料／服装染整技术

现状：普通纺织品可通过特殊的整理加工方法获得相应的功能以满足某些特殊的使用要求，该类方法目的性强、效果好，且产品的附加值较高，但在获得功能的同时要求整理剂具有良好的环保特性、生产操作安全性及最终产品无毒、无副作用和良好的功能持久性。国内外缺乏对功能性纺织品的功能评价方法和标准，国内虽然不断有一些科研机构、高校、标准化组织和企业开展了这方面的研究工作，但从总体上看，大部分功能性纺织品仍然缺少权威的、能被广泛接受的、经过充分科学论证的、简便易行的、重现性和准确性较高的、统一的功能性评价方法和标准。片面追求单一功能，缺乏全面系统的研究，往往是某一功能加强了，却带来其他一些副作用，这是一个需要系统研究的问题。

目标：在引进、推广、使用真正的纳米技术去开发功能性纺织品方面，任重而道远。缺乏基础性研究及规模化生产实践，功能性纺织品及纳米技术是需要多学科交融、整合的新兴技术，需要做大量的基础性研究。生物生态整理法采用具有生物活性的生物酶对纺织品进行整理，这种整理具有安全性较高、对环境影响小、整理效果好等特点。由于生物生态整理靠的是生物化学作用，虽然整理效果好、功能持久，但其生产难度大，成本高，且对纺织品的手感、风格特征的影响较大。

技术路径：多功能的复合化、纳米整理技术、生物整理技术的产业化；从消费者的健康和保护生态环境的角度考虑，检验功能作用，同时还必须检验生态安全性。一些新型节能环保后整理技术相继问世，如等离子体技术、纳米技术等，使功能纺织品的发展获得一定的突破。利用等离子体技术处理织物，能改善纤维表面性能，可用于生产防水防油织物，也能够提高防护服粘接强力，增加服装功能，促进防护服进入多元化市场。应用纳米粉体对各类化纤进行改性可以制备多种功能性纤维，如抗菌防霉吸湿纤维、耐热纤维、防辐射纤维、阻燃纤维，还可采用纳米复合纺丝法来生产功能织物。环保型功能整理剂、纺织品多功能的复合以及新型高科技纤维的应用仍将是功能性纺织品的发展趋势和研究重点。在其发展过程中，要特别注意对环境的保护。

5.2.4.3　技术路线图

人们除了对面料、外形、色彩等方面的要求以外，对产品的功能性也有更高的要求，拉动了对功能纺织品的消费。典型产品主要有针织功能性内衣产品、针织功能性运动产品、针织功能性防护产品、针织功能性保健产品、针织功能性家纺产品。

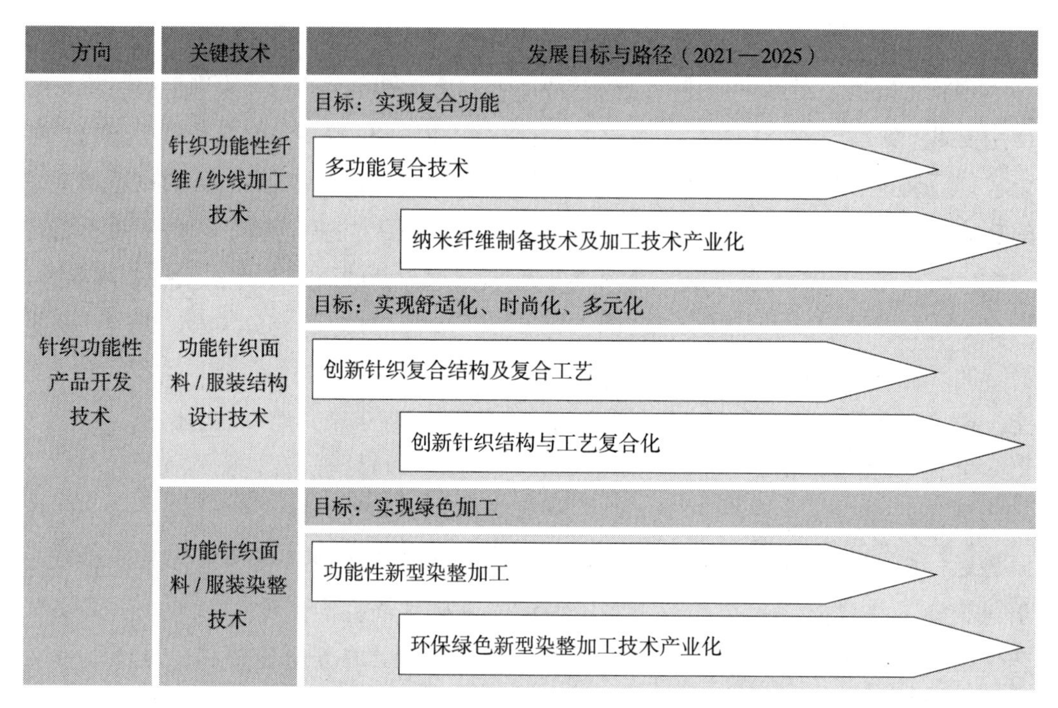

图 5-4　针织功能性产品开发技术路线图

5.2.5　针织结构复合材料开发

5.2.5.1　需求分析

单一常规的针织结构常用于服装用、服饰用领域，而在工业领域中，为满足某些特定要求，如过滤、高强织物等特殊高性能，通常对针织结构进行一定的增强，使其结构更加稳定，性能更加优良；或者将高性能复合材料与针织结构相结合，在工业特殊用途中作为增强材料，具有重要作用。

5.2.5.2　关键技术

（1）经编轴向复合材料生产技术

现状：多轴向经编织物是由带有纬纱衬入系统的织机生产的一类独特的织物。在织物的纵向和横向以及斜向都可以衬入纱线，并且这些纱线能够按照要求平行伸直地衬在所需的方向上。因此这类织物结构亦称为取向结构。多轴向经编针织物可由 3 种基本的编织系统进行编织，分别是 Mayer 系统、Liba 系统和 Malimo 系统。由于经编多轴向织物纤维平行且伸直排列，所以纤维强度与刚度在复合材料中可以充分发挥，使多轴向织物的力学性能大大提高。这种结构中纤维可以在多方向对力学性能进行增强，具有很好的可设计性与可混编性，能提供较大的材料选择空间和设计度，最大限度发挥材料力学特性。经编多轴向结构织物还具有良好的抗剪切、抗撕裂性能等。但目前经编多轴向复合材料存在生产成本高、理论研究深度不够等问题。

目标：经编轴向织物生产装备带有纬纱衬入系统。主要机构包括成圈机构、衬纬装置、送经机构、梳栉横移机构和牵拉卷取机构，成圈机构由主轴直接传动，其余机构通过传动机构间接传动。这些系统造成多轴向经编机成本高昂，生产机速不高，生产门幅不宽等不足。多轴向经编织物在结构设计上还没有成熟的设计软件，同时对多轴向经编复合材料纤维体积含量及其性能计算缺乏模型。对于多轴向经编织物的性能理论研究深度不够，造成在工程界不能大规模使用，严重限制了该类复合材料的推广。

技术路径：通过结构优化进一步降低多轴向经编机生产成本，开发高机号多轴向经编机，使多轴向经编机门幅宽幅增加。开发多轴向经编织物设计软件，快速计算该类复合材料的纤维体积含量与力学性能等参数。加大多轴向经编织物及其复合材料的基础理论研究，建立模型与性能间的本构模型，为多轴向经编复合材料的进一步推广奠定理论基础。

（2）经编间隔结构复合材料生产技术

现状：经编间隔织物的两个表层分别在双针床拉舍尔经编机的前后针床上编织而成，上下两个表层的组织可以相同，也可不同，可以双面都是致密结构，也可以一面是致密结构，而另一面是平素结构、小花纹、贾卡提花、网眼或网孔结构；或双面都是网眼或网孔结构，网眼或网孔的大小可以变化。由于间隔结构可以明显降低复合材料的重量，在轻质高强类复合材料领域占有重要位置。但经编间隔织物还存在高模量纤维织造困难、间隔距离不易调整、复合材料成形技术要求高等不足。

目标：目前针对具体型号双针床经编机的间隔距离是固定的，而不同的使用条件又要求经编间隔复合材料的间隔距离是不同的，因此如何开发具有隔距可调的双针床经编机是目前的迫切需求。由于成圈原因，目前经编间隔织物主要使用低模量柔性纤维，而高模量纤维织造时存在断纱等问题，因此如何适应高模量纤维的织造是目前的一大挑战。由于间隔织物中间的间隔层，使得目前常规使用的真空辅助树脂传递方法难以适用，因此探索适应于间隔织物的复合材料成形方法是目前的一大困难。

技术路径：开发具有特殊范围的双针床经编机，进行不同间隔距离的实时调整，以满足不同隔距复合材料的需求。同时开发超大隔距的双针床经编机，以满足充气类柔性复合材料的需求。通过纱线张力控制与表面处理，研究高模量纤维的柔性织造技术，扩大双针床经编机的纤维使用范围，满足碳纤维与玻璃纤维等高模量纤维的生产需求。通过表面涂覆等工艺，开发适用于经编间隔复合材料的成形工艺。

（3）针织管状复合材料生产技术

现状：针织管状织物成形设备包括针织圆机、双针床横机、普通双针床经编机、特制的经编多轴向管状织机。其中针织圆机通常通过改变织物的组织结构，形成具有不同尺寸和结构效应的管状织物。在新型电脑横机上，可以直接编织出全成型的三维管状结构。在双针床横机上，可通过前、后两针床交替循环编织，来实现管状织物。特制的经编多轴向管状织机，主要机构包括成圈机构、送经机构、梳栉横移机构、针床移动机构、铺纬装置和牵拉卷取机构，成圈机构由主轴直接传动，其余机构通过传动机构间接传动。成圈机构包括捆绑纱的导纱针和沉降片以及环形针床，其中环形针床包括与纬纱平行排布的成圈织针和与纬纱垂直排布的钩针；铺纬装置包括引入纬纱的载纱器和收集纬纱的载纱器，引入纬纱的载纱器分布在不同的圈层，各圈层相对转动实现任意角度多层铺纬，收集纬纱的载纱器分布在最靠近针床的圈层，将交叉排列的纬纱收集后通过传动机构送入成圈机构，钩针将捆绑纱钩进纬纱层编织成圈，形成管状多层经编织物，最后通过牵拉卷曲机构退出编织区。

目标：目前适用于管状复合材料的针织设备都是针对低模量柔性纤维，而对高模量纤维较难织造。目前管状针织结构织造以单层为主，难以生产较高厚度的针织结构材料。由于管状织物中间的中空层，使得目前常规使用的真空辅助树脂传递方法难以适用，因此探索适应于管状针织物的复合材料成形方法具有一定难度。

技术路径：通过纱线张力控制与表面处理，研究高模量纤维的柔性织造技术，以扩大管状针织结构的纤维使用范围，满足碳纤维与玻璃纤维等高模量纤维的生产需求。通过铺层系统等结构，开发能生产具有一定厚度的管状针织结构生产设备。满足不同厚度管状复合材料的制备需要。通过表面涂覆、中空填充等工艺，开发适用管状针织结构复合材料的成形工艺。

（4）针织异型结构复合材料生产技术

现状：针织异型结构织物依赖于针织成形编织技术与预定向纱线衬入技术的结合，引入信息技术，嵌入传感器、集成电路、软件和其他信息元器件，形成了机械技术与信息技术、机械产品与电子信息产品深度融合的数字化针织装备和CAD系统。纬编异型结构产品是在针织横机上通过增加针床，控制选针与运动来改变针织结构，如收针、放针、移圈等技术形成单通管、多通管、直角折管、T形管、Y形管、梯形结构、锥形结构、箱体结构、球形结构等。经编异型结构利用双针床多轴向经编技术可生产三维预成形轮廓结构，通过织物边缘和幅宽方向分割技术，形成T形、H形、管状或直角轮廓产品。

目标：由于成圈原因，目前异型结构针织织物主要使用低模量柔性纤维，而高模量纤维织造时存在断纱等问题，因此如何适应高模量纤维的织造是目前的一大挑战。目前异型针织结构织造以单层为主，难以生产较高厚度的针织结构材料。由于异型结构针织物中间的中空层，使得目前常规使用的真空辅助树脂传递方法难以适用，因此探索适应于异型结构针织物的复合材料成形方法具有一定难度。

技术路径：通过纱线张力控制与表面处理，研究高模量纤维的柔性织造技术，以扩大异型结构针织物的纤维使用范围，满足碳纤维与玻璃纤维等高模量纤维的生产需求。通过铺层系统等结构，开发能生产具有一定厚度的管状针织结构生产设备。满足不同厚度管状复合材料的制备需要。通过表面涂覆、中空填充等工艺，开发适用管状针织结构复合材料的成形工艺。

5.2.5.3 技术路线图

针织结构复合材料具有优良的各向同性，针织物特别适宜做形状复杂与吸收高能量的复合材料增强结构，可通过衬垫纱制成结构稳定性高的结构材料。针织物可形成不同大小网格。尤其是经编织物较纬编有较大的幅宽，生产效率高，电子全成型压脚针织可形成特殊形状的织物。虽然针织物平面覆盖系数较低，织物刚度较小，但针织结构复合材料具有生产效率高、力学性能好、易于制作复杂形状等特点。典型产品主要有经编多轴向复合材料、经编间隔复合材料、针织管状复合材料、异性针织结构复合材料等。

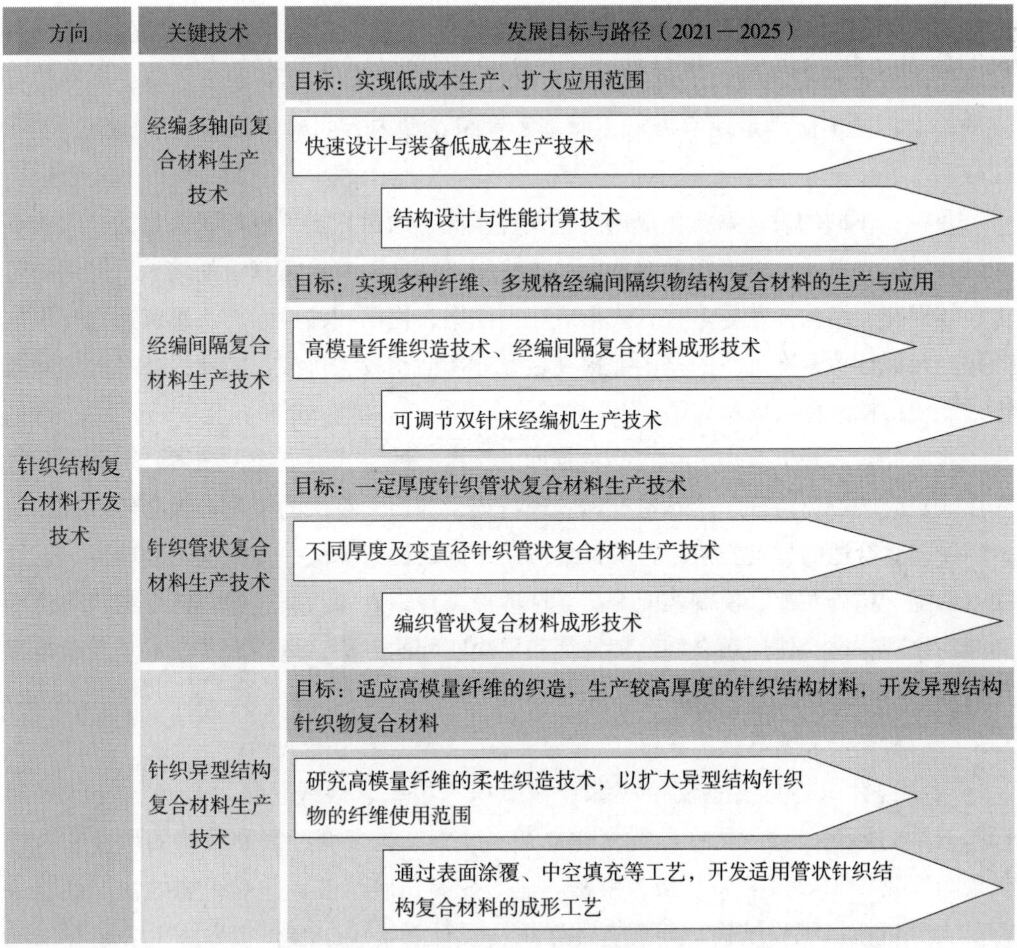

方向	关键技术	发展目标与路径（2021—2025）
针织结构复合材料开发技术	经编多轴向复合材料生产技术	目标：实现低成本生产、扩大应用范围 快速设计与装备低成本生产技术 结构设计与性能计算技术
	经编间隔复合材料生产技术	目标：实现多种纤维、多规格经编间隔织物结构复合材料的生产与应用 高模量纤维织造技术、经编间隔复合材料成形技术 可调节双针床经编机生产技术
	针织管状复合材料生产技术	目标：一定厚度针织管状复合材料生产技术 不同厚度及变直径针织管状复合材料生产技术 编织管状复合材料成形技术
	针织异型结构复合材料生产技术	目标：适应高模量纤维的织造，生产较高厚度的针织结构材料，开发异型结构针织物复合材料 研究高模量纤维的柔性织造技术，以扩大异型结构针织物的纤维使用范围 通过表面涂覆、中空填充等工艺，开发适用管状针织结构复合材料的成形工艺

图 5-5 针织结构复合材料开发技术路线图

5.2.6 针织产品设计智能化

5.2.6.1 需求分析

智能化的设计流程是针织产品研发的重要基础，利用B/S结构技术、织物仿真技术、虚拟现实技术、图像处理技术和云计算技术开发出免安装、免硬件、免维护，使用成本低，且方便快捷的针织智能设计系统，用户可直接通过电脑或移动智能终端设计针织物，符合当前针织产品设计、生产和营销快时尚的理念。针织设计智能化为企业实现快速产品设计与研发、快速产品更替和高效生产奠定了重要基础。

5.2.6.2 关键技术

（1）针织产品智能检索技术

现状：企业在多年的生产中设计了大量的产品，在有新的设计任务时从中检索出相同或类似的产品可以减少设计的工作量。人工检索是一项耗时烦琐的工作，且检索结果的不确定性较大。越来越丰富的针织花型使得传统的基于数值、字符等标签的检索方法不能满足现实需求，而基于针织花型内容的检索技术尚不成熟，实用性较低。

目标：不同的设计系统生成的工艺文件不同，通过扫描仪或相机采集的针织物图像的背景、光照、分辨率等参数不同，这些因素都会影响检索算法的结果。针织物可由色纱提花、结构提花等多种方式形成花型图案，使用一种检索算法难以达到理想的效果。在保证检索准确率的基础上提高检索效率面临较大挑战，因此提高准确率和效率才能使得检索算法成功应用。

技术路径：建立大型针织产品数据库，按统一的格式存储花型图案，对图案预处理生成对应的颜色特征、形状特征和纹理特征，为检索算法的应用提供必要基础。对针织物建立合适的分类方法，针对性地应用不同的检索算法，提高检索准确性。通过层次匹配、精确匹配、模糊匹配等交互选项提高检索效率。通过选取针织结构表达能力强的纹理特征，使用融合型纹理特征和层次匹配的方法，运用深度学习从大量数据中自动学习图案特征等方式来提高针织物检索效率。

（2）针织物真实感模拟技术

现状：针织物真实感模拟应综合考虑织物组织、纱线特征、颜色、穿纱等对模拟效果的影响。针织物中纱线变化复杂，线圈结构多变，线圈结构的形变和纱线外观与织物模拟效果的关系最为紧密。建立线圈几何模型，并对织物的物理性能进行受力分析模拟织物结构。而现有的针织物设计系统中二维模拟方法主要是在二维图像显示的基础上通过增加光照明暗，提高织物模拟的立体效果，不能反映织物的空间结构特征，现有的三维织物结构模拟系统又缺乏对织物物理性能的研究。实现三维的织物结构形变需建立织物三维物理模型，对不同组织结构进行空间的力学分析。

目标：由于针织物是由纱线穿套而成，每个线圈受到周围多个线圈的影响，针织物组织结构繁多且复杂，织物的线圈结构模拟困难，需对多种织物的工艺以及特点进行研究与分析。对于不同的纱线物理特征不同，同样的织物结构和形变不同，建立三维物理模型时需要考虑的因素较多。针织物结构在微观下形态复杂，需要根据工艺数据进行大量计算才能得到准确的几何外观，同时多变的结构给模拟时光线的散射和阴影生成的计算造成了难度。

技术路径：深入研究针织物的工艺与结构，建立针织物线圈结构的三维几何模型，实现各种组织结构的几何形状模拟。以三维组织结构中纱线与纱线的接触点为关键点，将每个线圈结构进行离散化处理，结合纱线的物理特性，对离散化后线圈结构中每一段进行受力分析，实现不同织物结构的三维形变。获取不同纱线对光线的散射规律，建立物理正确的光照模型。

（3）互联网和云计算技术

现状：随着互联网时代的到来，传统针织 CAD 技术借助互联网的便利性、快捷性和不受时空地域限制等优势，用户数量在逐渐增多，用户需求在不断发生变化，随之所产生的数据信息量也日益倍增。对这些数据进行快速、有效、便捷的存储、使用和管理，成为传统针织 CAD 技术面临的一个重要问题。云计算技术的诞生很好地解决了这一问题，将云计算技术应用于传统针织 CAD 技术当中，对海量数据进行传输、计算和管理，不但计算高效、传输快速，而且管理方便，可以有效提高针织产品的设计效率及产品数据的分析处理。

目标：在云计算系统中，针织 CAD 软件的产品数据存储在云端，如何确保产品数据不被非法访问和泄露是系统必须要解决的两个重要问题，也就是数据的安全和隐私问题。数据备份、防范误操作、加密云数据等措施是云计算平台发展中必须要考虑的问题。构建各种云服务平台，比如仿真的云服务平台，提供各种织物的快速在线仿真；产品数据库的云服务平台，提供各种产品工艺数据的分析处理及工艺查看等；织物分析的云服务平台，提供各种针织产品的在线分析、工艺计算等。为保证高效的服务质量，需要服务商进一步提供按规定分配给用户的资源保证。如何在互联网 CAD 系统中正确合理的应用云计算服务，需要不断地尝试，不断地优化算法和平台的部署，充分利用云计算的优势仍需要加强对云计算技术的了解和学习。

技术路径：建立混合云，即既含有公有云，又含有私有云。私有云和公有云各自有自己的优缺点，私有云的优点是安全性相对比较强，缺点是硬件受限制；公有云的优点是价格相对便宜，缺点是安全性比较差。混合云将两者相结合，取长补短，同时确保了数据的安全性和产品设计的高效性。对大数据进行分析能够更好地实现针织产品的智能设计，比如送经量的估算等，云计算具有很强的可扩展性，运用到大数据领域中，可以为大数据提供一个开放的分析平台，从而及时且经济高效地完成复杂的数据分析任务，进一步提升针织产品设计的智能化。构建出完整的云计算服务体系，与CAD技术相融合，充分发挥云计算对海量数据高效处理的优势，实现针织产品的智能化设计。

（4）针织物虚拟展示技术

现状：在传统的针织物设计制造过程中，计算机辅助设计起到核心的作用，设计人员通过针织物CAD系统，设计产品并虚拟展示设计后的效果，使设计者与生产者能够提前预览设计结果，提高针织物产品的精度，从而达到提高企业效率减少生产成本。目前针织物的虚拟展示主要针对针织物的花型结构进行仿真，但针对针织服装的三维虚拟展示功能还不完善。

目标：针织物分为经编和纬编两大类，工艺结构十分复杂，需要建立不同的设计模型，以达到模拟和展示的目的。三维针织物设计模型和展示建模复杂，计算时间长，无法实现快速响应，不能真正用于针织物设计软件的开发。针对针织物结构的复杂和多样，为快速实现展示效果，应建立丰富的针织物组织结构库，研究针织物的组织形态，并通过建立数据库方便直接选取与调用，进行实时模拟。

技术路径：建立符合针织物结构的设计模型，实现不同花型结构的虚拟展示。不同的针织物线圈结构、大小及颜色各不相同，建立针织物花型信息与工艺参数信息，使之符合真实针织物的设计模型。建立针织物的仿真模型。确定组织的线圈参数和变形规律，根据实际线圈结构形态，选取合理的控制点将线圈根据分段进行数学分析，并通过线圈在真实情况下的受力建立针织物的三维结构模型，使之符合真实织物的仿真模型。建立真实感的针织服装虚拟展示功能：针织服装虚拟展示首先需要进行参数化人体模型，便于符合不同体型的用户虚拟试穿，其次建立符合针织服装的款式模型，通过将款式模型网格划分与受力分析，建立真实感针织服装的着装效果，并将针织衣片用线圈结构进行表示，最终实现针织服装的虚拟展示效果。

5.2.6.3 技术路线图

针织产品设计系统是现代化针织生产中的必备工具，可以提高针织产品设计的效率，对设计的产品工艺进行电子化存储，可与生产管理系统进行数据对接，能够提高企业的信息化水平。典型产品主要有纬编针织物设计系统、横编针织物设计系统、经编针织物设计系统、针织服装虚拟展示系统。

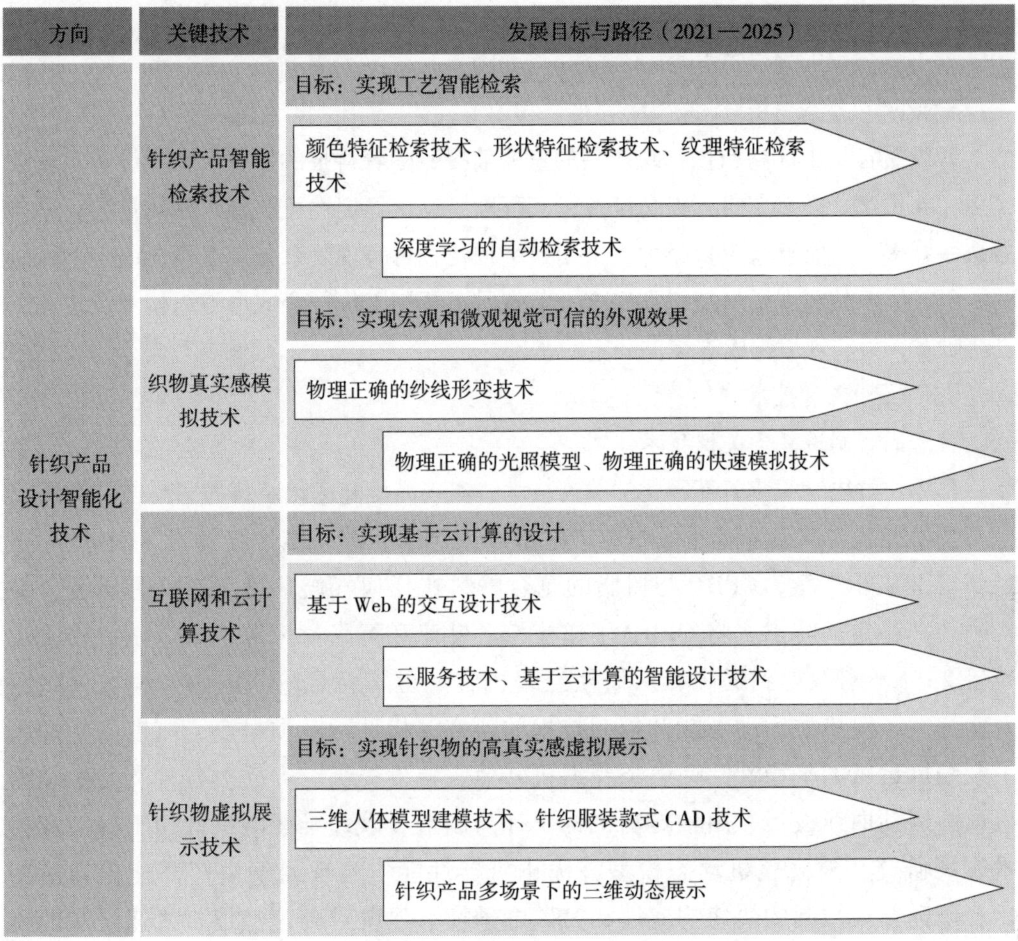

方向	关键技术	发展目标与路径（2021—2025）
针织产品设计智能化技术	针织产品智能检索技术	目标：实现工艺智能检索
		颜色特征检索技术、形状特征检索技术、纹理特征检索技术
		深度学习的自动检索技术
	织物真实感模拟技术	目标：实现宏观和微观视觉可信的外观效果
		物理正确的纱线形变技术
		物理正确的光照模型、物理正确的快速模拟技术
	互联网和云计算技术	目标：实现基于云计算的设计
		基于 Web 的交互设计技术
		云服务技术、基于云计算的智能设计技术
	针织物虚拟展示技术	目标：实现针织物的高真实感虚拟展示
		三维人体模型建模技术、针织服装款式 CAD 技术
		针织产品多场景下的三维动态展示

图 5-6　针织产品设计智能化技术路线图

5.3　趋势预测（2050年）

在大数据与云计算的时代，智能化是针织工程领域长足发展的方向之一。针织设备向高密制、数字化的方向发展，突破装备上的技术瓶颈，为高质量、高档次的针织产品提供良好的客观物理条件。服装的智能化可实现人们对时尚美感与保健健康的追求。通过服装集成的各种柔性传感器，实现对所有体征数据的长期监测。随着科技的进步、互联网的发展，针织智能服装与生命健康、移动互联网技术进一步融合，智能服装必然会成为下一时代的穿衣潮流。除此之外，针织智能化生产管理是在针织领域实现两化融合的重要组成部分。同时也是企业调整管理模式、提高管理水平、提高生产效率的有力途径。实时监测生产数据、推测优质排班状态、云端储存数据信息，反向指导生产管理，实现企业管理的精细化水平。

5.3.1 针织智能装备

5.3.1.1 需求分析

针织装备是生产高质量针织产品的重要前提，随着科技的发展，针织设备实现数字化、电子化是必然方向。提高设备精密程度、运行稳定性可改善产品质量。针织产品品种繁多，为能够适应多品种，采用数字提花，可实现复杂花型选择，缩短动作时间。全成形产品实现了从编织到成衣，节省后道缝制工作。全成形编织技术及装备的创新研发，为实现编织成衣提供一定的基础。

5.3.1.2 关键技术

（1）高密制造装备关键技术

目标：解决针织装备高密化的关键技术，实现高档高密化装备的国产化。

技术路径 1：经编高效优质生产技术。近年来，碳纤维增强材料（CFRP）在经编机上应用广泛，CFRP 与树脂的复合材料在任何气候环境下都具有质轻、结构刚硬和稳定的特点，将 CFRP 用作梳栉、针床和沉降片床等，可以使梳栉质量减轻 25%，刚性得到提高，从而使经编机转速上了新台阶。国内经编机械制造企业加大了对机械运动性能和控制技术的研究，机件运动惯量小，刚度高，提高了经编机运行的平稳性，使各类经编机转速大幅度提高。今后对各种类型的经编机成圈运动曲线设计、曲轴传动机构设计与制造、碳纤维成圈机件加工等关键技术开展研究，建立整机动态模型，优化机器性能，实现经编生产高速化和精密化；研究集成控制的快速响应性，突破电子横移系统对高速经编机机速限制的技术瓶颈；运用神经网络学习，采用主动补偿方式进行张力补偿，实现经编织造过程中的经纱退绕和卷绕的恒张力控制，同时研究经编机停车时的主轴转速的控制方式，实现可控制式的停车定位，解决停车横条这一世界性难题，实现经编生产优质化。

技术路径 2：纬编高效优质生产技术。目前针筒圆周线速度在 1.8 m/s 及以上的圆机。与多针道圆机相比，电脑提花圆机由于受限于电子选针器的选针频率，所以机速相对较低。但随着机械制造、装配配合及控制精度的不断提高，电脑提花圆机的转速也在逐步提高、机号也在不断变细。

技术路径 3：横编高效生产技术。尽管电脑横机由于机头横移到两侧需要往返不能像圆机那样实现连续编织，但是各个制造厂商还是不断采用各种技术来提高电脑横机的编织效率。STOLL 的 CMS 330 型三系统电脑横机，采用了 16 个电动机独立程控各自的导纱器，导纱器可根据衣片形状要求自动定位，这比常规的机头带动导纱器的机型可提高 20%的生产效率。

（2）数字提花装备关键技术

目标：解决针织装备数字化提花的关键技术，实现高档提花装备的国产化。

技术路径1：纬编数字提花技术。电子提花技术不断改进以适应更高的机号和转速，细针距电脑提花圆机由于电子选针及选针器速度响应要求高，对于机械制造配合精度、电脑控制技术、机电一体化技术要求更高。目前针织提花技术的共同特点在于广泛应用电子选针控制器，实现复杂花型织物的生产。电子提花可分为电磁式和压电陶瓷式选针机构。电磁式选针控制器无法达到大机号高转速提花圆机的选针要求；压电陶瓷式可充分发挥压电陶瓷片抗干扰能力强、发热量小、固有频率高、不产生有害震颤和不受电磁干扰等优点，适应高密和高速。

技术路径2：经编数字提花技术。横移提花既用于少梳栉的经编机上，也用于多梳栉拉舍尔经编机。少梳EL电子横移的出现，使得花纹循环高度不再受限制，梳栉累积横移量可达50针以上。多梳横移提花从SU型电子横移机构，发展到伺服电机驱动的钢丝花梳横移机构，累计横移可达170针以上，花梳数目更多，横移更精确，运转速度大幅度提高。贾卡提花技术通过控制单个贾卡导纱针的偏移，花型在织物幅度范围内可作几乎无限变化，织物更加精致和完美。目前采用的压电陶瓷贾卡技术结构简单、操作维护方便，压电陶瓷贾卡元件由电流脉冲控制偏移一个针距，实现了高频选针，适应高速生产的需要。复合提花技术是把横移提花与贾卡提花相结合，用在少梳经编机和多梳经编机上。在少梳栉经编机上，将梳栉电子横移与电子贾卡偏移相结合，并借助于电子多速送经技术，可实现分区域设计功能块。目前国产压电陶瓷贾卡针块和自主研发的系统已经广泛用于贾卡经编机、多梳经编机，双针床无缝和提花间隔经编机等。

技术路径3：横编电脑提花技术。电脑横机作为高端智能纺织装备，由电脑控制系统、机械执行系统和花型设计系统构成，德国STOLL和日本岛精由于起步早，先行占领了高端横机装备的市场。我国的横机装备加工业虽然起步较晚，但在经历多年的发展后也涌现出一批具有世界竞争力的企业，横机装备的各项技术指标已经逐步赶上世界先进水平。横机提花技术的发展之一是嵌花技术，随着横机配置的嵌花导纱器数进一步增加，丰富了横机的嵌花花型表现力。德国STOLL公司的31色嵌花电脑横机，前后针床的机头相互分开，独立传动，通过电脑程序分别对两个机头进行控制，确保步调一致，两个机头之间没有任何相对运动。这种分离式机头，让出了导纱空间，导纱器安放在上部直接进入，缩短了纱路且减少了张力波动。导纱器的定位由电机分别传动，无须机头携带和切换，编织多色嵌花时，效率明显提高。

（3）成形编织装备关键技术

目标：解决针织装备成形编织的关键技术，实现高档成形装备的国产化。

技术路径 1：纬编无缝全成形技术。目前国内无缝内衣机在技术和性能上有了较大的提高和进步，已经实现高度的机电一体化，对各种纱线的适应性越来越强，基本机型的功能已经达到了国际先进水平。

技术路径 2：经编无缝全成形技术。经编无缝成形织物是在双针床经编机上生产的一种成形产品，不但可以形成不同尺寸的筒形，而且可以形成 Y 形的分枝结构。双针床无缝成形服装的流行推动了双针床经编无缝成形产品向高速度、细针距方向发展，使得产品质地更轻薄、花色更精细、加工更快速。在现有经编无缝内衣的基础上，重点研究经编的“锁边”和“分离”技术，实现经编无缝服装的全成形生产，有效减少后道裁剪及缝纫加工；针对复杂形状的工程结构件，进行三维异形整体经编工艺研究，减少因增强材料接缝而导致的复合材料力学缺陷，提高轻质高强复合材料整体性能，为纤维增强复合材料的开发提供支持。

技术路径 3：横编全成形织可穿技术。织可穿电脑横机的产品下机后无须缝合，只要经过适当的后整理就可成为成品。日本岛精公司和德国 STOLL 公司的全成形织可穿技术在全球处于领先地位。作为全成型编织技术的先驱者，日本岛精和德国 STOLL 都比国内在全成型技术上先行一步，岛精新开发的 X 系列横机拥有 4 片针床和固定线圈压脚，使用全新的全成型针极大地改善了翻针速度以及成圈质量，还有可以分别调整前后两面的卷布张力和控制立体成型衣的多段拉布装置。德国 STOLL 的 730T 型机器，比常规的双针床型增加了两个移圈辅助针床，在左右收针时，运动更加便捷。国内厂家的少数机型，虽然也能生产简单的全成形织可穿产品，但在编织效率、产品质量、花型结构等方面，与国外先进水平差距较大。全成型技术目前的不足之处主要是，组织款式设计受到限制，对工艺技术的要求较高。

5.3.1.3 技术路线图

方向	关键技术	发展目标与路径（2026—2050）
针织智能装备开发技术	高速化机械设计与加工技术	目标：开发生产速度 4000 r/min 的高速经编机，生产速度 50 r/min 高速圆机，开发智能化控制系统
		高速曲柄轴传动的设计与加工技术，碳纤维成圈机件加工技术，智能集成控制与生产技术
		纬编给纱张力实时监测与调整技术，高速机用针筒设计与加工技术，智能控制与生产技术
		超高机号机件设计与加工技术，优质织针国产化设计与生产技术

续图

方向	关键技术	发展目标与路径（2026—2050）
针织智能装备开发技术	数字提花装备关键技术	目标：开发高速圆机用电子选针器，提花圆机生产速度 45 r/min；开发出 1800 r/min 的高速贾卡经编机
		经编贾卡针高动能驱动与高频响应技术，高动态响应的高速经编梳栉横移控制技术
		耐用型纬编选针器的设计与加工技术，纬编选针器的高动能驱动与高频响应技术
		基于动态张力补偿的恒张力控制技术，针织物辅助设计 CAD 仿真技术
	成形编织装备关键技术	目标：具有全成形编织功能的纬编机、经编机和电脑横机；具有三维虚拟展示的针织成形服装设计 CAD 与仿真系统
		全成形经编装备控制技术，全成形纬编装备控制技术
		全成形经编服装设计与编织技术，全成形纬编服装设计与编织技术
		智能控制与生产技术，全成形服装的虚拟展示技术

图 5-7　针织智能装备开发技术路线图

5.3.2　针织智能服装

5.3.2.1　需求分析

智能服装能够感知外界环境或内部状态的变化或刺激，通过自身的或外界的某种反馈机制，实时地将其一种或多种性质改变并作出反应。在科技发展的今天，人们对穿衣的要求不仅仅是美观御寒，还需要通过穿着的服装实现更多的功能来满足需求。随着科技的进步、互联网的发展，针织智能服装与生命健康、移动互联网技术进一步融合，智能服装必然会成为下一时代的穿衣潮流。

未来市场需求的产品主要有体征感测服装、智能空调服和娱乐一体服等。预计到 2050 年，贴身穿着的针织服装将是一个日常监测人体健康状态的智能系统，人们通过服装集成的各种柔性传感器，实现对所有体征数据如呼吸、心率、心电图、体温、姿态的长期监测，所有数据存储在云端，为医疗、保健、康复、运动等提供实时数据和大数据。服装可以适应不同气候条件下的穿着舒适度需求，服装内除了集成温湿度传感器之外，还将通过服装内置的水、电、气等媒介实现温湿度的智能控制和调整。穿着娱乐一体服，可达到仿真环境的功能，如模拟电影中的气候变化，犹如置身真实环境；同时通过身体姿态的变化实现人机交互功能。

5.3.2.2 关键技术

（1）柔性传感技术

目标：解决针织柔性传感的关键技术，实现无感、隐形传感器的设计与开发。

技术路径 1：传感器是智能穿戴的核心器件，包括运动传感、生物传感和环境传感等。传统的传感器主要作为工业用途，基本为硬性元器件。智能服装的发展需要柔性、多感知、高灵敏、高度稳定的专业传感器。当前柔性传感技术已经展开研究，针织结构具有小应力大变形的物理效应，同时针织结构多样，力学性能可设计，针织提花技术和成形能力强，适合传感器的精确定位。运用金属纤维、复合导电纤维编织而成的导电针织物，以及在针织物上通过涂覆、沉积导电物质形成的导电针织物，对其电力学性能研究为柔性传感器的开发提供了理论基础，针织电阻式传感器、压电式传感器和光纤传感器均已得到开发。

技术路径 2：通过采用新原理、新材料、新工艺的传感技术，完善微弱传感信号提取与处理技术，实现高灵敏度、高度稳定的生物医学及运动学用多种传感器的研发及实际应用，实现日常穿着服装上无感、隐形集成多个柔性传感器。

技术路径 3：纤维材料或是针织结构的设计上都要保证传感器具有小应力大变形的特点，使得电信号的变化率尽可能大，以便检测设备数据信号的采集。在经反复受力、洗涤、摩擦等作用下，柔性传感器具有优秀的弹性回复性、耐疲劳、耐磨损等物理机械性能，同时还需具有湿热和化学稳定性等，满足针织服装多次穿洗之后仍然保持良好稳定的传感性能。为了达到整个系统良好的续航能力，针织柔性传感器需具有低能耗的特点，对于电阻式传感器而言，大电阻可达到低功耗的目的，但势必影响到传感器的灵敏度；能够满足大规模生产，产品性价比高。

（2）基于服装形变的生物体征提取与识别技术

目标：实现针织服装形变的生物体征提取与识别。

技术路径 1：人体不同姿态和运动时，服装各个关节点在长度和围度方向均产生一定程度的变形，捕获的人体运动序列在长度和围度上的数据量很大，而且数据存在冗余，再加上人体运动的任意性都给运动的识别带来了巨大挑战。因此如何有效地表示人体的动作，如何有效的提取人体特征，如何用有效的算法识别出人体动作都成为人体姿态识别需解决的关键问题。

技术路径 2：目前心电、呼吸、体温是人体生命体征的三大重要信号，在人体生理监护中有极其重要的参考价值。准确掌握生命体征的测量对确立护理诊断、明确护理目标、为病人提供及时的护理服务具有十分重要的意义。针对人体性征建立特征值，建立生物体征信号与物理量之间的关系，应用多模态传感器数据融合算法，完成人体生命体征的获取。可穿戴监护服装将人体生理信号检测技术与可穿戴服装技术结合，以实现生理信号的实时无感检测。

技术路径 3：基于人体体征提取的数据分析可以大量地应用于保健、医疗和康复训练领域，通过提取健康人群、亚健康人群以及各类疾病的各项体征参数（如呼吸频率、心率、体温等）特征，可以为人体的健康状态给出评价和警示。通过人工智能、大数据和云计算的深度互融，它们之间的信息交换与共享为智能服装提供了强大的技术依托和数据支撑。

（3）服装响应与调控技术

目标：实现针织服装的智能响应。

技术路径 1：智能服装的响应技术目前有温变、色变、形变技术，其中主要技术为温变及色变技术。智能服装的温度调节主要采用介质相变蓄热调温纤维把相变材料通过微胶囊技术嵌入纤维中芯，此材料具有在温高时从固态转为液态、温低时从液态转为固态的特性，以此在吸、放热量的过程中实现温变。智能服装采用色变技术以温敏与光敏变色技术，温敏变色服装采用温敏变色纤维材料织制而成，随着温度的转换，附着于纤维的变色物质发生变化导致面料色变；光敏变色面料采用的光敏纤维是由于不同光照导致纤维中化合物分子结构改变从而组成新的吸收光谱化合物。

技术路径 2：采用溶剂及电制热调温纤维。受热胀冷缩这一物理现象启发，使智能服装热缩冷胀，可厚可薄，一件衣服即可四季穿着，便利环保；也可采用电致热调温纤维。导电树脂可弥补织物无法导电的缺陷，将它覆于纤维或织物表层，使服装导电，通过电流发热。通过采用新原理、新材料、新工艺、新技术，实现具有温湿度、光、色、形态智能调节的多功能服装，进而发展到运动控制技术。

5.3.2.3　技术路线图

方向	关键技术	发展目标与路径（2026—2050）
针织智能服装开发技术	柔性传感技术	目标：满足生物医学及运动学需要的多种针织柔性传感器的研发及广泛应用
		高灵敏、高精度、功能耐久、低成本、低能耗
		服装实现对人体生理信号的全方位传感
	基于服装形变的生物体征提取与识别技术	目标：满足生物医学及运动学需要的多种针织柔性传感器的研发及广泛应用
		姿态识别、疾病识别
		智能学习技术

续图

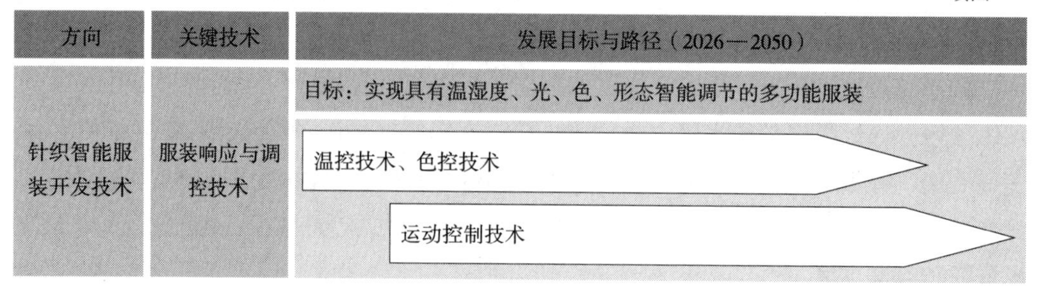

图 5-8 针织智能服装开发技术路线图

5.3.3 针织智能生产

5.3.3.1 需求分析

针织智能化生产管理是在针织领域实现两化融合重要组成部分，同时也是企业调整管理模式、提升管理水平、提高生产效率的有力途径。通过大数据采集与分析，优化生产工序和提高产品的质量。通过射频识别（RFID）技术、紫蜂协议（ZigBee）技术、无线局域网（Wi-Fi）技术、web（world wideweb）技术以及大数据技术，实现前道准备、织造和后整理的全工序监测，以数据分析反向指导生产管理，提高生产效率和管理精细化水平。

5.3.3.2 关键技术

（1）车间状态实时监控技术

目标：通过智能传感技术实现对生产车间的实时监控。

技术路径 1：通过射频识别（RFID）技术、传感技术对员工工作状态、车间环境（温湿度、空气质量等）、生产设备状态（运行速度、停开机时间、工作效率等）、在线产品状态（产品工艺、产量、质量等）、生产原料状态（原料库存数量、领用状况等）实行实时监控，读取监控对象的实时数据并上传至数据库，通过实时分析这些海量数据实现对生产现场的监控。

技术路径 2：针织产品疵点类型多、产生疵点的原因复杂。当产品在生产过程中产生疵点时，智能判断疵点种类，据此判断疵点产生原因，并发出相应的处理指令。采用计算机图形学、深度学习，智能判断产品疵点种类、产生原因，在通知管理人员的同时，自动控制生产设备。

技术路径 3：现有的生产设备不具备信息共享和联网功能，无法共享设备状态。MES 系统与企业资源管理系统（ERP）、过程控制系统（PCS）无缝衔接有待完善。实现 MES 与 ERP、PCS 的无缝衔接，通过 MES 系统不但能读取生产现场数据，而且能远程控制生产设备。针织生产设备具有互联互通功能，提供标准数据接口，为 MES

系统提供生产设备状态数据。

（2）物联网组网技术

目标：通过物联网组网技术实现设备的物物相连。

技术路径 1：物联网由传感器、RFID 射频读写器、PC 机、移动终端等通过无线、有线的方式组成。网络应该具有良好的拓展性和稳定性，确保数据安全、及时、有效地传输。根据数据传输的要求选择合适的无线方式将数据传输到车间网管、再通过互联网传输到云服务器。通过物联网不但能将实时车间状态信息传输到上位机，而且能将上位机的机台生产计划、工艺信息、设备控制指令等下传到设备，以实现远程监控和智能化生产。

技术路径 2：针织生产车间不具备布置有线网络的条件，ZIGBEE 通过模块传送数据有限，不能完全满足数据尤其是工艺数据的传输要求。采用 WIFI、5G 网络等技术组建成无线网络，网络完全能满足 MES 系统数据传输的需要。

（3）智能生产管控技术

目标：通过智能传感、高效物联，实现对生产车间的智能管控。

技术路径 1：采用大数据分析、挖掘技术，将数据采用可视化方式直观展示机台生产情况、订单生产进度、原料 BOM 等信息；通过数据挖掘算法计算机台效率、员工绩效、能耗等，综合分析产品质量；通过对生产某一产品时机台历史效率、产量、质量等的分析预测机台日产量，完成智能排单。

技术路径 2：系统需要处理和分析的数据量大、数据变化快，海量实时数据分析与处理方法面临挑战。采用合适的大数据分析和挖掘技术对海量数据进行分析，在对现场数据、决策变量进行深入研究的基础上，实现对各种装备、物流和人员的智能调度。

技术路径 3：车间现场数据量大、影响决策变量多，现场数据、决策变量关系复杂，智能决策建模困难。对各项生产要素在线智能监控，及时发现潜在生产问题，提出生产调整方案；对制造质量进行在线智能监控，及时发现潜在的质量问题，并提出智能化解决方案。部分功能依赖相关产业的发展。对机台产量实时监控，引导智能小车（AGV）及时将半成品、成品运送到指定仓库；对机台纱线耗用实时监控，引导智能小车（AGV）及时补充原料。

5.3.3.3 技术路线图

方向	关键技术	发展目标与路径（2026—2050）
针织智能生产技术	车间状态实时监控技术	目标：实现车间状态数据实时监控
		RFID 技术、传感技术实现车间状态实时监控；与 ERP、PCS 实现无缝衔接
		针织设备互联互通，提高标准数据接口
		普遍使用具有标准数据接口智能生产设备，数据在设备之间相互智能传输
	物联网组网技术	目标：实现数据安全、及时、有效传输
		采用 ZIGBEE 技术、WIFI 技术组成无线网络，建立车间无线网络
		采用 WIFI 技术、5G 技术建立车间高速、宽带宽的无线网络、智能物联网
		智能物联网技术
	智能生产管控技术	目标：实现装备、物流和人员的智能调度
		基于大数据挖掘技术、Web 的交互设计技术
		数据分析技术、人工智能技术、深度学习
		智能生产设备具有智能分析、决策、调度等功能，通过智能网络实现装备、物流的智能调度

图 5-9　针织智能生产技术路线图

参考文献

[1] 中国国际纺织机械展览会暨 ITMA 亚洲展览会展品评估报告［M］. 北京：中国纺织出版社，2017.3.

[2] Zhang A，Li X，et al. 3D simulation model of warp-knitted patterned velvet fabric［J］. International Journal of Clothing Science and Technology，2016，28（6）：794-804.

[3] Li X，Zhang A，Ma P，et al. Structural deformation behavior of Jacquardtronic lace based on the mass-spring model［J］. Textile Research Journal，2017，87（10）：1242-1250.

[4] Lu Z，Jiang G. Rapid Simulation of Flat Knitting Loops based on the Yarn Texture and Loop Geometrical

Model [J]. Autex Research Journal，2016.
[5] Jiang G，Lu Z，Cong H，et al. Flat Knitting Loop Deformation Simulation Based on Interlacing Point Model [J]. Autex Research Journal，2016.
[6] 宋广礼. 电脑横机成形产品发展现状及趋势 [J]. 纺织导报，2017（7）：62–65.
[7] 王敏，丛洪莲. 四针床电脑横机全成形技术研究进展 [J]. 纺织导报，2016（9）：96，98–100.
[8] 龙海如. 功能性针织运动面料产品开发 [J]. 纺织导报，2017（3）：31–32，34.
[9] 丛洪莲，范思齐，董智佳. 功能性经编运动面料产品的开发现状与发展趋势 [J]. 纺织导报，2017（5）：83–86.
[10] 宋广礼. 2016中国国际纺织机械展览会暨ITMA亚洲展览会无缝内衣圆机述评 [J]. 针织工业，2016（12）：10–11.
[11] 董智佳，夏风林，丛洪莲. 双针床贾卡经编机全成形技术研究进展 [J]. 纺织导报，2017（7）：58–61.
[12] 沙莎，蒋高明，马丕波，等. 基于改进弹簧 – 质点模型的纬编织物三维模拟 [J]. 纺织学报，2015，36（2）：111–115.
[13] 张爱军，钟君，丛洪莲. 经编 CAD 技术的研究进展与应用现状 [J]. 纺织导报，2016（7）：57–60.
[14] 徐巧，丛洪莲，张爱军，等. 纬编针织物 CAD 设计模型的建立与实现 [J]. 纺织学报，2014，35（3）：136–140+144.
[15] 张永超，丛洪莲，张爱军. 纬编 CAD 技术进展与发展趋势 [J]. 纺织导报，2015（7）：40–43.
[16] 卢致文. 横编针织物 CAD 系统研究与实现 [D]. 无锡：江南大学，2016.
[17] 龙海如. 电脑横机成形技术与产品现状及发展趋势 [J]. 纺织导报，2017（7）：48–52.
[18] 龙海如，吕唐军. 纬编针织智能化技术与系统开发 [J]. 针织工业，2016（9）：17–21.
[19] 李力. 针织纬编新技术及其产品开发 [J]. 纺织导报，2016（5）：67–69.
[20] 缪旭红，蒋高明，李筱一. 纬编针织技术发展及产品创新 [J]. 针织工业，2016（4）：4–7.
[21] 龙海如. 针织圆机技术与产品发展动态 [J]. 针织工业，2016（2）：1–4.
[22] 国际纺织机械设备的最新进展（一）——ITMA2015 技术回顾 [J]. 纺织导报，2016（1）：36.
[23] 万爱兰，缪旭红，丛洪莲，等. 纬编技术发展现状及提花产品进展 [J]. 纺织导报，2015（7）：35–39.
[24] 蒋高明，彭佳佳. 针织成形技术研究进展 [J]. 针织工业，2015（5）：1–5.
[25] 张泽军. 全成型 3D 针织鞋面鞋口编织方法 [J]. 纺织科技进展，2018（6）：4–8.
[26] 蒋高明，彭佳佳. 面向先进制造的针织装备技术及发展趋势 [J]. 纺织导报，2015（2）：43–44+46–47.
[27] 龙海如. 电脑横机成形技术与产品现状及发展趋势 [J]. 纺织导报，2017（7）：48–52.
[28] 陆文沁，王建萍，钟萍，等. 全成形针织服装研发现状与技术难点应对策略 [J]. 针织工业，2018（7）：5–9.
[29] 杨燕宁，孟家光，程燕婷，等. 纬编针织交织复合材料的制备工艺研究 [J]. 纺织科学与工

程学报，2018，35（2）：19-22.
[30] 何旭平，沈春娅，汪松松，等. 针织圆机的互联互通及其实现［J］. 玻璃纤维，2017（5）：34-39.
[31] 胡旭东，沈春娅，彭来湖，等. 针织装备的智能制造及互联互通标准验证［J］. 纺织学报，2017，38（10）：172-176.
[32] 侯曦，周亚勤，袁广超，等. 针织面料生产智能制造通用信息模型标准化研究［J］. 纺织机械，2017（9）：55-57.
[33] 鲍劲松. 大数据驱动的针织生产全流程智能管控方法［A］. 中国科学技术协会、吉林省人民政府. 第十九届中国科协年会——分5“智能制造引领东北工业基地振兴”交流研讨会论文集［C］. 中国科学技术协会、吉林省人民政府：中国科学技术协会学会学术部，2017：3.
[34] 王云燕. 智能服装柔性传感器的结构设计与性能研究［D］. 杭州：浙江理工大学，2017.
[35] Aleksandra Prążyńska，Zbigniew Mikołajczyk. Identification of the Process of Dynamic Stretching of Threads in Warp-Knitting Technology［J］. Autex Research Journal，2017，17（4）.
[36] Qing Chen，Pibo Ma，Haiwen Mao，et al. The Effect of Knitting Parameter and Finishing on Elastic Property of PET/PBT Warp Knitted Fabric［J］. Autex Research Journal，2017，17（4）.
[37] Zhiwen Lu，Gaoming Jiang. Rapid Simulation of Flat Knitting Loops Based On the Yarn Texture and Loop Geometrical Model［J］. Autex Research Journal，2017，17（2）.
[38] Gaoming Jiang，Zhiwen Lu，Honglian Cong，et al. Flat Knitting Loop Deformation Simulation Based on Interlacing Point Model［J］. Autex Research Journal，2017，17（4）.
[39] 董朝阳. 智能调温针织物的制备及性能研究［J］. 上海纺织科技，2018，46（5）：43-45，64.
[40] 朱信忠. C2M针织鞋服大规模柔性云定制平台［J］. 纺织科学研究，2018（7）：47.

撰稿人

蒋高明　丛洪莲　夏风林　缪旭红

第6章　染整工程领域科技发展趋势

印染加工是纺织产业承前启后的关键环节，纺织产品的五彩缤纷以及多功能性和高附加值大多通过染整加工环节来实现，但染整行业存在自动化程度低、能耗和水耗高、环境污染严重等问题。同时，国内外针对生态纺织品的要求也愈来愈严苛。因此，克服生态环保方面的压力和挑战是实现产业转型升级的关键所在。随着科学技术的不断发展和广大染整工作者的共同努力，纺织化学与染整工程领域将朝着生态、环保、高品质的绿色方向发展。纺织类高校、研究机构及企业投入大量资金和技术力量到新技术的研究开发中，在生物技术、绿色制造加工技术、污染物治理及资源综合利用技术、智能化染整装备工程及应用技术、生态纺织化学品开发和零排放技术等方面的理论研究和成果转化都取得了显著的科技进步，必将引领今后纺织印染行业的技术升级。

通过对近年来染整工程领域基础理论研究和科技进步成果的总结，分析各项技术在未来实现产业化应用的可行性和途径，将有利于引导本领域科技人员进行科技攻关，促进染整工程领域的科技发展和转型升级。

6.1　现状分析

6.1.1　发展概况

近年来，印染行业面临着生态环保方面的巨大压力和挑战。《中华人民共和国环境保护法》《纺织染整工业水污染物排放标准》等环保法规相继出台。《印染行业规范条件（2017版）》和《印染企业规范公告管理暂行办法》要求印染企业要采用技术先进、节能环保的设备，主要工艺参数实现在线检测和自动控制；新建或改扩建印染生产线总体水平要达到或接近国际先进水平等。国内外相关生态纺织品法规中对有害物质限制不断升级。为了推动纺织印染行业的可持续发展，《纺织工业发展规划（2016—2020年）》《纺织工业“十三五”科技进步纲要》等对推动纺织印染行业提升创新能力、优化结构、推进绿色制造和智能制造技术的产业化提出了指导意见。

节能减排和清洁生产技术取得突破，并在行业内推广成效显著。生物酶退浆技术、冷轧堆前处理技术、低温漂白技术、棉冷轧堆染色技术、活性染料低盐无盐染色技术、活性染料湿短蒸轧染技术等一批关键技术及设备取得突破并实现产业化应用。天然染料染色印花技术的研究全面展开，技术成果已进入产业化应用，国内多家企业开发推出了天然染料染色纺织品，天然染料加工技术和产品的标准化工作已经展开，生物染色技术、结构生色技术的基础研究十分活跃，这将有利于促进生态纺织品的开发。泡沫染整技术、等离子体技术、激光技术、磁控溅射技术等现代物理加工技术在纺织品后整理加工中的应用得到研究开发，有的已进入产业化应用阶段。超临界 CO_2 染色技术的研究逐步深入，用于涤纶染色进入中试阶段。以自动化、智能化加工技术和数码印花技术为代表的一批印染新技术快速发展。小浴比染色设备得到进一步发展，气流染色机浴比达到 1∶3，汽液组合喷头技术和单管供风技术的发展使耗电量明显下降；蒸汽等清洁能源已经成为很多印染集聚区内定型机的主要热源，废气排放量减少。数码喷墨印花机印花速度大幅度提高，喷印速度普遍超过 150 m^2/h，甚至超过 1000 m^2/h；数码喷墨印花机与大数据、云计算、“互联网 +” 等前沿技术的结合，将服装设计、生产与面料生产对接，改变了传统服装生产的冗长流程，实现了服装个性化定制。精细化管理在一些企业有效推行，越来越多的企业采用工艺参数在线采集与自动控制系统、化学品自动称量和自动输送系统以及数字化、智能化装备。

印染行业的技术进步取得显著成效。“筒子纱数字化自动染色成套技术与装备”获得国家科技进步奖一等奖、“提高数码印花速度和品质的高速数码喷印设备关键技术研发及应用” 获得国家技术发明奖二等奖；“活性染料无盐染色关键技术研发与产业化应用”“超临界 CO_2 流体无水绳状染色关键技术及其装备系统”“纯棉免烫数码喷墨印花面料生产关键技术开发及产业化”“基于通用色浆的九分色宽色域清洁印花关键技术及其产业化”“新型冷漂催化精练剂关键技术研发及应用”“常压等离子体处理在纺织品生态染整加工中的应用及基础研究”“泡沫整理技术的工业化应用研究”“印染企业低废排放和资源综合利用技术研究与应用” 等体现印染清洁生产技术水平的成果获纺织工业联合会科学技术奖。中国印染行业协会公布推广了十一批《中国印染行业节能减排先进技术推荐目录》，有力推动了印染清洁生产技术在行业内的推广。

6.1.2 主要进展

6.1.2.1 前处理技术

纺织品染整加工的前处理过程主要是以去除纺织品上的杂质为主要目的，由于坯布上杂质的种类较多，前处理各工序耗水、耗能以及废水产生量较大。开发高效节能、低耗的短流程前处理清洁生产技术，始终是前处理技术开发的主要方向。近年来研究开发主要集中在棉织物低温练漂技术、生物酶退浆精练技术、冷轧堆前处理技术以及新能源、新设备在印染前处理加工中的应用技术。

（1）生物酶前处理技术

生物酶前处理技术的应用已涵盖了纺织品前处理加工的主要工序，包括退浆、精练、漂白、羊毛炭化、真丝精练和麻纤维脱胶处理等。涉及的酶品种包括纤维素酶、脂肪酶、过氧化氢酶、蛋白酶、果胶酶、漆酶、葡萄糖氧化酶等。最新的技术进展主要在于新的生物酶品种及应用技术的开发以及生物酶与其他技术结合的前处理技术的开发。在生物酶退浆技术的开发方面，主要研究开发方向是如何获得更加高效的、应用范围更宽泛、退浆效果好的淀粉酶，提高酶的退浆效果；用于PVA浆料退浆的PVA降解酶的开发和应用研究已进入实用阶段。棉织物的酶法精练技术的研究进展主要在于新型酶组分的开发以及复合酶组分对精练效果的影响和酶精练工艺条件的优化。

（2）棉织物低温练漂技术

在双氧水漂白液中加入活化剂或催化剂可以在较低温度条件下生成具有更高漂白活性的化合物，可以实现低温漂白。相关的研究工作主要围绕双氧水低温漂白活化剂或催化剂的开发，形成漂白活化体系，从而降低漂白温度和提高漂白效果，避免了高温和浓碱条件漂白。低温活化剂的开发应用主要有酰胺基类漂白活化剂、烷酰基类漂白活化剂、N-酰基内酰胺类漂白活化剂、甜菜碱衍生物漂白活化剂、金属配合物类仿酶催化剂等。国内外已有一些公司推出了相应的产品和工艺技术体系，并投入实际应用。

（3）联合前处理工艺技术

双氧水低温活化漂白技术结合生物酶退浆和精练技术的联合前处理技术成为印染前处理加工技术研究方向。同时，葡萄糖氧化酶等生物酶被研究用于棉织物的漂白，在最佳工艺条件下织物白度接近传统双氧水漂白效果，且强度损伤更少。为开发代替化学漂白技术的生物漂白技术提供了可能，并且有利于开发完全采用生物酶的棉织物前处理工艺技术。

6.1.2.2　染色技术

（1）活性染料染色技术

近年来活性染料染色技术的研究着重在活性染料无盐、低碱染色技术。相关技术主要进展有以下几方面。①纤维素纤维的阳离子化改性技术：通过采用反应性阳离子化合物对纤维素纤维进行阳离子改性，提高纤维与染料的亲和力，实现活性染料无盐染色。相关技术的最新进展主要集中在新型阳离子改性剂的制备以及改性工艺条件的优化。②阳离子型活性染料的开发与应用技术：将传统活性染料的阴离子型的水溶性磺酸基换成水溶性的阳离子基制备，阳离子活性染料可大大提升染料的上染率。研究工作进展主要在于改变引入阳离子基团的种类和引入位置，开发新型阳离子型活性染料，以提升染料的水溶性，提高匀染性，减少阳离子对染色织物色光的影响，提高染色牢度等。③活性染料冷轧堆染色技术：活性染料冷轧堆染色是目前活性染料染色工艺中具有节能减排效果的半连续化轧染方式，推广应用较广泛。相关技术的进展包括浸轧压辊的改进，提高染色的均匀性；染色用碱剂的开发，以降低染料的水解，提高染料的固着率等。④活性染料湿短蒸轧染技术：活性染料湿短蒸连续轧染工艺的进展主要在于专用设备和工艺技术的开发，实现加工过程中温度、湿度的精准控制。国内设备和印染企业在积极开发适合于湿短蒸工艺的设备系统，通过设备的改进和工艺条件的优化，实现了湿短蒸工艺的产业化应用。⑤其他染色技术：一些新的活性染料和染色技术也有研究报道。如采用羟乙基砜硫酸酯重氮盐和吡咯啉酮进行耦合反应合成新型荧光活性分散染料，用于羊毛和尼龙纤维的染色，具有非常优异的耐水洗、耐光和耐汗渍牢度，还具有一定的抑菌性能。

（2）天然染料染色技术

天然染料染色技术被列入“十三五”纺织工业科技攻关及产业化推广项目。天然染料染色印花技术已进入产业化应用阶段，国内多家企业开发推出了天然染料染色纺织品，成立了中国草木染（植物染）联盟，推动草木染技术的进步和产业的健康发展。主要技术进展包括以下几方面。

①丰富用于纺织品染色的天然色素：可用于纺织品染色的天然染料不断扩大，研究报道的植物色素已达数十种，特别是从废弃植物资源如板栗壳、石榴皮、芡实壳、制药残渣等提取的天然染料被用于纺织品染色；此外，天然染料拼色染色印花技术得到开发应用，大大丰富了天然染料染色织物的色谱。②提高天然染料染色织物的牢度：主要研究有采用稀土如氯化镧等金属离子替代有害重金属离子进行媒染，提高生态性；采用天然多羧酸、生物酶处理技术提高天然染料染色纺织品牢度等。③适用于不同纤维的染色工艺开发：除了传统的天然染料对棉麻丝毛等天然纤维的染色技术以外，超声波技术、超临界 CO_2 在天然色素提取和染色中的应用以及天然染料在 PLA 纤维、PHA 等生物质纤维上的染色技术也得到研究。④天然染料染色织物的功能性开发：结合天然提取物具有的抗菌或防紫外线等功能，天然染料染色织物所具有的特殊功能性得到开发利用，以提高染色产品的附加价值。⑤天然染料的鉴别和产品的标准化：天然染料染色织物的鉴别技术和标准化工作已取得较大的进展。已有采用化学显色法、色谱法、荧光光谱法、拉曼光谱法以及近红外光谱法等方法对天然染料进行鉴别，探索并建立了一些天然染料较为完整的鉴别方法。天然染料的团体标准、天然染料染色针织物的行业标准已经着手制定。

（3）生物染色技术

微生物色素的产生方式主要有两种：一种是微生物生长过程中的分泌物；另一种是以培养基中的某一成分作为底物进行转化而形成的色素。相关技术已经被用于染料的生物合成。微生物色素染色的最新研究已获得了一些可用于纺织品染色的菌种和染色条件包括培养过程、发酵条件、染色方法及最佳工艺。

采用漆酶引发底物形成自由基并可发生转移，自由基之间发生聚合反应生成有色聚合物可在纤维或织物上原位生成大分子聚合物达到对纤维染色或改性目的，相关技术也被研究用于纺织品染色。

（4）非水介质染色技术

超临界 CO_2 流体染色设备及染色技术等方面的最新发展趋势是继续改进或开发实用化、工业化装备程度高、成本较低的中小型超临界 CO_2 流体染色装置。我国对超临界 CO_2 流体染色技术的研究也在不断推进，已进入工程化应用技术研发阶段。超临界 CO_2 染色专用染料的开发已进入产业化生产和应用；超临界 CO_2 染色技术的应用研究已扩展到醋酯、锦纶、腈纶以及芳纶、丙纶等新型合成纤维和棉、蚕丝、羊毛等天然纤维纺织品的染色，并取得了较好进展，部分研发技术已达到或接近商业化要求。

浙江理工大学研究了以十甲基环五硅氧烷（D5）作为染色介质的染色技术，包括采用分散染料在常压高温条件下对涤纶进行染色、靛蓝染料的还原以及对棉纤维的染色、活性染料/D5悬浮体系的染色工艺等。此外，活性染料 Pickering 乳液非均相浸渍染色技术、活性染料/液体石蜡体系无盐节水染色技术、活性染料在乙醇/水体系中的染色技术等被研究开发。

（5）新型纤维染色技术

随着国内外新型纤维的开发和应用技术迅猛发展，新型纤维纺织品的染色性能和技术研究也是近年来的研究热点。芳纶、芳砜纶、聚苯硫醚纤维（PPS）、超高分子量聚乙烯（UHMWPE）等新型合成纤维的超分子结构立体规整性好、结晶度高、玻璃化温度高、疏水性强、染色困难。最新的研究主要有：①采用分散染料在添加载体的条件下高温高压染色，载体的选择成为研究的重点；②采用 140 ℃的超高温染色，提升上染量；③原液着色法技术；④在超临界 CO_2 流体中的染色技术；⑤其他染料的染色，如采用阳离子染料对芳纶、芳砜纶进行染色；⑥专用染料的开发，如韩国庆北国立大学研究适用于芳纶、超高分子量聚乙烯染色的专用分散染料。

（6）染色设备的开发

染色设备的开发朝着节能、节水、智能化，实现清洁生产的方向发展。台湾 Acme 公司推出了适用于针织物和机织物的超低浴比染色设备，引入传送带系统，在非常小的张力条件下可使聚酯织物染色浴比达到 1 : 2.5，棉织物染色浴比达到 1 : 3.5；恒天立信公司推出了筒子纱单向外流染色设备可实现 1 : 3 小浴比染色；意大利 Loris Bellini 公司的筒子纱染色机浴比低至 1 : 3.8，并采用染浴循环产生。贝宁格的针织物冷轧堆染色设备适合小批量加工，且运行过程中张力很小，减小了织物的变形。

6.1.2.3 印花技术

（1）数码印花技术

近年来，国家环境立法和环保监管力度的加强，促使印染行业不断寻求更加绿色的生产加工方式，数码印花作为我国重点扶持发展印染清洁生产加工技术，是推动印花产业升级、提升印花产品国际竞争力和附加值、提高企业盈利能力的重要手段。加上数字喷墨印花整套技术能力的不断提升，纺织品数字喷墨印花呈现了显著加速的趋势。据统计，2016 年数码印花产品占比已达 4.36%。纺织品数字喷墨印花技术的发展主要在于数字喷墨印花设备、数码印花墨水、数码印花工艺技术的发展。

1）数码印花设备的发展。目前，数码印花机根据打印方式主要分为两大类：扫描式数码印花机和固定喷头式（Single Pass）数码印花机。《纺织机械行业“十三五”发展指导性意见》中将全幅宽固定式喷头高速数码喷墨印花技术与装备列入“十三五”重点科技攻关项目。

近年来，我国在数码印花设备的自主研发方面也取得巨大的进步。浙江大学、杭州宏华数码科技有限公司等开展了超高速数码喷印设备关键技术的攻关，项目成果获国家技术发明奖二等奖。广东美嘉科技有限公司的“Single-Pass 纺织高速直喷印花”设备配置了 4 ~ 12 通道，分辨率达 400 ~ 800 dpi，印花速度最高达 75 m/min，印花效果远胜一般扫描式喷墨印花机，体现了智能化、高效率、高品质、本土化以及环境友好等优势，使印花企业展现高品质、低能耗、个性化和高速打印的需求，并已实现批量稳定的生产。扫描式数码印花机在使用灵活性方面也进一步得到提高。如广东诚拓印花设备有限公司 T5D10 型椭圆数码印花机以椭圆形印花机为传动平台，不但提高了成衣数码印花速度，而且提升了台板印花的精度和效果，还可以增加静电植绒机和压烫机等其他工艺设备，从而将数码印花与水浆、胶浆、油墨、拔印、发泡、静电植绒等印花工艺相结合。

2）数码印花墨水。纺织品数码印花墨水主要分为分散染料、活性染料、酸性染料和涂料墨水等。随着固定喷头式数码印花技术的发展，分散染料墨水从适用于热转印技术的低温型分散染料墨水朝着适合于固定喷头式数码印花的要求发展，高温型分散染料墨水的研发引起了重视。活性数码印花墨水的发展方向是适应提高印花速度、色彩鲜艳度以及印花织物色牢度等方面的需求。此外，一些新的染料墨水品种还原染料墨水被开发应用，具有色彩艳丽、色牢度良好等优点。

3）喷墨印花工艺技术。通过喷墨印花织物的预处理和喷印工艺技术的研发，解决了一系列产业化关键问题，开发了双面喷墨印花等新技术和新产品。

4）转移印花技术。目前转移印花以分散染料的升华转移印花为主，主要研究方向是提高染料转移率和转印织物的牢度。苏州大学在采用含低黏度羧甲基纤维素钠与纳米 SiO_2 的改性剂对转移印花原纸进行涂层制备升华转移印花用转印纸，开发获得高得色量、高色牢度和低强力损失的分散染料涤纶织物转移印花技术，相关技术已投入产业化生产。

冷转移印花技术的应用近年来有快速的发展。通过转印纸、湿态前处理、印花色浆、转印设备等技术的整体研发，已形成了一些完备的冷转移印花工艺体系。相关冷转移印花技术已运用活性、分散、酸性等墨水在棉、毛、丝等纤维面料进行印花。长胜纺织科技突破了传统冷转移印花中对转移媒介的限制，以卫星式印刷机为整体结构设计，结合纺织品印花专用的光电传感自动套准技术，开发出无纸化的冷转印技术，大幅降低冷转移印花的印制成本。

5）数码印花技术拓展应用。新型数码印花及其辅助设备的开发，已涉及适合不同材料的数码印花技术以及数码功能性整理技术。陕西华拓科技有限责任公司打造的全彩色立体喷墨打印机可以适用于各种材料和复杂形状表面的全彩色喷墨打印需求，可实现服装、鞋帽、箱包等各类产品的个性化印花。数码印花专用预处理和后处理设备也逐渐得到重视。如荷兰 TenCate 等公司合作开发了数码后整理技术，实现了纺织品的防水、抗菌、防虫、自清洁等功能。

（2）常规印花技术

纺织品常规印花技术在近年来也有了很大的进步，主要是在提高印花产品精度和清洁生产的程度方面。如浙江红绿蓝纺织印染有限公司等单位“基于通用色浆的九分色宽色域清洁印花关键技术及其产业化”项目解决了传统筛网印花清晰度低等问题，实现了低成本下高色牢度、自然色彩过渡和宽色域等精美印花效果；浙江富润印染有限公司运用纸张印刷的四分色原理结合雕印工艺技术设计开发了九分色仿数码雕印印花分色软件，以及适合仿数码雕印印花工艺的复合糊料，实现了传统印花机用雕印工艺生产具有数码印花效果的产品。根据印染行业氨氮减排的目标，为了减少印花水洗废水中的氨氮含量，无尿素或低尿素印花加工技术得到开发应用。

6.1.2.4　整理技术

近年来，纺织品整理技术的开发主要围绕生态功能性助剂的开发替代限用有害整理剂、新型功能性整理剂、特种防护整理技术以及生态加工整理技术等方面。

在生态整理剂开发方面，昂高（Archroma）化工公司以有机磷/氮化合物为主无卤素阻燃粉末涂层添加剂；亨斯迈（Huntsman）与杜邦子公司科慕（Chemours）公司采用可再生资源的不含氟的持久防水整理技术；德国鲁道夫（Rudolf）集团公司的采用阳离子超支化树状大分子化合物和聚合物作为无氟仿生生态防水剂。

石墨烯技术在纺织品后整理加工中的应用研究开始活跃，利用石墨烯丰富且独特的力学、热学和光电学性能，通过纺织化学整理技术将石墨烯与传统织物结合，开发具有导电、抗紫外线、阻燃、疏水和抗菌功能性纺织品。光催化自清洁整理技术的研究开发也有一定的进展，主要是光催化纳米粒子的制备、实现纳米粒子与织物结合的整理技术，提高光催化效率和整理的耐久性。

光固化技术在后整理加工中的应用引起了人们的重视。重点在于开发与光固化树脂体系相适应的、与光源相匹配的引发剂或引发体系，特别是高效可见光引发剂 / 体系的开发。如江南大学开发了含光固化拒水整理剂和拒水性织物；德国杜伊斯堡 – 埃森大学开发了光诱导接枝的不可燃聚磷腈衍生物，获得耐久的阻燃整理效果。

6.1.2.5 特种染整技术

（1）泡沫染整技术

泡沫染整加工技术的关键是如何实现将泡沫（染液、整理液）均匀地施加到织物上，消除不均匀性。近年来人们在泡沫发生器和泡沫施加装置的研发方面获得了突破，推动了泡沫染整技术的应用。上海誉辉化工有限公司推出了一种高效泡沫发生器和施加器，可在横向与纵向非常均匀的施加到高速运行的织物上，达到精确给液的目的。上海技楷机电设备有限公司开发了用于泡沫染整的发泡机、高黏度及不稳定乳液涂层专用发泡机、泡沫整理机等系列设备。

在泡沫染色和整理工艺技术和产品开发方面的研究也在不断地深入。如东华大学开发棉织物活性染料泡沫染色新工艺，并采用配伍性良好的活性染料三原色对棉织物进行泡沫染色，建立泡沫染色配色基础数据库，研究泡沫染色配色算法，为泡沫染色技术的推广提供了依据；广东溢达纺织有限公司将泡沫整理技术应用于商务衬衫、运动衫等的拒水、吸湿双面整理以及窗帘的阻燃、遮光或抗静电、遮光等双面整理。

（2）等离子体应用技术

等离子体技术在纺织品加工中的应用已从基础研究向产业化应用发展。如北京国环清华环境工程设计研究院有限公司推出了等离子体 / 生物酶生态染整集成技术，设计了节能型平幅连续式棉针织物生态染整前处理生产线；普思玛（Plasmatreat）等离子体处理设备有限公司开发的等离子体预处理技术可提高纤维和纱线的润湿性，使染料与基材结合牢固，提高色牢度；也可用于纳米涂层，使织物表面获得疏水性和防污性。意大利 Grinp 科学研究实验室开发的常压等离子体设备可用于去除棉织物的杂质、涤纶织物的油脂和污迹，以避免后处理的不均匀。

中国纺织科学研究院江南分院与中科院微电子研究所联合研制的常压介质阻挡放电等离子体改性设备已投入应用，可用于棉布轧染的前处理流程，纺织品处理的有效幅宽为 1.6 m，连续处理的车速达到 30 ~ 60 m/min，可节能减排约 30%。深圳奥普斯等离子体科技有限公司的薄膜 / 织物真空等离子体处理设备适用于薄膜、织物等柔性材料的功能化处理，去除有机物，活化表面，提高亲水、抗静电性能，适用于清洗、活化、黏结等工艺。

（3）超声波应用技术

超声波应用于前处理、染色和后整理的技术方面已有一体化超声波退浆装置被开发应用，可以显著提高织物的退浆率，明显降低蒸汽和水的消耗。超声波染色技术在羊毛低温染色、天然色素染色工艺开发研究较多，可避免高温染色对蛋白质纤维造成损伤和天然染料的分解。超声波提高聚酯纤维的碱减量效果；利用超声波对羊毛纤维进行防缩处理，可以减少药品的用量，降低反应温度。

（4）激光技术应用进展

激光加工技术在纺织品加工中的应用主要包括激光裁剪、烧毛、改性以及防伪等新型技术，是近年来开发的生态加工技术。在牛仔服装加工中已进入实用阶段，相关的研究包括纺织品的组织结构、激光雕刻参数对雕刻效果、织物强力损伤、织物风格的影响，以获得最佳的雕刻效果或提高雕刻的速度。最新的研究成果已扩展到对涤棉织物的雕刻加工。用于服装激光雕刻的设备已有开发使用。如西班牙某公司开发了两种牛仔织物连续激光处理设备，可分别用于对牛仔织物进行全幅处理和牛仔成衣处理。

（5）磁控溅射应用技术

磁控溅射作为一种低温高速溅射技术是新型的纺织品表面改性方法，已成为近年来纺织品后整理技术的热点。研究内容主要是将纺织材料作为基体，选用不同的靶材与环境气体以及靶基距、溅射周期、气体流量、工作气压和溅射功率等溅射工艺条件的优化，在纺织品表面形成 Cu、Ag、Zn、Ni、TiO_2 等金属或无机物薄膜，或聚四氟乙烯、聚酰亚胺等高分子薄膜，从而赋予纺织品抗菌、导电、电磁屏蔽、防紫外线、防水透湿等不同的功能，或改善其染色性能。中国科学院沈阳科学仪器研制中心有限公司等单位已开发一系列实验设备，但工业化设备的开发处于滞后状态。

6.1.2.6　其他技术

（1）印染智能化技术

印染自动化生产成为印染企业升级改造的大势所趋，许多印染企业和设备企业在相关改造中投入大量人力、物力研发，印染设备的智能化技术近年来得到飞速发展。印染智能化一方面提高企业的工艺稳定及生产运行可靠性，提高生产效率和产品品质；

另一方面可以节约水电气的消耗，减少污水的排放，实现绿色生产。

近年来，印染行业智能化发展进步较快。山东康平纳集团等单位通过染色工艺、装备、系统三大创新，研制出适合于筒子纱数字化自动染色的工艺技术、数字化自动染色成套装备及染色生产全流程的中央自动化控制系统，创建了筒子纱数字化自动高效染色生产线，建立起数字化染色车间，在充分保证染色质量稳定性的同时，生产效率大大提高；江苏常州宏大科技集团、杭州开源电脑技术有限公司等单位都开发出智能化控制系统投放市场。徐州荣盛纺织整理有限公司实施的“印染全流程智能化系统建设项目”，全面实现染整全流程的自动化、数字化、信息化和智能化管理。

（2）生态环保及资源回收技术

在印染废水处理技术的研究方面，菌类降解技术、吸附脱色技术、低温等离子体处理技术、磁分离技术、辐射处理技术、超临界水氧化技术等一些新的废水处理技术被研究开发和应用。同时，在印染废水处理技术的工程化应用方面，相关技术更加重视多种处理技术的联合应用、分质分流处理技术、资源的综合利用以及自动化控制技术的应用。江苏苏净集团有限公司采用气浮、膜生物反应器与反渗透组合工艺对印染企业生产废水进行深度处理和回用，通过气浮、膜生物反应器去除有机污染物，利用反渗透系统去除剩余的有机物和盐分。厦门市威士邦膜科技有限公司通过智能和自动化技术，实现污水处理过程的优化运行和精确控制，降低污水厂运行成本并提高污水厂的管理能力。

在废气排放方面，我国现有的《大气污染物综合排放标准》设定了废气排放的标准，各地也出台了更为严格的排放标准。各类废气处理设备及技术的开发引起人们的重视。如江苏保丽洁环境科技股份有限公司研发了定型机油烟净化系统将定型机废气通过雾化加湿、冷凝器冷却、静电场除油、引风机排放等过程实现达标排放。印染行业废水余热回收利用技术主要有利用热泵技术回收染色废水余热、利用板式换热器进行热能转换以及利用新型多级串联热交换器回收废水中的余热等。

6.2 趋势预测（2025年）

近年来，染整工程领域的科技工作者围绕生态、环保、高品质绿色发展开展了一系列科技攻关，取得丰硕的科研成果，并已经进入产业化应用阶段。通过进一步的技术攻关，解决产业化过程中的关键共性问题，就可以在全行业推广应用，提升整个纺织印染行业的技术水平和实现可持续发展。

通过对近年来染整领域新技术和新工艺发展情况的分析和总结，本节列出了针织物全流程平幅染整技术、活性染料湿短蒸轧染技术、天然染料和生物染色印花技术、高速精细数码印花关键技术、低给液染色整理技术、生态功能性整理技术、印染废水高效深度处理回用技术七个方面的发展趋势预测，分析了技术需求、关键技术，给出了发展路线图。

6.2.1　针织物全流程平幅染整技术

6.2.1.1　需求分析

针织物以往的印染加工多以圆筒、绳状形式进行，前处理和染色均在染缸中采用间歇式浸渍加工，造成产品质量重现性低，用水量大，能耗大，易擦伤，磨损和起皱。针织物平幅连续式染整加工技术在节能减排和提高产品质量方面都有无可比拟的优势，可有效节约加工用水、电、汽，减少染化料助剂的使用，实现针织产品印染加工的清洁生产，可提高染色重现性，减少擦伤、折痕等问题，提高织物染色均匀性和表面光洁度。与绳状间歇式印染加工相比，平幅连续染整加工可节水60%、节能50%、减少染化料助剂15%～25%，节约工资成本25%，实现针织产品印染加工的清洁生产。随着近年来印染行业节能减排和环保要求的不断升级以及针织物产量在整个纺织品中的占比不断增加，开发高效节能的针织物染整加工技术并进行推广应用显得十分迫切。

但要实现针织物平幅连续式染整加工还有一些关键技术需要解决。针织物易拉伸、易变形的特点，使针织物难以实现真正的松式加工，这阻碍了针织物连续化染整技术的发展。技术难点主要体现在低张力进出布技术、防卷边技术、均匀给液技术、前处理工艺技术、染色工艺技术等。在整个加工过程中要解决如何控制针织物在连续化加工过程中的松弛程度，使织物不产生伸长或收缩；避免织物产生褶皱、擦伤、起毛起球等病疵，保证获得最佳的布面外观效果；前处理工艺要求把各种杂质及其分解产物完全去除，保证织物的白度和毛效，并防止织物产生过度的损伤；染色过程需要根据工艺要求选择相应的染料和工艺条件，提高染浴的稳定性和染料的固色率，减少染料浪费，并保证整个过程中均匀给液，避免对针织物的挤压，保证染色的均匀性，解决染色布边和中心以及前后的色差问题；提高前处理和染色后的水洗效率，有效提高前处理半制品的质量和染色后织物的色牢度。

6.2.1.2　关键技术

针织物平幅加工首先要解决的共性技术是防卷边、低张力以及均匀施液等制约针织物全流程平幅印染加工产业化的瓶颈。关键是要开发更加适用于针织物平幅连续染整加工的设备体系，提高染整过程的均匀性和加工过程的智能化水平。

（1）针织物平幅染整设备设计和制造技术

目标：开发适合不同纤维针织物和加工工艺的智能化全流程平幅染整加工的成套装备，实现产业化推广。

技术路径 1：进行针织物平幅形变控制及均匀施液基本原理研究，开发针织物低张力打卷系统、低张力平幅均匀输送系统、针织物平幅均匀施液系统、活性染料冷轧堆染色全套装备、针织物平幅汽蒸固色系统、针织物平幅水洗装置等核心装备。

技术路径 2：开发针织物染整加工设备的智能软件支持系统，实现适应各种织物具体要求的精准控制系统，提升自动化控制水平，进一步提升产品质量、节能减排。

（2）针织物连续前处理技术

目标：低损伤、低能耗针织物平幅前处理技术全面推广。

技术路径 1：优化针织物碱－氧煮漂一浴法平幅连续前处理加工工艺，减轻棉纤维在前处理加工中的损伤程度，提升半制品的质量和加工效率。

技术路径 2：研究生物酶精练处理技术、低温漂白技术在针织物平幅连续前处理加工中的应用效果，开发生物酶－低温氧漂联合前处理技术，降低练漂过程中的针织物的损伤，提升加工效率，降低能耗水耗。

（3）针织物平幅染色技术

目标：提高针织物平幅染色的均匀性和染料利用率，全面推广平幅染色技术。

技术路径 1：进一步优化适合不同纤维素纤维针织物活性染料冷轧堆染色工艺条件，提高染料固色率、减少染料浪费；优化水洗工艺，提高染色织物色牢度。

技术路径 2：通过染料选择、工艺参数的优化，开发针织物活性染料平幅轧蒸染色工艺和还原染料平幅染色工艺；研究不同纤维混纺类针织产品的染色技术，扩大可采用针织物平幅染色加工的纤维产品的种类。

（4）针织物平幅整理技术

目标：实现针织物平幅整理加工，开发功能性针织产品。

技术路径 1：根据常规针织产品功能性整理的要求，开发适合针织物平幅整理的不粘辊、低温固化功能性整理剂，优化整理工艺条件，开发针织物平幅整理加工技术。

技术路径 2：适合针织物平幅整理设备的针织物改性和特种整理技术开发。

6.2.1.3　技术路线图

方向	关键技术	发展目标与路径（2021—2025）
针织物全流程平幅染整技术	针织物平幅染整设备设计和制造技术	目标：智能化全流程平幅染整加工的成套装备大规模生产和应用
		防卷边、低张力、均匀施液前处理、染色、整理、水洗各工序单元设备的开发
		智能软件支持系统开发，实现全流程平幅染整加工成套设备的智能化
	针织物连续前处理技术	目标：低损伤、低能耗针织物平幅前处理技术全面推广应用
		优化碱－氧煮漂一浴法平幅连续前处理加工工艺，减轻棉纤维损伤程度
		针织物生物酶－低温氧漂联合前处理技术开发
	针织物平幅染色技术	目标：高固着率针织物平幅染色技术全面推广应用
		针织物高固色率活性染料冷轧堆染色技术开发
		针织物活性染料平幅轧蒸染色工艺和还原染料平幅染色工艺开发
	针织物平幅整理技术	目标：针织物平幅整理加工技术全面推广应用
		适合针织物平幅整理的功能性整理剂及整理技术开发
		适合针织物平幅整理特种改性和整理技术开发

图6-1　针织物全流程平幅染整技术路线图

6.2.2　活性染料湿短蒸轧染技术

6.2.2.1　需求分析

活性染料染色一般在碱性条件下进行，为了消除纤维与染料之间的静电斥力，提高染料利用率，需加入大量的无机盐促染。相关工艺存在染料利用率低、一次成功率低、能耗和水耗高的不足，特别是用盐量大，废水的含盐量高，且无法通过简单的物理、化学及生化方法加以处理。为了减少活性染料的用盐量，人们采用对纤维素纤维进行阳离子改性来提高活性染料的上染率而实现无盐染色。但具有工艺流程长、生产成本高，很难控制产品颜色的均匀性，表面层染料量增加，色牢度等指标降低等不足。活性染料冷轧堆染色技术存在时间长、连续化程度不高的缺点。除冷轧堆染色以外，活性染料轧染工艺主要有：轧－烘－蒸工艺、轧－烘－轧－蒸工艺、轧－烘－焙工艺。这几种工艺浸轧染液后都需要进行中间烘干，以减少织物上染料的水解，提高织物汽蒸或焙烘固色时的升温速率及固色率。存在工艺流程长、能耗高、固色率和色牢度差、环境污染重等问题，不符合清洁生产的要求。

活性染料湿短蒸轧染工艺是在选用适当的染料和固色碱剂制备染液的前提下，织物浸轧染液后立刻进行汽蒸固色。湿短蒸工艺需采用特种蒸箱，使轧染后织物快速升温，织物含水率从轧染时 60%～70% 很快降到 30%～35% 的水平，进行湿态汽蒸，此时的水分含量既可以保证纤维孔道中充满水，有利于染料在孔道中溶解、扩散和对纤维吸附和固着，又可以大大减少染料的水解，提高染料的利用率。湿短蒸连续轧染工艺，在汽蒸固色前无须进行烘干过程，大大节省了能源，染液中无须添加化学助剂，环境友善，降低生产成本，充分体现无盐、少水、短流程染色的节能减排优点。

湿短蒸工艺的温度和湿度控制要求非常严格，织物含水率和热载体相对湿度关系到织物升温速度和升温曲线平台区温度的高低，将直接影响染料的上染率和固着率。因此，为了提高加工过程的稳定性，需要通过自动控制系统进行严格精确地控制，使温度和湿度与染料的上染和固着速度相适应。实现湿短蒸工艺的产业推广应用仍有许多技术需要攻关解决。其中，开发专用的湿短蒸轧染加工设备系统，做到对温度、湿度的精准控制非常关键。

6.2.2.2 关键技术

（1）活性染料湿短蒸加工设备设计与制造技术

目标：智能化湿短蒸专用轧染加工成套设备系统规模化应用。

技术路径 1：通过提高轧染设备的均匀给液效果，提升染色织物的匀染性；提高湿短蒸对温度、湿度的精准控制，实现湿短蒸时温度和湿度、织物的含水率等参数的可控性，实现汽蒸时织物上水分能快速蒸发并维持在合适的水平。

技术路径 2：进一步提高设备的智能化水平，提升染色产品的质量，扩大应用范围。

（2）适用于不同纤维素纤维织物的湿短蒸工艺

目标：不同种类纤维素纤维织物湿短蒸工艺的全面开发应用。

技术路径 1：通过加强湿短蒸染色工艺的基础理论研究，系统研究纤维在汽蒸时的升温速度、湿度变化和溶胀性能，分析染液组成、轧液率、蒸汽温度和湿度、汽蒸固色时间等相关参数对染色效果的影响，优化染色工艺条件，提升染色产品质量。

技术路径 2：研究适合不同种类纤维素纤维织物的湿短蒸染色最佳工艺条件，扩大湿短蒸工艺在不同纤维织物上的应用范围。

（3）适用于湿短蒸工艺的活性染料及助剂开发

目标：湿短蒸工艺最适活性染料及助剂的开发和产业化应用。

技术路径 1：研究不同活性基活性染料对湿短蒸工艺的适应性，提高染料的配伍性、水解稳定性和固色率，扩大适用于湿短蒸工艺的染料品种；研究不同添加剂在湿短蒸染色过程中的作用，开发适用助剂。

技术路径 2：开发新的湿短蒸最适染料 / 助剂工艺体系，提高上染率和产品质量，节能减排。

6.2.2.3　技术路线图

方向	关键技术	发展目标与路径（2021—2025）
活性染料湿短蒸轧染技术	活性染料湿短蒸加工设备设计与制造技术	目标：智能化湿短蒸专用轧染加工成套设备系统规模化应用
		轧染设备的均匀给液，短蒸设备温度、湿度的精准控制
		设备智能化水平的提高
	适用于不同纤维素纤维织物的湿短蒸工艺	目标：不同种类纤维素纤维织物湿短蒸工艺的全面开发应用
		基本原理、工艺参数对染色效果的影响研究，优化染色工艺条件
		适合不同种类纤维素纤维织物的湿短蒸染色最佳工艺条件
	适合于湿短蒸工艺的活性染料及助剂开发	目标：湿短蒸工艺最适活性染料及助剂的开发和产业化应用
		不同活性基活性染料对湿短蒸工艺的适应性研究，添加剂作用机理研究
		开发新的湿短蒸最适染料 / 助剂工艺体系，提高上染率和产品质量

图 6-2　活性染料湿短蒸轧染技术路线图

6.2.3　天然染料和生物染色印花技术

6.2.3.1　需求分析

天然染料主要来源于植物、动物和矿物质，天然染料色泽柔和、自然、庄重优雅，无毒无害，对皮肤无过敏性和致癌性，具有较好的生物可降解性和环境相容性。同时染色织物具有抗菌、保健等优良特性和功能，受到人们的普遍欢迎。随着印染环保压力逐渐增大，无毒、无害、与环境有较好相容性的天然染料越来越受到人们关注。

但目前天然染料染色印花技术还处于研发阶段，产业化加工水平还不高。虽然人们对天然染料的提取和应用进行了广泛的研究，天然染料涉及的原料不断地被扩大，包括植物的花、叶、果、根、茎、皮壳等各个方面。相关研究为天然染料染色提供了更加丰富的色素资源，但需要进一步的筛选。一些植物资源比较稀少，甚至是一些名贵的中药，将造成天然色素价格和天然染料染色产品成本的提高，不适合作为纺织品染色的天然染料使用。

大多数天然染料的分子量较小，对纤维的亲和力较低，耐光稳定性和耐酸碱稳定性较差，采用常规染色方法还不能达到理想的染色牢度，特别是日晒牢度和皂洗牢度。如何提高天然染料染色织物的牢度是开发天然染料染色技术的关键。采用金属离子媒染的方法可以在一定程度上提高天然染料染色织物的牢度，但由于一些金属离子存在生态安全问题，如何实现生态、全面有效地提高天然染料染色织物的牢度，使其达到服用纺织品的要求，还需要技术攻关。如何提高天然染料的上染百分率，减少残余染料对废水处理的压力，降低加工成本也是天然染料产业化过程中需要克服的问题。天然染料印花技术还处于研究阶段，需要进行产业化应用研究，克服天然色素中含胶率高、印透性差、易堵网、产品手感差等问题，提高天然染料印花产品质量。

微生物色素是微生物的一种次级代谢产物，可获得多种颜色用于纺织品染色。常用的微生物染色方法主要有萃取液染色法和菌体染色法两种。微生物色素及染色技术已有一些理论研究，包括菌种的选择、培养条件、萃取方法、染色工艺的优化和染色后织物的性能分析等。但微生物染色技术的应用还存在需要解决的问题，生物安全性将是微生物染料应用的最大障碍，所选择的菌种必须是对人体无致病性，培养过程中不产生毒素，或能够与毒素进行完全地分离；为实现工业化生产，菌种必须适用于液体发酵；此外，微生物染色存在过程烦琐、重演性较差、不能拼色等问题。

氧化还原酶的原位染色和改性技术是一种利用氧化还原酶催化小分子物发生氧化还原反应，作用在纤维或织物上原位生成大分子聚合物，达到对纤维染色或改性目的。相关的研究工作已经展开，如采用酪氨酸酶催化红藤提取物的聚合并应用于蚕丝、羊毛和棉织物染色，可获得橙红色织物，且具有优良的耐摩擦色牢度和耐洗色牢度；将酪氨酸酶和咖啡酸通过先酶催化聚合再吸附到蚕丝、羊毛和锦纶上，可实现织物的染色及亲水、抗紫外、抗氧化、消臭等多功能整理。但相关研究还处于基础研究阶段，没有实现产业化应用。

如何鉴别天然染料染色织物上的天然染料成分，以证明其有别于合成染料，是从事天然染料纺织品染色研究和生产相关人员的关切重点，此问题也影响到人们对天然染料产品的兴趣和接受度，也关系到天然染料染色和产品开发相关产业的健康发展。

6.2.3.2 关键技术

（1）天然染料染色技术

目标：高得色量和重现性棉、麻、丝、毛等天然纤维织物天然染料染色技术规模化应用。

技术路径1：进一步开发适合于纺织品染色的天然色素资源，丰富可用于纺织品染色的天然染料色谱，优化适合于棉、麻、丝、毛等天然纤维织物天然染料染色技术，提高染料上染率；研究不同种类天然色素在同一纤维上染色的配伍性，开发拼色染色技术，提高重现性。

技术路径2：研究天然染料轧染工艺因素，开发天然染料轧染技术，提高天然染料在纤维素纤维织物上的上染率，适应天然染料染色技术大规模推广的需求。

（2）天然染料印花技术

目标：适合于不同天然纤维织物的天然染料印花技术推广应用。

技术路径1：研究金属媒染剂、天然染料与糊料的相容性，筛选天然染料蛋白质纤维织物印花适用印花糊料、吸湿剂及其他助剂，提高色浆的稳定性和得色量，提高印花产品质量；研究天然染料印花织物汽蒸工艺条件，形成蛋白质纤维织物印花成套加工技术。

技术路径2：研究纤维素纤维改性技术和天然染料纤维素纤维织物印花工艺条件，形成纤维素纤维织物印花成套加工技术。

（3）提高天然染料染色牢度生态技术

目标：生态环保天然染料染色印花织物固色技术得到开发应用。

技术路径1：系统研究不同结构天然染料与不同纤维的相互作用，分析导致染色织物牢度差的原因及提高各项牢度的途径和机理；开发提高天然染料牢度的天然固色剂及应用技术。

技术路径2：研究生物酶催化氧化还原对天然染料染色织物牢度的影响，开发提高天然染料染色印花色牢度的生物加工技术。

（4）织物上天然色素的鉴别与表征技术

目标：制定天然染料染色印花织物的鉴定方法标准和质量标准。

技术路径1：分析各类天然色素的结构和特性，开发织物上天然色素的无损萃取技术、结构鉴别和表征技术，制定天然染料染色印花织物的鉴定方法标准和质量标准。

技术路径2：不断优化鉴别技术，完善和修订标准。

（5）微生物合成染料和染色技术

目标：形成微生物染色加工技术。

技术路径 1：系统研究菌种的选择、培养条件和方法对色素含量的影响；萃取方法、浓缩和干燥工艺的优化；微生物色素的染色性能和染色工艺的优化。

技术路径 2：扩大微生物色素的色谱，形成产业化加工技术。

（6）生物酶的原位染色和改性技术

目标：形成生物酶的原位染色和改性产业化加工技术。

技术路径 1：系统研究生物酶催化氧化不同酚类化合物和非酚类化合物的反应机理，酶的种类、酚类化合物结构、不同酚类组合以及反应条件与色素颜色的关系。

技术路径 2：生物酶催化氧化过程对织物功能性的影响，开发原位染色和改性技术。

6.2.3.3 技术路线图

方向	关键技术	发展目标与路径（2021—2025）
天然染料和生物染色印花技术	天然染料染色技术	目标：高得色量和重现性棉、麻、丝、毛等天然纤维织物天然染料染色技术规模化应用
		提高天然染料染色上染率方法，提高拼色染色重现性技术研究
		天然染料轧染技术研究开发
	天然染料印花技术	目标：适合于不同天然纤维织物的天然染料印花技术开发和产业化应用
		工艺参数优化，蛋白质纤维织物印花成套加工技术开发
		纤维素纤维改性技术和纤维素纤维织物印花成套加工技术
	提高天然染料染色牢度生态技术	目标：生态环保天然染料染色印花织物固色技术得到开发应用
		提高天然染料染色各项牢度的途径和机理研究，天然固色剂及应用技术开发
		生物酶处理等提高天然染料染色印花色牢度的生物加工技术开发
	织物上天然色素的鉴别与表征技术	目标：制定天然染料染色印花织物的鉴定方法标准和质量标准
		开发天然色素的无损萃取、结构鉴别和表征技术，指标鉴定方法标准
		优化鉴别技术，完善和修订标准

续图

方向	关键技术	发展目标与路径（2021—2025）
天然染料和生物染色印花技术	微生物合成染料和染色技术	目标：形成微生物染色加工技术
		菌种选择和培养、微生物色素的染色性能分析、染色工艺的优化
		扩大微生物色素的色谱，形成产业化加工技术
	生物酶的原位染色和改性技术	目标：形成生物酶的原位染色和改性产业化加工技术
		生物酶催化氧化酚类和非酚类化合物生色的反应机理，形成色素的影响因素研究
		生物酶催化氧化过程对织物功能性的影响，原位染色和改性技术开发

图 6-3　天然染料和生物染色印花技术路线图

6.2.4　高速精细数码印花关键技术

6.2.4.1　需求分析

纺织品数字喷墨印花技术具有反应迅速、印花精度高、图案表现力强、染化料浪费少的特点，是集绿色制造、柔性制造和智能制造于一体的印花新技术，适应了消费者时尚化、及时化、个性化和高品质的消费升级需求，是当前纺织品印花技术发展的主要方向，已成为我国重点扶持发展印染清洁生产加工技术，对促进纺织印染行业结构调整和技术升级具有重要意义。近年来，随着数字喷墨印花成套技术能力的不断提升，纺织品数字喷墨印花呈现了显著加速的趋势。英国顶尖 B2B 传媒公司预计未来几年全球数码印花市场将以 17% 的年复合增长率继续保持增长态势，到 2019 年，数码印花已占到纺织印花市场的 7%。

喷印装备的发展趋势是高速化，重点开发 one-pass 喷墨印花装备。随着互联网技术和工业 4.0 相关技术的发展，数码印花技术的发展将更加地便捷化、智能化。如将数码印花技术与互联网结合，可以适应更多的个体进行数码印花的定制；数码印花设备的远程监控、故障诊断和维护。数码印花专用预处理和后处理设备也逐渐得到重视，针对针织物数码印花前处理的机型也在研发中，数码喷印技术已开始向后整理技术方面发展，通过喷印技术实现纺织品的防水、抗菌、防虫、自清洁等特种功能。

但实现喷墨印花技术的大规模使用，提升数码印花的速度和降低数码印花的成本十分必要，还必须解决一系列的问题。其中，制约喷墨印花技术发展的关键是墨水、织物预处理技术和喷印装备。喷墨印花墨水方面需重点解决墨水的稳定性、与喷印装备的匹配性以及色彩的饱和度等；织物预处理技术方面需要研究织物表面的渗化控制技术，开发低耗预处理技术等，解决活性染料喷墨印花得色量低、色彩不饱满的问题，解决双面喷印时的相互渗色问题。结合喷印后汽蒸固色工艺，提高喷印织物的得色量和色牢度。

6.2.4.2 关键技术

（1）高精度、高速度喷墨印花成套设备制造技术

目标：实现高精度、高速度喷墨印花成套设备产业化，在纺织印染行业广泛应用。

技术路径 1：加强高速数字喷墨印花装备研发，实现高精度喷头的国产化；进行远程操作的控制系统开发，提升在线控制技术水平。

技术路径 2：适用于各种材料和复杂形状表面的喷墨打印需求的喷墨印花设备的开发；适合喷墨整理技术的设备开发。

（2）喷墨印花墨水的制备技术

目标：开发出高性能喷墨印花墨水，提高数码印花织物的色彩饱和度。

技术路径 1：系统研究墨水处方中各组分之间的协同效应，各组分种类和数量对墨水流变性能、墨水稳定性、喷印流畅性、喷头的堵塞的影响；研究高浓度染料溶液墨滴形态和色彩效果的调控方法、织物结构与喷墨印花图像质量之间的关系以及数字喷墨印花理论体系。

技术路径 2：开发适用于不同纤维材料、不同组织结构纺织品的喷墨印花专用墨水；开发高浓度喷墨印花墨水，提高数码印花织物的色彩饱和度。

（3）织物预处理技术

目标：开发出适合高速喷印要求、不同纤维材料纺织品、生态环保预处理化学品和低耗预处理技术，形成稳定工艺技术。

技术路径 1：系统研究织物表面的渗化控制技术、织物预处理对喷墨印花质量（如色彩鲜艳度、印花精细度、染色牢度等）的影响规律，开发生态环保预处理化学品和低耗预处理技术。

技术路径 2：适合织物双面印花等特殊要求的生态环保预处理化学品和预处理技术的开发。

（4）数码喷墨后整理技术

目标：开发数码印花 / 后整理联合技术，扩大数码技术的应用领域。

技术路径 1：系统研究整理剂组成对流变性能、稳定性、喷印流畅性、喷头的堵塞的影响；研究开发适合于喷印施加方式的功能性整理剂。

技术路径 2：形成适用于数码喷印的功能性整理剂及数码后整理技术。

6.2.4.3　技术路线图

方向	关键技术	发展目标与路径（2021—2025）
高速精细数码印花关键技术	高精度、高速度喷墨印花成套设备制造技术	目标：实现高精度、高速度喷墨印花成套设备的广泛应用
		加强高速数字喷墨印花装备研发，实现高精度喷头的国产化
		各种材料和复杂形状表面的喷墨打印需求的喷墨印花设备的开发
	喷墨印花墨水的制备技术	目标：开发高性能喷墨印花墨水、提高数码印花织物的色彩饱和度
		研究高浓度染料溶液墨滴形态和色彩效果的调控方法以及数字喷墨印花理论体系
		开发适用于不同纤维材料纺织品的高浓度喷墨印花墨水
	织物预处理技术	目标：开发出适合高速喷印要求、稳定的生态环保和低耗预处理工艺技术
		系统研究织物表面的渗化控制技术、织物预处理对喷墨印花质量的影响规律
		开发双面喷印等特殊要求的生态环保预处理化学品和预处理技术
	数码喷墨后整理技术	目标：开发数码印花/后整理联合技术，实现产业化应用
		系统研究整理剂组成对流变性能、稳定性、喷印流畅性的影响
		适用于数码喷印的功能性整理剂及数码后整理技术

图6-4　高速精细数码印花关键技术路线图

6.2.5　低给液染色整理技术

6.2.5.1　需求分析

印染加工是以湿处理加工为主的加工过程，整个过程中纺织品不断经过干、湿交替，高含湿织物的烘干需要耗费大量的热能，织物低给液技术是实现加工过程节能的关键，同时能降低各种助剂的用量，降低加工过程产生的废水量。

泡沫染整是一种低给液、高节能的染整加工方法，采用泡沫染整代替传统染整工艺可有效改善染色过程高污染、高能耗的问题，是实现印染加工节能减排途径之一。

泡沫染整加工技术的关键是如何实现将泡沫（染液、整理液）均匀地施加到织物上，消除不均匀性。近年来人们在泡沫发生器和泡沫施加装置的研发方面获得了突破，在泡沫染色和整理工艺技术方面的研究也在不断地深入，推动了泡沫染整技术的应用，泡沫染色技术、泡沫抗皱整理、泡沫“三防”整理、拒水/吸湿双面整理的技术已有研究报道。但适用于大规模、连续化设备以及稳定的、可广泛推广的泡沫染色新工艺还需要进一步的研究。

除泡沫染整技术外，还有一些低给液方法被开发用于纺织品加工中。如刻纹辊筒给浆方法采用满地刻纹辊给液，可实现给液量为织物重量的15%～30%；采用喷盘式均匀低给液系统将整理液加在高速旋转的喷盘中，在强大的离心力作用下形成水膜，并被盘面上的离心线切割成微米级水雾高速喷射到织物上，形成均匀渗透于织物纤维层的低给液技术。该技术早期主要用于织物拉幅定形或轧光前的给湿，已开始用于后整理加工中。但相关技术在产业化应用中还存在整理剂的适用性、最佳工艺条件等技术问题需要攻关。

6.2.5.2 关键技术

（1）泡沫染色加工技术

目标：开发泡沫染色染料/助剂体系和加工技术，实现产业化应用。

技术路径1：系统研究泡沫染色体系对各类染料的适用性，发泡剂等助剂的优化设计，提高体系稳定性；研究泡沫染色体系中染料的配伍性，形成不同染料泡沫染色配色体系；提高泡沫体系中染料和助剂的溶解度，解决泡沫染色均匀性、染深性等问题，推动产业化应用。

技术路径2：进一步扩大泡沫染色所用染料的种类，优化泡沫染色工艺条件，扩大泡沫染色适用染料和纤维的范围。

（2）泡沫整理加工技术

目标：开发泡沫功能性整理技术，实现产业化应用。

技术路径1：研究泡沫整理体系对各类型功能整理剂的适用性和稳定性，提高泡沫体系中整理剂的溶解度问题，提高整理的效果，开发适合泡沫整理加工体系的系列整理剂。

技术路径2：开发不同功能组合的多功能整理、双面整理技术，建立多功能泡沫整理加工体系，特种泡沫整理产品开发。

（3）泡沫染色整理装备的设计和制造技术

目标：开发产业用高效泡沫染色整理装备体系，实现产业化应用。

技术路径1：进行泡沫稳定系统的研究，开发高效稳定泡沫发生器，提高泡沫染液和整理液的稳定性；开发适合不同组织结构面料、幅宽等要求的泡沫施加设备，扩大泡沫染色整理加工的应用范围，提升设备的自动监控水平。

技术路径 2：解决泡沫染色整理设备与其他加工设备的连续性问题，提高加工效率。

（4）泡沫涂层装备和加工技术

目标：实现泡沫涂层装备和技术的产业化应用。

技术路径 1：研究涂层剂组成对涂层效果的影响，开发适合泡沫施加的涂层剂。

技术路径 2：开发适合不同涂层要求的泡沫涂层剂施加设备，提高均匀性，开发工艺条件。

（5）其他低给液技术

目标：实现喷盘式均匀低给液等低给液技术在纺织品整理中的推广应用。

技术路径 1：进一步研究低给液技术的工作原理，影响给液率、整理效果的因素；适用性整理剂的开发。

技术路径 2：低给液加工设备体系的优化设计，用于不同整理的工艺条件优化。

6.2.5.3　技术路线图

方向	关键技术	发展目标与路径（2021—2025）
低给液染色整理技术	泡沫染色加工技术	目标：开发泡沫染色染料 / 助剂体系和加工技术实现产业化应用
		优化泡沫染色染料 / 助剂体系，提高配伍性、稳定性，提升染色均匀性和染深性
		扩大泡沫染色所用染料的种类，优化泡沫染色工艺条件
	泡沫整理加工技术	目标：开发泡沫功能性整理技术，实现产业化应用
		研究泡沫整理体系对各类型功能整理剂的适用性和稳定性，开发泡沫整理助剂
		开发不同功能组合的多功能泡沫整理、双面整理技术，工艺优化。
	泡沫染色整理装备的设计和制造技术	目标：开发产业用高效泡沫染色整理装备体系实现产业化应用
		进行泡沫稳定系统的研究，提高泡沫染液和整理液的稳定性
		解决泡沫染色整理设备与其他加工设备的连续性问题，提高加工效率

续图

方向	关键技术	发展目标与路径（2021—2025）
低给液染色整理技术	泡沫涂层装备和加工技术	目标：实现泡沫涂层装备和技术的产业化应用 研究涂层剂组成对涂层效果的影响，开发适用涂层剂 开发适合不同涂层要求的泡沫涂层剂施加设备，优化工艺条件
	其他低给液技术	目标：实现喷盘式均匀低给液等低给液技术在纺织品整理中的推广应用 研究低给液技术的工作原理、影响给液率和整理效果的因素；适用性助剂的开发 低给液加工设备体系的优化设计，用于不同整理的工艺条件优化

图 6–5　低给液染色整理技术路线图

6.2.6　生态功能性整理技术

6.2.6.1　需求分析

纺织品功能性整理能够赋予纺织品各种需求的特殊的功能，提升纺织品的使用价值和附加价值。如何提高功能性整理的效果和耐久性、实现纺织品的多功能性一直是印染领域研究的重点。近年来，随着生态纺织品相关法规对有害物质的限制不断升级，国内外针对生态纺织品的要求也愈来愈严苛，欧盟的 REACH 法规、STANDARD 100 by OEKO-TEX 等法规中有害物质数量不断增加、限量值不断下降。我国也出台了 GB 18401–2010《国家纺织产品基本安全技术规范》、GB 31701–2015《婴幼儿及儿童纺织产品安全技术规范》等强制性标准。有害含甲醛抗皱整理剂、含卤阻燃剂、有机氟拒水拒油整理剂等功能性整理剂等被限制使用。近年来，在开发新型生态整理剂及其整理技术替代限用有害整理剂方面做了大量的工作，已开发了一系列生态纺织整理剂，但还不能满足市场的需求。随着人们生活水平的提高，对纺织品的功能性有了新的需求，特别是纺织品在工程、医疗、军事、消防等领域的应用不断扩大，特种防护功能整理纺织品作为服用和产业用纺织品的需求日益增加。印染清洁生产技术的发展需要开发符合节能减排的后整理技术。

同时，一些新的材料制备技术带给了纺织品整理新途径，如石墨烯技术可以利用石墨烯丰富且独特的力学、热学和光电学性能，通过纺织化学整理技术将石墨烯与传统织物结合，开发具有导电、抗紫外线、阻燃、疏水和抗菌功能性纺织品。而如何将新技术更好的使用到纺织品的整理工过程中，还需要深入的研究。

6.2.6.2　关键技术

（1）生态整理剂的开发技术

目标：实现纺织品功能性整理剂的全生态化。

技术路径 1：研究功能性整理的机理、整理剂的构效关系、整理工艺参数的影响因素，开发新型生态阻燃整理剂、无氟防水整理剂、无甲醛整理剂等生态整理剂及整理技术。

技术路径 2：开发和完善功能性整理剂生态性评价技术、有害整理剂的检测技术。

（2）光固化整理技术

目标：开发光固化整理剂、加工设备和工艺技术，实现产业化应用。

技术路径 1：研究光引发反应机理，开发与光固化整理剂体系相适应的、与光源相匹配的引发剂或引发体系，特别是高效可见光引发剂 / 体系的开发，提高功能性整理加工的生态性和整理织物耐久性。

技术路径 2：适合于光固化整理技术的设备和工艺的开发，实现产业化应用。

（3）纳米整理技术

目标：提升纳米整理技术产业化应用的程度。

技术路径 1：充分研究和利用纳米及有机 / 无机杂化技术在纺织品整理加工中的应用，开发纳米抗菌、催化氧化自清洁整理产业化应用技术；研究石墨烯与纤维的结合模式，石墨烯在纺织品后整理中的应用技术，利用石墨烯独特的力学、热学和光电学性能、开发具有导电、抗紫外线、阻燃、疏水和抗菌功能性纺织品。

技术路径 2：解决纳米整理剂的稳定性、相容性等问题，开发适合纳米整理剂的施加技术和设备，形成纳米整理产业化应用技术。

（4）生物功能整理技术

目标：扩大纺织品生物整理技术的产业化应用程度。

技术路径 1：系统研究不同种类天然提取物的功能特性，用于纺织品整理的机理、效果和耐久性，优化整理工艺条件，开发生物提取功能性整理剂及加工技术；开发新型生物酶整理技术，提高整理效果，扩大应用范围。

技术路径 2：产业化应用技术研究，推广应用。

6.2.6.3 技术路线图

方向	关键技术	发展目标与路径（2021—2025）
生态功能性整理技术	生态整理剂的开发技术	目标：实现纺织品功能性整理剂的全生态化
		研究纺织品功能性整理的机理、整理剂的构效关系，开发新型功能性生态整理剂
		开发和完善功能性整理剂生态性评价技术、有害整理剂的检测技术
	光固化整理技术	目标：光固化整理剂、加工设备和工艺技术实现产业化应用
		光固化整理剂体系相适应的、与光源相匹配的引发剂或引发体系开发
		光固化整理技术适用设备和工艺的开发
	纳米整理技术	目标：提升纳米整理技术产业化应用的程度
		开发纳米抗菌、催化氧化自清洁整理等产业化应用技术
		开发适合纳米整理剂的施加技术和设备体系，形成纳米整理产业化应用技术
	生物功能整理技术	目标：扩大纺织品生物整理技术的产业化应用程度
		开发新型生物酶制剂、生物提取功能整理剂及其纺织品加工技术
		规模化生产与产业化应用技术研究

图 6-6　生态功能性整理技术路线图

6.2.7 印染废水高效深度处理回用技术

6.2.7.1 需求分析

印染废水中含有成分复杂而又种类繁多的染料和助剂等，具有浓度高、色度深、不易降解等特点。印染废水排放标准由于国家环保法规的要求不断提高，使得人们不断深入探索印染废水的新型处理技术，如何提高废水处理效果和中水质量、降低处理成本以及提高中水回用的比例成为人们非常关切的课题。在印染废水处理技术的研究方面，一些新的废水处理技术被研究开发，包括菌类降解技术、吸附脱色技术、低温等离子体处理技术、磁分离技术、辐射处理技术、超临界水氧化技术等，相关研究为提高印染废水深度处理提供了技术支撑。在印染废水处理技术的工程化应用方面，相关技术更加重视多种处理技术的联合应用、分质分流处理技术、资源的综合利用以及自动化控制技术的应用。在中水回用方面，目前，合成纤维分散染料染色废水的处理和中水回用技术相对成熟，回用比例较高，但活性染料染色后的含高浓度盐废水的处理和回用技术，需要进一步研究开发。提升印染企业整个废水处理和回用系统的智能化控制水平，检测印染加工各环节的废水参数，实现分质分流处理，及时调整废水处理的运行参数，达到废水处理系统的自动控制，提高废水处理系统的处理效率，通过中水质量与印染用水要求之间的关联，提高中水回用的比例，降低印染废水处理成本。印染废水絮凝后产生的污泥中含有各种染料、浆料、助剂等成分，是印染废水处理的二次产物。目前，印染废水污泥主要通过焚烧与填埋进行处置，可能造成二次污染，具有较大的局限性和不可持续性。如何实现印染污泥的无害化、减量化、稳定化、资源化处理，减少印染废水对环境的最终污染程度，是印染行业实现可持续发展的关键所在。

6.2.7.2　关键技术

（1）高浓度盐活性染料染色废水处理及回用技术

目标：提高高浓度盐活性染料染色废水处理效果和中水回用比例。

技术路径1：研究可重复使用的有机液对含高浓度盐的活性染料染色残浴脱色的处理技术，提高电解质的回收和利用效率。

技术路径2：系统研究和评价中水质量指标对回用后纺织品产品质量的影响，提高中水回用比例。

（2）印染废水处理和回用系统自动控制技术

目标：实现废水处理系统的自动控制和中水质量的自动检测。

技术路径1：建立生产工艺关键参数与印染废水处理工艺参数的对应关系，将生产环节采集的数据信息与末端治理环节的数据信息连接起来，及时调整废水处理的运行参数，达到废水处理系统的自动控制，提高废水处理系统的处理效率。

技术路径2：建立中水质量的自动检测和控制系统与染色工艺控制系统的关联，实现中水的高比例回用。

（3）印染污泥无害化处理和资源化再利用技术

目标：实现干化污泥的无害化处理和资源化利用。

技术路径1：开发太阳能干化处理、深度脱水节能污泥干化、闪爆无害化处理等污泥干化、无害化处理技术和装备。

技术路径2：研究干化污泥的资源化利用途径和技术，包括干化污泥焚烧发电相关技术等。

（4）新型污水处理技术集成开发

目标：形成成套高效废水处理集成技术和装备，提升处理效果。

技术路径 1：进一步研究菌类降解技术、磁分离技术、辐射处理技术、超临界水氧化技术等印染废水处理新技术，进行集成创新，提高处理效果、降低处理成本。

技术路径 2：开发新型污水集成处理系统，大规模应用。

6.2.7.3 技术路线图

方向	关键技术	发展目标与路径（2021—2025）
印染废水高效深度处理回用技术	高浓度盐活性染料染色废水处理及回用技术	目标：提高高浓度盐活性染料染色废水处理效果和中水回用比例
		研究含高浓度盐的活性染料染色残浴脱色的处理技术，提高电解质的回收和利用效率
		评价中水质量指标对回用后纺织品产品质量的影响，提高中水回用比例
	印染废水处理和回用系统自动控制技术	目标：实现废水处理系统的自动控制和中水质量的自动检测
		建立生产工艺参数与废水处理工艺参数的连接，达到废水处理系统的自动控制
		建立中水质量的自动检测和控制系统与染色工艺控制系统的关联
	印染污泥无害化处理和资源化再利用技术	目标：实现干化污泥的无害化处理和资源化利用
		开发太阳能干化、深度脱水干化、闪爆处理等无害化处理技术和装备
		开发污泥的资源化利用途径和技术
	新型污水处理技术集成开发	目标：形成成套高效废水处理集成技术，提升处理效果
		研究菌类降解技术、磁分离技术等废水处理新技术，进行集成创新
		开发新型废水集成处理系统，大规模应用

图 6-7　印染废水高效深度处理回用技术路线图

6.3　趋势预测（2050年）

随着科学技术的发展，特别是通过学科之间的交叉融合，一些高新技术在纺织品染整加工领域的应用研究成为人们研究的热点，包括超临界 CO_2 染色等无水、少水染色技术，超声波、等离子体、激光、磁控溅射、闪爆技术等物理加工技术，自动化、智能化加工和控制技术，仿生加工技术等。这些技术在纺织印染加工中的应用研究将大大推动染整加工的清洁化程度，克服印染行业目前所面临的生态环保问题，实现可持续发展。

本节将归纳总结相关技术的研究成果，对技术的需求、实现产业化应用需要解决的关键技术和实现途径进行分析，并预测实现相关技术在纺织染整加工中应用的发展路线图。

6.3.1　无水、少水染色技术

6.3.1.1　需求分析

纺织印染加工中，小浴比染色设备和染色技术不断开发，但染色用水量和废水排放量还是相当巨大，少水染色技术和设备的开发与应用还是今后一段时间的发展主流。同时，开发非水介质染色技术可以从源头制止染色废水的产生，减少对环境的污染，符合印染清洁生产的主旨。重要的非水介质染色技术包括有机溶剂染色和超临界二氧化碳染色等。

超临界 CO_2 流体是指温度和压力处于 CO_2 临界点以上的一种区别于其气态和液态的流体状态，是一种绿色、环保、生态的流体介质。采用 CO_2 流体染色过程不需添加任何助剂，染色后剩余染料很容易从介质中分离，不排放到环境中，从源头上杜绝了废水的产生。超临界 CO_2 染色技术省去了常规染色中的水洗与烘干过程，缩短了流程，降低了能耗。有关超临界 CO_2 染色研究已经展开，主要包括染料溶解度测试，涤纶纤维染色工艺和染色机理的研究，适用于超临界染色染料的研发。除开发、完善超临界 CO_2 流体中分散染料在聚酯纤维上的应用之外，国内外还在研究开发超临界 CO_2 体系中醋酯、锦纶、腈纶以及传统水浴难染色芳纶、丙纶等新型合成纤维染色技术，近年来的研究也涉及超临界 CO_2 体系中棉、蚕丝、羊毛等天然纤维纺织品的染色技术。由此，超临界 CO_2 流体染色技术已成为一项可商业化生产的绿色环保的染整新技术。但进一步的推广应用，还需要解决一些产业化过程中的关键技术。

除超临界 CO_2 流体染色技术以外，溶剂染色技术也作为无水染色技术被开发应用。以活性染料溶剂染色技术为例，在溶剂介质中进行活性染料染色，使染料分子和纤维表面的羟基不电离，纤维和（或）染料不带电荷，消除两者之间的静电斥力，可以在不加中性盐的条件下实现对纤维的染色，提高染色上染率，避免染料的水解，有效提高染料利用率，减少了染色中碱剂的使用，基本实现染色零排放。但至今，溶剂染色技术还处于研究阶段，实现产业化应用还需解决设备、溶剂回收系统、染色工艺技术等一系列关键技术。

6.3.1.2 关键技术

（1）超临界 CO_2 流体染色成套设备的研制

目标：超临界 CO_2 流体染色成套设备的研制，可大规模产业化推广。

技术路径 1：解决成套装备系统的产业化放大制造技术，大型超临界流体染色釜体及超临界 CO_2 流体中织物与流体之间的相对运动方式，提升染色过程的均匀性。

技术路径 2：研发残余染料和气体分离及高效回收关键技术；染色系统在换色染色时各单元的高效清洗关键技术。

技术路径 3：超临界 CO_2 流体染色成套设备的持续改进，降低设备成本，大规模产业化推广。

（2）超临界 CO_2 流体染色专用染料的研制和产业化

目标：实现适合不同纤维超临界 CO_2 流体染色专用染料的产业化应用。

技术路径 1：系统研究超临界 CO_2 流体中染料结构与合成纤维染色性能（溶解度、亲和力、上染百分率、提升性、匀染性）的关系，开发适用于合成纤维在超临界 CO_2 流体中染色的专用染料和应用工艺，实现产业化生产和应用。

技术路径 2：在合成纤维染色性能研究基础上，系统研究超临界 CO_2 流体中染料结构与天然纤维染色性能（溶解度、亲和力、上染百分率、提升性、匀染性）的关系，开发适用于天然纤维在超临界 CO_2 流体中染色的专用染料和应用工艺，实现产业化生产和应用。

技术路径 3：染料结构的不断优化和完善，扩大产品种类，适应不同需求。

（3）不同纤维织物超临界 CO_2 流体染色技术

目标：实现超临界 CO_2 流体中多种纤维的染色产业化应用。

技术路径 1：系统研究超临界 CO_2 流体中分散染料对不同纤维的染色机理、影响染色效果的因素，研究超临界 CO_2 流体中分散染料对不同纤维染色的提升性和配伍性，研究提高纤维得色量的途径，开发超临界 CO_2 流体中超深浓色染色及拼色技术。

技术路径 2：新型超临界 CO_2 流体染色专用染料的应用性能研究，专用染料染色技术和工艺的开发。

技术路径 3：超临界 CO_2 流体中不同纤维或多组分纤维的染色工艺技术开发。

（4）其他非水介质中染色技术开发

目标：实现新型非水介质染色技术的开发和产业化应用。

技术路径 1：系统研究染料在不同非水介质中的行为，非水介质中染料对纤维的染色机理，非水介质种类对不同染料和纤维染色性能的影响，最佳非水介质的确定，非水介质不同纤维染色最适染料的选择，非水介质中不同纤维染色最优工艺。

技术路径 2：非水介质染色设备体系的开发与制造，解决织物与溶剂之间的相对运动方式，提升染色过程的均匀性；研发残余染料和非水介质分离及高效回收关键技术，实现非水介质的回收再利用的途径；染色系统在换色染色时各单元的高效清洗关键技术等。解决成套装备系统的开发技术。

技术路径 3：优选的非水介质染色技术的产业化推广，解决产业化应用中的关键技术。

6.3.1.3　技术路线图

方向	关键技术	发展目标与路径（2026—2050）
无水、少水染色技术	超临界 CO_2 流体染色成套设备设计和制造	目标：超临界 CO_2 流体染色成套设备的研制，可大规模产业化推广
		解决成套装备系统的产业化放大制造技术，提升染色过程的均匀性
		研发残余染料和气体分离及高效回收关键技术，各单元的高效清洗关键技术
		成套设备的持续改进，降低设备成本，大规模产业化推广
	超临界 CO_2 流体染色专用染料的研制和产业化	目标：不同纤维超临界 CO_2 流体染色专用染料的产业化应用
		研究超临界 CO_2 流体中染料结构与染色性能的关系，开发合纤专用染料和应用工艺
		开发适用于天然纤维在超临界 CO_2 流体中染色的专用染料和应用工艺
		染料结构的不断优化和完善，产品种类的扩大
	不同纤维织物超临界 CO_2 流体染色技术	目标：实现超临界 CO_2 流体中多种纤维的染色产业化应用
		研究超临界 CO_2 流体中不同纤维的染色机理、影响因素、提升性、配伍性和适用性
		新型超临界 CO_2 流体染色专用染料的应用性能、染色技术和工艺的开发
		超临界 CO_2 流体中不同纤维或多组分纤维的染色工艺技术

续图

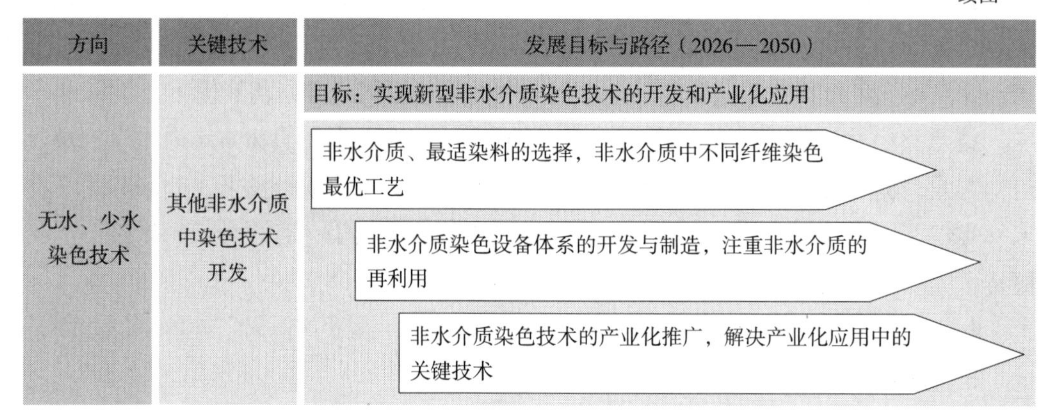

图 6-8　无水、少水染色技术路线图

6.3.2　全流程智能化印染加工技术

6.3.2.1　需求分析

随着工业 4.0 和智能制造理念不断被引入制造业的各个领域，传统的制造业开始转变思想，现代科技在制造业中得到了更加广泛的应用。近年来，印染行业受到人力成本上升、染料价格暴涨、环境保护和节能减排等多重压力，以及缩短交货期、提高产品质量、降低库存成本和提升服务等方面的需求，染整企业逐渐认识到了应用智能化印染技术的重要性。目前，已有较多的染整企业引入自动化、智能化技术，提升企业的生产管理水平。主要有工艺参数在线采集与自动控制，对生产设备的工艺参数进行实时的数据采集，并由自动控制装置按照工艺要求进行在线实时的调整；化学品的自动称量和自动输送，实现印染车间物料及化学品的自动计量和输送，提高劳动生产率；工业机器人以及数字化装备的大量应用。采用印染智能化技术可以大大提高印染企业的工艺稳定性以及生产运行可靠性，提高生产效率和产品品质，同时可以节约水电气的消耗，减少染化料助剂的使用量和印染废水的排放，实现绿色生产。但目前印染智能化技术的应用还很不普及，企业智能化技术的应用面还很小，随着智能技术、互联网技术的发展，染整行业的智能化技术将不断地发展，最终实现无人化生产的目标。

6.3.2.2　关键技术

（1）印染智能化技术和数字化装备开发

目标：实现智能化技术、数字化装备在不同印染加工环节的应用。

技术路径 1：开发适合印染生产各工序和设备的需求自变量和因变量分布区间关联函数的求解方案，原辅料需求量、设备生产效率和人员配备等参数与订单交货期相关联的数学模型并求解优化算法。研究针对不同的印染加工产品和加工工艺数字化虚拟模型，开发适合不同印染设备接口与协议标准以及印染生产计划自动排产系统。

技术路径 2：研究适合不同印染加工产品的质量和性能快速检测方法，印染各工序的工作液浓度在线精确监测及控制技术；开发生产过程工艺参数实时快速在线监测及反馈控制系统、染化料助剂精准自动配制与输送系统。

技术路径 3：最新智能化技术的引入，智能化技术、工业机器人以及数字化装备在不同印染加工环节的应用推广。

（2）印染全流程无人化生产系统的建立

目标：印染全流程无人化生产系统的建立和推广应用。

技术路径 1：整合测色配色和功能性测试、优化染色和整理工艺、配方管理、原料检测统计相关技术，形成智能化色彩和功能性效果、染液或整理液配方及工艺管理系统，实现快捷准确计算配方，智能科学地优化工艺，系统全面地管理数据。

技术路径 2：进行纺织印染企业工业化和信息化深度融合，结合互联网、物联网、云计算、大数据等科技前沿手段，开发染整全流程的自动化、数字化、信息化和智能化管理系统。

技术路径 3：最新智能化技术的引入、技术更新，实现全产业的推广应用。

6.3.2.3　技术路线图

方向	关键技术	发展目标与路径（2026—2050）
全流程智能化印染加工技术	印染智能化技术和数字化装备开发	目标：实现智能化技术、数字化装备在不同印染加工环节的应用
		智能化技术应用基础研究
		在线精确监测、反馈控制系统、染化料助剂精准自动配制与输送系统开发
		最新智能化技术的引入，智能化技术以及数字化装备的应用推广
	印染全流程无人化生产系统的建立	目标：印染全流程无人化生产系统的建立和推广应用
		智能化色彩和功能性效果、染液或整理液配方及工艺管理系统建立
		引入互联网、物联网、云计算、大数据等前沿手段，开发染整全流程的自动化系统
		最新智能化技术的引入、技术更新，实现全产业的推广应用

图 6-9　全流程智能化印染加工技术路线图

6.3.3 现代物理加工技术的应用

6.3.3.1 需求分析

随着现代物理技术研究水平的不断提高，等离子体技术、超声波技术、激光加工技术、磁控溅射技术等现代加工技术在纺织品印染加工中的应用也被不断地开发。采用现代物理加工技术，可以显著提高纺织印染加工环节的加工效率、实现节能减排。

等离子体是继固、液、气三态后被列为第四态的物质，由正离子、负离子、电子和中性粒子等组成。由专门设备产生的低温等离子体能根据不同的需求对材料表面进行精细清洗、活化、刻蚀、接枝聚合等表面处理加工，是一种只需气体和电能就能解决材料表面处理问题的环保节能新技术。纺织品中纤维具有巨大的表面积，很多性能与纤维的表面特性有关，而等离子体技术可以改变纤维的表面特性，其应用优势逐渐被染整工作者所认识，并已有一定的应用研究。印染前处理过程中等离子体处理能改善织物的退浆、精练等前处理效率；后整理方面，等离子体可以促进整理剂与纤维的化学反应，提高整理效果和耐久性。超声波具有方向性好、穿透能力强、声能集中、在液体中传播距离远、能量损失较小等优点。利用超声波的机械效应、热效应和空化效应产生的高效净洗、分散、乳化及扩散等功能，能够大大提高纺织品湿处理加工的效率，缩短纺织品印染加工的时间，降低能源消耗，节约用水，减少纺织化学品的用量和污水排放量。应用激光技术和计算机辅助设计技术对纺织面料进行艺术雕刻处理，在同一色泽的面料上雕刻出深浅不一、具有层次感的图案，可以代替化学处理技术而实现低污染化。磁控溅射技术可以在纺织材料上通过溅射技术将纳米级材料以薄膜、粉末或原子状态与基体进行黏合，使纺织品具有抗菌、导电、电磁屏蔽、防紫外线、防水透湿等不同的功能，同时纺织材料还不失耐磨性、透气性等织物的原有特点。闪爆技术在麻类纤维的脱胶处理方面已有一定的研究，闪爆预处理是将物料暴露在较高温度和压力的水蒸气环境中，保压一定时间后快速卸压，实现植物纤维原料各组分的分离。基本原理是植物纤维原料在水蒸气高温高压作用下，会使纤维素的聚合度降低，结晶度升高，并使得木质素软化，从而降低了木质素对纤维状纤维素的束缚，在瞬时泄压时，植物纤维内部各间隙中的水蒸气向外膨胀，冲破软化木质素的束缚，将纤维状纤维素彼此分离开来。该技术可以大大降低植物纤维脱胶的难度，减少脱胶过程的用水量。

现代物理加工技术应用于纺织品表面的改性和功能化，为纺织品功能性整理提供了新的途径。更为重要的是可以大大减少纺织品功能性整理过程中化学品的使用量和废水的排放量，解决传统功能整理对环境污染和对人体造成的伤害。但相关技术还处于研究或小规模的试验阶段，没有在纺织品染整领域大范围推广应用。因而这些新技术在纺织品加工中的应用和产业化，需要进行系统、深入地研究。

6.3.3.2 关键技术

（1）等离子体应用技术

目标：实现等离子体技术在纺织品前处理和后整理加工中的广泛应用。

技术路径 1：研究等离子体处理条件对不同种类生物酶前处理效果的影响，优化处理条件，形成等离子体 / 生物酶 / 低温漂白生态前处理集成技术和前处理生产线，提升处理效果；研究等离子体引发各种化学反应（表面产生自由基、官能团、交联、接枝、刻蚀、聚合）的机理，探究载气种类、处理条件等对引发反应效率的影响，开发适合于等离子体引发反应的新型功能性整理剂，扩大等离子体技术在后整理加工中的应用，提高应用效果。

技术路径 2：通过改进放电结构、电源参数的匹配和优化，提高等离子体能量密度和处理效率，设计制造适用于纺织品间歇式处理的真空等离子体加工设备，开发等离子体联合处理加工技术；通过改进放电结构、电源参数的匹配和优化，解决大气放电存在的温度高、易产生臭氧、均匀性差、易损伤材料等问题，并通过合理的结构设计，拓宽其工艺选择，开发大气等离子体纺织加工适用设备和制造技术。

技术路径 3：提高等离子体设备与印染加工其他整理设备的衔接，解决连续式加工的可行性问题。

（2）超声波应用技术

目标：实现超声波应用技术在湿处理加工中的广泛应用。

技术路径 1：研究超声波技术在纺织品不同加工工序中的应用机理和工艺，扩大超声波技术在纺织品湿处理加工中的应用范围。

技术路径 2：开发适合于不同形式纺织品加工的超声波应用设备，解决制造技术难题。

技术路径 3：设备和技术的进一步完善和提升，产业化推广应用。

（3）激光应用技术

目标：实现激光应用技术在纺织品后整理中的广泛应用。

技术路径 1：进一步研究激光技术在不同纤维成分纺织品改性和雕刻加工中应用机理，扩大激光技术在不同纤维纺织品中的应用，研究激光技术和计算机辅助设计技术的结合，提高加工过程的可控性。

技术路径 2：开发适合于不同形式纺织品加工的激光处理设备，提高处理过程的连续化水平。

技术路径 3：设备和技术的进一步完善和提升，产业化推广应用。

（4）磁控溅射应用技术

目标：实现磁控溅射应用技术在纺织品后整理中的产业化应用。

技术路径 1：研究磁控溅射处理时靶材、环境气体、靶基距、溅射周期、气体流量、工作气压和溅射功率等溅射工艺条件与功能性整理效果的关系，功能性分子在纺织品表面的结构设计及其与纤维本体的相互作用机理，复合功能纤维制品生态加工中的界面结合、品质控制、功能材料循环利用。

技术路径 2：适合于纺织品整理的连续式溅射设备的优化设计，解决设备的张力控制、温度控制、在线监测、整理效果均匀性、整理过程连续化等关键技术，实现规模化应用。

技术路径 3：设备和技术的进一步完善和提升，解决产业化应用中产生的关键技术问题，实现规模化应用。

（5）闪爆应用技术

目标：实现闪爆技术在天然植物纤维脱胶中的产业化应用。

技术路径 1：研究高温闪爆技术的应用机理，讨论高温闪爆处理条件对各类麻皮中各组分分离效果的性能影响以及对最终麻纤维物理机械性能、染色性能、服用性能等的影响。

技术路径 2：高温闪爆脱胶技术成套设备的开发，实现均匀脱胶、对纤维的低损伤，通过脱胶率和纤维性能的测试分析，开发针对亚麻、苎麻、汉麻等不同麻皮的脱胶技术。

技术路径 3：高温闪爆脱胶技术在菠萝纤维、香蕉叶纤维、桑皮纤维脱胶中应用技术的开发，实现产业化应用。

6.3.3.3 技术路线图

方向	关键技术	发展目标与路径（2026—2050）
现代物理加工技术的应用	等离子体应用技术	目标：实现等离子体技术在纺织品前处理和后整理加工中的广泛应用
		系统研究在纺织品加工中的应用机理和影响因素，扩大应用范围
		合理设计结构，拓宽其工艺选择，开发大气等离子体适用设备和制造技术
		实现等离子体设备与印染加工其他设备的衔接，解决连续式加工的问题

续图

方向	关键技术	发展目标与路径（2026—2050）
现代物理加工技术的应用	超声波应用技术	目标：实现超声波应用技术在湿处理加工中的广泛应用 研究超声波技术在纺织品不同加工工序中的应用机理和工艺，扩大应用范围 开发适合于不同形式纺织品加工的超声波应用设备 设备和技术的进一步完善和提升，产业化推广应用
	激光应用技术	目标：实现激光应用技术在纺织品后整理中的广泛应用 研究激光技术在不同纤维成分纺织品改性和雕刻加工中的应用机理，扩大应用范围 开发适合于不同形式纺织品加工的激光处理设备，提高处理过程的连续化水平 设备和技术的进一步完善和提升，产业化推广应用
	磁控溅射应用技术	目标：实现磁控溅射应用技术在纺织品后整理中的产业化应用 研究溅射工艺条件与功能性整理效果的关系 适合于纺织品整理的连续式溅射设备的优化设计和制造技术 解决产业化应用中产生的关键技术问题，实现规模化应用
	闪爆应用技术	目标：实现闪爆技术在天然植物纤维脱胶中的产业化应用 研究高温闪爆技术的应用机理，麻纤维分离效果、最终性能的影响因素 开发针对亚麻、苎麻、汉麻等的高温闪爆脱胶技术成套设备和脱胶技术 高温闪爆脱胶技术在菠萝纤维、香蕉叶纤维、桑皮纤维脱胶中应用技术

图 6-10　现代物理加工技术的应用技术路线图

6.3.4 纺织品仿生加工技术

6.3.4.1 需求分析

自然界的生物体为适应环境的需要，形成特殊的结构，并表现出特殊的功能和智能。若能对纺织品进行仿生设计，纺织品也会显现出相似功能。在纺织品功能性仿生技术方面，仿荷叶界面特性的拒水拒油整理技术已有较多的研究。荷叶表面的蜡质和微米、纳米级结构造成的粗糙实现了荷叶的超疏水表面，通过对荷叶组织结构的仿生，利用人工整理技术让纤维或织物表面形成结合了纳米和微米特点的表面结构，如在纤维表面喷涂纳米粒子，即可实现纤维表面的自清洁和疏水性能。

人们在研究自然界中如蝴蝶翅膀、孔雀羽毛等许多物质产生颜色的机理时，发现其颜色是由特殊的物理结构产生，即结构生色。结构生色现象是光与可见光波长尺度的微纳结构相互作用而产生颜色。这些结构色来自其微纳结构，不需要化学染料的参与，并且只要保持结构完整就能实现永不褪色。相关技术在纺织品着色中的应用对于纺织品印染加工技术的升级具有十分重要的意义。

近年来，结构生色技术在纺织纤维和面料上的应用研究十分活跃，人们研究的重点在于结构生色的机理，如何在纤维表面或织物表面获得可产生结构色的微纳结构，结构生色处理对纺织品其他性能的影响，方法的优缺点和可行性。目前获得结构生色的方法已有较多的报道。微加工法是采用机械或物理的手段处理表面获得具有特殊物理化学性能的微米或纳米级的微观材料。该方法根据基体与空气折射率的不同形成光子晶体进而产生结构色，离子刻蚀、热转移压印、磁控溅射技术均被用于在材料表面产生特殊结构。多层膜组装法根据多层膜相互干涉原理，严格控制聚合物的折射率和各层厚度，开发结构色材料，可以采用表面涂层技术在织物表面涂覆复合胶体微球产生所需的结构。胶体晶体组装法是在溶剂中单分散微球在外力作用下组装成有序结构产生结构色，分为自然沉降法和人工组装法。最新的研究采用空气雾化器将胶体微球分散液在材料上均匀地雾化沉积非晶光子晶体结构色涂层形成均匀的非晶结构，产生无角度依赖的结构色，通过选择不同尺寸的微球，可以得到覆盖可见光范围的各种不同颜色，这将有利于批量化生产。

近年来，纺织品仿生研究引起了人们的重视，我国的仿生研究也已开展，但实现产业化应用还存在着不少亟待解决的关键技术，在实际应用上还处于相对滞后的状态。

6.3.4.2 关键技术

（1）微加工法产生结构色技术

目标：实现微加工法产生结构色技术的产业化应用。

技术路径 1：系统研究离子刻蚀、热转移压印等产生结构色的加工方式和加工条件对结构生色效果的影响。

技术路径 2：研究纤维材料、组织结构的适用性，结构生色技术产业化应用中工艺技术。

技术路径 3：离子刻蚀技术、热转移压印技术产业化应用的设备设计与制造技术。工艺条件的优化和产业化推广。

（2）多层膜组装法产生结构色技术

目标：实现多层组装法产生结构色技术的产业化应用。

技术路径 1：研究自组装材料与织物结构色生色效果之间的关系，进行自组装材料的选择和制备方法研究。

技术路径 2：针对纺织品表面实现结构生色的效果和批量生产的需求，进行自组装薄膜制备方法的优化和选择，不同加工方法实现工程化应用的可行性评价。

技术路径 3：工程化应用设备的设计和开发，提高加工效率的途径。

（3）功能性仿生加工技术

目标：实现功能性仿生加工技术在纺织品加工中的产业化应用。

技术路径 1：生物体特殊结构与其特殊功能之间的关系研究；纺织品形成类似生物体特殊结构的途径和机理研究。

技术路径 2：生物体特殊结构仿造技术研究，实现纺织品防寒隔热、防晒、防水、吸湿导热、变色等功能性的仿生技术开发。

技术路径 3：工程化应用设备的设计和开发，产业化应用。

6.3.4.3　技术路线图

方向	关键技术	发展目标与路径（2026—2050）
纺织品仿生加工技术	微加工法产生结构色技术	目标：实现微加工法产生结构色技术的产业化应用
		系统研究离子刻蚀、热转移压印等产生结构色技术的影响因素
		研究纤维材料、组织结构的适用性，结构生色技术产业化应用中工艺技术
		离子刻蚀技术、热转移压印技术产业化应用的设备设计与制造技术

续图

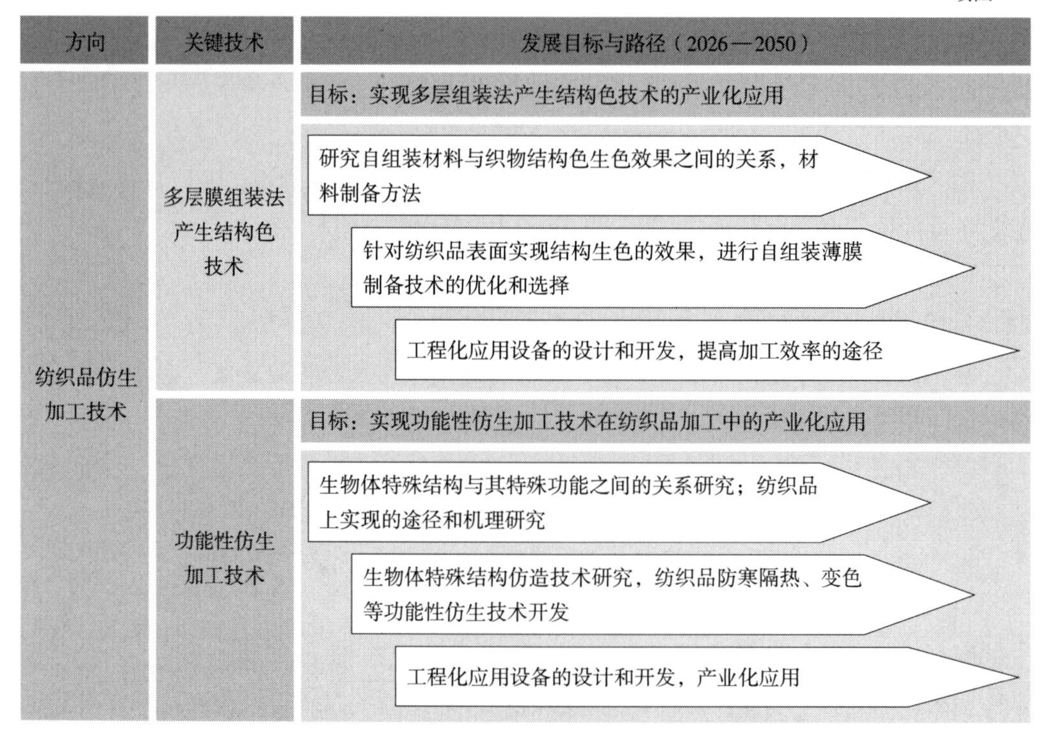

图 6-11　纺织品仿生加工技术路线图

参考文献

[1] 向中林，韩雪梅，刘增祥，等. 棉织物低温酶氧一浴前处理工艺［J］. 纺织学报，2017，38（5）：80-85.

[2] 赵文杰，张晓云，韩莹莹，等. 棉针织物平幅半连续冷轧堆前处理和染色工艺［J］. 染整技术，2016，38（1）：17-21.

[3] 张静静，陈文华，许长海. 烷基链效应对漂白活化剂低温漂白性能的影响［J］. 染料与染色，2017，54（2）：34-38.

[4] 郭世良，周律，白昱，等. 棉针织物等离子体、生物酶集成平幅连续练漂［J］. 针织工业，2015（5）：34-38.

[5] Lais Graziela de Melo da Silva，et al. Study and application of an enzymatic pool in bioscouring of cotton knit fabric［J］. The Canadian Journal of Chemical Engineering，2017（9999）：1-8.

[6] 房宽峻，刘曰兴，舒大武，等. 活性染料电中性无盐染色理论与应用［J］. 染整技术，2017，39（12）：50-54.

[7] 韩莹莹，孙丽静，钟毅，等. 活性染料 Pickering 乳液非均相浸渍染色［J］. 纺织学报，2017，38（11）：79-83.

[8] 朱振旭，周岚，黄益，等. 棉织物的活性染料 / 液体石蜡体系无盐节水染色［J］. 染整技术，

2017，39（3）：52-57.

[9] 张晓云，冒晓东，赵文杰，等. 活性染料三原色泡沫染色配色体系［J］. 东华大学学报，2016，42（6）：841-850.

[10] 王祥荣. 天然染料染色印花加工中存在的问题及研究进展［J］. 纺织导报，2017（4）：32-34.

[11] Kuchekar Mohini，Landge Tejashreeand Navghare Vijay. Dataset on analysis of dyeing property of natural dye from Thespesia populnea bark on different fabrics［J］. Data in Brief，2018（16）：401-410.

[12] 袁萌莉，王强，范雪荣，等. 羊毛织物的漆酶催化没食子酸原位染色与改性［J］. 印染，2016，42（22）：8-12.

[13] 郑环达，胥维昌，赵强，等. 涤纶筒纱超临界二氧化碳流体染色工程化装备与工艺［J］. 纺织学报，2017，38（8）：86-90.

[14] 章燕琴. 超临界 CO_2 专用蒽醌型活性分散染料的合成及结构表征［D］. 苏州：苏州大学，2017.

[15] 李栋，李鑫，刘今强，等. 棉纤维的靛蓝染料 /D5 体系染色［J］. 印染，2016，42（4）：9-13.

[16] 任二辉，兰建武，肖红艳. 聚苯硫醚纤维的苯甲酸苄酯染色性能［J］. 印染，2015（24）：15-18.

[17] 宋富佳. 全球数码喷墨印花市场及技术现状与发展趋势［J］. 纺织导报，2017（11）：38-47.

[18] 朱士凤，曲丽君，田明伟，等. 涤纶织物的氧化石墨烯功能整理及其防熔滴性能［J］. 纺织学报，2017，38（2）：141-145.

[19] 葛方青，宋伟华，凡力华，等. 棉织物石墨烯涂层及其导电性能研究［J］，印染助剂，2018，35（1）：46-49.

[20] Thomas Mayer-Gal，Dierk Knittel，Jochen S. Gutmann，et al. Permanent flame retardant finishing of textiles by allyl-functionalized polyphosphazenes［J］. Applied Materials Interfaces，2015，7（18）：9349-9363.

[21] 朱和林，来东奇. 印染废水处理及回用工程实例［J］. 印染，2016（21）：31-33.

[22] 刘宇，汤斌，李松，等. *Trametes* sp. LS-10C 产漆酶发酵培养基优化及其漆酶对偶氮染料的脱色性能［J］. 环境科学学报，2017，37（1）：193-200.

[23] 刘琳，侯玉磊，范伟. 筒子纱数字化自动染色成套技术与装备研究［J］. 针织工业，2015（2）：37-41.

[24] 张严，李永强，邵建中，等. 氩等离子体接枝聚合棉织物的疏水改性［J］. 纺织学报，2016，37（7）：99-103.

[25] 李强林，黄方千，杨东洁，等. 冷等离子体接枝聚合阻燃改性纺织品研究进展［J］. 成都纺织高等专科学校学报，2015，32（4）：12-16，22.

[26] Ahmed El-Shafei，Hany Helmy，Amsarani Ramamoorthy，et al. Nanolayer atmospheric pressure plasma graft polymerization of durable repellent finishes on cotton［J］. Journal of Coatings Technology and Research，2015，12（4）：681-691.

[27] Melek Gul Dincmen，Peter J. Hauser，Nevin Cigdem Gursoy. Plasma induced graft polymerization

of three hydrophilic monomers on nylon 6，6 fabrics for enhancing antistatic property [J]. Plasma Chemistry and Plasma Processing，2016，36 (5)：1377-1391.

[28] 黄美林，鲁圣国，杜文琴，等. 磁控溅射法制备柔性纺织面料基纳米薄膜的研究与进展 [J]. 真空科学与技术学报，2017，37 (12)：1194-1200.

[29] 周岚，陈洋，吴玉江，等. SiO_2 胶体微球在蚕丝织物上的重力沉降自组装条件研究 [J]. 蚕业科学，2016，42 (3)：494-499.

[30] 袁小红. 基于表面沉积技术的多功能结构生色纺织品的研究 [D]. 无锡：江南大学，2017.

撰稿人

王祥荣　侯学妮　毛志平　范雪荣

第7章　非织造材料与工程领域科技发展趋势

非织造技术是源于纺织、化纤、造纸，但又超越纺织、化纤、造纸的一门新型加工技术。近年来，在持续增长的需求推动下，非织造行业成为全球纺织业中成长最为迅速、受关注最为密切、创新最为活跃的领域之一，而非织造材料已成为现代社会、经济发展不可或缺的重要新型材料。尽管非织造材料产业在我国的发展历史不长，但发展速度惊人，甚至可以说经历了爆发性增长。目前，我国非织造材料产量居于全球首位，且现已占全球产量的40%以上，已经成为全球最大的非织造材料生产国、消费国和贸易国。在列入《纺织机械行业“十三五”发展指导性意见》的59项“重点科技攻关项目”中，非织造机械项目就占有5项。

目前，非织造材料及产品中，纺粘法和熔喷法非织造材料占43%，干法非织造材料占42%。2017年中国全行业纺丝成网非织造材料总产能力达到了419.5万t/a，比2016年增长了5.35%；总的实际产量达到了287万t/a，比2016年增长了5.67%。非织造行业投资出现“井喷”，热度依然不减。从全球范围来看，非织造材料工业已经走向成熟，市场的需求不再是数量上的满足，而是对技术、工艺和设备提出了更高要求。

7.1　非织造材料与工程领域现状分析

7.1.1　发展概况

纺粘技术（主要包括聚烯烃和聚酯成网技术），水刺技术（干法成网和湿法成网加固技术）和纺熔技术（纺粘与熔喷复合技术即SMS）是非织造技术领域中发展最快，智能化程度最高的工艺技术。其中，聚烯烃原料所占纺粘法非织造产品的市场份额在80%左右，双组分纺粘新材料将继续以高于平均增长率的速度增长。截至2017年年底，中国纺粘法非织造材料实际总产量281万t，其中聚烯烃纺粘法非织造材料实际产量194.9万t，占纺粘材料总量的69.19%；聚酯纺粘法非织造材料实际产量为30.6万t，占纺粘材料总量的10.87%；在线复合SMS纺粘法非织造材料实际产量为

56.2 万 t，占纺粘材料总量的 19.94%。2017 年以涤纶粘胶原料为主的（包括湿法水刺）水刺非织造材料产能 84.2 万 t 规模，产量 66.5 万 t 左右。纯棉水刺非织造材料总产能达到 6.8 万~ 7.5 万 t/a，纯棉水刺非织造材料产量为 4.2 万 t 左右。总产量为 70.7 万 t 左右。

非织造材料是产业用纺织品的最大类品种，产量在我国产业用纺织品行业中占比已达到 50% 以上。由于具有特殊的功能与结构和高效的生产技术，非织造材料的性价比非常优越，应用范围极其广泛。“十三五”是我国建成纺织强国的关键时期，是产业用纺织品行业应用快速拓展和向中高端升级的关键阶段；在此期间，随着绿色环保意识逐步提升、医卫健康养老产业迅速发展、新兴产业不断壮大和“一带一路”倡议稳步推进，产业用纺织品行业尤其是非织造材料行业仍将继续保持较高的增长速度。尽管我国已具备完整的非织造材料产业链，中等规模以上非织造材料企业近千家，但我国非织造材料行业仍面临技术创新能力不足，高端产品开发应用进展缓慢，产品同质化情况严重和有国际影响力的企业少等问题，尤其在高端产品和高端装备、全球材料布局和跨国经营能力与国际先进水平相比仍有较大差距。

从全球范围来看，非织造技术和工业已经走向成熟，市场的需求不再是数量上的满足，而是对技术、工艺和设备提出了更高要求。非织造行业装备产品智能化、装备制造智能化和产品智能多功能化技术研发，将提高生产效率和产品质量，降低人工劳动强度。未来，非织造行业发展应以创新为动力，质量为基础，市场需求为导向，加强质量标准建设，培育行业知名品牌；推进结构调整，提高企业竞争力；加强产需衔接，构建新型智能产业供应链；推进绿色制造，发展循环经济；注重科技进步和多学科交叉融合发展，充分把握内需市场增长和消费升级两大发展机遇，加速推进我国非织造行业实现质的飞跃。

本章旨在概述近年来非织造行业的新原料、新技术、新装备、新产品等方面的发展现状，结合国内外最新研究成果和发展趋势，对未来非织造行业的发展提出了新的发展方向和趋势。

7.1.2 主要进展

7.1.2.1 专用原料的进展

从我国发展趋势及各国所呈现的知识产权成果来看，非织造专用新原料重点集中在新型化纤的开发、天然纤维的升级利用以及高性能、多功能、生态化、纳米化的复合型材料的研发。随着非织造产品应用领域的扩展、生产线和装备的革新，非织造专用新原料也不断地涌现，为非织造产品的发展提供了更加广阔的发展空间。目前在诸多国内企业和科研院所的不懈努力下，非织造领域涌现出各种新原料，如 Lyocell 纤维；新型医用粘胶纤维（添加低可溶物，溶出少）；低熔点聚酯纤维（110～180 ℃）；无锑涤纶纤维；超短中空涤纶（5～8 mm）纤维；双组分纤维；聚四氟乙烯膜裂纤维、抗氧化聚苯硫醚（PPS）纤维；性能稳定的海藻酸纤维、壳聚糖纤维；聚乳酸纤维、生物基聚对苯二甲酸丙二醇酯纤维；新型高强碳纤维等。各种新型原材料通过非织造新工艺技术加工后，广泛应用于各个领域，如生物医用、土工建筑、汽车内饰、空气过滤、高温除尘过滤等。生物质、功能性、绿色环保的新型纤维材料的开发与应用，满足了市场对新型非织造产品的需求。

（1）专用纤维的进展

1）莱赛尔（Lyocell）纤维。Lyocell 纤维素纤维以其环保生产技术及原料可再生的可持续发展优势，成为极具发展潜力的新型纤维。Lyocell 纤维物理力学性能优良，干湿强度大、初始模量高、尺寸稳定性好、缩率小，尤其是其湿强与湿模量，接近于合成纤维。我国 2017 年有 8000 t 的 Lyocell 纤维用于水刺非织造材料。国内 Lyocell 纤维的研究开发已有近 30 年的历史，从可持续发展的长远角度及纤维本身性能分析，Lyocell 系列新溶剂法纤维素纤维势必占领市场，凭借其优良的性能最终被消费者接受和喜爱，以缓解石油资源过度开采带来的压力。目前，制约 Lyocell 纤维产业化发展的主要原因是研发费用高、溶剂和原料价格昂贵。为避免国外高额的技术转让费，必须开发自有的 Lyocell 纤维产业化技术和装备，开发价格低廉的 Lyocell 纤维专用浆粕、NMMO 溶剂等，并采用节能技术，提高 NMMO 溶剂的回收利用。目前，“万吨级新溶剂法纤维素纤维关键技术及产业化”项目经过山东英利实业有限公司等多家单位联合攻关下，所生产的纤维综合了天然纤维特性和合成纤维的高强度优点，打破国际公司多年的垄断，取得了重大突破。此外，中国纺织科学研究院绿色纤维股份有限公司年产 1.5 万 t 新溶剂法纤维素纤维（天丝）产业化项目经过 18 年攻关，工艺路线一次性全线打通，并于 2017 年 8 月 29 日，通过了科技成果鉴定。该项目拥有自主知识产权，全套设备全部国产化，是我国生物基纤维领域“绿色制造”工业化的重要突破，是中国化纤工业由大向强转变的重要技术标志之一。Lyocell 纤维作为我国重点支持的新兴产业，对我国粘胶纤维的转型升级、实现再生纤维素纤维与纺织产品的结构调整具有重大意义，期盼早日实现 Lyocell 纤维的大规模国产化生产。

2）粘胶纤维。我国 2017 年非织造水刺专用粘胶纤维用量为 21 万 t，另外进口博拉水刺专用粘胶纤维 0.5 万 t，印尼 SPV 水刺专用粘胶纤维 0.6 万 t，兰精进口黑色水刺专用粘胶纤维 0.5 万 t。随着国内非织造行业的发展，原有传统的粘胶纤维已经远远满足不了产品市场的需求，因此以粘胶纤维为基体，适用于非织造工艺生产的各种新型功能性粘胶纤维不断涌现。阻燃性、生态负离子、差别化粘胶纤维及其复合纤维的是当前的研究热点。相关研究表明，阻燃剂的添加并未改变粘胶纤维的晶体结构，适量阻燃剂的添加可以使粘胶纤维具有优异的机械性能和阻燃性能，同时未来应用于粘胶纤维的阻燃剂应朝着反应型、高效率、健康环保、低成本的方向发展。随着生活水平提高和环保意识增强，生态负离子粘胶纤维用途具有可开拓性，应该说生态负离子粘胶纤维的用途会不断扩大、用量会不断增加。随着市场开发的不断深入，利用功能性粘胶纤维形成的非织造产品的前景会越来越广阔。超细、超短、截面异形化粘胶纤维的开发，满足了非织造卫生材料行业在纤维质量、性能、包装、安全性等各方面的要求，同时也达到了下游制造行业使用的要求。此外，国内外企业和科研机构正致力于研发具有其他功能的粘胶纤维，如医疗卫生用无味粘胶纤维、高白度粘胶纤维、高湿强粘胶纤维、高吸附粘胶纤维、可食用粘胶纤维、远红外粘胶纤维、抗菌粘胶纤维等。

3）聚酯纤维。非织造用聚酯纤维主要有普通型、高收缩型、双组分型、低熔点黏结型、阻燃型、远红外型等，主要被应用于加工车用内饰材料、土工合成材料、空气或液体过滤材料、合成革基材材料、农业地膜材料、水果花卉材料、家居抹布材料和医疗卫生材料等。2017 年涤纶产量约 2900 万 t，同比增长 3.59%。我国是全球涤纶生产大国。中国化学纤维工业协会开展的《聚酯及涤纶行业“十三五”发展规划研究》提出，到 2020 年，我国聚酯涤纶总产量将达到 4599 万 t，年均增速 3.2%。因此，聚酯纤维企业要在国家政策扶持下，通过官、产、销、研、用“五位一体”合作，以化学改性为主要方向，改进常规产品的缺点，开发差别化、功能性、舒适性、环保性产品，提高产品的竞争性。2017 年国内水刺专用涤纶生产方式 80% 以上为熔体直纺技术，仅水刺专用涤纶总产量在 50 万~ 55 万 t 左右，包括水刺专用无锑涤纶纤维等。同时，我国非织造行业对于改性聚酯需求越来越大，如低熔点聚酯纤维，目前生产低熔点聚酯纤维的聚合物，皮材基本进口只有少量国产，芯材用国产聚酯。其他如粗旦（60 D 以上）聚酯纤维、添加抗过敏油剂的聚酯纤维、抗熔滴聚酯纤维等；新型的多功能改性聚酯非织造材产品已经大量的走向市场，走向我们的日常。

4）双组分纤维。双组分纤维的出现极大丰富了非织造材料产品种类、提高了非织造材料的质量，推动了非织造材料产品的新发展。具有功能性和高附加值的聚丙烯 / 聚乙烯（PP/PE）、聚酯 / 聚乙烯（PET/PE），聚酯 / 聚酯（PET/coPET）主要有同芯、偏芯、并列结构等，ES 纤维是双组分纤维中最重要和使用广泛的品种。双组分改性聚酯（4080、6080）纤维如今的生产原料是皮层材料进口，芯层材料以国产聚酯为主。2017 年我国该类产品产能为 35 万 t，推动了热黏合技术进步，减低了非织造材料制造能耗，实现了妇婴产品的低成本发展。由于 ES 纤维具有广泛的加工适应性，故现存的非织造材料加工方法都应用 ES 纤维赋予产品新的性能和功能，例如热轧法、热风法、针刺法、水刺法等，主要以热轧黏合和热风黏合为主，其产品广泛应用于地毯、汽车内饰、医卫材料、吸附材料、过滤材料等。橘瓣型双组分纤维是近年来开发的一种新结构化纤维，复合长丝的开纤是橘瓣型双组分纺粘非织造材料生产过程中的一项重要工艺，常用机械力或水刺喷射力使橘瓣剥离，使纤维比表面积增加，手感优良，与海岛型双组分纤维相比更具独特的优势。国内大力研发橘瓣型双组分纺粘非织造材料的开纤技术，并探讨其机械性能、过滤性能及水刺加固工艺等，目前已经取得了较大的突破，如常州禄博纳等研制了 PA6/PET 皮芯型双组分热黏合非织造材料生产线，预计将达到 1.2 亿 m^2/a 高强低伸非织造材料的产能。橘瓣型双组分中空纤维是具有异形截面的超细纤维，可广泛应用于制备水刺超纤革基材料、擦拭材料、床上用品、过滤材料等领域。随着牛奶蛋白纤维的发展和普及，国内关于鸡毛再生蛋白粘胶纤维、水稻蛋白质改性粘胶纤维、粘胶 / 酪素蛋白共混纤维、蚕蛹蛋白粘胶纤维等生物基纤维的研究也越来越多，这些生物基纤维大多采用共混纺丝或化学交联改性等方法制备而成，除具有黏胶纤维的纯天然、可降解、柔软、优异的染色性能等优点外，还集蛋白质纤维和纤维素纤维的优点于一身，但与传统意义上的双组分纤维在制备方法和纤维形貌上都有一定区别。

5）聚四氟乙烯（PTFE）纤维。聚四氟乙烯（PTFE）纤维以化学稳定性好，耐高温、耐酸碱、抗老化以及阻燃性等优良性能，被广泛应用于航空航天、石油化工、机械、电子电器、建筑、纺织等其他许多领域。目前，聚四氟乙烯纤维的制备方法主要有膜裂纺丝法、糊料挤出纺丝法和载体纺丝法，其中载体纺丝包括干法纺丝、湿法纺丝和静电纺丝。膜裂法是非织造用 PTFE 纤维的主要生产方法，其生产工艺简单、无污染，制得的纤维强度高，但是该方法对生产温度的要求较高，并且由膜裂纺丝法制得的聚四氟乙烯纤维具有直径不匀的缺点；由膜裂纺丝法生产制得的聚四氟乙烯短纤维可加工为针刺毡。上海金由氟材料股份有限公司、上海灵氟隆新材料有限公司、浙江格尔泰斯环保特材科技有限公司等单位已具备生产 PTFE 纤维用膜、膜裂长丝和短纤以及缝纫线的技术和能力，产品被广泛应用于高精度梯度滤料的制备。复合型 PTFE 也开始走向应用化，如芳纶 /PTFE、聚苯硫醚（PPS）/PTFE 复合滤料应用于高温除尘过滤领域。当然，部分学者以 PTFE 纤维静电大为出发点，研究了摩擦驻极对 PTFE 纤维非织造材料过滤性能的影响，也有部分专利报道了聚四氟乙烯超细中空纤维膜。近年来我国 PTFE 纤维的生产规模已达到约 20000 t 左右，其中，短纤 4500 ~ 5000 t、基材料 1800 ~ 2300 t、缝纫线约 400 t 和微孔膜 2000 ~ 2500 t 的年产量。技术的突破使中国 PTFE 纤维及微孔膜的产量约占世界总产量的 70%。此外，国产的聚四氟乙烯纤维的部分性能已经超过国际同类产品，在满足国内生产需要的同时，还出口至其他亚洲国家、欧洲、美洲等。

6）抗氧化聚苯硫醚（PPS）纤维。聚苯硫醚（PPS）纤维具有优异的耐化学腐蚀性（200 ℃下无溶剂可溶）、200 ~ 220 ℃长期使用的热稳定性、阻燃、耐辐射和良好的机械性能及优良的电绝缘性能等特点，是一种不可替代的环保过滤材料。目前，国产 PPS 的年产量为 4000 ~ 5000 t，进口量为每年 4000 ~ 5000 t。聚苯硫醚是由对二氯苯和硫化钠缩聚形成，分子结构中的硫以二价形式存在，使得 PPS 纤维极易被氧化而引起破坏，造成滤袋的整体失效并伴随着强力的大幅度衰减。“PPS 纤维成形过程中的氧化碳化控制技术”作为课题列入了高新技术纤维行业“十二五”发展规划中。通过添加抗氧化改性剂进行熔融共混改性，制备出的 PPS 纤维具有明显的抗氧化性能，同时耐热性能也得到了提高。抗氧化聚苯硫醚纤维可抑制工况条件下滤袋的氧化失效，从而大大提高了滤袋的使用寿命，同时降低了生产成本，为发电厂等行业的高温烟气除尘过滤提供一种更安全、可靠、经济合理的纤维材料。美国 Performance Fiber 公司生产的 PPS 长丝可用于极端化学和温度环境并具有阻燃吸湿性能，且产品尺寸稳定。

7）聚丙烯腈类纤维。亚克力纤维和聚丙烯腈系超吸水纤维是应用于非织造领域的两大主要聚丙烯腈纤维。亚克力纤维外观呈圆状或八字形，表面光滑、不易吸水、可抗酸碱及日照，同时也不易发黄、容易染色，具有良好的贴服性。亚克力纤维具有更高的抗热性能，同时抗化学腐蚀、耐水解性能比聚酯或其他丙烯腈纤维高得多。目前，我国以引进东洋纺的亚克力纤维为主，年进口量为 7000 ~ 8000 t，而国产亚克力纤维的产业化基本空白。凭借其独特的性能被广泛用于制备针刺过滤毡实现常温气体、中温气体（小于亚克力纤维 150 ℃）以及酸碱腐蚀性气体的工况过滤等方面。聚丙烯腈纤维经水解，酯化后获得比表面积大、吸收速度快、手感柔软的聚丙烯腈超吸水纤维，该纤维可以在纤维间形成缠结结构，因此不易迁移变形或脱落，吸水溶胀后仍具有较高强度，干燥后可恢复原来形态且仍具有吸水性，可循环利用，促进了超吸水非织造产品的开发。目前，可以采用针刺法、热轧法以及喷胶法等非织造加固方式不仅可以制备 100% 聚丙烯腈系超吸水纤维非织造材料，也可以制备该纤维与其他天然或合成纤维混合的非织造复合材料，广泛应用于医疗卫生、保湿包装、农林保水、电缆阻水等领域。

8）壳聚糖纤维。壳聚糖纤维作为生物基纤维新材料的一种，来自海洋中的虾蟹壳，资源丰富，可再生，具有良好的生物活性、生物相容性和生物可降解性，应用领域十分广泛。目前全世界每年可获得的甲壳素只有 15 万 t，真正能生成的估计不过数万吨，目前全世界生产使用的甲壳素还没有超过 1 万 t。壳聚糖是甲壳素脱乙酰基后的产物，通常乙酰基脱去 50% 以上就可以称为壳聚糖。在壳聚糖制备方面，山东海斯摩尔生物科技有限公司经过多年的实验性探索，最终攻克了高品质纯壳聚糖纤维与制品产业化全套关键技术，填补了国内空白，并实现了 2000 t 的纯壳聚糖纤维全自动化生产，通过溶解、提纯后的壳聚糖经湿法纺丝及加工后处理可获得性能优异的非织造用纤维。壳聚糖纤维具有显著的杀菌防霉、止血促愈等生物学特性，一般采用针刺或水刺工艺制备非织造材料，可用于医用敷料、组织工程、面膜化妆等领域。采用湿法成网和水刺工艺制备的壳聚糖过滤介质具有良好的过滤效果，可实现对传统水废油过滤材料的替代。各种复合型壳聚糖纤维也层出不穷，应用在各个领域，如壳聚糖/粘胶纤维共混水刺面膜基材料的开发，壳聚糖纤维、聚乳酸纤维和聚酰亚胺纤维的耐化学腐蚀性的探讨，绢丝/壳聚糖纤维混纺等。通过静电纺丝法制备具有良好吸附性能的壳聚糖纤维也可实现多领域的应用与发展，如羊毛角蛋白/壳聚糖纳米纤维膜的制备及对铜离子的吸附性能的研究；有研究者以胶原（COL）和聚氧化乙烯（PEO）为核层材料，壳聚糖（CS）和 PEO 为壳层材料，采用同轴静电纺丝技术成功制备出核-壳结构纳米纤维。此外，已有团队报道了一种具有良好水溶性、可用于制备泡沫敷料的琥珀酰壳聚糖。

9）海藻酸盐纤维。海藻酸盐纤维主要是指含有高价阳离子的纤维，目前应用最为广泛的是以海藻酸钙为主体的海藻酸盐纤维。作为纺织材料，海藻酸盐纤维有着其他材料没有的特性，比如成胶性能、吸湿性、生物相容性、促进伤口愈合、生物可降解性、阻燃性能、电磁屏蔽能力等，因此人们对它的性能和应用方面的研究一直没有间断，国内在这方面的研究起步相对比较晚一些，到了 21 世纪初才开始有了较多的研究和关注。由青岛大学等承担研发的项目“海藻纤维制备产业化成套技术及装备”荣获 2016 年中国纺织工业联合会科学技术奖一等奖，该项目在国际上首次实现了海藻纤维强度提高、产能提升、耐盐耐碱性洗涤剂（耐皂洗）洗涤、无脱水剂（酒精、丙酮等）分纤等关键技术的突破，是化学纤维加工技术学科中生物基纤维及其制品产业化技术的重大创新，显著提升了我国海洋生物基纤维材料的技术水平和核心竞争力。用海藻酸纤维制成的非织造材料被广泛应用于伤口敷料、医用纱材料、绷带以及组织工程复合支架、面膜材料等领域。如将壳聚糖作为混凝剂制备的海藻酸纤维进一步制备成医用敷料，不仅提高了敷料的强力，同时提高了敷料的吸收性能；将海藻纤维和甲壳素纤维混合铺网，经针刺非织造工艺制备的产品具有抑菌、吸湿透湿、舒适健康等保健作用。青岛大学采用交联整理的方法制备的新型的海藻酸钙/壳聚糖复合纤维不但具有优良的吸湿性、抗菌性能和光泽，而且制备成本较低廉，经济效益可观。

10）聚乳酸（PLA）纤维。聚乳酸纤维作为新型聚酯纤维，生物基化学纤维的优势品种有着广阔的市场前景和发展空间。我国 PLA 纤维工程化基本处于起步阶段，无论从研究队伍、资金投入以及成果均与国外存在较大的差距。聚乳酸是一种集生物降解性、生物相容性和生物可吸收性于一体的绿色热塑性聚酯，具有较好的力学强度、弹性模量和热成型性。熔融纺丝技术因具有工艺成熟、环境污染小、生产成本低、便于自动化和柔性化生产等优点，是目前工业化生产聚乳酸纤维的主要方法。近年来，国内在聚乳酸功能性改性方面有学者开发出增强增韧聚乳酸纤维，采用聚酰胺（PA）与聚乳酸（PLA）制备了PLA/PA共混纤维，并对其热学性能、结晶、热稳定性、PA的分散性以及PLA/PA共混纤维的力学性能进行了研究。纺粘、水刺、热轧聚乳酸非织造材料可广泛应用于医疗、包装、过滤、农用等领域。国内形成了约5000 t/a PLA纤维、1000 t/a的吹塑或注塑产品的规模，其中东华大学、江南大学等已掌握了纺熔产业化聚乳酸非织造材料的制造技术。可产业化的超细聚乳酸纤维非织造材料的开发，进一步提高聚乳酸纤维的应用效率和价值，聚乳酸纤维非织造材料的功能化也备受国内外学者的青睐。

11）生物基聚对苯二甲酸丙二醇酯（PTT）纤维。生物基聚对苯二甲酸丙二醇酯纤维（PTT）属于一种新型差别化、功能性纤维。生物基PTT纤维综合了锦纶、腈纶、涤纶及氨纶等化纤的优良性能，具有生物可降解性，可循环回收利用，拥有广阔的发展空间和应用前景。国内PTT纤维在生化法制备PTT及纤维产业化成套装备、工程化技术及其制品的生产技术发展迅速，有利于克服生产成本带来的发展瓶颈。由于PTT纤维既具有常规聚酯纤维的抗污性和抗静电性，又同时具有尼龙纤维的回弹性、蓬松性和染色性，特别适合于用作地毯纤维。PTT基非织造材料可以使用PTT短纤维（纯纤或混纤），通过针刺或水刺缠结技术制得，也可以采用纺粘法或熔喷法直接制得，可用于医疗非织造材料、卫生巾、纸尿裤、建筑安全网、车内装饰品、家具坐垫等领域。

12）其他高性能纤维。高性能纤维已成为诸多领域应用不可缺少的新材料，同时也是拓展非织造材料产业化应用的重要原料，高性能纤维具有高强、高模、耐高温、耐强腐蚀和阻燃性等性能，主要应用于生产高温过滤材料、高性能复合材料、耐高温防护服、吸音隔音材料等。碳纤维、芳纶、聚苯硫醚纤维（PPS）、聚对苯撑苯并二噁唑纤维（PBO）、超高分子量聚乙烯纤维（UHMWPE）、聚苯并咪唑纤维（PBI）、芳砜纶（PSA）、聚酰亚胺纤维（PI）、玄武岩纤维及玻璃纤维等是目前主要的高性能纤维，大部分已经用于制备具有特殊性能和用途的非织造产品。高性能纤维研发和发展有助于提升我国高性能非织造产品在国内外市场中的竞争力。

近几年来，我国专注于对高性能纤维的研究、开发和生产，聚酰亚胺等在某些高性能纤维的制备与研发方面与国际先进水平的差距正在逐渐缩小。自2008年首次成功研发的聚苯硫醚长丝通过了有关部门的鉴定起，江苏瑞泰科技有限公司、四川得阳科技公司、浙江东华纤维有限公司等相继实现PPS纤维的产业化生产，且产品质量可以同进口PPS纤维媲美；目前全国PPS纤维的使用量处在供不应求的阶段，但聚苯硫醚原料单体仍大量需要进口。预计2020年达到2万t以上时方可基本满足我国对PPS纤维的需求。目前国内多家企业已经建立500～1000 t/a对位芳纶生产线，国内企业如江苏兆达特纤科技有限公司、烟台泰和新材（氨纶）、河北硅谷化工、中蓝晨光化工、中石化仪征化纤、广东彩艳股份有限公司、河南神马帘子线有限公司等实现了芳纶纤维的产业化生产。

（2）切片原料的进展

非织造用的切片原料主要有聚丙烯（PP）、聚酯（PET）、聚酰胺（PA）、聚氨酯（PU）、聚乙烯（PE）、可生物降解聚乳酸（PLA）等，主要用于纺粘和熔喷非织造材料。

2016年，全球非织造材料总产量为890万t，其中使用PP、PET为原料的纺熔非织造材料约占46%。2015年，我国聚丙烯进口量在488万t；2016年，我国聚丙烯装置扩能且价格偏低，进口聚丙烯原料难以在国内获得市场，因此2016年聚丙烯进口量缩减至457万t。2017年聚丙烯进口市场有所增长，进口量在474.5万t，增长率在3.83%。根据2014—2017年数据，可以得出近几年聚丙烯进口量平均增速在-1.9%左右；聚丙烯出口量平均增速在30%左右。

聚酯是热塑性聚合物，由于其具有优良的物理机械性能和加工性能，已成为纺粘法非织造材料的重要原料之一，我国的纺粘法聚酯非织造材料产量约占纺粘法非织造材料总产量的6%。我国2017年1—9月聚酯熔体产量为3046.89万t（中规模以上公司聚酯切片的产量约为1163.91万t）；1—9月进口聚酯切片（包括纤维级和瓶级切片，不包括其他再生切片和初级切片）14.55万t，出口177.18万t，新增资源（产量+进口）3061.43万t，净增资源（新增资源-出口，即表观需求）2884.25万t，显示中国聚酯切片产业的市场需求比较强劲。从我国聚酯切片不同品种的进出口情况看，2017年1—9月份聚酯纤维级切片进口11.34万t，进口单价1540.93美元/吨；出口24.88万t，出口单价1023.81美元/吨；聚酯瓶级切片进口3.20万t，进口单价1545.80美元/吨；出口152.30万t，出口单价947.47美元/吨；表明我国聚酯纤维级和瓶级切片进出口状况良好。江阴地区出口聚酯切片主要是江苏三房巷集团，该企业是全球生产瓶级切片的龙头企业，从美国和瑞士分别引进多条生产线，预计聚酯产能200万t/a、瓶级切片产能120万t，成为全球聚酯行业最大制造商之一。尽管常规聚酯切片已相当成熟，但高熔体指数的聚酯切片还有待研发。

美国NatureWorks公司在聚乳酸切片全球市场中所占比重较大，其产能15万t/a，产量约12万t/a，纤维级约2万t。根据调研估计，国内PLA切片产能有5万t，由于市场和技术方面的原因，实际产量约1万t，实际需求量在2万~3万t，每年进口量1万~2万t（均为美国NatureWorks公司产品）。国内聚乳酸切片的主要供应商为美国 NatureWorks 公司、浙江海正生物材料有限公司、无锡南大绿色环境友好材料技术研究院有限公司等。

（3）专用整理剂的进展

在非织造材料生产加工过程中，专用整理剂主要用于非织造产品成型后的涂层整理和功能化整理助剂。近年来，随着国家环保政策的实施和落实，绿色环保型整理剂的发展极其迅速。涂层剂是一种具有成膜性能的合成高聚物，是涂层整理的主体材料，总的来说，涂层剂除了应具备良好的黏合性能外，还应具有弹性模量低、拉伸变形大、高强透湿、手感柔软以及与其他添加剂良好的相容性及协效作用等特点。目前可供选择的涂层剂品种繁多，按化学结构可分为聚丙烯酸酯类、聚氨酯类、聚氯乙烯类、合成橡胶类、有机硅类等，其中聚氨酯类整理剂是目前非织造超纤革基材料的常用涂层整理剂，具有广阔的市场前景。伴随着社会的进步，单功能非织造产品不再满足消费者的要求，多功能化非织造产品应运而生。功能性整理是将整理剂涂敷在材料表面或渗透到材料内部或与大分子键合，赋予了非织造产品新的功能，如阻燃整理、抗菌整理、亲/拒水整理、微胶囊功能整理、防紫外线整理等；其中微胶囊整理技术因功能的持久性和效果优于液体功能整理剂，且成本较低，是最具发展潜力的功能化整理技术。绿色环保型多功能整理剂的研发和应用，将推动多功能非织造材料的发展与应用。

7.1.2.2 成网技术

（1）干法成网技术

梳理是干法成网生产非织造材料工艺中的核心技术，随着新型梳理技术不断涌现，干法非织造专用梳理机快速发展，干法非织造铺网技术不断改进，实现非织造生产线高速高产的要求。国外在梳理机方面有着先进而又成熟的技术，如德国 Autefa 公司的 Injection 射流梳理技术、法国 Andritz 公司（原 Thibeau）的 IsoWeb 型 TT 梳理机、德国 Spinnbau 公司的 HSPRRCC 型杂乱高速梳理机、德国 Trutzschler 公司研制的 TWF-NCT 杂乱高速梳理机、法国 Andritz 公司最新开发出空气控制系统提高铺网速度，可提高交叉铺网 20% ~ 30% 的喂入速度，入网速度可超过 150 m/min 等。近年来我国干法成网技术发展迅速，双锡林、双道夫高速梳理机的梳理速度已经超过 120 m/min，交叉铺网机入网速度已经超过 90 m/min，且设备智能化程度提高，方便管理，高效生产。以郑州纺织机械股份有限公司、江苏迎阳无纺机械有限公司、常熟飞龙无纺机械有限公司、常熟伟成非织造成套设备有限公司等为代表的国内公司已经实现了非织造干法成网设备的专业设计与制造。青岛纺织机械股份有限公司的非织造梳理机设备幅宽最大可达 3.8 m，纤维分梳效果好，开停车纤网质量稳定，还可根据客户的要求进行特殊设计。郑州纺织机械股份有限公司研发的棉纤维水刺专用梳理成网设备，将梳棉机与梳理机的结构进行组合，可用于加工纯棉、脱脂棉纤维等不同原料，满足了差异化纤维梳理的需求。伟成非织造成套设备有限公司推出的单锡林双道夫、双锡林双道夫梳理机，工作幅宽大于 3.5 m，可适用于不同细度和长度范围内人造纤维的梳理，交叉铺网机关键部件全部采用自制的碳纤维棍。江苏迎阳无纺机械有限公司、常熟飞龙无纺机械有限公司等公司通过优化纤维输送、气压均匀装置设置等技术环节后设计出新型气流成网机，该设备可保证流体均匀输送纤维以及超薄型成网的均匀性。

（2）湿法成网技术

湿法无纺材料是水、纤维和化学助剂在专门的成形器中脱水而制成的纤维网状物，再经物理或化学加工处理后获得的具有材料的外观和某些性能的非织造材料。它起源于长纤维造纸技术，沿用了许多造纸工艺和设备，而且与纸的外观和某些性能非常相似，更确切地说应该称“无纺纸”。我国在 20 世纪 50 年代由浙江省造纸行业科技人员首创了侧流式圆网造纸机，解决了韧皮长纤维机械抄造的难题，为研究与发展湿法非织造材料提供了条件。化学纤维等纺织纤维湿法抄造工艺是从长纤维抄造技术发展而来的，因此长期以来湿法非织造材料在造纸行业称特种功能纸或长纤维纸。随着社会和技术的发展，湿法水刺非织造材料应运而生，展现出优良的环保性和实用性，国内湿法水刺产品年产量共计 8.5 万~ 13 万 t。国外有许多公司正在研发湿法水刺非织造材料生产线，如土耳其 Akinal 公司，西班牙 PapelAralar 公司等，目前国外已有 8 条生产线。国内已有国产线约 20 条，幅宽 2.5 m，车速 100 m/min，年产量 0.3 万~ 0.35 万吨 / 条；代表企业有南通威尔、常熟美森、湖州欧丽等。同时进口线已有 3 条，幅宽 3.6 m，车速 200 m/min，年产量 1.5 万~ 2 万吨 / 条；代表企业有浙江宝仁、杭州诺邦、大连瑞光等。国内外高速湿法水刺生产线主要由德国 Voith-Truetzschler 与法国 Austria-headquatered Andritz 所生产提供，已提供 11 条生产线。可冲散湿巾是一种完全可生物降解的湿法水刺非织造材料，其在移动的水中很快就会分解，但同时在潮湿时有很高的强度；这将对减少废水系统的堵塞和故障做出重要贡献。

（3）纺丝直接成网技术

1）纺熔技术。熔体纺丝直接成网（纺粘法）非织造材料是非织造材料中占比最大的品类，其技术发展直接影响下游卫生、医疗制品等领域的产品创新。截至 2017 年 12 月底，中国纺粘法非织造材料生产线的生产能力总计 411.5 万 t/a，与 2016 年相比，增幅为 5.44%；纺粘法非织造材料实际产量总计达 281.6 万 t/a，比 2016 增长 5.75%。同时，中国共有纺粘法非织造材料生产线 1412 条，比 2016 年增加 40 条，增幅为 2.92%。其中 PP 纺粘非织造材料生产线 1185 条，增幅为 1.37%；PET 纺粘非织造材料生产线 118 条，增幅为 5.36%；在线复合 SMS 非织造生产线 100 多条，增幅为 19.78%；国内熔喷法非织造材料的生产线达 138 条，未来会有更大的产能发展。

德国 Reifenhäuser（莱芬豪舍）公司开发的 Reicofil 工艺堪称全球使用最广泛、发展最快、技术最成熟的主流纺丝成网非织造材料生产技术。在四代 Reicofil 工艺的基础上，其于 2017 年推出了全新的 Reicofil5（即 RF5）工艺，首次开发了含有 8 个纺丝系统的生产线。RF5 生产线的最高运行速度为 1200 m/min，能生产规格为 8 g/m^2 的轻薄产品，是当今最先进的水平。RF5 生产线中，熔喷系统喷丝板的孔密度可增加至 75 孔 /in（相当于 2953 孔 /m），其主要目的就是提高阻隔性能，纤维平均直径约 2 μm，产品可以用作 HEPA（高效空气过滤级）过滤器。美国希尔斯（Hills）公司研发的双组分纺粘技术是目前国际上较先进的双组分纺粘非织造技术，其最大优点是可以在同一纺丝组件中纺制各种类型的可进行熔体纺丝的双组分纤维。其在双组分熔喷技术的应用方面也进行了大量的研究工作，并将研究成果应用于实际生产中，其孔密度为 100 孔 /in（相当于 3937 孔 /m）的双组分喷丝板可生产“并列型”纤维熔喷材料，而我国在此方面的研究基本处于空白状态。希尔斯公司的高孔密度喷丝板早已进入商业化应用，喷丝孔的最小直径为 0.10 mm，孔密度为 100 孔 /in，由于采用了特殊刻蚀和黏合加工技术，其熔体压力可达到 10.4 MPa，是常规机型的 5 倍。欧瑞康纽马格公司纺粘生产线可以选择性装配双组分系统，其皮层含量可低至 5%。纽马格公司曾开发了一种可变铺网宽度的熔喷系统，能在各种幅宽要求下使纺丝系统保持在最大产能状态下运行，且不会产生过量的切边废料，这也是降低能耗的有效手段。Biax-Fiberfilm 公司也使用了多排孔（最多有 18 排）的喷丝板，孔密度可达 12000 孔 /m，工作压力为 2.0 ~ 12.4 MPa，生产较粗纤维时产量可达常规工艺的 5 倍。美国 Extrution 集团开发了一种新型的熔喷系统，其单位产能达 90 kg/（m · h）[最大可接近 110 kg/（m · h）]，比常规工艺提高了 80% ~ 100%。该系统喷丝孔直径为 0.1 ~ 0.3 mm、长径比为 10 ~ 15，孔密度为 30 ~ 50 孔 /in，纺丝组件更换周期为 8 ~ 12 周，能在 30 min 内快速完成换板作业。

在国内，宏大研究院有限公司、温州昌隆纺织科技有限公司等在双组分纺粘设备和纺熔复合方面成果显著，可生产各类幅宽大于 3.5 m 的纺粘、纺熔复合非织造材料设备，如 SSS、SMS、SMMS、SSMMS 等复合非织造材料成套设备，复合非织造材料生产线的工艺速度可以达到 600 m/min 以上，年产能超过 1.6 万 t，产品具备多种优点。大连华阳化纤科技有限公司研发的高强聚酯纺粘针刺胎基材料生产线，采用管式气流牵伸技术，可以在较低空气压力下，使丝束的牵伸速度达到 4500 m/min 以上，生产线具有工艺流程短、生产速度高、稳定高效节能等优点。此外，大连华阳化纤科技有限公司还开发出了涤、丙两用纺粘针刺 / 水刺非织造材料生产线，绍兴利达非织造材料有限公司开发出了采用机械牵伸以及气流分丝技术的涤纶纺粘长丝非织造材料生产线，为我国聚酯纺粘非织造材料的发展提供了技术支持与设备保障。

2）溶液/溶剂纺丝技术。溶液/溶剂纺丝成网技术是以高聚物的溶液为纺丝液，经干法或湿法纺丝后直接铺网，再经加固和后整理形成非织造材料的一种技术。纤维素是一种天然的可再生的高分子材料，生长和存在于丰富的绿色植物中，是一种取之不尽、用之不竭的资源。纤维素的利用最大的困难是纤维素的溶解。因此，研究纤维素的溶解机理进而开发合适的溶剂体系显得尤为重要。粘胶法从1904年在英国首先建厂生产至今已有100多年的历史，它是一种包含化学反应的复杂过程。其溶解机理是首先将纤维素用强碱处理生成碱纤维素，再与二硫化碳反应得到纤维素黄酸钠，然后溶解于NaOH中，纺丝溶液挤出的同时，中间化合物重新转化为纤维素。用粘胶法制得的粘胶纤维具有良好的物理机械性能和服用性能，其最大的缺陷就是：在生产过程中放出CS_2和H_2S等有毒气体和含锌废水，对空气和水造成污染，使生态环境遭到破坏，而且操作费用昂贵。铜氨溶液对纤维素的溶解能力很强，其溶解机理被认为是形成纤维素醇化物或是分子化合物。其溶解度主要取决于纤维素的聚合度、温度以及金属络合物的浓度。铜氨溶液对氧和空气非常敏感，微量的氧就会使纤维素发生剧烈的氧化降解。纤维素铜氨化合物可被无机酸分解，产生纤维素沉淀，即再生纤维素。利用这个性质可制造铜氨纤维，但因铜和氨消耗量大，而且溶液完全回收困难，现除日本仍在生产外，其他已基本不生产。

由于直接对天然纤维素进行加工成产品是不可能的，必须将其转化为溶液，然后生产再生纤维素产品。溶剂法纤维素纤维的生产方法，不但工艺流程短，无环境污染，而且纤维的干湿强度与湿模量较普通粘胶纤维高，纤维的穿着性能也更好，其产品具有广泛的发展前景，将为纤维素工业注入新的活力。可以预见，溶剂法纤维素纤维工艺将开创再生纤维素纤维的新时代，开发一种溶解性能优良、易回收、无污染、绿色的纤维素溶剂将对发展纤维素产品有着十分重要的意义。

3）静电纺丝技术。随着现代科学的发展，人们对材料的性能提出越来越高的要求；21世纪是新材料特别是纳米材料迅速发展并广泛应用的时代。静电纺丝技术因简单有效，适用广泛，并能够实现低成本制备纳米材料，而备受关注。目前可工业化制备纳米纤维的技术分为两大类：多针式静电纺与无针式静电纺。多针式静电纺丝技术是工业化制备纳米纤维的主要方法之一，它的基本构成单元是单针式静电纺。多针式静电纺通过增加针头数来增加泰勒锥的数量，从而实现工业化生产纳米纤维，一些研究所、公司目前所使用的多针头式静电纺丝设备的纺丝系统主要由供液系统、多喷头纺丝单元、高压发生装置、接收设备等四个核心单元构成。多针头的分材料主要有三种形式：直线式分材料、矩阵式分材料和圆环式分材料，接收装置多为双辊筒循环传动或多滚筒单向传动。目前，国内主要从事针式静电纺丝技术工业化研究的主要研究团队有：清华大学胡平教授团队、东华大学俞建勇院士和丁彬教授团队、江西师范大学的侯豪情教授团队、江南大学、苏州大学等。国内相关企业有：深圳通力微纳科技有限公司、北京新锐佰纳科技有限公司、北京富友马科技有限公司等，设备如深圳通力微纳科技有限公司推出的量产机型 TL-20M、TL-192；北京新锐佰纳科技有限公司开发的 TEADFS-400 系列设备可排材料几十枚针。同时部分研究者针对多针式静电纺丝装置的缺点，也对其做出了改进和模拟；例如：一种实心针静电纺丝装置的场强模拟及优化，规模化静电纺丝过程中多针纺丝头场强分材料有限元分析等。随着静电纺丝技术的不断发展，除多针式静电纺丝技术之外，无针式静电纺丝技术也在蓬勃发展。无针静电纺丝又被称为自由液面纺丝，它是利用其他附加的外力或者静电力自身使得纺丝液产生泰勒锥而进行连续纺丝的方法。根据无针静电纺丝技术纺丝喷头的配置方式来进行分类，可大致分为两大类：旋转类喷丝头类和固定式喷丝头类。为了改善纳米纤维的直径分布不均匀，同时解决纳米纤维还会夹杂一些磁性液体的残留物等问题，也有研究者将结合无针静电纺丝原理和传统气泡静电纺丝技术，提出了新型气泡静电纺丝技术的基本原理，搭建了简易设备并进行实验研究。同时，基于上述实验研究，研制了可连续生产、连续收丝的自动化实验室用和中试生产设备，初步形成了新型气泡静电纺丝技术的工业化生产的雏形，为更大规模的工业化生产流水线设计提供了实验和理论基础。除此之外，国内也报道了一些关于静电纺新的装置，例如：熔融静电纺丝设备、转杯式静电纺丝装置、双电极静电纺丝装置、多喷头循环静电纺丝设备及其工作方法、自供电式电纺装置、机械搅拌供液静电纺丝装置、磁力搅拌供液静电纺丝装置、自吸气搅拌供液静电纺丝装置等。但就目前国内外进展来看，实现静电纺丝技术的规模化生产仍面临着巨大的挑战。

7.1.2.3 加固技术

（1）针刺加固技术

1）国外针刺加固技术。目前德国 Dilo 公司的针刺技术处于国际领先水平，其针刺频率已达到 3500 次 /min，首度推出了 DiloHyperpun 针刺机，其椭圆形针刺技术具有巨大的技术突破。Hyperlacing 新技术采用新型动力学原理使针板和针梁以圆形轨迹运动，生产速度超过 100 m/min。Dilo 公司的用于生产医疗行业的高档针刺毡以及生产碳纤维材料等特殊用途针刺毡的袖珍生产线（Dilo-CompactLine）的最大亮点是采用了 X22 针刺组件技术，该组件技术可以降低植针难度，且植针密度可达 2 万针 /m。Dilo 公司与德国 Fraunhofer 研究院联合开发的 Variopunch 技术以 X22 组件技术为基础，通过改变针的排列方式来消除产品表面上的疵点。原 Fehrer 公司的 H1 Technology 技术不但可以降低能耗，而且节约了投资成本，减少了设备占地面积以及后期的维修费用。Fehrer 公司的椭圆轨迹运动针刺机适用于环状非织造材料产品的固结，可以提高产品表面质量。Autefa 公司近年来推出了 Stylus 针刺机，该针刺机分为有配置和未配置 Variliptic 传动两款机型。此外公司还推出了自动换针器，可在无人工干预的情况下实现全自动换针。德国 Groz-Beckert 公司推出 Board Master 系统，包括 NeedleMaster 和 BoardScoot 设备，该系统可以提高针板的装运效率。

2）国内针刺加固技术。截至 2017 年，国内已有近 20 家专业的非织造针刺设备制造商，其中大部分具备整套针刺法非织造材料生产线的制备能力。国内针刺机结构主要有两种形式：一种是类似于 Fehrer 公司的主轴箱式结构，另一种是类似于 Dilo 公司的无箱齿轮摇杆式结构。国内非织造针刺设备制造商通过引进、消化与吸收，并根据国内用户使用情况，不断进行技术创新与结构改进，形成了具有我国特色的针刺机结构形式。汕头三辉无纺机械厂有限公司的双针板高频针刺机工作幅宽可达 6.6 m，针刺频率可达 1450 次 /min，整机高速运转时发热小、振动小、噪声低、不晃动。立体提花针刺机成品幅宽超过 4 m，可用于生产平面提花地毯、立体图形提花地毯、条纹地毯以及高克重起绒地毯等，产品表面均匀，条纹或图案清晰，无明显针渍针孔。常熟飞龙无纺机械有限公司的四针板同位对刺高速针刺机工作幅宽超过 6 m，植针密度可达每米 8000 枚（杂乱材料针），针刺形式为四针板同位对刺，不仅提高了针刺效率，减少工艺配台数量，相对节约设备投入，而且可获得更好的针刺效果。常熟伟成非织造成套设备有限公司的碳纤维特种针刺机工作幅宽可达 3 m 以上，产品厚度可达 1.2 m 以上，设备具有纤维毛网均匀性好，碳纤维缠绕抱合率好，加工过程无断针等优点，适用于生产针刺碳纤维材料。青岛纺织机械股份有限公司生产的针刺机幅宽超过 6 m，针刺动程超过 65 mm，设备操作简单，调整方便。起绒针刺机针频超过每分钟 2000 次，主要用于对针刺基材料进行针刺起绒加工。目前德国 Dilo 公司和奥地利 Fehrer 公司生产的机型均为国外具有代表性的机型，Dilo 公司针刺机采用的是双主轴开放式，Fehrer 公司采用的是箱体式结构。而国内目前主要生产的机型为单主轴开放式和箱体式结构。例如东华大学在国家科技支撑计划课题“高性能功能性过滤材料关键技术及产业化”等项目的支持下，研究突破了针刺高性能纤维材料及耐高温滤料关键制备技术，以及新型滤袋单元及除尘器等系列工程技术，实现了产业化，并推广应用于国内外工业排放高温烟气除尘净化工程。

①单主轴开放式针刺机。单主轴开放式针刺机的特点是结构简单、制造成本低。主轴通过轴承座固定在开放式的机架梁上，各个运动副轴承通过润滑脂来润滑，针刺机针梁的运动导向通过导套来完成，由于工作状态下没有润滑循环系统加上其平衡方式比较简单，以致此种机型的振动比较大、针刺机运转频率比较低，一般为 300 ~ 700 次 /min。

②双主轴开放式针刺机。双主轴开放式针刺机的特点是平衡效果好，生产效率高。两根主轴通过减速箱联接同时反向运动，分别带动 2 根针梁做上下运动，同等

速度下其生产效率是单针板针刺机的 2 倍。导向机构通过摇臂齿条来完成，将导套机构的滑动摩擦转换为滚动摩擦，减少了摩擦生热和噪声，从而可将针刺频率提高到 1500 ~ 2500 次 /min。但是由于其结构较为复杂，对加工精度和装配精度要求过高，从而为设计和生产带来一定的难度。

③箱体式针刺机。箱体式针刺机的特点在于将针刺机主轴单元化，将生轴、连杆、平衡块、飞轮、导柱导套均里放于一个密闭的箱体内，通过循环冷却油对各个轴承和导套进行润滑和降温，使其工作频率可以达到 1200 次 /min，但是由于箱体结构的限制，每个箱体可安装的针板宽度为 1.1 ~ 1.4 m，从而对针刺机的幅宽选择上有一定的限制。

（2）水刺加固技术

近年来，水刺非织造工艺技术发展迅速，水刺非织造材料的性能随着水刺技术的突破而不断提高。医疗卫生及美容保健等水刺非织造材料需求量的持续增长，纯棉纤维、纤维素长丝、分裂纤维水刺技术推动了我国水刺技术的快速发展，合理化、模块化、简洁化、智能化、低能耗、高产能将是未来水刺成套设备流程配置及工艺技术的重点发展方向。东华大学等通过调节 PTFE 树脂分子量、颗粒形态、配伍等影响因素，结合多层叠合、分段式烧结拉伸、水射流喷射等新技术，制备出厚度大、通量高的微孔膜以及均匀度好、强度高的长丝，纤维细、毛羽少的膜裂 PTFE 短纤维。由 Trutzschler、Andritz 等公司研发的超短纤维水刺技术，主要以木浆纤维、扁平粘胶纤维及其他的可再生纤维素纤维为原料。其利用超短纤维长度短、不容易缠结等特点，设计与优化了喷水板孔径、水针压力、网帘结构及网孔密度等方面技术，有效防止了木浆等超短纤维在水刺过程中的流失。湿法成网水刺技术是生产可冲散非织造材料的重要技术，超短纤维水刺技术加工的纸巾可冲散性已经满足北美非织造材料工业协会（INDA）/ 欧洲非织造协会（EDANA）的可冲散性标准。东华大学等以可生物降解的木浆纤维、粘胶纤维为原料，并通过湿法成网水刺加固技术，制备可降解、可冲散的非织造材料，并研究不同截面形状的粘胶纤维对非织造材料可冲散性能的影响。水刺复合技术的开发实现了水刺产品由单功能到多功能的拓展，郑州纺织机械股份有限公司、常熟飞龙无纺机械有限公司等相继推出的水刺针刺复合、纺粘水刺复合、湿法木浆复合水刺技术，弥补了国内复合技术的空白。由东华大学承担的“医卫防护材料关键加工技术及产业化”项目中，利用木浆和聚酯纤维各自的优势，极大改善水刺木浆复合非织造材料在强度、柔软性和吸水性等方面性能，且较低廉的成本和价格，深受市场的青睐。此外，快速有效的烘干技术在水刺非织产品的生产中发挥着重要的作用，高速烘干技术的革新有利于高吸湿纤维素纤维、蛋白质纤维、海洋生物质纤维等非织造材料的发展和应用。Trutzschler 等公司开发出一款面向水刺行业的高速、高效烘干设备，热风穿透力强，圆网热风均匀，其独特的均匀回风系统有利于热量的回收利用，轴承机架采用的分区设计，有利于延长轴承使用寿命。该烘干机速度高达 400 m/min，湿 / 干温度区可单独调整，有利于保持非织造材料在干燥过程中的柔软度。新型热风穿透式大转鼓高能水刺烘干设备，有效降低了对湿法非织造材料或干法造纸生产线的能耗，生产出的非织造材料蓬松度高、不可变形，质量优异。国内由中国恒天重工集团公司研发的一款新型烘干机，具有加热均匀，热风穿透性好，风阻小，压降低，效率高的特点。

（3）缝编技术

缝编非织造材料是将纤网缝合与编织而成一系列织物。1954 年，缝编非织造技术首先在德国研制成功并投入生产，目前国际上最为成熟的缝编技术仍然是德国 MAYER 公司的马利莫技术。随着非织造行业整体的日益进步，缝编非织造材料占非织造材料总量的比重越来越大，但相对其他非织造产品仍然很小。传统意义上的缝编非织造材料是用经编线圈结构对纤网与纱线层、非纺织材料如塑料薄膜等或它们的组合体进行加固而制作成为非织造材料，广泛应用于室内装饰、汽车顶篷以及其他工业生产当中。随着中国汽车工业的蓬勃发展，无纱线缝编非织造材料的应用市场也越来越广。无纱线缝编非织造材料由于其传统针织物的外观和标准的非织造材料工艺流程，使其模压成型性能和成本优势更适合应用在汽车内饰材料和化妆领域。近年来，基于缝编非织造技术制备复合材料用预成型体取得了重要突破，由常州天马集团有限公司和江南大学承担的江苏省重大成果转化项目“玻纤 / 碳纤高性能三维预成型体”已完成了验收，实现了通用复合材料用预成型体低成本生产。

7.1.2.4 复合与后加工技术

（1）复合技术

非织造材料复合技术就是将两种或两种以上性能各异的非织造材料（或与其他纺织品或塑料等）通过化学、热和机械等方法复合在一起的一项技术。用复合方法加工出来的以非织造材料为主体的复合产品集多种材料的优良性能于一体，通过各种被复合材料的取长补短作用，使产品的综合性能得到充分改善。非织造材料的复合方法多种多样，不仅是几种非织造产品（或非织造材料与其他纺织品）的简单叠加，而是可以根据产品的用途和性能要求有目的地进行设计，选用适当的组合。随着新材料、新工艺的不断涌现和新产品的不断开发，非织造材料复合技术发展很快。非织造材料的加工方法很多，不同工艺生产出来的非织造材料都有各自的特点，这就为非织造材料的复合提供了广阔的发展空间。

随着复合纺丝技术的发展，与加固技术相结合生产的双组分纺熔非织造材料，以其优异的性能获得越来越多的关注。东华大学基于国内外纺熔复合成型的相关研究，研发了皮芯型双组分聚酯 / 聚烯烃纺粘熔喷复合技术，纺粘 / 熔喷复合非织材料，双组分分裂型纤维纺粘成网与水刺复合技术，因其在阻隔性能和强度等方面优异的性能而被广泛用于医疗、卫生等领域。湖北嘉华非织造有限公司、山东俊富非织造有限公司和山东省非织造材料工程技术研究中心合作完成的“医疗卫生用纺熔柔性非织材料开发与应用”项目，实现了材料的软质化，显著提高了产品的柔软性与亲水性，并通过后处理技术，赋予材料抗菌、亲水、去除异味等特性，同时，该产品还可以与胶原蛋白纤维复合，改善触感，增强吸水性能，大大提高了舒适性能。

近年来，非织造材料与机织物、针织物、塑料、膜的复合也取得较大进展。通常情况下，机织物和针织物在复合材料中起到骨架作用，继而采用非织造加固技术实现复合。复合材料具有抗拉强度和撕裂强度高、外观平整、表面均匀度好、柔软、弹性及透气性好等优良特性；广泛用于土工建筑、隔音吸音、汽车内饰等领域。钠基膨润土防水毯是一种天然无污染的新型合成材料。它是由高膨胀性的钠基膨润土填充在特制的复合土工材料和非织造材料之间，由上层的非织造材料纤维通过专门的针刺方法将膨润土锁定在下层的复合机织物上而制成的毯状织物。膨润土防水毯既具有土工材料的全部特性，又具有优异的防渗性能和更长的使用周期。膨润土防水毯使用面较广，广泛应用于水利、人工湖、垃圾填埋场、建筑等领域的防水、防渗工程。从市场分析来看，单一品种的非织造材料在某些领域已经不能满足需要，人们需要更多功能、廉价的复合型非织造材料产品来代替传统的产品。可以说，非织造复合技术推动了非织造材料的发展和应用领域的进一步扩大，为非织造材料的发展提供了一片广阔应用领域。

（2）后加工技术

1）覆膜技术。通过对非织造表面进行覆膜，将膜材所特有的表面性能附加于基材，使其获得特有的功能和性能，如抗水、拒污、易打理等。常用的覆膜方法有两种：一为胶粘法，使用胶粘剂将非织造材料与膜材黏合在一起，但其材料的覆膜牢度低，易脱落，且胶粘剂中往往含有甲醛等有毒有害成分；另一为热压复合法，其获得的材料覆膜牢度较高，工艺简便，生产效率高且无污染。非织造加工技术不断进步，非织造材料不断创新，后加工条件的多变因素等对覆膜的影响越来越大，非织造产品质量标准和市场需求不断提高，这就要求覆膜行业也必须按客观条件的变化和新的质量技术标准进行结构调整。姜志绘等人发明了一种非织造材料覆膜涂材料装置，明显改善了覆膜涂材料产品外观质量，同时提高了加工效率。

2）涂层技术。非织造涂层是在非织造基材上均匀的涂覆高分子聚合物和其他功能性物质，成为一种涂层材料。这种复合材料不仅具有非织造材料原有的特性，更增加了覆盖层的功能，聚合物涂层膜可视为一个空间，它可以容纳许多物质，会使织物具有后整理技术达不到的特殊性能与功能。较常用的涂层工艺有刮刀涂层、辊式涂层、转移涂层、喷洒涂层、湿法涂层等。

当今，越来越多的纺织品向着功能化、差别化方向发展，涂层工艺已是实现功能化产品的一个重要手段，一些普通面料可以通过涂层来提高产品档次，增加产品附加值。但是目前市场上应用的许多涂层整理剂和添加剂都存在生态问题，在我国纺织品涂层中，很大部分产品还是采用易燃、易爆的溶剂型涂层剂加工生产的，不仅对环境造成很大污染，而且对人体健康构成很大威胁，在出口中面对欧美“绿色壁垒”时，更是越来越多地受到限制。想要长远发展，需要更好地迎接绿色壁垒的挑战，也为带给人们更多的绿色、高性能、高附加值及功能性生态友好纺织品与生态友好涂层整理技术的研究势在必行。

3）层压技术。非织造材料是由随机分布的纤维制备而成的，这样可使织物平面内各方向上的机械性能相同或相近，因此非织造材料用于层合产品有极好的加工性能。层合加工时，按每层之间结合方法的不同，可以分为热熔层压、黏合剂层压、焰熔层压以及针刺结合等。层合织物自问世至20世纪60年代初期，黏合剂层压占据了主导地位。后来发明了焰熔层压技术，并于60年代在世界各工业国家迅速推广，近年来焰熔层压技术并没有更大的发展，主要原因是这种技术已经趋于成熟，同时焰熔层压技术未来应在有效解决有害气体的回收设备上进行研发和改进。

（3）专用器材技术

1）针布。针布是梳理机的“心脏”，国外针布生产商主要有瑞士Graf、英国ECC、瑞典ABK、日本KANAI以及美国Hollingsworth等公司。国内金轮科创股份有限公司在消化吸收国外先进制造设备和工艺的基础上，自主研究制造大型针布齿条制造设备和工艺。近年来非织造针布新产品不断涌现，质量显著提高，产量成倍增长，除满足我国非织造工业的发展需求外，还可部分出口，缩小了与世界先进技术水平的差距，针布产品的某些指标已经达到世界先进技术水平，针布齿条质量优异，仅在耐磨性方面与国外公司有一定差距。河南光山白鲨针材料有限公司近年来推出了多款梳理机针布产品，并研发出了具有核心竞争力的“大白鲨”保护纤维锥齿技术、“境泉”表面特殊强化处理技术等，促进了我国干法非织造专用针布技术的发展，对非织造纤维梳理分梳质量的提高具有重要意义。

2）刺针。刺针是针刺法非织造材料生产中的主要器材，其上有弯柄、针杆、中间段、渐变段、针身、刺钩、针尖，针身为刺针的功能段。典型的刺针针身截面形状有圆形、三角形、正方形、菱形等，在一个或多个棱上开有刺钩。刺针在纤网层上下往复高速穿刺的频率通常在600～2000次/min。刺针的型号、规格、材料针方式及在加工过程中的针刺深度等因素都对针刺产品的结构、质量和性能有很大影响。目前世界上各种类型、规格的刺针约有 1500 种左右。然而，我国针刺刺针产品种类及质量、技术开发创新能力等方面与国外仍然存在差距，例如国内刺针耐久性较差、加工精度不够高，针刺频率仍无法达到 3000 次 /min 的要求。东华大学等创新设计出椭圆针叶刺针，实现了低损伤针刺缠结复合技术，显著提高滤料加筋增强基材料强度保持率，延长了耐高温滤料使用寿命。圆形 / 椭圆形刺针及通用型刺针的进一步研发、在线更改刺针板技术的不断突破将大幅提高针刺设备的通用性及耐久性。

3）水刺头、喷水板。水刺加固工艺是依靠 80 ~ 250 bar 高水压力，经过水刺头中的喷水板，形成微细的高压水针射流，对托网帘或转鼓上运动的纤网进行连续喷射，在水针直接冲击力和反射水流作用力的双重作用下，纤网中的纤维发生位移、穿插、相互缠结抱合，形成无数的机械结合，从而使纤网得到加固。水射流直径直接影响射流对靶件的冲击面积，射流直径越大、射流冲击力作用于靶件表面的面积越大。不同的应用领域，水射流直径尺寸均不相同，从毫米尺度至分米尺度变化，通常喷水板的孔径范围在 0.8 ~ 1.4 mm。高压水被压送至喷水板经喷水孔高速射出，射流孔型不同、高压极细射流的形态也不同，目前常用的喷水孔形状有三种，即圆柱 – 圆锥形、圆锥 – 圆柱形以及圆柱形。对于圆柱 – 圆锥形喷水孔，入口转角呈直角的轴对称喷水孔口，高压水流过喷水孔入口后，射流与喷水孔内壁面分离同时在内应力的作用下射流开始收缩。在喷水孔的圆锥形区域内，高速射流不与喷水孔内壁面接触，同时，在高速射流的带动下，圆锥形区域内的空气在射流周围呈逆流而上、顺时针循环流动，改善高速射流的集束性。对于圆锥 – 圆柱形和圆柱形喷水孔，高压水流出喷水孔时与孔内壁面接触，由于内应力分布不均匀，高压射流易出现抖动、分层等问题、降低射流的冲击作用效果。喷水板的喷水孔排列类型主要有单排孔、双排孔和交错双排孔。在喷水板轴线方向上，单排孔和双排孔的冲击作用面积比较集中，双排孔的冲击作用强度要高于单排孔。对于交错双排孔，在喷水板轴线上，高速射流的冲击作用面积大于单排孔和双排孔。在实际应用中，需根据具体的作用强度、作用对象以及作用面积来确定喷水孔分布。喷水板的材质及孔的加工技术国内明显落后于国外。

在保证水刺产品性能和质量的前提下，国内大部分水刺设备制造企业相继开发和推出节能降耗、高效率的水刺生产线，如东华大学与和中非织造股份有限公司的合作研究实现了高效节能水刺头、喷水板喷水孔的孔型等水刺关键技术的优化设计，研究结果表明高克重生产线水刺头水压、用电功率明显降低，单位能耗小于 1.2（kW · h）/kg，与国内同类生产线相比，能耗下降率 ≥ 30%，节能效果显著。

7.1.2.5　非织造材料的应用

（1）医疗卫生材料

国内医用非织造产品主要集中在外科非植入性产品方面，如“三拒一抗”手术服、海藻酸盐敷料、壳聚糖止血纱材料等，而手术缝合线、人造血管、人工透析导管、人造皮肤等植入性和人工脏器产品则由于技术落后和行业壁垒等原因，一直处于基础研究阶段，在高附加值的生物医用非织造材料上与发达国家差距明显。目前国家和相关科研院所正在加大研发力度，大力推动我国医用非织造产品朝着多功能、高性能、高附加值的方向发展，努力缩小我国与发达国家在医用非织造产品中的差距。

由东华大学等单位合作完成项目“医卫防护材料关键加工技术及产业化”，开发出了功能性医卫非织造材料，整体技术达到国际领先水平，获得2016年中国纺织工业联合会科学技术奖一等奖、上海市科学技术奖一等奖。天津工业大学、天津凯雷德科技发展有限公司研究完成项目“可穿戴用柔性光电薄膜关键制备技术及其应用开发”，对柔性碳纳米管透明导电薄膜制备进行技术创新，使其产业化生产成为可能，于2016年获得中国纺织工业联合会科学技术奖二等奖。浙江和中非织造股份有限公司使用10%ES纤维、50%粘胶纤维和40%涤纶短纤作为原料研发出超薄型高强度低延伸水刺卫生新材料，产品在较高带液率的条件下，同时又具有较薄的厚度，使得面膜中的营养液能够有效充分地利用，而且本产品较高的柔软性使得面膜具有较低的弯曲刚度，使其能与面部皮肤充分接触且具有良好的触感。大连瑞光非织造材料集团有限公司开发的“丝瑞洁”可冲散水刺非织造材料，采用天丝、木浆等100%纤维素纤维，完整地体现了绿色、环保、低碳的生活理念，产品通过了欧洲权威实验室可冲散性能的测试。优异的可冲散性使得非织造材料可以直接冲入马桶，可用于婴儿湿巾、成人失禁用品、家用清洁抹布材料等领域。

（2）土工建筑材料

非织造土工材料的成网和加固方式主要有纺粘、针刺、热熔黏合等，所用原料主要有聚丙烯、聚酯等聚合物切片以及聚丙烯、聚酯、聚酰胺、聚乙烯醇、黄麻、聚乙烯、聚乳酸等纤维。目前非织造土工材料应用最普遍的是聚酯和聚丙烯类土工材料，红麻、棕麻等土工材料近年来凭借其独特的性能被广泛使用，如瑞士的TRICON SA公司、印度红麻工业公司等已成功将麻类土工材料应用于河岸加固、环境治理、植被保护等领域，而我国在麻类土工材料的开发与应用方面与国外仍有较大差距。依据《国家中长期科学和技术发展规划纲要（2006—2020年）》，科技部启动的国家重点研发计划“重点基础材料技术提升与产业化”重点专项，提出进行土工材料在应用环境条件下的服役行为与失效机理研究以及高强度、耐老化土工材料研制等系列研究工作。由于目前常见的聚酯土工材料耐酸碱性能较差，在碱性环境中强度和延伸率会下降，影响其使用性能和耐久性。而高强聚丙烯长丝纺粘针刺土工材料由于强度高、延伸率低、抗形变能力强，密度小、施工简便，耐腐蚀性优异、适用于各种酸碱环境，已成为土工材料行业的重要发展方向。从土工材料生产设备、生产工艺和产品质量来看，我国聚酯土工材料已经达到了世界先进水平。但作为行业主要发展方向的高强度、耐老化土工材料的生产技术及产品在我国尚未取得重大突破。在欧美发达国家，高强聚丙烯长丝纺粘针刺土工材料已占土工材料行业产量的30%～40%，有的国家甚至达到了50%，国外生产聚丙烯纺粘针刺土工材料的知名企业有位于荷兰TENCATE公司的POLYFELT公司等。相比看来，我国高强聚丙烯长丝纺粘针刺土工材料已落后于发达国家。山东泰安路德工程材料有限公司承担并完成项目"高强智能集成化纤维复合土工材料研发及应用"，于2015年获得中国纺织工业联合会科学技术奖二等奖。江苏迎阳无纺机械有限公司、山东宏祥新材料股份有限公司承担并完成项目"宽幅高强非织造土工合成材料关键制备技术及装备产业化"，实现了国产短纤针刺土工材料生产技术及装备水平的重大突破，获得2015年中国纺织工业联合会科学技术奖一等奖。

（3）过滤材料及个体防护

近年来，我国一系列环保政策措施充分体现出国家对环保的空前重视和决心。《国家中长期科学和技术发展规划纲要（2006—2020年）》中将"环境综合治污与废弃物循环利用"作为重点领域及优先主题。国务院继2013年推出《大气十条》后，于2015年4月出台了《水十条》，被称为史上最严的《大气污染防治法》也于2016年1月1日起开始实施。根据环保部环境规划院的《国家"十二五"环保产业预测及其政策分析》报告初步估算，"十二五"期间我国环保产业保持15%以上的年均增速，"十三五"期间我国环保产业仍将以15%～20%的年均增长率快速增长，作为环保产业重要组成部分的环保滤料产业也将迎来快速发展机遇期。

东华大学等承担的"十二五"国家科技支撑计划"高性能功能性过滤材料关键技术及产业化"于2014年通过科技部验收，攻克了纳米SiOx粉体修饰、SiOx与PPS配位反应纺丝技术，提高了PPS纤维抗氧化、耐高温、耐腐蚀等性能。通过PTFE分散树脂分子量、颗粒形态等配伍，结合多层叠合、分段式烧结拉伸、水射流喷射等新技术，制备出厚度大、通量高的微孔膜；均匀度好、强度高的长丝；纤维细、毛羽少的膜裂短纤维。创新设计出椭圆针叶刺针，实现了低损伤针刺缠结复合技术，显著提高滤料加筋增强基材料强度保持率，延长了耐高温滤料使用寿命。发明了全包覆拒水拒油、抗氧化水解等功能性整理关键技术，实现了针刺、水刺、覆膜等高性能耐高温滤料的产业化。开发了一系列新型滤袋单元结构以及除尘装置内部自动检测、调节平衡气流分材料等关键技术，进一步提高滤袋使用寿命和除尘效率，为我国具有国际先进性烟气排放标准的制定奠定了物质和技术基础。天津工业大学等承担并完成项目“疏水性中空纤维膜制备关键技术及应用”，在传统中空纤维疏水膜表面构筑具有微纳米双结构微突的类荷叶超疏水微结构，为疏水性中空纤维复合膜可控制备与规模化提供技术支撑，发明了系列废水处理方法，获得2015年中国纺织工业联合会科学技术奖二等奖。南京际华三五二一特种装备有限公司与江南大学承担的江苏省重大成果转化项目“工业烟尘超净排放用节能型水刺滤料关键技术研发及产业化”于2015年通过验收，并获得2017中国纺织工业联合会科学技术奖一等奖。但个体防护因涉及面料的复合技术、市场准入制等门槛因素，核心技术基本集中在外国公司手中。

（4）交通用材料及吸音材料

针对低、中、高频率的各类吸音非织造材料相继开发。目前通过将阶梯密度熔喷非织造材料的多层复合纺粘材料，制成的吸音材料具有良好的全频段吸音效果。2010年，天津泰达将PBT纤维与PET熔喷纤维混合、成网、自身黏合加固制备出了PET/PBT双组分吸音材料，在1000～5000 Hz频段，其吸声系数高达0.52～0.98。2012年，丁先锋等以三维卷曲PET短纤和PP切片为原料，通过分散复合熔喷技术制备了PET/PP吸音材料，具有工艺简单、质轻、成本低、吸声性能优异等特点，尤其在高频下具有优异的吸音性能。2013年，史磊等人将熔喷材料与玻璃纤维材料进行热熔黏合制成复合材料，并对其吸音性能进行了研究，研究表明：材料对高频特别是1000～2000 Hz范围声波吸收效果好。日本尼桑公司在原材料纤维中混入线密度小于0.555 tex的异形截面纤维，经热黏合法制成非织造材料，发现其具有良好的吸音效果，可用于汽车内部衬垫材料。日本丰田公司在对吸声材料进行研究中发现，通过运用改性的异形纤维成功研究出一种声学材料，可以有效地提高汽车内饰吸声材料的吸声性能。2015年，上海捷英途新材料科技有限公司刘伦贤等研究出了一种阶梯密度熔喷非织造吸音材料，它沿厚度方向其密度呈阶梯式递减，沿长度和宽度方向其密度相同，此吸音材料是在沿阶梯密度熔喷非织造材料的上下两层分别复合纺粘材料制成的吸音材料，此方法的优点是其在低频和高频下均具有良好的吸音效果。

（5）新能源材料

非织造隔膜通过非纺织的方法将纤维进行定向或随机排列，形成纤网结构，然后用化学或物理的方法进行加固成膜，使其具有良好的透气率和吸液率。非织造电池隔膜主要有湿法非织造材料、熔喷非织造材料以及通过静电纺丝制备的纳米纤维隔膜。湿法非织造材料作为骨架材料，可以改善隔膜的力学性能、孔隙率和产品加工质量。该方法所使用的设备简易、操作简单、成本低；使用细旦的纤维网，产品厚度可以控制在 20 μm 或更薄，电化学性能稳定，热收缩率低。在非织造工艺中，熔喷是一种生产超细纤维（< 5 μm）非织造材料的一种高效工艺。熔喷非织造材料是电池隔膜使用的重要材料之一。电池隔膜使用的熔喷非织造材料面密度通常在 6 ~ 35 g/m^2，网的厚度 12 ~ 50 μm，平均空隙尺寸在 0.3 ~ 25 μm。熔喷非织造材料隔膜具有良好的热性能和使用安全性。适合于静电纺制备的锂离子电池隔膜的材料主要有聚对苯二甲酸乙二酯（PET）、聚偏氟乙烯（PVDF）、聚偏氟乙烯 – 六氟丙烯（PVDF-HFP）、聚酰胺（PA）、聚酰亚胺（PI）、芳纶（间位芳纶 PMIA，对位芳纶 PPTA）等及其与一些具有体系增强特性材料的复合物。然而，该类电池隔膜存在一些缺点，如厚度均匀性较差，孔径分材料不均，抗拉伸机械强度差。高端锂离子电池隔膜是一个汇集技术、成本和高安全风险的产品，应成为步入转型升级中的非织造材料企业的一个发展空间。我国锂离子电池隔膜行业处于高速发展的阶段，但同时国产隔膜整体技术水平与国际一线公司技术水平还有较大差距。

7.2 趋势预测（2025年）

在科技与经济高速发展的 21 世纪，高速、高产、高效依然是非织造行业共同追求的目标，非织造资源的再利用空间巨大，符合现今低投入、低成本的原则。通过对近年来非制造纤维新原料和新工艺发展情况的总结分析，本节列出了非制造专用纤维原料、成网技术、加固技术、后加工技术、智能化技术等五个方面的发展趋势预测，分析了技术需求、关键技术，给出了发展路线图。

7.2.1 非织造纤维原料技术

7.2.1.1 需求分析

我国高性能纤维原料相较于国外不占优势，品种相对较少，尤其在高端医疗卫生用纤维原料工程化及产业化方面比较弱，大部分专用原料都要从国外进口。因此，目前我国非织造领域所使用的纤维原料仍不能满足我国非织造产业发展的高水平需求。

根据中国纺织工业联合会 2016 年 9 月 29 日发布的《纺织工业“十三五”科技进步纲要》，我国纤维原料高新技术在“十三五”期间的研究重点主要有实现多种高性能纤维及复合材料的关键技术及装备、产品及应用的产业化技术；实现生物基纤维原料的高效合成技术及产业化技术；优化和提升各种纤维原料的产业化关键技术，突破新溶剂法制备的纤维素纤维原料的低成本产业化技术。

7.2.1.2　关键技术

（1）专用合成纤维技术

目标：实现非织造专用合成纤维的国产化及量产化。

技术路径 1：海洋生物基非织造医用纤维的研发与应用的拓展；加工过程更加节能环保的再生蛋白纤维的研究。

技术路径 2：绿色化 PLA 纤维制备工艺的优化与应用；PTFE 微纳米纤维的研究与其性能的提高。

非织造专用纤维的研发主要包括以下几方面：在非织造专用纤维方面，国外相比于国内，在生产技术、设备以及产品上都占据比较明显的优势。如，日本开发了一种通过 50% 聚氯乙烯（PVC）与 50% 聚乙烯醇（PVA）共聚得到的可溶性黏结 Efpakal L90 纤维，将这种纤维放在 90 ℃的热水中，PVA 溶解而 PVC 可以软化、黏合；德国 Enka 公司也研发了一种在过热蒸汽或 190 ℃干燥热风中可熔融的共聚酰胺 N40 纤维；日本 UNITIKA 公司开发的“Melty”低熔点共聚酯材料，成功地解决了其他低熔点纤维与聚酯纤维黏结的问题。未来，我国也应正视在这一领域与国外水平的差距，不断采用新装备及新技术，加快在非织造专用纤维功能化、多样化、国产化、量产化方面的研究和开发。

（2）专用再生纤维素纤维技术

目标：实现非织造专用再生纤维素纤维的国产化及量产化。

技术路径 1：提高非织造专用粘胶纤维的高性能化和差别化。

技术路径 2：研究功能化、环保化的新型黏胶纤维。

粘胶纤维本身具有优良的染色、吸湿、抗静电等多种优良性能，近来人们在医疗、卫生、家居干湿擦拭材料的消费观念逐渐趋于“回归自然”，这大大带动了粘胶纤维需求的增长。国际粘胶纤维的发展趋势是高性能、差别化、功能化与环保化等新型纤维的开发应用，远红外、超细纤维、中空纤维、负氧离子、抗菌、阻燃等多功能复合粘胶纤维的开发应用，进一步推进了面料档次的提高，使其向保健、舒适、功能化、特色化、高仿真、高附加值方向发展。但国内粘胶纤维品种仍比较单一，以常规品种为主，化纤差别化率只有 25% 左右。随着生活水平的提高和对阻燃织物法规的逐渐完善，阻燃黏胶纤维由于具有永久的阻燃性、穿着舒适性及熔融不滴落等特性，应用领域将不断扩展；随着技术研发力度的加大，纤维素纤维生产技术水平将会有长足的进步，新技术应用到阻燃纤维生产中，将进一步改善阻燃粘胶纤维的力学性能，尤其是提高其强力和湿模量，为阻燃纤维的生产开辟新途径；抗菌粘胶纤维也具有较广泛的应用市场，但因后整理获得抗菌效果的成本远低于抗菌黏胶纤维的成本，且尚未有理想的可以与粘胶纤维共混的抗菌剂，导致抗菌粘胶纤维产业整体上发展较慢，未来，应加大研发力度，制得质优价廉能与后整理竞争的专用抗菌剂；还应加强负离子粘胶纤维、相变粘胶纤维、珍珠粘胶纤维、高吸附粘胶纤维等功能性粘胶纤维的开发。

（3）回用聚酯纤维技术

目标：实现非织造回用纤维原料的量产化及优质化。

技术路径 1：形成统一的膜状、块状聚酯废弃材料的回收与清洗技术标准。

技术路径 2：提高废弃聚酯产品的回收利用率、回收技术水平以及再生产品的质量。

《化纤工业“十三五”发展指导意见》提出，化纤工业需要加强对于重点领域中关键技术的攻克，积极推行智能制造和绿色制造，加快产业结构调整，促进化纤产业模式向“高附加值、专业化与系统化”转变，实现从生产型制造向服务型制造的转变，同时，对于一些常规产品的新增产能予以严格控制。在“十三五”期间，应继续加强探索废旧化纤产品等再生回用资源的综合利用产业发展机制的新模式，逐步建立健全废旧化纤产品的循环利用体制，提高其回用率。

非织造用的最多的瓶料聚酯纤维与国外发达国家相比，我国聚酯回用行业的发展速度较慢，膜状、块状聚酯废弃材料如瓶片料、“泡泡料”等的回收与清洗技术标准参差不齐，尚未形成统一规模，易造成二次环境污染。由于聚酯的价格普遍较低，在我国产能过剩的情况下，这种现象更为突出，所以即使回收聚酯材料有利于环境保护和节约资源，但目前我国的聚酯回收行业仍处于“作坊”状态。

由 PCI Wood Mackenzie 公司的报告分析可知，2016 年全球共回收了 1090 万 t 的聚酯材料，约占回用材料总量的 50%，据估计，至 2020 年这一数值将会增加至 1400 万 t。2016 年投放欧洲市场的 314.7 万 t PET 瓶和容器中，其在 2017 年回收率达到了 59.8%（约 188.19 万 t），其中机械回收利用量为 177.32 万 t。这些数据有力地说明了聚酯在循环经济中的重要作用，尽管聚酯的收集和回收利用已经在很大程度上得到了提高，但依然有着很大的回收潜力。我国已经成为回用聚酯纤维的第一生产大国，聚酯回收量约占全球总量的 28%，且一直保持着最高的回收率。据 PCI Wood Mackenzie 公司统计，我国在 2016 年共回收了约 420 万 t 的聚酯废弃产品，其中的 90% 都用于生产回用聚酯纤维。但与国外发达国家相比，我国目前仍尚未形成规模，废弃聚酯产品的回收利用率、回收技术水平以及再生产品的质量还有较大的提升空间，且因为产量需求疲软以及我国对于回用聚酯生产制造商实施严格的环境控制措施，我国聚酯回用行业的发展速度较慢，回用聚酯产品的价值持续下跌，成本增加，利润空间不断缩小。目前，德国吉玛公司和美国杜邦公司在回用聚酯方面做得较为成功，实现非织造回用纤维原料的量产化及优质化这一方面仍需努力。

7.2.1.3　技术路线图

方向	关键技术	发展目标与路径（2021—2025）
非织造纤维原料技术	专用合成纤维技术	目标：实现非织造专用合成纤维的国产化及量产化
		海洋生物基非织造医用纤维的研发与应用的拓展
		绿色化 PLA 纤维制备工艺的优化与应用；PTFE 微纳米纤维的研究与其性能的提高
	专用再生纤维素纤维技术	目标：实现非织造专用再生纤维素纤维的国产化及量产化
		提高非织造专用粘胶纤维的高性能化和差别化
		研究功能化、环保化的新型粘胶纤维
	回用聚酯纤维技术	目标：实现非织造回用纤维原料的量产化及优质化
		形成统一的膜状、块状聚酯废弃材料的回收与清洗技术标准
		提高废弃聚酯产品的回收利用率、回收技术水平以及再生产品的质量

图 7-1　非织造纤维原料技术路线图

7.2.2　成网技术

7.2.2.1　需求分析

随着智能化的逐渐普及，非织造材料成网技术也应向着自动化、信息化与高速化不断发展。非织造材料成网智能化技术可以利用计算机辅助设计与制造（CAD/CAM）、非织造设备自动化、非织造材料在线检测、数字化管理以及远程控制来实现非织造材料成网技术的智能化生产。通过计算机系统进行判断进而控制相应的工艺和程序，带动设备进行技术操作，在生产过程中直接解决产品的质量问题，亦可以节约人力劳力，进而提高生产效率。

7.2.2.2　关键技术

（1）梳理成网、气流成网和湿法成网技术

目标：达到高速高产、优质高效的成网效果。

技术路径 1：优化梳理机结构，提升梳理成网均匀度和产能。

技术路径 2：建造多头高效高节能的干法气流成网生产装备，解决湿法梯度缠结、调控的集成于数字化技术。

目前，可以通过气流纤维箱自调匀整技术、梳理及喂入纤维层自调匀整技术、自动控制系统以及双闭环技术控制系统达到改善自动化纤维网均匀性的目的。其中，自动控制系统由带有自调匀整装置喂料箱的梳理机、控制系统工作站、交叉铺网机、固结后纤维网定量变化检测装置组成。该系统与双闭环技术控制系统相似，但作用点和调整点有所差异。自动控制系统中，在梳理机和交叉铺网机之间放置一个牵伸装置，根据检测装置输出的反馈结果，作用到牵伸装置上，可以提前调整牵伸倍数，调节纤维网的厚度，从而使最终产品达到均匀一致的效果。而在双闭环技术控制系统中，调节的是道夫速度，根据检测装置输出的反馈结果，调节道夫与喂入罗拉之间的牵伸倍数，从而使最终产品达到均匀一致的效果。

未来，可以在各个反馈部件上安装成像装置并进行联网，通过移动接收端可以真正实现实时移动监控；通过对梳理技术进行系统的试验与研究，调整优化梳理机的结构，以提升梳理机的梳理速度及产能，从而可以满足多种纤维的加工要求，且出网速度达到 200 m/min 以上；基于空气动力学，通过研究气流成网技术及纤网均匀性控制技术，争取在 2025 年实现建成产能达 1000 kg/h，成品重量为 150 ~ 2000 g/m^2 的高效高产节能环保的气流成网生产线，可以通过全新空气动力学方法将废纺纤维气流成毡。

湿法成网在未来应解决湿法缠结调控的自动化技术。预期到 2025 年，湿法成网工艺将有望突破 3.5 m 幅宽、湿法成形速度 500 ~ 600 m/min，产能将比当下翻一番。

（2）直接成网生产技术装备

目标：研发高速高产、优质高效的双组分纺粘、纺熔复合、水刺开纤非织造布技术装备。

技术路径 1：研发双组分纺粘及纺熔复合非织造布生产技术装备、中空橘瓣及并列多瓣型纺粘水刺开纤非织造布技术装备。

技术路径 2：解决溶剂 / 溶液直接成网法中的成网与溶剂回用问题。

近年来，国内外都非常关注双组分纺粘（纺丝成网）非织造材料技术的研究，目前我国在自主研发纺粘新技术方面与国外存在一定差距。

未来，我国应加大优化干法梳理机的结构，提高宽幅梳理机部件的抗变形精度，提升梳理成网匀度和产能；建造多头高效高产节能的干法气流成网生产装备；解决湿法成网的梯度缠结与调控的集成技术以及数字化技术；双组分纺丝箱体的开发和复合纺丝喷丝板的研制；研制出可以生产幅宽 3.5 m 的 PE/PP、PP/PET、PA/PET、PET/COPET 等双组分纺粘及纺熔复合非织造材料生产技术装备、复合中空橘瓣形及并列多瓣型纺粘水刺开纤超细纤维非织造材料技术装备；解决溶剂 / 溶液直接成网法中的成网与溶剂回用及效率等关键问题；研发数字化的集散控制系统；研发出满足生产工艺要求和安全性要求的闭环控制系统。

7.2.2.3　技术路线图

方向	关键技术	发展目标与路径（2021—2025）
成网技术	梳理成网、气流成网和湿法成网技术	目标：达到高速高产、优质高效的成网效果
		优化梳理机结构，提升梳理成网均匀度和产能
		建造多头高效高节能的干法气流成网生产装备，解决湿法梯度缠结、调控的集成于数字化技术
	直接成网生产技术装备	目标：研发高速高产、优质高效的双组分纺粘、纺熔复合、水刺开纤非织造布技术装备
		研发双组分纺粘及纺熔复合非织造布生产技术装备、中空橘瓣及并列多瓣型纺粘水刺开纤非织造布技术装备
		解决溶剂/溶液直接成网法中的成网与溶剂回用问题

图 7-2　成网技术路线图

7.2.3　加固技术

7.2.3.1　需求分析

虽然国内非织造加固设备制造商通过引进、消化与吸收，并根据国内用户使用情况，进行了不断的技术创新，且已形成了具有我国特色的加固技术和设备，但与国际先进技术相比仍然存在较大差距。在我国“绿色制造”的呼吁下，纤维网加固生产过程中应满足绿色节能、高效高产、个性化的原则，实现非织造行业的可持续发展。

7.2.3.2　关键技术

针刺、水刺、热风、复合等加固技术首先要解决高效高产、适应性广的问题，其次是降低能耗，节约资源，保护环境。关键是设计开发低损伤耐磨性刺针及新型针刺机，突破各向同性水刺技术及装备，推进功能性多梯度热黏合技术及装备，促进非织造材料与塑料、膜材的柔性复合技术的发展。

（1）针刺加固技术

目标：研发高频、减震、宽幅、个性化（长丝或短纤）和适用性广的针刺加固设备及低损伤耐磨性刺针。

技术路径1：研发高频、减震、宽幅、个性化（长丝或短纤）和适用性广的针刺加固设备，对针刺设备往复运动部件进行轻量化设计，对运动机构进行优化设计，同时引入振动补偿元件，从而达到大幅度提高针刺频率的目的。

技术路径 2：加大投入研发圆形 / 椭圆形针刺机及通用型刺针，攻克在线更改刺针板技术，从而大幅度提高针刺设备的通用性及耐久性；建立智能状态监测与网络运行评价系统，同时实现绿色节能，高效高产。

1）开发新针刺机型。近年来，我国的研究人员研发了不少针刺新机型。专利“椭圆轨迹针刺机构”中提出了一种椭圆轨迹针刺机构；周自强等人针对高速针刺机椭圆针刺轨迹的设计需要，提出了一种椭圆轨迹生成方法，验证了椭圆轨迹针刺机构的准确性和合理性，并提出了相应的设计方法。

为了适应针刺设备高速高效发展的需要，椭圆形轨迹针刺机将是我国针刺机机型未来发展的主要趋势；圆形轨迹针刺机是我国针刺机机型未来发展的另一趋势，目前国内关于该机型技术的研究还是空白。

2）轻量化设计。轻量化设计包括结构优化设计、新材料的选取以及多学科综合优化设计等。对针刺设备运动部件实施轻量化设计有利于设备减重、节能以及提升设备的动力学性能。目前，国产针刺机的频率最高约为 2000 次 /min，而设备材料是制约针刺频率提升的一个很重要的原因。随着材料科学的高速发展与不断突破，国内外许多设备生产商开始尝试新型轻量材料。如，我国许多针刺机的针梁材料由原来的低合金高强度结构钢变为现在的铝合金；连杆结构也由原来的铸钢替换为现在的铝基复合材料；德国 Dilo 公司生产的 Hyperpunch HSC 型针刺机中，针板和针梁均采用碳纤维增强复合材料，具有质量轻、性能好的特点，该系列针刺机的针刺频率可以达到 3000 次 /min。

3）智能状态监测与网络运行评价系统。将状态检测技术应用到针刺设备的生产中，对高速运行中产生的机械振动信号、材料的张力波动、厚度的变化、材料的透气性等进行实时的检测与控制，建立故障诊断专家知识库，可以为针刺设备的机构优化及改进提供参考，对于非织造行业未来的发展起到了一定的推动作用；设计开发一种针刺机网络化运行评价系统，该系统不仅可以实时检测生产过程中针刺机的运行状态，还可以对生产的非织造材料进行物理性能的在线评价。

4）绿色节能高效高产。我国一直提倡“绿色制造”，针刺加固生产过程中也应满足绿色节能、高效高产的原则。未来，国内针刺企业在做到以上原则的同时，更要注重节约资源，保护环境，实现非织造行业的可持续发展。

（2）水刺加固技术

目标：研发高自动化程度和节能减排的高速高产水刺设备、高效节能烘燥技术和零排放水处理利用技术。

技术路径 1：国内水刺行业正处在从粗放型转向集约型、从低附加值转向高附加值升级的关键时刻，节能降耗、绿色环保是水刺行业需要关注的紧迫任务。

技术路径 2：水刺与纺粘等其他非织造工艺相结合，突破各向同性水刺技术及装备；此外，拓展水刺技术在造纸、浆纱、线路板等领域的应用。

我国水刺产业凭借成本及产业链等优势占据了全球非织造产业的中低端市场，而在技术创新、品牌推广及企业精细化管理等方面与发达国家相比还有较大的差距。所以，我们应该加大该领域的科研投入，培养专业人才，同时提高创新和开发能力，研发出高性能水刺专用设备以及水刺专用纤维原料。

未来，为了降低水刺非织造产品的成本，水刺设备将会向着高速高效高产、宽幅、节能、智能化、清洁环保等方向发展；梳理直接成网双梳工艺，水刺单位产品能源消耗限额总能耗值小于 0.100（吨标准煤 / 吨材料）；梳理交叉铺网 + 梳理直接成网工艺，水刺单位产品能源消耗限额总能耗值小于 0.150（吨标准煤 / 吨材料）。为了适应不同产品的需要，水刺原料将会向着差别化方向发展，如双组分纤维、超细化纤维、环保绿色纤维等；为了克服水刺产品的局限性，生产工艺流程将会采用水刺复合技术及功能性后整理技术；为了扩大水刺产品的应用领域，产品将会向着多样化、功能化、可靠耐用的方向发展。

（3）热风加固及复合技术

目标：降低能耗、节约资源和成本来实现热风加固工艺及复合技术绿色发展；实现非织造复合技术全面推广应用。

技术路径 1：开发高效高产的热风加固技术，拓展非织造加固技术在多领域中的应用。

技术路径 2：研发功能性多梯度热黏合工艺及装备，推进非织造材料与塑料、膜材的柔性复合应用技术的进步。

热风法是热黏合非织造材料工艺的一种，是指短纤维原料经开松、梳理成网后进入烘燥设备，通过高温热风穿透，使得纤维互相缠结、熔化、黏合、定型的一种非织造材料生产工艺。热风非织造材料由于其外观均匀、触感超柔软、蓬松且富有弹性并且满足不含任何黏合剂等化学物质的卫生条件，主要用作卫生巾、护垫、纸尿裤等用即弃卫生用品的面层、导流层和底膜层材料等。近年来随着下游用即弃卫生用品市场容量的拓展和渗透率的提高以及热风非织造材料产品在物理性能、防渗透性、低起毛性、滑爽性和高产技术方面的突破，满足我国妇婴产品对热风非织造材料的需求迅速增长的需求。未来，热风技术的发展方向应基于多品类低能耗功能性热黏合纤维的研发，推进功能性多梯度热黏合工艺及装备的技术进步，通过降低能耗、节约资源和成本来实现绿色工艺的发展。

近年来，非织造材料与机织物、针织物、塑料、膜材的复合也取得了较大进展。

通常情况下，机织物和针织物在复合材料中起到骨架作用，并采用非织造加固技术实现材料间的复合，推进非织造材料与塑料、膜材的柔性复合应用技术。在土工领域，非织造与针织经编材料的复合技术已崭露头角，这种新材料的诞生与发展引领了产业用纺织品的新时代，预计到 2025 年，该类复合技术将会从土工领域扩大到过滤、卫生等多项其他领域，复合新产品将在新型复合材料中占有一定份额。

7.2.3.3 技术路线图

方向	关键技术	发展目标与路径（2021—2025）
加固技术	针刺加固技术	目标：研发高频、减震、宽幅、个性化（长丝或短纤）和适用性广的针刺加固设备及低损伤耐磨性刺针
		研发高频、减震、宽幅、个性化和适用性广的针刺加固设备
		攻克在线更改刺针板技术，从而大幅度提高针刺设备的通用性及耐久性
	水刺加固技术	目标：研发高自动化程度和节能减排的高速高产水刺设备、高效节能烘燥技术和零排放水处理利用技术
		高速高效高产、宽幅、节能、智能化、清洁环保型水刺设备的研发
		突破各向同性水刺技术及装备；拓展水刺技术在造纸、浆纱、线路板等领域的应用
	热风加固及复合技术	目标：降低能耗、节约资源和成本来实现热风加固工艺绿色发展，实现非织造复合技术全面推广应用
		开发高效高产的热风加固技术，拓展非织造加固技术在多领域中的应用
		研发功能性多梯度热黏合工艺及装备，推进非织造材料与塑料、膜材的柔性复合应用技术的进步

图 7-3 加固技术路线图

7.2.4 后加工技术

7.2.4.1 需求分析

非织造后整理技术是非织造材料加工过程中的“后道工序”，在非织造材料的应用上占有很重要的地位，但是目前国内后整理技术的发展与其他非织造材料强国相比还有很大的差距，尤其是在纳米型、静电型、超粗型非织造材料的整理方面，我国非织造领域的人才还需进一步努力，大胆创新，不断突破，研发出新型整理工艺以及整理剂，以满足不同领域的需要。当今世界提倡节能降耗，绿色发展也是我国“十三五”五大发展理念之一，生态文明建设被列为国家五年规划的目标任务，国内外针对生态纺织品的要求也愈来愈严苛。根据《纺织工业发展规划》对纺织业单位提出的系列指标，非织造的后整理也要不断进行相应方向性的调整，以推进智能制造和绿色制造的发展方向。而非织造后整理的过程往往需要消耗大量的能源，未来，非织造后整理设备生产厂家及后整理企业应将节能减排作为以后开发和创新的方向，实现生产加工既符合社会利益又可以增加企业效益的目标。

7.2.4.2 关键技术

加工技术操作简单、绿色清洁，成本低廉、效率高，具有较高工业生产可行性的非织造材料后整理技术将会是研究的热点，如生物酶及无甲醛后整理；尤其是在线后整理技术，推动非织造机械的发展，拓展非织造产品的进步，促使非织造产品市场的需求，进而不断加速非织造产业的创新与进步。

（1）生物酶及无甲醛后整理

目标：实现简单高效地绿色后整理。

技术路径1：初步探讨生物酶后整理加工的成套技术，完全淘汰2D纯树脂的N-羟甲基酞胺类化合物类整理剂在非织造材料中的应用。

技术路径2：开发生物酶后整理加工的成套设备及符合绿色整理要求的多元羟酸类整理剂。

将生物酶应用于非织造产品的印染加工过程中，形成适合生物酶后整理加工的成套加工技术和整体解决方案。同时，生物酶和光降解催化剂等印染废水脱色和降解技术符合绿色加工和资源综合利用的要求，应进行持续研究。

以往非织造材料免烫整理多采用2D纯树脂的N-羟甲基酞胺类化合物类整理剂，该种整理剂在生产和使用过程中会释放出甲醛，对健康和环境不利。为了符合绿色整理的要求，今后应大量应用丁烷四羟酸、柠檬酸、马来酸等不含甲醛的多元羟酸类整理剂。

（2）环保染色及智能印染技术

目标：实现非织造材料染色工艺的智能化及绿色化。

技术路径1：开发环保染料及其染色的非织造材料，建立健全相关管理标准体系。

技术路径2：开发并推广应用智能化印染连续生产和数字化间歇式染色整体技术。

随着人类环保意识的日益增强，与人体接触相关的染料行业对产品的安全性和环保性不断提出更高要求，有关卫生级、食品级染料的相关标准体系也亟待补充。欧美等地区对染料提出越来越高的要求，其中影响较广泛的化学品监管法规体系包括欧盟 REACH 法规、欧盟《玩具安全条例》、欧盟食品包装着色剂要求、美国 TSCA 法规和美国食品药品监督管理局有关食品药品法规等。环保型染料所含可能对人体健康和自然环境有害的物质大幅度降低，欧美等地区的“绿色壁垒”，一方面提高了染料的技术壁垒、贸易壁垒；另一方面又促进了环保型染料新技术、新产品的开发进程，环保型染料市场需求不断增长。未来，我国也要加大天然染料和新型环保合成染料的研发，开发出用于非织造擦拭材料、干湿巾、面膜、婴儿用品等可与人体直接接触产品的染料、油墨材料以及相关染印技术，同时建立健全相关管理标准体系。虽然目前天然染料还无法完全替代合成染料，但其环境生态相容性好，一般无毒或低毒，未来应该继续加强在该方面的研究工作。新型环保合成染料是指染料生产过程中无污染，且在非织造材料的染色加工过程中符合国家和环保要求的一种产品，其可以用于纤维素纤维家纺材料的染色加工。此外，还可以采用活性染料湿短蒸的染色处理工艺，该工艺具有高效节能、固色效率高、产品色泽鲜艳等特点。环保染色技术主要有超临界二氧化碳染色、低温染色技术、气相或升华染色、微波远红外染色等，未来，非水介质染色技术、无染料染色技术也应进行相应的研究和应用。

在自动化、数字化、智能化印染装备工程及应用技术方面，开发并推广应用智能化印染连续生产和数字化间歇式染色整体技术。

7.2.4.3 技术路线图

方向	关键技术	发展目标与路径（2021—2025）
后加工技术	生物酶及无甲醛后整理	目标：实现简单高效地绿色后整理
		探讨生物酶后整理加工的成套技术，完全淘汰甲醛类整理剂
		开发生物酶后整理加工的成套设备及符合绿色整理要求的多元羟酸类整理剂
	环保染色及智能印染技术	目标：实现非织造材料染色工艺的智能化及绿色化
		开发环保染料及其染色的非织造材料，建立健全相关管理标准体系
		开发并推广应用智能化印染连续生产和数字化间歇式染色整体技术

图 7-4 后加工技术路线图

7.2.5　智能制备技术

7.2.5.1　需求分析

在大数据时代的背景下，非织造行业装备产品智能化、装备制造智能化和产品智能多功能化技术研发，将提高生产效率和产品质量，降低人工劳动强度。

7.2.5.2　关键技术

（1）非织造设备智能化

目标：加强非织造智能设备的自主开发及重点应用，推进非织造生产设备从自动化向智能化发展。

技术路径 1：建立非织造设备之间的联通及数据共享，结合装置工作状况感知系统，达到实时监控非织造设备状态的目标。

技术路径 2：推进非织造设备生命周期分析、维护方案制定及实施等功能，实现非织造设备的远程维护；促进非织造设备制造智能化。

非织造智能元件方面：研发及应用非织造智能传感器与控制系统、非织造材料智能检测与分析元器件，如非织造纤网均匀性、含水量在线监测与视觉传感器等智能监控与检测单元；非织造智能机器人方面：将反馈式控制技术与非织造材料生产工艺相结合，研发及应用可以在线控制纤网均匀性的疵点检测及自动剔除机器人、非织造材料自动包装及搬运机器人等；非织造智能装备方面：建立非织造成套智能制造单元及生产线，将非织造产品生产的全过程与智能化结合起来，实现整个生产流程的联通及数据共享；非织造设备制造智能化方面：研发非织造设备全生命周期的数字化设计及生产技术和非织造装备智能制造车间技术。建立基于非织造装备制造大数据和云计算平台的大数据分析系统，初步实现包括数据可视化、在线监控、预防性维护及智能决策等功能的非织造设备智能制造信息物理系统融合技术。

（2）非织造车间（工厂）智能化

目标：实现非织造车间的智能制造和智能化管理。

技术路径 1：进一步加强纺丝、成型、原料输送、包装等非织造产品生产工艺技术的自动化、数字化、连续化集成应用。

技术路径 2：构建非织造车间智能数据中心，优化生产过程智能管理技术及设备智能维护。

实现非织造车间的智能制造和绿色制造，进一步加强纺丝、成型、原料输送、包装等非织造产品生产工艺技术的自动化、数字化、连续化集成应用，实现非织造产品生产的全流程数字化监控和智能化管理。基于工业物联网建设，不断研发和优化非织造纤网质量在线监控技术、工艺参数自动记忆和智能调节技术、纤网结构在线检测及分析技术、含水率在线监测及自动烘干技术、疵点在线检测及自动剔除技术、生产能耗进行实时监测及优化技术、生产设备远程控制技术、生产过程智能管理技术等，构建非织造车间智能数据中心，对生产全流程实行全面的数字化管理，同时通过对数据进行分析、优化与设备智能维护，实现非织造各工序车间的智能化。

（3）非织造产品智能化

目标：拓展非织造产品的应用领域。

技术路径 1：通过将非织造材料与医疗卫生、健康运动、智能电子等相关领域相互结合，研发具有形状记忆、感温变色、相变调温等环境感应功能的非织造产品。

技术路径 2：开发具有生理体征检测等功能的柔性可穿戴智能非织造产品，不断拓宽非织造产品在各个领域的应用。

7.2.5.3 技术路线图

方向	关键技术	发展目标与路径（2021—2025）
智能化技术	非织造设备智能化	目标：加强非织造智能设备的自主开发及重点应用，推进非织造生产设备从自动化向智能化发展
		建立非织造设备之间的联通及数据共享，达到实时监控非织造设备状态的目标
		推进非织造设备维护方案制订及实施等功能，实现非织造设备的远程维护
	非织造车间（工厂）智能化	目标：实现非织造车间的智能制造和智能化管理
		进一步加强纺丝、成型等非织造产品技术的自动化、数字化、连续化集成应用
		构建非织造车间智能数据中心，优化生产过程智能管理技术及设备智能维护
	非织造产品智能化	目标：拓展非织造产品的应用领域
		研发具有形状记忆、感温变色、相变调温等环境感应功能的非织造产品
		开发具有生理体征检测等功能的柔性可穿戴智能非织造产品

图 7-5 智能化技术路线图

7.3　趋势预测（2050年）

7.3.1　非织造专用纤维原料

7.3.1.1　需求分析

非织造材料已成为工业、农业、日常生活中不可或缺的一部分，有着极大的需求量和使用量，然而不可降解的化学纤维非织造材料恶化了生态环境，威胁着人类的健康。在国家绿色环保政策的感召下，人们环保意识不断增强，原生态的纤维材料将会重新受到人们的广泛关注，在非织造工业中占据重要地位。

7.3.1.2　关键技术

关键技术：非织造专用纤维原料技术。

目标：实现非织造产业的绿色可持续发展。

技术路径 1：拓展棉、麻、丝纤维在非织造领域中的应用。

棉纤维作为传统的生物质天然原生纤维，绿色环保、产品易生物降解，伴随着棉纤维专用非织造工艺和设备的日益完整，全棉水刺非织造材料的需求量将会逐年递增，尤其是在医疗卫生领域，发展潜力巨大。麻纤维因强度高、模量大、质硬、耐摩擦、耐腐蚀、耐水泡、可再生、可生物降解、热稳定性和声学特性优异，而使得麻纤维增强的非织造复合材料将在汽车领域、包装领域和建筑领域获得非常广泛地应用。

技术路径 2：开发新品种的生物基再生纤维，优化海洋生物质纤维的生产工艺，实现其广普性应用。

蚕丝纤维、Lyocell 纤维、海藻酸纤维、壳聚糖纤维以及聚乳酸纤维等其他生物质纤维在非织造材料产业中的应用将日益广泛，如农业、林业用的育苗网材料、防霜防冻防杂草网材料、种子袋、农用化学品和化肥袋；渔业用的鱼网、养殖网、鱼线、海岸网材料等；水果蔬菜等食品用的包装非织造材料、食品专用非织造过滤材料等。

技术路径 3：采用农产品、农作物废弃物为原料，制备新品种的生物基合成纤维；研发现代农林业、养殖业等生态应用的非织造材料。

在结合我国农林业、生态发展特点的基础上，把工程技术与生物技术紧密结合，开发系列覆盖、栽培、养殖等多领域全覆盖的非织造材料，广泛应用于蔬菜、花卉、茶叶、人参、水果、水稻等作物、鸟类、昆虫类的养殖上，研发我国现代农林业和养殖业等生态应用的绿色生态型非织造材料。

7.3.1.3 技术路线图

方向	关键技术	发展目标与路径（2026—2050）
非织造专用纤维原料	非织造专用纤维原料技术	目标：实现非织造产业的绿色可持续发展
		拓展棉、麻、丝纤维在非织造领域中的应用
		开发新品种的生物基纤维，优化海洋生物质纤维的生产工艺，实现其广普性应用
		采用农产品、农作物废弃物为原料，制备新品种的生物基合成纤维

图 7-6 非织造专用纤维原料技术路线图

7.3.2 非织造工艺技术

7.3.2.1 需求分析

非织造工艺技术是整个非织造产业链的核心技术，近年来无论是在成网技术还是加固技术方面，我国都取得了极大的突破，但部分技术依旧强烈依赖于国际其他公司，没有实现完全自主知识产权。未来在我国创新政策的驱动下，非织造材料生产线和高端非织造设备将会取得巨大突破。

7.3.2.2 关键技术

关键技术：非织造纺丝成网技术、湿法成网技术及在线复合技术。

目标：加快非织造布机械产品结构调整，发展满足市场需求的新型高端装备和技术。

技术路径 1：研发多模头纺熔复合非织造生产线，实现高速熔喷模头国产化；突破聚乙烯闪蒸纺直接成网技术与装备。

研发成网速度大于 1200 m/min 多模头纺熔复合非织造生产线，真正实现宽幅高速熔喷模头的国产化，一条纺丝直接成网线的非织造材料产能，将有望从 2025 年的年产 15000 t 提高到年产数万吨。

技术路径 2：突破纤维素纤维湿法纺丝直接成网技术与装备和湿法成网低浓度长纤水力学均匀分散缠结技术。

技术路径 3：实现纳米纤维与传统非织造布的在线复合；研发成像数控针刺过滤材料智能生产线。

提高复合、后整理等生产线的在线自动化水平和在线检测控制能力。研发新型智能化静电纺丝装备，使纳米纤维能与传统非织造材料实现在线复合，进一步提高非织造产品的科技附加值及应用效率，拓宽应用领域。加大研发成像数控针刺气体（粉尘）过滤材料专用生产技术，研制面向针刺设备的专用数控智能系统，同时开发气压精细喂棉机、高速杂乱型非织造材料梳理，高速交叉折叠式铺网、宽幅高频针刺工艺及机械装备的集成技术。

7.3.2.3　技术路线图

方向	关键技术	发展目标与路径（2026—2050）
非织造工艺技术	非织造纺丝成网技术、湿法成网技术及在线复合技术	目标：加快非织造布机械产品结构调整，发展满足市场需求的新型高端装备和技术
		研发多模头纺熔复合非织造生产线，实现高速熔喷模头国产化
		突破纤维素纤维湿法纺丝直接成网技术与装备和湿法成网低浓度长纤水力学均匀分散缠结技术
		实现纳米纤维与传统非织造布的在线复合；研发成像数控针刺过滤材料智能生产线

图 7-7　非织造工艺技术路线图

7.3.3　非织造材料应用技术

7.3.3.1　需求分析

在市场需求的推动下，非织造材料几乎覆盖了人们的日常生活，展现出了巨大的应用前景。但未来非织造材料将会聚焦智能型环保土工非织造材料、环境保护用非织造材料和超纤（仿真）合成革基材料的研发。

7.3.3.2　关键技术

（1）智能型环保土工非织造材料

目标：实现智能土工系统的开发与应用。

技术路径 1：开发设计适用于冻土区道路工程的专用土工材料，在保证渗透性的同时兼顾快速散热的性能，从而实现对环境的保护。

技术路径 2：研发光纤传感式，压电式、压阻式等土工复合材料，赋予其特殊的功能。

技术路径 3：智能土工复合材料的批量化生产及应用。

随着大数据及智能化制造的推进与发展，智能土工系统的开发与应用是未来土工材料领域的一大重要发展方向。将光纤传感器以及相关检测系统应用于土工用纺织品中，赋予其特殊的功能，比如监测温湿度、机械变形、应变、探测化学侵蚀、孔隙压力，结构完整性与土工结构健康状况以及重大工程如垃圾填埋等有害环境中的自动监测、数据反馈、实时报告等，从而能够在土工材料的结构蠕变及其所处环境变化的早期给予警告，提供实时监控与安全预警的功能。

（2）环境保护用非织造材料

目标：实现非织造材料在环保领域的高效节能应用。

技术路径 1：大气污染治理用非织造材料领域：应重点推进高效低阻大容尘量净化过滤材料、有害物质协同治理及经济可行的废旧滤料回收的技术研发；研发袋式除尘节能降耗的应用技术，加快汽车滤清器、空气净化器等非织造过滤材料的研发应用。

技术路径 2：土壤污染治理用非织造材料：重点发展矿山生态修复用、重金属污染治理用、生态护坡加固绿化用等土工非织造材料；加快麻地膜、聚乳酸非织造材料等可降解农用纺织品的推广应用。

技术路径 3：水处理及污染治理用非织造材料：重点推进纳米纤维、中空纤维非织造分离膜的产业化；加快研发应用水安全分离、工业废水等非织造滤料。

（3）超纤（仿真）合成革基材料

目标：实现超纤合成革基材料对合成革及真皮行业的完全替代。

技术路径 1：研发新型碱减量设备或能够替代碱减量工艺的新工艺。

技术路径 2：建设短流程、低成本、轻量化的超纤合成革基材料工艺。

技术路径 3：抗折皱、抗静电、耐磨性、回弹性、柔软性、舒适性优良、仿真性和科技附加值高的新型超纤革基材料的制备。

超纤高仿真合成革代表着整个合成革行业的发展方向，对其进行研究开发，要解决复合纺丝与品质、基材制造与细化、合成革涂层与环保的生产三大难题。未来超纤合成革基材料工艺流程应向短流程、低成本、轻量化发展；以求大大降低合成革生产企业进入超纤合成革生产的门槛，扩大超纤合成革的产能，满足市场需求。尤其是针对碱减量设备复杂、制造难度大、成本高等问题，加大投资力度，研发新型碱减量设备或能够替代碱减量工艺的新工艺。抗折皱、抗静电、耐磨性、回弹性、柔软性、舒适性优良、仿真性和科技附加值高的新型超纤革基材料必将是未来合成革技术的发展方向，实现超纤合成革基材料对合成革及真皮行业的完全替代。

7.3.3.3　技术路线图

方向	关键技术	发展目标与路径（2026—2050）
非织造材料应用技术	智能型环保土工非织造材料	目标：实现智能土工系统的开发与应用
		开发设计适用于冻土区道路工程的专用土工材料
		研发光纤传感式，压电式、压阻式等土工复合材料
		智能土工复合材料的批量化生产及应用
	环境保护用非织造材料	目标：实现非织造材料在环保领域的高效节能应用
		研发袋式除尘节能降耗的应用技术，加快汽车滤清器等非织造过滤材料的研发应用
		发展矿山生态修复用、重金属污染治理用、生态护坡加固绿化用等土工非织造材料
		加快研发应用水安全分离、工业废水等非织造滤料
	超纤（仿真）合成革基材料	目标：实现超纤合成革基材料对合成革及真皮行业的完全替代
		研发新型碱减量设备或能够替代碱减量工艺的新工艺
		建设短流程、低成本、轻量化的超纤合成革基材料工艺
		回弹性、舒适性优良、仿真性、科技附加值高的新型超纤革基材料的制备

图 7–8　非织造材料应用技术路线图

7.3.4　绿色制造

7.3.4.1　需求分析

节能环保是未来社会发展的核心，整个纺织行业将为实现绿色智造，清洁生产的技术应用而不遗余力地奋斗，非织造材料产业也将紧跟时代步伐，实现绿色环保化生产。

7.3.4.2　关键技术

关键技术：非织造生产节能技术、废旧织物回收技术、可降解聚合物的成网工艺与设备。

目标：实现非织造生产绿色节能、健康快速发展。

技术路径 1：非织造产业将重点提升纺粘与熔喷、水刺工艺的脱水、加热、烘干、热能回用等环节的节能降耗水平，提升后整理工艺废气回收、再利用等水平。

技术路径 2：加大废旧纺织服装制品的回收利用，提高再利用纤维和废旧纺织品在非织造产品中的开发和应用比例，在保证产品质量的同时赋予其较高的科技附加值，加快和鼓励再生涤纶、丙纶等纤维和废旧纤维材料在吸音、包装、农业、土工建筑等方面的应用。

技术路径 3：研发可降解聚合物的成网工艺与设备，加快推进绿色可降解非织造材料的应用，提高一次性可降解非织造产品的技术水平和应用比例。

7.3.4.3 技术路线图

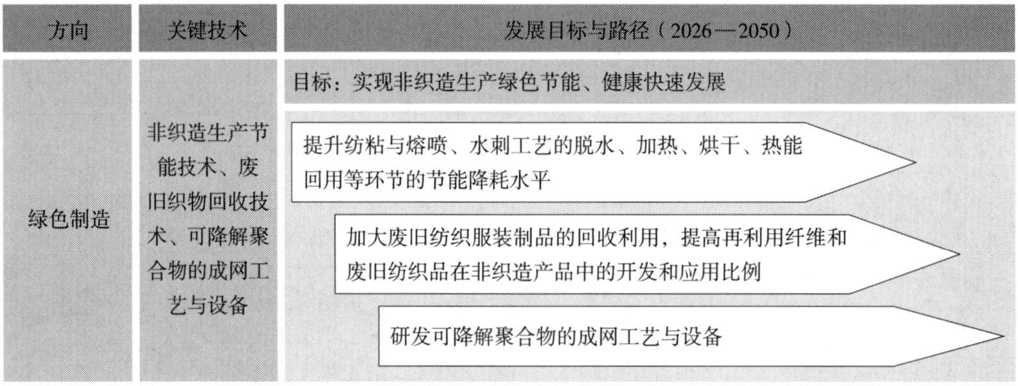

方向	关键技术	发展目标与路径（2026—2050）
绿色制造	非织造生产节能技术、废旧织物回收技术、可降解聚合物的成网工艺与设备	目标：实现非织造生产绿色节能、健康快速发展
		提升纺粘与熔喷、水刺工艺的脱水、加热、烘干、热能回用等环节的节能降耗水平
		加大废旧纺织服装制品的回收利用，提高再利用纤维和废旧纺织品在非织造产品中的开发和应用比例
		研发可降解聚合物的成网工艺与设备

图 7-9　绿色制造技术路线图

7.3.5 智能化技术装备

7.3.5.1 需求分析

非织造智能制造平台初步完善，非织造智能设备主要的支撑技术、主体智能制造技术、智能制造新模式技术等实现全面突破，尤其是非织造材料生产设备智能化远程诊断和实时监控系统。以非织造生产加工全流程系统集成和设备联通为基础，实现非织造加工过程的智能化管理，实现非织造材料的自动化及高品质制造。

7.3.5.2 关键技术

关键技术：智能化非织造设备及生产车间。

目标：实现我国非织造产业将逐步向生态环保、绿色低碳、高端化方向发展。

技术路径 1：继续研发运行稳定性高的智能化非织造设备，实现国产化，缩小与国际先进技术的差距。

技术路径 2：开发非织造材料生产设备智能化远程诊断和实时监控系统。

技术路径 3：不断研发并推进非织造车间的信息集成和加工检测一体化。

7.3.5.3　技术路线图

方向	关键技术	发展目标与路径（2026—2050）
智能化技术装备	智能化非织造设备及生产车间	目标：实现我国非织造产业将逐步向生态环保、绿色低碳、高端化方向发展
		继续研发运行稳定性高的智能化非织造设备
		开发非织造材料生产设备智能化远程诊断和实时监控系统
		不断研发并推进非织造车间的信息集成和加工检测一体化

图7-10　智能化技术装备路线图

参考文献

[1] 王锐，莫小慧，王晓东. 海藻酸盐纤维应用现状及发展趋势［J］. 纺织学报，2014，35（2）：145-152.

[2] 牛方. 从“零”到“全产业链”：自立自强的壳聚糖纤维［J］. 中国纺织，2017（12）：68-71.

[3] 赵昱，龙柱，张丹，吕文志. 壳聚糖纤维的制备与应用现状［J］. 江苏造纸，2017（1）：16-21.

[4] 薛敏敏. 纯壳聚糖纤维实现规模产业化［J］. 合成纤维，2017，46（12）：52.

[5] 白琼琼，文美莲，李增俊，等. 聚乳酸纤维的国内外研发现状及发展方向［J］. 毛纺科技，2017，45（2）：64-68.

[6] 王革辉，倪至颖. 中国对聚乳酸纤维及其织物的研究与开发现状［J］. 国际纺织导报，2013，41（12）：4+6-7.

[7] 余晓兰，汤建凯. 生物基聚对苯二甲酸丙二醇酯（PTT）纤维研究进展［J］. 精细与专用化学品，2018，26（2）：13-17.

[8] 孔海娟，张蕊，周建军，等. 芳纶纤维的研究现状与进展［J］. 中国材料进展，2013，32（11）：676-684.

[9] 崔江红，刘海鹏，亓国红，等. 非织造针刺技术研究现状及发展趋势［J］. 上海纺织科技，2017（11）：1-4.

[10] 徐朴. 国外成网设备和针刺设备的发展［J］. 纺织导报，2006（3）：60-65.

[11] 赵永霞. 非织造设备的技术改进及发展动向［J］. 纺织导报，2008（12）：84-84.

[12] 赵永霞. 国际非织造设备的最新技术进展［J］. 纺织导报，2016（1）：81-86.

[13] ROEDEL C，RAMKUMAR S S. Surface and mechanical property measurements of H technology needle-punched nonwovens［J］. Textile Research Journal，2003，73（5）：381-385.

[14] 周自强，潘毅，徐学忠，等. 椭圆轨迹针刺机构的研究与仿真［J］. 机械传动，2012，36（2）：

26–28.
[15] 薛正理．椭圆轨迹针刺机构：203187939U [P]．2013–09–11.
[16] 鞠永农．浅谈国产针刺机的开发现状及发展趋势 [J]．产业用纺织品，2010，28（1）：19–23.
[17] 宋炳涛，邓辉，钱晓明，等．针刺机在线状态监测系统的研究 [J]．轻纺工业与技术，2013，42（1）：92–95.
[18] 邓辉，杨森，张晗．针刺机网络化运行评价系统的设计与实现 [J]．制造业自动化，2013（19）：123–126.
[19] 郝杰．高科技板块不断发力 [J]．纺织服装周刊，2017（24）：14–16.
[20] 杨广庆．土工布材料发展现状及趋势展望 [J]．纺织导报，2017（5）：19–20，22，24–25.
[21] 司徒元舜．熔体纺丝成网非织造技术及装备的最新进展 [J]．纺织导报，2017（10）：25–26.
[22] KALINOVAK. Nanofibrous resonant membrane for acoustic applications [J]. Journal of Nanomaterials, 2011（1）：1–6.
[23] 史磊，刘建立，左保齐．熔喷非织造材料 / 玻璃纤维复合材料的吸声性能研究 [J]．产业用纺织品，2013（3）：14–17.
[24] 杨波，刘亚．吸音材料的发展现状与趋势 [J]．纺织导报，2013（7）：99–101.
[25] 刘伦贤，郭超锋，傅双亭．阶梯密度熔喷非织造材料、其制备方法及其制成的吸音材料，CN 104746238 A [P]．2015.
[26] 郝杰．高科技板块不断发力 2017 中国国际非织造材料展览会透露非织造材料发展新趋势 [J]．纺织服装周刊，2017（24）：14–17.
[27] 康佳媛．今后五年全球非织造材料市场发展将呈现五大趋势 [J]．中华纸业，2016，37（20）：24–27.
[28] 王宏球．回用 PET 及其作为非织造材料原料的应用 [J]．国际纺织导报，2017（9）：4.
[29] 张荫楠．全球非织造过滤材料市场发展现状及趋势展望 [J]．纺织导报，2016（s1）：7–18.
[30] 靳向煜，吴海波．干法非织造梳理技术与智能化 [J]．纺织报告，2017（1）：1–3.
[31] 孙静．全国第二十一次水刺非织造材料交流会在唐山召开——江秘书长应邀参加 [J]．生活用纸，2016，16（10）：16–17.
[32] 陈燕，靳向煜．水刺非织造材料的现状与发展 [C]// 全国第十七次水刺非织造材料生产技术与应用交流会．2012.

撰稿人

靳向煜　赵　奕　吴海波　黄　晨　张文馨　田光亮　邓炳耀

第8章 服装设计与工程领域科技发展趋势

服装产业是我国重要的民生支柱产业之一，同时也是全球经济中体量最大的产业之一，服装产业的发展受到国内外政治和经济整体发展趋势的重要影响，也面临着全球化经济的挑战。中国在全球政治地位稳定，世界经济逐渐向好，为服装行业的持续发展提供了良好环境。现代科技发展也正在以前所未有的速度向传统服装产业渗透，活跃的市场和个性化需求改变了服装产业的表现形式和运行模式，迫切需要服装产业在设计、制造、服务各个环节予以响应。

服装设计与工程学科应该为服装产业发展提供扎实基础和强劲动力，学科的发展要体现产业、产品和市场的特点，与现代化科学技术快速发展保持同步，知识更新和重组是服装设计与工程领域面临的巨大挑战。实现服装产品与文化融合，技术与艺术融合，人工智能与先进制造技术融合，开拓绿色产业发展道路，提升全产业链的智能化水平，将是服装产业的发展方向，也是服装设计与工程学科的建设目标。

以产业的需求为学科发展导向，明确目标，规划路径，制定可持续发展战略与战术，开展相应的理论研究与工程实践，指导服装制造业的转型升级，是服装设计与工程领域发展的重要途径。

8.1 现状分析

随着技术进步和经济发展，服装产业的规模和运营模式发生了巨大的变化，针对全世界70多亿的人口和人们对服装基本需求的变化，服装产品体现出多样化、个性化、时尚化、智能化、娱乐化的特征。服装产业每年在全球创造大约7500亿美元的利润，对经济发展起到了非常重要的作用。服装产业的规模和重要性已经得到充分的体现，正面临着变革、发展和持续发展的挑战与机遇。

8.1.1 发展概况

近年来服装行业规模以上企业的统计数据表明，服装产量和利润总额均保持着稳定增长的态势。国内服装市场近5年来的年复合增长率稳定在9.8%左右，出口服装的增长受到一定程度的遏制，但仍然达到每年上千亿美元的出口量。在市场的助力下，行业转型升级取得了一定的进展。

在国家振兴实体经济、推进供给侧结构性改革的引领和支持下，服装产业的竞争优势正在形成，已经拥有了较为完备的基础设施与产业配套，劳动力的质量明显提高。服装的内需平稳增长，网络消费群体逐渐壮大，"一带一路"沿线国家地区的市场拓展，为服装产业提供了发展空间。产业集群降低了企业运营成本，提升了企业快速反应和抵御市场风险的能力。国家制定了一批引领性、支持性、导向性的创新政策，如《国家创新驱动发展战略纲要》《"十三五"国家科技创新规划》等，也为学科的创新发展指引了方向。

材料科学的发展推动了服装材料的创新，表现出从低级、单一型向高级、多样化发展的趋势。传统服装材料、新型服装材料、功能服装材料得到了合理使用和优选配置，为时尚设计提供了新的思路和创意，扩大了服装的应用领域，强化了服装的使用功能。

服装设计理念、方法、手段、效果展示、与生产对接形式都有新的飞跃。服装设计关注点从以往的单纯以"服装"与"人"关系的探讨，扩展到"服装、人、环境"如何可持续发展的研究；服装设计目标从人体保护的基本功能扩展到质感和风格的表现；服装设计导向由设计师创意转变为满足消费需求、追求视觉美感与使用功能并重；服装设计方法体现出现代科技的特征，计算机辅助设计逐步普及；交互式服装设计、智能化服装设计也在新技术的推动下进入了起步阶段。

服装生产方式已经进入工业化成衣生产模式，生产组织方式采用了现代制造加工业通用的规模化、集约化模式，初步实现了低成本、高效率、稳质量的目标。大规模定制模式的服装生产逐步成熟，生产设备快速更新，信息技术正应用到服装生产各个领域。

服装产业的品牌建设工程已经取得显著的成果。通过品牌树立文化自信、提升产品附加值和时尚话语权，实现了服装产品的文化赋能。以企业文化为基础，推进产品品牌与设计师品牌发展，树立企业品牌的核心价值，在品牌的支撑下开发创新产品，提升服装的文化价值、美学价值和市场价值。注重传统文化元素的发掘与研究，在应用与创新中实现非物质文化遗产的传承与保护。

传统的服装市场模式正在发生改变。各种形式的实体店铺仍然占据服装市场主导地位，服装的电子商业模式迅速发展。借助于网络信息传播、电子结算和物流系统的进步，线上服装销售的比例也逐渐增大，高端服装品牌也加入线上销售的行列，并显示出持续增长的态势。互联网技术在服装营销方面的进展迅速，服装虚拟展示技术和移动互联网促进了服装线上销售的发展。互联网智能化设备为实现智能导购、虚拟试衣、优化服务以及更好的消费体验提供了基础保障。

服装产业正在成为先进设备制造、人工智能技术、虚拟仿真技术、互联网技术、大数据、云技术等高新技术应用和推广的重点领域。服装设计、生产和营销过程中存在的大量数据的价值正在得到重视，企业资源、消费者特征、商品物流等信息转化为特定结构的数据为科学决策、产品优化、智能生产、精准营销提供可靠的依据。利用云平台和云计算技术为数据提供了保管、访问、分析的场所、渠道和方法，发挥数据资源的价值正在成为服装产业的主攻方向。

服装产业的可持续发展已经得到高度重视。随着服装工业发展和技术的进步，我国已成为世界服装生产大国，但是与欧美发达国家相比，我国服装产品的原创性、高科技附加值和智能化还存在较大差距，服装全产业链的智能化和生命周期评价体系建设的进展缓慢。我国服装行业正处在增长速度变化、产业结构调整、发展动力转换这一关键战略期，原有的竞争优势正在逐步失去，发展模式亟待改变，通过科技创新、文化创意、管理创新、商业模式创新与供应链协同创新，实现服装产业链、价值链、创新链、服务链的全面协同发展，是开拓可持续发展道路的可行途径。

服装是纺织产业链的终端产品，纺织产业链各个环节的发展也都会对服装产业产生重大的影响。服装学科也从解决产品开发和生产过程中出现的各种问题、保障服装适体性、改善服装舒适性扩展为更广的范畴，涵盖了产品开发过程、市场、物流等领域。服装设计与工程学科具有新材料、新设备、新工艺、新技术和新产品的鲜明学科发展特点，数字化、网络化、智能化必将成为未来发展的主要方向。

8.1.2　主要进展

服装设计与工程学科的发展是建立在产业发展的基础之上，该学科在服务产业发展的基础上，在为产业的可持续发展提供保障的指导思想下，在现代科学技术发展成果的助推下，学科在以下几个方面取得了明显的进展。

8.1.2.1　多元化材料与服装

（1）传统材料与服装

天然纤维材料的服装继续占有优势，抗皱全棉服装、机可洗羊毛服装等呈现了天然纤维改性技术在服装领域的应用，改性天然纤维材料成为高端服装的首选，高支、超高支棉纱和毛纱材料的服装能够获得数倍或数十倍的附加值。化学纤维材料则在外观和性能上模仿天然纤维，赋予服装仿棉、仿毛、仿丝、仿麻、仿麂皮、仿兽皮的效果，同时克服化学纤维吸湿差、易起静电等缺点。

多种纤维混纺或交织材料的服装也得到市场的认同。将不同纤维材料进行混纺或交织，可以在改善外观、优化性能和降低价格中的某一个方面或几个方面获得优势。

（2）新型材料与服装

新型纤维材料成为提高服装产品附加值和差别化的重要手段，极大地促进了服装业的可持续性发展。

新型天然纤维能够满足环保、舒适和功能的目标。经基因变异形成的彩棉、彩丝，特种后整理改善天然材料的加工性能和服用性能。新型合成纤维以仿真和功能为主要目标，广泛用于高档服装、运动服装、功能服装，提升了服装的附加值和实用性。新型再生纤维材料以环保和仿真为主要目标，开发出莫代尔纤维、玉米纤维、竹纤维、竹炭纤维、大豆蛋白纤维、牛奶纤维、甲壳素纤维和壳聚糖纤维等一系列新型再生纤维，广泛应用于各种高档时装和贴身内衣产品，满足了人们对款式、色彩、图案等视觉元素的要求，同时还有对服装舒适性功能的追求。

（3）功能性材料与服装

功能性材料加工的服装在某一个方面或几个方面的性能明显优于其他材料的服装，可以用于日常服装、各类防护服装、娱乐服装，在舒适性、保健性、防护性、娱乐性方面具有明显的优势。

目前采用功能性材料的服装有吸湿导湿、防水透湿、保暖透气、抗静电、抗起毛起球、防紫外线、防辐射、防蚊、护肤等功能的内衣、运动服、训练服、牛仔衣、工作服等已成为当今服装产品的一大重要分支。机械防护、化学防护、生物防护、热防护等服装则普遍应用于机械制造、石油化工、医学等领域，能够保证着装者在特定的环境条件下，免受一种或多种外界刺激的伤害。介质相变调温纤维、电热纤维、化学反应发热纤维、光能蓄热纤维、吸湿放热纤维等积极式保暖材料也开始用于户外服装领域。保健材料的开发呈现系列化、多样化的态势，抗菌纤维、磁性纤维、负离子纤维、远红外纤维、甲壳素纤维、麦饭石纤维及药物纤维等在医疗保健类服装中得到了广泛的应用。

（4）3D 打印材料与服装

3D 打印技术的进步引发了 3D 打印服装的研究。3D 打印服装的材料与传统纺织品有着本质的不同，熔融的高分子聚合材料通过 3D 打印机按照设计的形态和结构进行成型并固化。

目前 3D 打印服装主要受到热衷于新技术的设计师青睐，用这项技术实现传统服装材料和加工方法所不能达到的效果，服装具有某种特殊的功能兼具创意造型。例如：仿生设计服装和服饰，重现大自然的生物形象；实现服装与感应器的结合，使服装具有特定的智能；用特殊的功能材料作为打印材料，使服装具有某种特殊功能。

（5）智能材料与服装

智能服装材料能够根据外界刺激做出相应的变化。热敏变色、智能凝胶、形状记忆、相变、调温、光敏等材料的服装可以在温度、光源、湿度等环境条件发生变化时发生形状、性状、形态、颜色、体积尺寸等的变化，以达到保护人体、保持外观、伪装等效果。

将智能材料与服装融合，对人体的生理状态进行实时监测是智能服装的应用领域之一。可以监测人体多项生理指标的智能服装在体育、军队、医疗和护理领域开始得到应用，这种服装能够将监测结果传输到指定的终端或者数据云，实现监测、分析和预警等功能。

随着智能材料和通信技术的快速发展与人们对智能服装需求的日益提高，智能安全服装的研究也在不断深入。将非纤维状电子信息类材料用于服装实现智能服装的目标是目前的主流趋势。但智能服装研发中仍然存在许多障碍，例如电子元件的体积和刚性、信息精度与准确性、电池续航时间、服装洗涤保养、成本等是阻碍了此类材料在服装上的推广应用。

8.1.2.2　服装性能测试与评价体系

（1）服装舒适性能测试与评价

服装的舒适性涉及心理学、卫生学、物理学以及社会学诸多领域，包括热湿舒适性、接触舒适性和运动舒适性三个方面。

服装热湿舒适性的理论和仪器研制方面都取得了一定进展，确定了多种衡量服装热湿舒适性的指标和评价方法。服装压力对舒适性的影响已经引起关注，由于服装压力受到人体曲面的复杂性及人体运动时的生理、物理变化的复杂性的影响，分析与测量结果与实际情况存在一定的差异。

服装舒适性测试与评价分为主观评价法和仪器测试法两种，主观评价法用形容词或评分来表达穿着服装时的感受，仪器测试法通过测试服装性能指标值来表征舒适性。服装舒适性研究将人的主观感受作为研究对象，将人体的主观感受与服装和面料的客观性能指标建立联系，用于指导面料选择和服装设计。

（2）服装外观与耐用性能测试与评价

服装的外观性能是指服装在使用过程中能保持其外观形态稳定的性能，目前主要采用主观评价法。随着技术的进步，有望使用图像处理技术，提取服装表面特征信息，对所获取的信息进行处理，实现服装外观性能的客观评价。

服装耐用性能是指服装在穿着、使用以及加工过程中，受各种外力作用后仍能保持外观与性能基本不变的特性，如拉伸性能、撕破性能、顶破性能、耐磨性能等，主要是针对服装面料和服装线缝进行测评。目前针对各项性能指标，均已制定相关测试方法。

（3）服装性能测试与评价

目前，针对服装功能的测试与评价体系还不够完善，部分功能服装建立了测试方法和评价标准，部分功能服装则采用织物的测试方法和评价标准。

服装阻燃功能的测试方法和评价标准与织物基本相同。针对防静电服装已经建立了织物与服装的防静电功能测评体系，对服装的防静电性能进行定性或定量评价。服装防紫外线功能的测试评价标准主要借鉴织物测评方法，分别测试有试样及无试样时紫外线的辐射强度，计算得出紫外线透过率、紫外线屏蔽率、紫外线累计透过量等指标。抗菌服装在内衣市场和医疗卫生领域有较多的应用，服装的抗菌性能测试与评价可以通过定量与定性两种方法。服装的防电磁波辐射功能是通过测试织物抗电磁辐射的屏蔽效能进行的，模拟着装状态的抗电磁辐射的屏蔽效能测评方法也在研究之中。服装的热防护功能可以采用热辐射防护性能测试方法（RPP），或采用辐射和热对流混合作用防护性能测试方法（TPP）进行测评，燃烧假人可以快速准确地进行控制和测试，更加准确地评价服装对人体的热防护效果。服装的机械防护功能测评根据具体的防护对象而定，目前有防切割、防刺、防弹等，主要是考评面料的强度、模量、弹性等性能指标。

总体而言，服装功能的测试与评价体系在纺织材料性能测试与评价体系的基础上初步建立起来，有些测试方法和评价指标仍然只能体现织物的特性而没有涵盖服装要素对功能的影响，款式、宽松度、线缝、开口、穿着方式等因素对功能的影响、服装穿着使用环境对功能的要求仍然需要进行持续的研究。

（4）服装生态性检测与评价

我国对于纺织服装有害物质的检测体系有了较长足的发展，形成了较成熟的体系，发布了纺织品禁用偶氮染料、重金属及甲醛的检测方法与标准和有机杀虫剂、五氯苯酚残留量的测定标准以及水萃取液 pH 值、色牢度试验等有害物质的检测标准与方法，同时发布了 GB 18401—2016 强制性标准《国家纺织产品基本安全技术规范》和 GB/T 18885—2009《生态纺织品技术要求》等对有害物质限量的标准。近年来，针对欧美多国相继出台的新的法规和控制目录，我国加快修订了纺织品检验检测标准，通过严格的标准来规范市场行为，保证人们最为安全舒适的使用体验，促进我国服装生态标准与国际接轨。

8.1.2.3 服装设计方法与技术

（1）服装设计流程

服装设计流程是服装企业内部围绕新产品设计开发而展开的各职能部门内部之间协调工作来共同完成研发任务的过程，涵盖了由创意到物化的整个过程。服装设计流程可以分为串行化与并行化两种。串行化设计开发流程按时间先后顺序排列相对独立的工作步骤，每个环节由不同的职能部门实施，设计开发信息垂直传递，整个流程管理方便，但设计开发周期较长。并行化设计则将开发流程分解为若干个小循环，同时开展多个环节的设计，使分散在各个环节的设计人员同步介入新产品设计开发工作，从而缩短新产品开发周期。

服装设计流程的管理模式是对品牌服装设计开发过程进行有效监督与控制，确保产品设计开发顺利进行，并协调各方面关系的重要手段。服装设计流程管理模式包括流程分析、流程建模与再设计、资源分配、时间安排、流程质量与效率测评和流程优化等，是以规范化的方式构造端到端的业务流程为中心，以持续地提高企业业务绩效为目的的系统化方法。

（2）计算机辅助服装设计

计算机辅助设计是最早进入服装领域并取得巨大成果的技术，在服装企业得到了不同程度的推广应用，有效地缩短设计周期、提升设计质量、节省人工成本。计算机辅助服装设计将计算机绘画技术、计算机图形技术、服装结构设计技术和服装样板工程技术加以集成，能够实现包括款式设计、结构设计、生产样板设计、样板推挡和排料等功能。计算机辅助服装设计系统中储存着丰富的参照资料和设计信息，可随时对设计信息和服装样板进行调用、参考和管理，还可以通过网络进行传递，将服装设计师的理念、经验和创造力与计算机系统的强大功能密切结合，已经成为现代服装设计的主要方式。

计算机辅助服装设计系统可以进行服装效果图设计、服装结构设计、工业样板设计和排料方案设计，尤其是服装结构设计、样板设计和排料方案设计三个部分能够融通和联动，大大提高了工作效率。在这个系统中，有关的服装设计数据、经验和规则以数据库的形式储存在计算机中，可以供设计师参考和使用，简化和缩短了设计过程，降低了设计师的手工劳动强度和专业水平要求。计算机辅助服装设计系统的输出形式可以是文件或样板以适应不同智能化水平的服装生产需要。文件输出能够实现服装样板的远程传输和长期保存，通过绘图仪打印 1 : 1 样板需要进行裁割后进行生产使用，输出到切割机就能够直接获得样板，输出到自动裁床就可以省去样板制作环节直接进行布料裁剪。

计算机辅助服装设计的优势体现在设计质量提高、设计周期缩短、材料与设备以及人员利用率提高，得到了服装产业的广泛使用。美国 PGM、法国力克（LECTRA）、美国格伯（GERBER）、日本东丽（Acs-Toray）、德国艾斯特（Assyst-Bullmer）、加拿大派特（PAD）等系统都是进入中国市场并取得较大成功的计算机辅助服装设计系统。我国自主开发的计算机辅助服装设计系统也取得了很大的进展，航天（Arisa）、至尊宝坊、爱科（ECHO）、富怡等系统得到了较为广泛的推广使用。

计算机辅助服装量体定制设计是一种参数化、交互式系统，已经开始进入市场化推广。计算机辅助服装量体定制设计也是建立在虚拟人体模特基础上的，根据传统人体测量方法或者三维人体测量获得的人体数据生成个性化虚拟模特。根据服装款式确定关键部位并定义相应的参数，样板各部位的尺寸均与这些参数建立联系，只要确定了参数也就确定了样板，真正达到量体定制的目的。

（3）服装设计效果虚拟展示

服装设计效果虚拟展示能够实现二维样板与三维服装的联动，使设计师及时了解设计效果，提高设计成功率。服装设计效果虚拟展示由虚拟的人体模特、样板缝合、面料三个主要部分组成。虚拟人体模特可以是系统中建立的可调节的人体模特或由三维人体扫描数据形成，可以根据人体关键部位，如肩部、胸部、腰部的形态和尺寸形成不同姿态的虚拟模特。虚拟样板缝合是将设计获得的二维样板覆盖在三维虚拟人体上，实现从 2D 样板到 3D 服装的转化，建立人体与服装之间的联系。虚拟面料是从表面和性能两个层面模拟真实面料，虚拟面料库中有各种纹理、质感、花纹、颜色和后整理的面料效果，还可以不断通过图片文件和实物扫描增加新的面料。面料物理性能与着装效果之间的关系是一个非常复杂的问题，目前主要是以面料的克重、厚度、刚度、摩擦系数等几项主要物理性能指标对服装效果进行调整，初步保证服装设计效果虚拟展示的真实性。

8.1.2.4 服装生产与管理系统

（1）服装生产模式

现代服装生产模式呈现多元化态势，以适应品种、批量、交货周期和企业资源的差别。

流水线是现代服装生产的缝制生产主导形式，是在传统服装生产方式基础上的一项重大的进步。将服装生产过程根据作业内容、加工顺序、设备使用的特点分解为多个作业单元，每位作业人员只承担一个作业单元的操作，降低了对作业人员技能水平的要求，明显降低作业内容对作业人员个人技能的依赖，而更加强调全体作业人员之间的协调与合作。可以达到生产效率高、质量稳定、降低劳动力成本的目的，部分服装的整烫环节也采用流水线生产。流水线生产模式对服装生产组织和管理的更高的要求，合理地设置生产线节拍、合理地组织人员和设备、将作业人员安排在最合适的岗位，是服装生产线保持稳定、高效生产的基础。

大批量定制是根据市场需求进行生产的一种模式，实现近似大批量生产的效率和满足客户的个性化需求。在这种生产模式下，每一批生产任务都有可能是不同的，这种不同不仅可能体现在服装生产的规模和数量上，更多的可能是体现在服装的品种、规格、材料、款式、工艺和质量标准等诸多方面。将服装进行部件化、标准化、模块化分解和处理，降低服装产品的内部多样性，通过要素组合增加服装的外部多样性，提高产品的个性化感知度。大批量定制模式得到了现代科学技术平台的支持，具有超过其他生产模式的优势，能够迅速向顾客提供低成本、高质量、个性化的定制产品，适应市场竞争的需要。

吊挂线系统是具有智能化特征的服装生产流水线的一个组成部分。该系统集成了管理软件、电子技术、RFID 射频识别技术、工业自控技术及新型传动机构，采用计算机管理，在企业信息数据的基础上，代替原有生产过程中的搬运、记录、统计等人工方式，实现整个生产流程的信息化与高效有序的作业，显著提高生产效率、产品质量及生产管理水平。服装吊挂线生产系统能够分析流水线和作业人员的工作状态，及时和灵活地安排工作站的作业，即时传递和显示生产状态数据，自动统计产量，实现远程数据化管理。

模块式快速反应系统是为了适应多品种、小批量、短周期、高质量服装生产的要求而建立起来的一种柔性化服装生产系统，可组织较少的作业人员和工作地，完成从裁片开始的单件服装生产。在这个生产系统中，每个工作地就是一个生产模块，一般是由 1 个作业人员和 2 ~ 3 台加工设备或工作台组成。模块式生产系统中，无论是设备还是作业人员都能够很快地适应品种的变化，生产线采用单件流动模式，辅助作业和半成品移动少、工时平衡度高，作业人员的工作效率较高，生产周期短。

目前服装生产的部分作业已经实现了自动化和半自动化。以技能要求高、作业强度高、质量不易控制的工序为主要对象，采用辅助工具或全套设备实现部分作业或部件操作的自动化。自动化裁剪是以计算机辅助服装样板设计系统的输出信息为基础，加上有关面料信息、批量信息、裁剪工艺信息，借助于自动裁床，完成铺布、织物疵点检测和定位、裁剪的任务。自动化缝制在口袋、衣领等部件的缝合中已经有了比较成熟的设备，能够在对衣片部件加工前进行衣片的识别和定位、自动灵活地完成指定缝制任务。自动整烫适用于制服类熨烫作业占比大的服装生产企业，可以根据预先输入的工艺参数对成品服装进行立体整烫，保证服装的最佳状态。

（2）服装生产及信息管理

经过近 30 多年的发展，我国服装产业的管理思想和手段有了很大的转变。服装生产可定义为：在设计方案的指导下，结合先进制造业的管理经验和方法，将服装各个部分的裁片与辅料、配件进行组合加工的过程。

对服装生产系统进行科学的组织和管理就能够提高服装生产的快速反应能力，达到以下目标：在服装性能、质量和标准均维持在较高水平的基础上，根据市场需要及时地组织多品种的平行生产；完成一些用传统的方法和设备不能完成的作业；降低成本、提高质量和降低对作业人员技能水平的要求；针对具体的款式、材料、质量、性能、生产周期等要素，面向流动性非常大而又缺乏专门技术的劳动力，对生产系统进行组织和调控；对服装生产系统中的信息和资源进行科学管理，做到人员和机器的最佳配置。

服装生产信息是在企业经营信息的基础上生成的。企业在对市场信息和数据进行综合分析的基础上，对企业的经营目标和规划、新产品开发、销售策略、技术改造、投资效益、增长幅度等进行决策，由此形成的产品开发、技术改造、资源开发、销售和财务等方面的基本信息。在获取企业总体经营信息的同时，工程技术生产信息也形成完整的体系，生产计划、物料供应、生产能力需求、生产组织方案、生产进程、产品质量信息对生产管理起着重要的指导作用，对生产进行组织、监控和调整。

随着服装生产智能化程度的不断提高，生产信息的作用更加重要，智能化水平体现在对信息数据的处理、分析、反馈能力。服装生产信息管理体系在计算机信息技术的支撑下逐步完善、快速发展，可以通过建立、组织和维护服装生产的各项生产和技术数据，对工程技术与生产数据进行管理，供生产管理或其他部门使用。

（3）服装智能化生产系统

智能化生产是科学技术发展和推动的必然结果，在国家战略引领下和行业协会的推动下，在服装生产领域已经出现了良好的势头，在互联网工业化的方向上进行了实践。目前，服装智能制造主要体现在产品和生产信息的数据化、企业运营网络化。人工智能、设备自动化在服装生产和运用的部分环节已经实现，智能化工厂建设开始得到关注。

服装智能化制造系统处于起步阶段。在目前服装智能化生产系统中，信息技术仍然占据主导地位，工厂中数字控制中心汇集了订单、物料、人员、生产、仓储等各方面的数据，可以根据订单进行生产计划调度、物料管理分配、绩效考核；通过电子芯片可以实现生产线技术信息流转和服装加工进程跟踪。在目前的智能化工厂中，可以实现提升物料管理效率，降低服装生产和物料转运中的人力和时间成本。

8.1.2.5 服装品牌与服装市场

（1）品牌决策与运营

我国服装品牌建设已经取得了初步成效，通过树立品牌形象、传播文化、保障品质、体现特色、注重体验，建立起产品与消费者价值信任体系，提升产品附加值与时尚话语权。

针对服装品牌同质化竞争现象，品牌差异化发展策略得到了重视，针对大众消费需求多层次、多样化特点，服装自主品牌结构正在进一步细分，高端品牌、大众品牌、快销品牌共同发展。数字化技术和信息化技术在品牌设计和推广环节发挥着重要作用，并通过互联网与消费者建立直接联系。

中国服装自主品牌国际化已开始起步，品牌产品出口逐年增加，品牌企业在境外上市、建厂、收购海外品牌活动增多。服装行业通过产品、企业、品牌的路径迈入国际化轨道。通过服装品牌，传播中国文化，扩大在国际市场上的影响力和市场占有率。

经过多年的市场实践，我国的服装品牌在市场中的认知度和接受度已经逐渐提升，通过其产品特征与品质、品牌展示与形象、品牌文化与溢价起到了区分同类产品与服务的作用；传递有关产品特征、获得利益、产品价值、文化内涵等方面的信息；保护了企业权益，增加产品附加价值，培养忠实顾客，为后续产品的推出提供稳定通道；能够展现消费者个性特征，降低购买风险，便于识别产品，获得产品和服务的保证。

（2）快时尚

快时尚源自20世纪的欧洲，又称为“Fast Fashion”或“Speed to Market”，是指以品牌为平台，通过最新的流行要素设计服装、以超高的频率不断推出新品、以低廉的价格吸引尽可能多的消费者。快时尚的成功需要有敏感的国际一线时尚信息整合力量，有快速反应能力的设计、生产和物流系，是全球化、多元化、年轻化和网络化这四大社会潮流共同作用影响下的产物。

快时尚的营销策略具有鲜明的特点：目标顾客群体明确、品种多、批量小、广泛性分销、低位定价；快时尚以不断推出具有流行元素的新品刺激消费者的购买欲望；以众多的品种和较低的价格满足大部分消费者的需要；以快速复制的方法扩大销售网店；以线上线下联动的方式覆盖更多的区域、更多的人群。

经过最初的扩张，快时尚的发展也遇到了诸多问题。例如，国际众多百年奢侈品品牌均有固定的符号或象征，而快时尚品牌几乎没有，跟随潮流不断地变化，也很难形成忠实的消费群体；此外，因具有低价、时尚、批量化的特点，产品质量只能维持在较低的水平；产品设计主要依靠模仿和复制，引发了知识产权纠纷；目标顾客覆盖面过广，无法兼顾各种人群的需求。

（3）精准营销

精准营销是建立在品牌建设的基础上，结合服装产品的特点、品牌定位，通过对产品、价格、渠道、促销这几个环节的调整，对营销目标群体进行针对性的营销活动，而对非受众目标的营销活动降至最低，进而达到理想的效果。

营销过程中，产品是吸引消费者的根本载体。服装产品由设计和生产加工两个部分构成，可细分为服装的整体造型设计、细部结构设计、材料质感选择、工艺技术实施等物质构成要素，这些要素共同决定了产品的品质与价格。不同的消费群体对这些要素的需求不同，因此精准营销的产品策略重心可分为设计感、时尚感、面料材质、穿着舒适、经济性、高档感等，适应不同人群的需要。

服装属于较为容易建立品牌忠诚度的产品，而价格是消费者形成购买的重要参考基准之一。以定价策略和价格促销策略组合往往能够取得较好的效果。制定价格策略的原则就是与品牌的档次相符、能够保证设定的质量水平、能够与目标顾客的期望一致。

促销是指能够改变消费者的购买决定和行动的活动。除了价格促销以外，还可以通过提高促销人员的素质和技巧；拓展促销传播媒介，如针对不同目标顾客的年龄层次和生活方式，结合使用传统媒体、新媒体和多媒体等方式，不仅可以稳定忠实顾客，还可以吸引潜在顾客。

制定精准的渠道策略在目前多元化市场模式环境中显得非常重要。实体店能够提供的试衣条件和信息资讯，适合于高端品牌、高档服装和部分注重体验式消费的群体，同时也能够避免由于不适体造成的频繁退换，影响再次销售。网店能够缩短购物的时空距离，适合于低端服装、内衣、休闲服装的销售，已经被很大部分网民群体所接受。

（4）多渠道零售

传统的店铺式服装销售模式在新经济和新技术时代发生了很大的变化。百货商场、服装卖场、折扣店、品牌专柜和专卖店、直营店和工厂店、网店和网上旗舰店并存，也有各自的消费群体。百货商场通过良好的购物环境、齐全的商品、提供试衣和售后服务，优良的信誉，是中高档服装销售的主要渠道。专卖店可以针对产品和品牌统一进行装修、经营、管理，对品牌形象提升具有积极的作用，是高端品牌服装的主要销售渠道之一。服装卖场、折扣店和工厂店以价格实惠、商品齐全为主要特征，正在成为旅游购物的主要目的地之一。这些实体店的共同特点就是可以进行体验式消费，提供人与人交流的场景。

网店已经成为一种新型的服装营销渠道，已经成为消费者购买服装的常见方式，可以大大缩短买卖双方信息交流、物品交换的时空距离，降低交易成本。网络营销渠道在产品体验、信息展示、价格控制、配送效率和双方信用等方面还有很大的改进空间。现代科学技术成果正逐渐被应用到服装网购领域，通过局部放大、多维展示、虚拟试衣、交互平台使服装消费者获得全面、真实、即时的信息和体验。第三方结算平台、退换货机制、售后服务等逐步健全和完善，网购的可靠性也有了切实的保证。

企业围绕消费者的需求展开了诸多提升服装消费的体验感、愉悦感和趣味性的尝试与技术创新。服装实体店不仅可以为顾客提供真实的着装环境和展示真实的着装效果，还可以借助于虚拟展示技术，为顾客提供虚拟试衣、着装推荐、配饰与化妆指导，提供服装知识和服装自主设计等服务，增加服装消费过程的娱乐性、科学性和互动性。网上服装销售平台应用多媒体技术全方位展示服装品牌特征、服装产品设计和加工特点、服装的细部结构。

实体店体验 / 网上购买、网上发布信息 / 实体店销售等也是随着互联网技术而发展起来的新型服装销售模式，可以展示真实着装效果，增强购物体验乐趣，促进服装销售。

8.2 趋势预测（2025年）

科技、绿色、时尚是服装产业的发展方向，也应该成为学科发展的目标。围绕着服装产品，分析学科发展的趋势，可以明确发展目标，规划可持续发展的路径，制定发展战略与战术。服装设计与工程学科的发展与材料科学、信息技术、智能制造技术等高新科技深度融合，正在逐步形成全新的产品系列、制造技术和经营模式；此外，与文化融合，在产品设计和生产加工中更多地体现服装产品的文化特征和人文理念。总体实现数字化、网络化、智能化的目标，构建时尚、科技、绿色、文化相辅相成的时尚体系不仅需要扎实的基础，更要宽阔的视野和周密的规划。

服装行业在新市场、新经济和新技术推动下快速发展，学科方向在前期的研究基础上不断深化、逐步拓展，体现“中国制造 2025”的国家战略思想，并落实在服装材料、服装产品、服装设计、服装生产、服装企业与市场运营等几个方面。通过将近 10 年的努力，完成供应链完整体系建设，提升创新能力和技术水平，对传统的服装企业运营模式、设计和生产方式进行重组和改造，不断开发新产品，以优质服务和体验促进消费。

8.2.1 服装材料应用和数字化表达

服装产业是在设计方案的指导下，对服装材料进行加工，获得服装产品并将其转化为商品，为人类提供物质与精神服务的活动。材料学科的发展更是为服装产业提供了物质基础，更增添了创新设计的活力，为服装流行趋势、服饰功能赋予了新的含义，也为服装发展提供了技术保证，体现了服装与材料的双重设计，是技术与艺术的融合。不断涌现的新材料不断满足人们对回归自然、绿色环保、美观舒适、特殊功能等方面的需求，在外观和性能方面与传统服装材料有着一定的区别。

8.2.1.1 需求分析

服装材料是构成服装的主体，也是进行服装设计创作的物质载体。在服装生产加工的过程中，材料的性能对设备工艺、作业时间、质量标准以及对服装的造型、线缝拼接与穿着使用都有着重要的影响。目前大部分服装生产企业缺乏对新材料的快速应变能力，主要依靠经验与感觉进行生产过程管理。因此，服装材料的加工和使用性能预测体系的建立能够在服装生产进行以前确定和掌握服装材料的特性，以采取适当的工艺参数，避免在服装生产中出现问题而影响生产的质量和效率。

越来越多的自动化设备用于服装生产，而面对的又是不断变化的新材料。在服装生产过程中，各项工艺参数的设定必须适应纺织材料的性能特点，才能够使先进的设备充分发挥效用。未来的挑战就是利用自动化设备，高效、大量地生产高质量的服装。这些服装必须能够满足消费者所要求的美的外观、适当的使用寿命和使用性能。

智能化服装设计与生产同材料的特征和性能有着密切的内在联系，首先要解决对服装材料的识别、处理和展示的问题；其次需要在服装材料的手感、性能、加工要求、视觉特征之间建立起数字化联系。

8.2.1.2 关键技术

（1）材料性能与服装性能的关系分析

服装材料性能对服装设计与产品的呈现有着显著影响。建立服装材料性能预测服装加工与使用性能之间的关系，可以有针对性地融合传统工艺进行服装创新设计与材料再造，提升服装材料的表现力；科学制定服装生产工艺和流程、提高生产效率和产品质量；增强材料性能与服装产品性能的融合性，以实现服装材料与服装产品在功用性、美观性与设计性等方面的统一。

技术路径 1：服装外观、性能、风格的评价体系建设。服装材料检测系统包括检测设备和测试指标。虽然目前已经建立较为完善的服装材料检测系统，但是在服装设计、生产和使用方面仍缺乏可靠、系统的客观信息评价。在目前的纺织材料性能测试仪器的基础上，可以获得各种性能指标数据，对服装材料的应用而言，不仅需要对这些性能指标项目进行分析和筛选，还需要对这些材料在服装加工使用中的行为进行调查，得出材料特征指标与服装加工和使用性能之间的关系。

技术路径 2：材料性能与服装加工和使用性能之间的关系模型确立。材料性能与服装性能之间的关系存在着非线性特征，不仅服装材料本身存在着波动性，材料的种类、结构、后整理等因素都可能对服装性能参数产生影响。目前可通过层次分析法、模糊综合评判法、灰色评判法、人工神经网络等算法对材料与服装性能指标进行筛选和建立两者关系，但仍需要对性能指标本身进行更加深入细致的分析和筛选，以寻找更加适合的数据分析方法，并在此基础上根据材料性能预测服装性能。

（2）服装材料特征的虚拟表达技术

在计算机技术飞跃发展的时代，虚拟展示技术已渗透到众多领域。运用图像处理技术和计算机辅助服装设计系统，可以实现服装虚拟展示功能，能够将服装款式设计、样板设计、尺码设定、图案色彩、图案肌理等要素进行可视化展示。

技术路径 1：服装材料特征的数字化表达与可视化，其中包括服装材料色彩、质感、规格的数字化表达与可视化和服装材料性能数字化表达与可视化。服装材料的物理特性虚拟展示技术仍然是关键。建立服装材料的物理特性模型，通过服装材料克重、厚度、刚度等与服装造型相关的性能指标数据，或者直接与测试仪器相连接获取性能数据，实现服装材料模拟。

技术路径 2：着装状态下服装材料表面特征和物理性能动态虚拟模型及其可视化表达。服装材料的虚拟展示需要建立与人体相结合的动态关系，融入人体体型特征数据，建立服装材料性能与人体体型关系模型，借助于高性能计算机的强大计算功能，对服装材料在三维人体上的效果进行模拟展示。

8.2.1.3 技术路线图

服装设计与工程学科对于服装材料侧重于应用，结合服装设计与生产的需要对传统材料和新型材料的外观、风格、性能等方面进行测评，并以数字化形式进行表达，为服装智能化设计、智能化生产、远程销售提供基础（图 8–1）。

方向	关键技术	发展目标与路径（2021—2025）
服装材料应用和数字化表达	材料性能与服装性能的关系分析	目标：以材料促进服装流行性、提高服装设计的成功率、产品质量稳定性和使用性能
		服装外观、性能、风格的评价体系建设
		材料性能与服装加工和使用性能之间的关系模型和预测系统建设
	服装材料特征的虚拟表达技术	目标：将服装材料性能进行数字化处理，为服装虚拟展示、服装智能化设计、智能化生产、远程销售建立基础
		服装材料色彩、质感、规格、性能的数字化表达与可视化
		着装状态下服装材料表面特征和物理性能动态虚拟模型及其可视化表达方法

图 8–1 服装材料应用和数字化表达技术路线图

8.2.2 服装设计创新方法

为适应激烈的市场竞争，需要服装产业链不断缩短设计周期和提高设计效率，寻求新的服装设计方法与技术，能够针对消费者的需求进行个性化设计，提高设计成功率，以不断提高服装设计的智能化水平。

8.2.2.1 需求分析

（1）服装感性设计

服装与服饰是典型的感性产品，在购买和使用过程中与消费者的心理感受、情感和精神欲望等密切相关，除了需要有一定的使用功能以外，还需要具备社会属性、文化属性和价值属性，用于显示消费者的个人品味、提高消费的社会形象。随着人们生活水平的提高、消费观念的更新，服装消费者在购买过程中所流露出的感性色彩日渐浓厚，越来越重视服装消费过程中的情感价值及商品所能给自己带来的附加利益。感性产品的需求具有差异化、多样化、个性化等特点，对产品设计提出了极大的挑战。信息技术的发展为感性产品设计提供了极好的解决方案，使得现代工业化大批量服装生产也能实现个体化定制目标，使产品具有鲜明的个性和时尚性。感性设计以适应人的需求为目标，更能适应复杂多变的市场，被消费者所接受。

产品使用者的需求和感觉是设计中最难以把握与沟通的，需求和感受信息的有效获取和真实表达必须以科学方法作为保障，实现设计师与消费者认知重叠的最大化。此外，产品设计基本知识也需要进行梳理和整合，以“专家知识库”的形式加以规范和模型化，以与消费者需求和感觉表达相对接的方式进行表达，建立起产品使用者的需求和感觉与设计元素之间的映射关系。运用感性工学提供的科学方法进行产品开发，建立“人”的感性与“物”的设计要素之间的关系，将人们模糊不明的感性需求及意象转化为产品设计的形态要素，最终满足消费者的需求和偏好。

（2）服装大批量个性化定制

大批量个体化定制是基于可持续性发展时尚中的重要表现方式，是以生产大批量产品的成本生产个性化设计的产品，是今后很多服装产业发展的方向之一。其技术支撑为柔性制造系统、计算机辅助设计和信息网络技术。服装大批量个体化定制需要从挖掘多种产品系列的生产能力，发展到优化物流供应链的协调和进行面向顾客的个性化设计这两个方向。

电子商务的发展给大批量定制设计研发开辟了广阔的空间，通过互联网建立沟通平台，提供比传统商务更有效的顾客服务，也可直接服务于零售个体的顾客，自动地收集顾客的个性化需求和数据，为大批量个性化定制提供基础。电子商务促进了买方和卖方更灵活快捷的相互匹配，提供了大量的定制机会，节约时间和人力成本，大大提升了经济效率。

8.2.2.2 关键技术

与服装创新设计和大批量个性化定制相关的技术包括：服装的虚拟试穿、基于三维扫描的人体数据库建立、基于定制的服装样板智能化设计系统、基于服装工效学的数字人体建模和基于服装产业应用的数字化人体模型等。

（1）人体体型测量和归类

技术路径 1：服装人体体型测量技术、体型数据与服装号型匹配。服装既要满足人体体型的需要，又要能够掩盖人体体型的缺陷，还要能够满足工业化服装生产的需要。目前已经采用的二维和三维人体测量方法可以获得大量的人体数据，可以根据服装设计要求、采用聚类分析和人工神经网络技术对着装人体体型归类，并与服装号型体系进行匹配。

技术路径 2：服装人体体型数据分析、归类和动态更新，人体体型数据库建设。对不同测量方法得到的人体数据进行跟踪、筛选和分析，可以获得动态体型信息，并确定适用于服装的关键部位数据，达到合体、修饰体型、进行工业化生产的目标。

技术路径 3：服装人体虚拟展示系统构建。人体数据是企业的宝贵资源之一，可以用于建立目标顾客群体的虚拟人体模型，作为服装设计与展示的基准。

（2）设计经验、规则与知识的集成

技术路径 1：服装设计经验、规则和知识的获取与表达。通过广泛的调查将设计人员在进行产品设计时的经验和感觉进行梳理，通过文字、图形、数字等形式进行量化表达，建立服装产品设计通用语言体系。

技术路径 2：服装设计规则与专家知识数字化、集成化体系构建。通过语意辨析法、语意差异法和统计分析法将相关经验、知识、规则和设计要素进行分类和度量，实现非计量性表达的数字化处理。总结服装设计的规则，对各类服装的设计经验、规则和知识进行梳理和整合；邀请不同领域的设计专家，尤其是从事个性化产品设计专家参与，对设计人员的设计过程进行跟踪和分析，归纳总结得出能够得到设计人员认同的“专家知识”体系；根据服装产品的应用场景进行评估。建立数字化模型将服装设计相关的经验、规则和知识进行集成。

技术路径 3：服装设计规则与专家知识库动态更新。通过市场调查和消费者研究，掌握体型、流行、技术、材料等方面的动态变化情况，对服装设计规则与专家知识库的信息进行动态更新，为快速、高效、智能化服装设计提供保障。

（3）服装设计要素与感觉特性之间的关系

服装属于感性产品，在满足使用功能以外，服装设计还需要满足消费者和使用者的感性需求。建立服装面料、色彩、结构等设计要素与视觉、触觉等感觉特性之间的关系，就可以有针对性地进行设计或以需求导向进行逆向式设计。

技术路径 1：服装感觉需求信息的获取与表达，建立服装感觉特性的语义空间。人的需求和感觉是最难以把握与沟通的，采用感性工学的科学方法，选择科学的指标来确定感觉与需求，保证有效获取需求和感受方面的信息并真实地加以表达。

技术路径 2：服装设计要素与感性需求的匹配，建立设计要素与感性特征的交互系统。借助人工智能和数据挖掘技术从大量而复杂的调研数据中提取有效数据，并建立可靠的数学模型和有效的推理规则，建立起产品使用者的需求和感觉与设计元素之间的映射关系，实现设计师与消费者认知重叠的最大化，为实现人本化设计建立可靠基础。

技术路径 3：服装个性化交互设计平台建设。运用模糊技术、认知图、语义网络等工具建立服装感性设计模型，实现在服装感性数据的基础上，在不同设计方案之间、设计方案和顾客需求之间定义恰当的相似度表达式，来引导和规范设计师的设计方向，实现设计师与顾客的交互。

（4）服装和人体虚拟展示系统建设与优化

技术路径 1：虚拟人体模型构建与动态展示。从技术角度解决虚拟展示系统的可兼容性、真实性和可开发性，虚拟的人体要能够与服装展现和服装试穿等模块相互兼容，虚拟人体的静态和动态效果要接近真实情况。

技术路径 2：服装面料、色彩、图案、质感的数据库建设和虚拟展示。建立服装视觉效果和服装技术参数（包括面料参数、颜色和服装版型）之间关系的模型，使之尽可能地趋近实际服装的视觉效果，能够体现面料、色彩、结构、尺寸等各项设计和工艺要素的实际效果，提高设计的成功率和效率。在此基础上，结合各种需求建立数据库，用户接口和数学模型。

技术路径 3：服装规格、结构和工艺与人体模型的匹配与动态展示。建立三维人体和服装的视觉模型，利用服装辅助设计系统将服装设计方案体现在特定体型特征的人体模型上，并通过模型调节达到人体、材料、工艺的虚拟视觉效果变化，即时展示着装效果。

8.2.2.3 技术路线图

服装设计创新方法是在适应人体体型的基础上，在服装上展示科技和时尚。在感性工学理论和实践的基础上，将消费者和使用者的感性需求作为设计导向，将多年来形成的服装设计经验上升为规则与知识，将感性需求与设计要素转化成数字化形式，确定两者之间的关系，在智能化设计平台上实现虚拟展示（图 8–2）。

方向	关键技术	发展目标与路径（2021—2025）
服装设计创新方法	人体体型测量和归类	目标：以个体化需求为导向、快速设计，缩短设计周期、满足工业化生产需求，建立完整科学的人体数据库
		服装人体体型测量技术、体型数据与服装号型匹配
		服装人体体型数据分析、归类和动态更新，人体体型数据库建设
		人体虚拟展示系统构建

续图

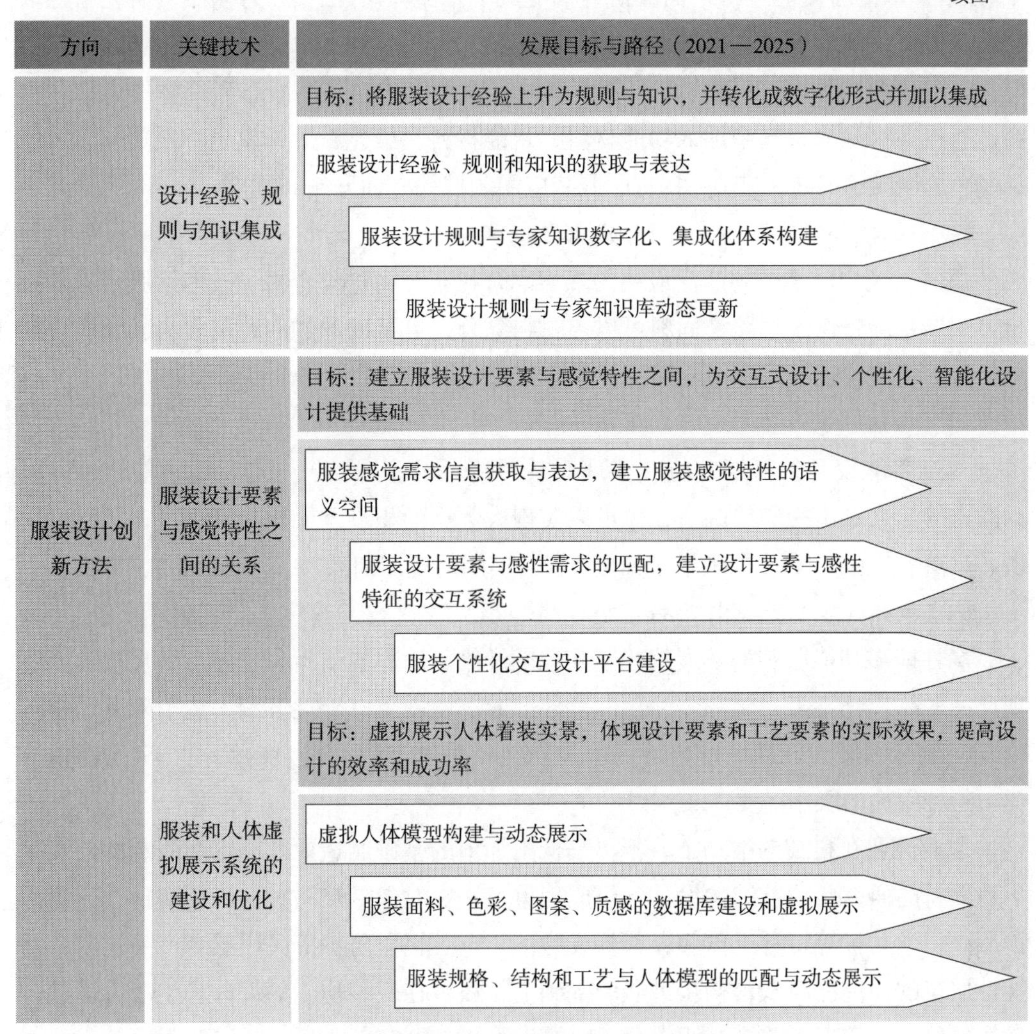

图 8-2 服装设计创新方法技术路线图

8.2.3 先进服装产品开发与产业化

在现代科学技术快速发展的时代，服装的加工方法和使用状态也将发生改变。先进服装产品将成为服装产业的一大亮点。改变传统的服装缝制方法，采用黏合剂进行裁片黏合制作服装；通过气流控制，直接将纺织纤维进行服装成型等技术为服装生产加工开拓了全新的途径。智能服装将服装产品为载体，以计算机信息与现代电子技术为手段，达到服装产品智能化的目的，将成为未来服装产品发展的一个重要分支。

8.2.3.1 需求分析

（1）3D打印服装产品开发与产业化

随着科技的发展，3D打印技术发展迅速，在服装领域的应用显示了较好的势头。

3D 打印技术能够便捷地将平面的设计稿变成三维立体产品，3D 打印服装研究已经取得初步进展，展示了通过织物 3D 打印或者服装 3D 打印进行服装生产的潜力。

3D 打印技术有望颠覆传统服装生产的流程和模式，采用液态高聚物作为打印材料，通过在高聚物材料中加入功能材料、智能材料、染化料，开发出特定功能、智能和颜色的服装，可进一步在 3D 打印服装应用领域等方面开拓和推广。

（2）黏合拼接服装产品开发与产业化

服装生产中已经得到广泛应用的热熔黏合衬布（简称黏合衬）技术给服装衣片拼合方式的革新提供了思路，面料可以与衬料黏合，也可以通过面料与面料黏合实现裁片拼合，使衣片能够黏合在一起，就能够替代缝纫工序的操作，完成服装加工。

（3）智能服装产品开发与产业化

通过智能设备的开发，能够实现对某种信息的感知、识别和反馈功能，可以根据获得的信息做出相应的调节，也可以实现大数据的积累、分析和管理，在医疗、军事、运动、娱乐、健康管理等方面有着较为广阔的应用前景。

（4）高性能多功能服装产品开发与产业化

高性能多功能服装的发展依赖于高性能纤维、面料的研发和特种后整理技术，实现产品的品质化、多元化和个性化。另外，通过发展阻燃、抗熔滴、抗菌除臭、排湿吸汗、耐高温等功能性纤维，可在服装功能的基础上附加特定的智能，满足特种行业、特种用途的服用需要。

服装产业在科技的推动下，不再是低附加值的基础制造业。高性能服装的开发除了对面料的研究，功能结构设计已经成为重点。在对包括热防护、机械防护、高温防护服、化学防护等特种工作服，紫外线防护、电磁辐射防护等民用服装产品在内的功能性服装的研究已经取得初步进展的基础上，还将在服装功能的设计和生产方面进行深入的研究，实现高功能、低成本、标准化的产业化生产。

8.2.3.2 关键技术

（1）3D 打印服装的原材料及应用开发技术

3D 打印被认为是能够融入高级服装定制的重要技术之一，能够做到真正意义上的单件制作，不需要制版、裁剪、缝制等加工过程，实现设计师主导下的服装生产。但是，要将 3D 打印技术在服装领域得到推广应用，需要有以下关键技术支持。

技术路径 1：服装 3D 打印材料和生产设备开发。3D 打印使用的原料必须是有流动性，经过逐层黏合后固化成型，用于 3D 打印服装的材料需要能够具备取代纺织面料的特性，作为日常穿着的服装，柔性、动作适应性、使用保养便利性等都是必须具备的。另外，3D 打印服装的原材料的成本、在打印设备中的特性也是需要解决的关键问题，需要解决打印材料的可穿着性能和开发适合打印服装的生产设备，满足使用要求和高效生产的要求。

技术路径 2：建立 3D 打印材料性能和打印结构与服装使用性能之间的关系，进行服装结构与性能优化。建立表述打印材料、打印工艺的特征指标体系，分析这些指标与打印服装之间的关系，为打印服装的性能控制提供依据。

技术路径 3：3D 打印服装设计开发、批量生产及应用领域拓展。通过在高聚物材料中加入功能材料、智能材料、染化料，开发出特定功能、智能和颜色的服装，开拓 3D 打印服装的使用场合进行推广应用。3D 技术运用于服装领域内的设计是新时期提出的新的设计手段，是应用设计经验进行设计创新的全新领域。充满艺术情调的表演展示服装、具有防御功能的护体装备、融入电子元件的智能服装应该是 3D 打印技术在服装领域的主要突破口。在 3D 打印服装的应用开发，需要以设计目标为导向，针对服装组成的纹理和结构进行设计，将光电、电子等科学技术融入 3D 打印服装，扩展服装的功能和应用领域，同时又要控制加工成本。

技术路径 4：3D 打印服装的工艺技术规范、性能评价方法和质量标准的建立。针对 3D 打印服装的特点制定设计与生产的规范与标准，制定 3D 服装的质量评价体系，建立 3D 打印服装工业化生产、技术推广和市场营销的科学依据。

（2）黏合拼接服装的黏合剂、黏合设备和工艺

技术路径 1：黏合剂与服装材料的匹配。针对不同的服装纤维材料确定黏合剂的最佳匹配方案，保证黏合拼接服装的线缝强度、线缝平整度和赋型能力。用黏合缝取代缝合缝，黏合剂是关键的材料，需要具备以下特性：面料适应性，能够对不同面料进行黏合，不仅能够进行同种面料的黏合还要适应于不同材料的黏合；适度渗透性，既要能够在温度和压力作用下渗透到面料中，保证黏合强度，又要防止过度渗透影响线缝外观；黏合力强，服装的拼接缝处必须能够承受穿着时的拉力，黏合缝的强度要达到与面料强度近似的水平；耐洗涤，黏合剂的黏合强度需要能够在经过一定次数的干洗或者水洗以后不出现明显下降。

技术路径 2：黏合拼接服装的加工设备与工艺技术的开发。指导和协助开发黏合拼接服装的加工设备，适合不同形状线缝的高效拼合。制定线缝处黏合剂涂覆、黏压温度和压力的工艺参数和技术规范。黏合拼接服装的加工设备的功能与普通的缝纫设备有本质的不同，需要通过压力和温度控制对服装进行黏合加工，设备需要能够满足不同接缝的结构，根据黏合剂种类和接缝结构进行温度、压力和时间进行控制。

技术路径 3：黏合拼接服装的线缝性能评价方法和质量标准的建立。建立黏合拼接服装的线缝质量评价指标和测试方法，根据黏合材料、黏合工艺与黏合拼接服装线缝性能之间的关系，为黏合拼接服装的设计和生产提供依据。

（3）智能服装设计和生产技术

智能服装是具备感知和反应双重功能的服装，是针对特定使用场景的、附加了人类智能或者超人类智能的服装，无论是特种服装还是日常服装，具有特定的智能成为首要的设计目标。智能服装设计与普通服装设计的程序、原理和方法有明显的差异，在未来也将形成一个专门的设计门类和技术。

技术路径 1：电子设备与服装材料的匹配，柔性传感器、移动互联网、云技术与智能服装的融合。智能服装的概念起源于 IT 行业开发的可穿戴技术，智能服装生产的关键是将电子设备与服装进行融合，其中包括传感设备、电子芯片等硬性材料，智能服装就是将这些硬性材料与服装软性材料相结合，将智能附加在服装载体上面临的技术问题与普通服装加工有着本质不同。

技术路径 2：服装的智能需求、实现方法、技术标准、质量标准、使用性能和评价方法体系建设。结合服装的用途提出服装智能化需求，分析在服装上实现智能化需求的途径、手段与目标，针对服装产品制定技术标准、质量标准，提出智能服装的智能与性能评价指标体系。

技术路径 3：养护、娱乐类智能服装设计、生产与推广。对服装用途进行分析，首先在养护类和娱乐类服装上融入智能设备，实现对生理信息、声、光等信息的感知、识别和反馈功能，可以根据获得的信息对服装的性能进行相应的调节。与此同时，探索实现人体数据收集、分析和管理，在医疗、军事、运动、娱乐、健康管理等方面的应用打下基础。智能服装设计需要从新的视角来认识服装，需要同时兼顾三个方面的需求：特定的智能需求、人体着装的基本功能、美观时尚。智能服装必须能够在人体和环境制约下，实现普通服装不具备的智能，为人体提供安全、舒适的环境且不受着装外环境的影响。因此，智能服装设计是一个跨领域的研究工程，需要同时具备服装和 IT 方面的知识，具有创意的智能服装设计是在信息技术、人体生理、外界环境和人体行为基础上提出的。智能服装的设计思路为智能→结构→舒适→美观。智能服装设计需要首先提出设计目标，能够精准提出智能需求，设计师需要就是探讨设计条件，实现服装智能的途径和方法、获得使用者的穿着条件，分析关键设计因素和主要问题。对于智能服装设计面临的问题进行量化分析，可以从智能目标、着装姿态、运动需要、功能需求、热湿舒适和社会心理几个方面对关键设计要素进行分析，需要列出着装时的任务要求、模拟这些任务要求、采用科学的方法对着装状态进行记录、对考察项目的影响因素进行评判。然后建立设计准则，提出设计方案。

（4）高性能多功能服装产品开发及标准体系

技术路径 1：高性能多功能服装性能特征指标体系及其质量等级标准制定。在服装基本性能要求的基础上，提出高性能的评价指标体系。

技术路径 2：高性能多功能服装虚拟测试与综合评价平台建设。高性能多功能服装产品开发需要与严格的质量和性能评价体系建设同步进行。针对不同的穿着使用环境，确定性能特征指标及其等级标准，提出各项性能的技术要求与相应的检测方法，开发相应的检测仪器，建立与国际接轨的服装开发及测评体系。建立高性能多功能服装综合评价平台，模拟穿着者面临的各种环境，进行服装性能综合测评也是本研究分析的技术关键之一。

技术路径 3：高性能多功能服装设计平台和生产系统建设。高性能多功能服装的开发除了对面料的研究以外，功能结构设计已经成为重点。针对高性能服装的特点，建设包括热防护、机械防护、高温防护服、化学防护等特种工作服，紫外线防护、电磁辐射防护等民用服装功能和结构设计平台，实现服装功能的综合平衡。建立包括设备、工艺、技术、质量在内的管理体系，实现高功能、低成本、标准化的产业化生产，在科技的推动下提高产品附加值。高性能多功能服装产品的使用场景具有较强的特殊性和局限性，终端产品的系列化、多元化、技术化和品牌化发展，能够充分体现自主原创的核心技术，增加产品竞争力，促进科技创新成果向市场开拓能力和品牌价值转化。

8.2.3.3　技术路线图

新的成型方式、功能化、智能化是未来服装产品的主要科技特征和发展方向，在这个方向的发展过程中创新与可行、技术与艺术、功能与舒适、成本与实用的统一尤为重要（图 8–3）。

方向	关键技术	发展目标与路径（2021—2025）
先进服装产品开发与产业化	3D 打印服装的原材料及应用开发技术	目标：应用 3D 打印技术进行服装产品开发，改变传统的服装加工方法和生产模式
		服装 3D 打印材料、生产设备研发
		建立 3D 打印材料性能与服装使用性能之间的关系，服装结构与性能优化
		3D 打印服装设计开发、批量生产及应用领域拓展
		3D 打印服装的工艺技术规范、性能评价方法和质量标准的建立
	黏合拼接服装的黏合剂、黏合设备和工艺	目标：改变服装衣片拼合方式，提高生产效率、改善线缝性能
		黏合剂与服装材料的匹配
		黏合拼接服装的加工设备与工艺技术的开发
		黏合拼接服装的线缝性能评价方法和质量标准

续图

方向	关键技术	发展目标与路径（2021—2025）
先进服装产品开发与产业化	智能服装设计和生产技术	目标：开发具备人类智能或者超人类智能、在特定使用场景下，有感知和反应双重功能的服装
		电子设备与服装材料的匹配，柔性传感器、移动互联网、云技术与智能服装的融合
		服装智能需求、实现方法、技术标准、质量标准、使用性能和评价方法体系建设
		养护、娱乐类智能服装设计、生产与推广
	高性能多功能服装产品开发及标准体系	目标：开发在特定使用场景下，有一项或多项超强功能的服装，满足特种用途的需要，为高性能纺织材料开发终端产品
		高性能多功能服装性能特征指标体系及其质量等级标准制定
		高性能多功能服装虚拟测试与综合评价平台建设
		高性能多功能服装设计平台和生产系统建设

图 8-3　先进服装产品开发与产业化技术路线图

8.2.4　服装先进制造系统基础建设

8.2.4.1　需求分析

服装先进制造系统建设的目标是满足服装企业对消费需求的精准定位、个性化设计、最优化物料采购、柔性化生产与快速送达销售终端的需求，体现工业网络化和智能化特征。

服装先进制造系统建设的目标是在服装生产制造相关的各环节、活动、资源构成的系统等主要部分能够利用先进技术和科学方法，对服装生产进行组织、分析和调控。在目前初步实现的数字化、网络化和局部智能化的基础上，进一步增强自动化能力。

针对服装的时尚设计、小批量和个性化特征，在先进制造系统融入大数据技术，用于提取时尚元素、集成专家知识，为计算机辅助服装设计提供依据、规则和数据。实现大批量、小批量和定制式等不同需求的流水线作业规划。

通过服装先进制造系统实现企业各项资源的优化配置和高效利用，确保服装生产进度和产品加工质量，大幅提升生产效率，为提升服装生产智能化水平打下基础。

8.2.4.2　关键技术

（1）信息及信息化基础建设

技术路径1：服装生产信息整合、融合及数字化表达。信息化建设对于服装智能化制造起到极其重要的支撑作用，服装企业的信息化建设要能够涵盖订单、物料、产品、生产、仓储、运输等方面的信息，能够实现订单管理、原材料供应和仓储、裁剪作业与裁片管理、柔性化服装缝制管理、服装分拣与储运管理等，根据获取的信息对生产进行监控、调节和运行。需要对现有的信息系统进行集成和融通。

技术路径2：服装生产信息采集、传输、存储、分析技术支持系统建设。根据服装产业链的运行特点，利用互联网技术，建设生产信息相关的技术支持系统，要求能够兼容、快捷、安全，并与工程技术和生产管理技术集成。

技术路径3：服装生产信息控制中心建设。信息（数据）控制中心的建设涉及数据类型、数据结构、数据处理、数据利用等诸多方面，实现远程采集、传输与控制等与生产相关的信息，并转化为可以在不同部门、不同设备之间进行传输和交流的数据。

（2）计算机服装设计系统扩展

技术路径1：扩充服装设计系统的输入信息种类，融入市场与消费者信息。目前处于服装计算机辅助设计阶段，利用服装辅助设计软件，在快速完成服装结构设计、关键部位尺寸设置、着装效果虚拟展示、服装样板生成、排版推档等服装设计功能基础上，还需要将使用环境、人体特征、心理和生理作用融入服装设计，能够体现消费者个性需求和感性需求。

技术路径2：扩充服装设计系统的信息输出形式。服装设计信息不仅可以通过文字、图形的方式进行输出，还可以直接传输到裁床、缝纫、整烫等有关设备，以大幅度缩短工序连接之间物料、运输和人工成本，提升服装设计智能化水平。另外，服装设计系统输出信息在不同系统之间的交流也需要提高。

（3）服装自动化生产装备开发

技术路径1：服装生产过程分析和生产单元构建。服装生产系统的先进性应该体现在服装生产的不同环节，需要获取和标示面料的疵点种类和位置信息，以精准的张力控制铺设布料，根据服装辅助系统提供的排料图进行裁剪，在裁片上标注信息，根据面料的特点和工艺要求进行缝合和整烫。服装生产流程长、环节多、设备复杂、组织形式多样，服装生产自动化设备需要体现在不同的生产单元。服装自动化裁床、服装吊挂系统、数控缝制设备和自动整烫机要以整体配套形式进入服装生产流程，实现协同生产。

技术路径2：服装人工智能生产单元及其信息传递系统构建。服装自动化生产设备需要集成管理软件、电子技术、RFID 射频识别技术、工业自控技术及新型传动机构，需要在企业信息数据的基础上，代替原有生产过程中的搬运、记录、统计等人工方式，实现整个生产流程的信息化，辅助实现高效有序的作业工作，显著提高企业的生产效率、产品质量及生产管理水平。在目前实现部分工序智能化、自动化物流管理和信息管理的基础上，随着针对服装生产系统开发人工智能、智能生产单元和机器人技术，在物联网、大数据、传感器、云计算、3D 打印、模式识别等技术支持下，逐步完成服装智能化生产系统的基础建设。

8.2.4.3 技术路线图

服装智能制造系统建设是一个长期目标，可以分阶段实现，对目前已经初步实现的各项相关技术进行完善和改进，强调各项技术之间的融通以及软硬件系统的同步发展，在 2025 年完成服装先进制造系统的基础建设（图 8–4）。

方向	关键技术	发展目标与路径（2021—2025）
服装先进制造系统基础建设	信息及信息化基础建设	目标：对服装生产相关的信息进行数据化处理，构建服装生产信息系统，为智能制造打基础
		服装生产信息整合、融合及数字化表达
		服装生产信息采集、传输、存储、分析技术支持系统建设
		服装生产信息控制中心建设
	计算机服装设计系统扩展	目标：对现有的计算机辅助服装设计系统进行扩展，提升设计系统的智能化水平
		扩充服装设计系统的输入信息种类，融入市场与消费者信息
		扩充服装设计系统的信息输出方式
	服装自动化生产装备开发	目标：开发具备识别功能的自动化生产装备，替代人工操作，实现部分工序智能化、自动化，提高生产效率，稳定产品质量
		服装生产过程分析和生产单元构建
		服装人工智能生产单元及其信息传递系统构建

图 8–4 服装先进制造系统基础建设技术路线图

8.2.5　服装企业可持续发展体系基础建设

8.2.5.1　需求分析

（1）服装产品生命周期管理

产品生命周期管理是一种先进的企业信息化思想，涵盖了从服装产品需求开始，到服装产品淘汰的全部生命历程的管理，包括产品战略制定、产品市场开发、产品需求分析、产品规划、产品开发、产品上市、产品市场生命周期管理，能够在激烈的市场竞争中，找到最有效的方式和手段来为企业增加收入和降低成本。

（2）绿色设计

服装绿色设计是将产品与自然、生态等环境和谐属性纳入设计目标，在保证服装设计美观、适体、功能等要求的基础上，满足环境保护的要求。服装绿色设计的目标是节约能源、节约资源、保护环境，可以从绿色选材、节约设计、保养洗涤、回收利用等方面着手。

进行服装设计时，在考虑美观效果、造型能力、服装加工技术、材料成本和使用要求的同时，综合考虑环保因素：在原材料加工、染色后整理、服装生产、使用保养过程中符合节能减排要求的材料；在服装设计和样板设计过程中，对增加材料耗用量的部位进行适当修改和调整，在做裁床计划时，对套排件数、排料方案进行审核，寻找最佳节约设计方案；在服装设计时考虑回收和循环使用，选择易于分类、利于回收、可重复使用的材料和结构方案；优化服装包装的设计，选择对人体和环境无害的包装材料，减少耗材和废弃物，提高可回收和再生材料的占比。

（3）绿色生产

绿色生产也是低碳生产，通过技术和管理手段降低能源消耗，服装产业绿色生产的核心是绿色生产管理。在经验、规则和理论指导下，实现生产系统的高效低碳优化运行，各种碳排放源处于管控之中。

根据国际碳排放评估标准确定服装生产碳排放评估的目标对象、边界划分和参与对象，对服装生产环节的能耗进行清单分析，分别确定设备、人员、废弃物的碳排放因子和计算公式，汇总得出服装生产环节的总碳排放量。

根据碳排放标准计算方法，针对具体服装产品类型，设计不同的服装生产组织方案进行工序、人员和设备的配置，并得出各种生产模式的碳排放总量。比较不同生产组织形式下的碳排放量，就能够得到以碳排放控制为目标的最优方案。分析各生产环节碳排放量的主要影响因素，可以明确服装产品在生产环节中低碳排放优化设计的目标，在寻求低能耗的同时也为企业提高生产效率。

（4）虚拟服装生产运行系统

在计算机仿真技术发展的基础上，通过相应的软件进行服装生产流水线的仿真模拟，实现生产过程的虚拟展示、即时分析和组织优化，为生产管理提供快捷、高效、可靠的保障手段。

8.2.5.2 关键技术

（1）服装生命周期管理系统建设

技术路径 1：服装生命周期信息采集、储存、传输与分析体系建设。服装产品生命周期管理是建立在企业信息化建设发展的基础之上，需要通过信息技术来实现产品生命周期过程中设计、制造和管理的协同。涉及的信息不仅包括产品本身在各阶段的数据，还包括设计、制造和服务的方法。

技术路径 2：服装生命周期评价与管理体系构建。在产品生命周期管理系统的支撑下，计算机辅助服装设计系统、计算机辅助服装生产系统、客户关系管理系统所输出的产品数据能够得到整合、处理、传递和储存。产品生命周期管理系统与目前在服装企业应用比较广的企业资源管理系统、供应链管理系统和客户关系管理系统融合后形成比较完整的企业信息化体系。

技术路径 3：服装生命周期虚拟运行系统建设。根据服装生命周期的信息，建立服装生命周期的评价体系和模型，能够对服装生命周期的状态进行模拟和预测。

（2）服装绿色设计与生产的途径与规范

技术路径 1：服装绿色设计与生产的材料、结构、样板和工艺系统建设。从服装材料、样板工程、碳排放评估等方面明确绿色设计与生产的概念，将产品的环境属性引入设计目标。

技术路径 2：服装绿色设计与服装结构和样板工程系统建设。从材料选择、材料用量、生产过程与方式、产品回收与再利用等方面全方位考虑环境因素，提高服装生产和消费过程的相容性，寻找经济效益和环境效益的优化组合。对传统服装生产工艺和设备进行革新和改造，通过对工艺参数、生产组织方式的优化，提升生产效率、降低材料消耗和能源消耗。

（3）服装生产过程仿真与优化

技术路径 1：在虚拟环境中真实再现服装生产中的工作地、工序节拍、半成品移动、设备运行状态等要素的配置与特征，准确再现各生产单元和要素之间的逻辑结构并用数字予以表达，快捷地得到生产任务、作业人员、物料移动、设备等生产要素的各种方式条件下的效率、周期、消耗等结果。

技术路径 2：服装生产过程的特征指标系统建设与量化表达，服装生产模拟与评价系统建设。提出准确描述服装生产过程的特征指标，对作业内容、作业时间、工序安排、同步程度、生产效率等项目进行量化，运用服装生产管理的基本理论和方法对特征指标的数据进行分析，得出各种生产组织形式的优缺点和适用性。

技术路径 3：服装设计与生产多目标智能优化体系建设。各种生产组织形式都有优缺点，生产过程的优化必须结合具体的目标而进行。根据具体情况设定优化目标，采用遗传算法、蚁群算法、模糊算法、人工神经网络等数学方法将多项优化目标的指标综合成为单一指标用于对生产过程的结果进行评判，得出最优方案。

（4）服装行业的碳排放标准和减排途径

技术路径 1：建立服装生命周期的碳排放标准与规范。对国际上有关温室气体议定书、ISO14064 系列标准、PAS2050：2008 规范进行分析和比较，建立适合服装行业的碳排放标准，确定用于服装生产碳排放计算方法中涉及的目标对象、边界划分、参与对象、数据搜集等要素。

技术路径 2：建立不同服装生产类型的服装生产碳排放清单与碳排放计算模型。针对不同类型服装生产的特征建立服装生产碳排放量的计算模型是建立标准的关键。根据碳排放标准计算方法，列出各种服装生产类型相关的能耗清单，确定系统边界，对生产环节进行划分，对各环节的设备、人员、废弃物进行分析，确定各环节的碳排放计算方法及碳排放因子，就能够在服装生产环节碳排放量的基础上建立整个流程的计算模型。

技术路径 3：服装产品生命周期低碳排放的体系优化。根据碳排放计算结果分析得出服装生命周期中产生碳排放的主要环节以及各环节影响碳排放量的主要因素，结合服装设计、服装生产组织、服装流程管理探索服装在产品生命周期低碳排放的优化方案，在降低消耗、提高效率的不同途径寻求低碳方案，并为推广碳标签提供依据。

8.2.5.3　技术路线图

可持续发展是服装企业运营模式的最终目标，需要在服装生命周期管理、绿色设计与生产、碳排放评价与控制等方面开展大量的基础工作（图 8-5）。

方向	关键技术	发展目标与路径（2021—2025）
服装企业可持续发展体系基础建设	服装生命周期管理系统建设	目标：实现包括产品战略制定、产品设计开发、产品生产与流通、产品逆向循环的生命周期管理
		服装生命周期信息采集、储存、传输与分析体系建设
		服装生命周期评价与管理体系构建
		服装生命周期虚拟运行系统建设

续图

方向	关键技术	发展目标与路径（2021—2025）
服装企业可持续发展体系基础建设	服装绿色设计与生产的途径与规范	目标：将服装产品的环境属性纳入设计与生产，采取有效措施提升服装的环保形象 服装绿色设计与生产的材料、结构、样板和工艺系统建设 服装绿色设计与服装结构和样板工程系统建设
	服装生产过程仿真与优化	目标：在虚拟环境中再现服装生产要素的配置与特征，根据管理目标提出生产过程优化方案 服装生产单元和要素的逻辑结构和数字化表达 服装生产过程的特征指标系统建设与量化表达，服装生产模拟与评价系统建设 服装设计与生产多目标智能优化体系建设
	服装行业的碳排放标准和减排途径	目标：在国际系列标准和规范的基础上，建立适合服装行业的碳排放标准，明确减排的方向，为推广碳标签提供依据 建立服装生命周期的碳排放标准与规范 建立不同服装生产类型，服装生产碳排放清单与碳排放计算模型 服装产品生命周期低碳排放体系的优化

图 8-5　服装企业可持续发展体系基础建设技术路线图

8.2.6　新型服装市场运营体系

8.2.6.1　需求分析

（1）服务型市场运营模式

服装市场具有时尚性、变化快、目标顾客多样化的特点，需要具备整合、协调众多企业共同进行开发、生产、运营的能力，以体现服装市场的服务特征。服装企业需建设数据信息系统，并部署到每个门店。销售终端获得需求信息后，通过内部资讯网络传递给决策层和设计人员，在做出决策后有关信息可以立刻传送到生产部门，生产部门就可以在最短的时间内迅速对市场需求做出回应。产品变化后的销售情况可以通过盘点货品上下架情况，对购买与退货信息进行统计分析得出。对销售数据分析获得的信息进入仓储系统，就可以根据存量控制原则进行库存管理，在保证销售的前提下有效降低仓储成本。

（2）消费者信息动态跟踪与分析

消费者信息包括人体体型、消费行为和消费心理等诸多方面，这些信息会随时间而发生变化，这些动态信息对于服装市场运营策略制定至关重要，现代大数据技术的发展为消费者信息的采集与分析提供了更加强大的工具。

在服装实体店里可以应用大数据技术获得相关信息，通过衣服上的射频装置对顾客在选购过程中关注、试穿、购买的服装信息进行自动识别和记录。采集、储存和分析顾客选购服装的城市、店铺、选购时长、选购路线、试衣时长、购买记录等相关信息。可以在服装虚拟店铺获得顾客浏览、购买等方面的相关信息，了解顾客关心的问题和喜好的商品。

应用大数据技术为消费者精准服务提供保障。从线上线下的销售点获得服装消费者体型、偏好、消费习惯等信息，为消费者构建便捷的渠道，主动提供体型、偏好、需求信息。根据这些信息进行服装推荐，并借助于虚拟试衣系统，生成与消费者相同体型的虚拟模特，并进行试穿，让消费者有真实的试衣体验，提升购买过程的愉悦感，提高购买成功率。除此以外，利用服装消费者的体型数据和消费行为分析数据，为服装设计、生产和销售提供可靠的依据，根据消费者的特点制定精准营销策略。

通过大数据技术，各门店的销售数据都会上传汇总，对所有的数据进行整合、分析，可以帮助经销商选择最适合的产品。企业可与经销商伙伴展开紧密合作，以统计到更为确切可靠的终端消费数据，有效帮助其重新定义产品供给组合，将符合消费者口味的产品投放到相应的区域市场。

（3）电商推荐系统

以互联网为代表的电商行业已经在利用大数据带来的高附加价值。借助于大数据技术，对网站浏览过程分析，可以获得消费者的购买行为信息和感兴趣的产品信息，根据这些信息进行产品推荐供消费者选择，可以提供销售成功率；在交易完成后，客户的订单数据传输到仓储管理系统，仓储系统以最佳路径进行拣货、打包并发货；当顾客签收商品的信息传回系统后，顾客的购物习惯会被记录并分析。根据消费者的浏览、搜索、收藏、购买记录，能分析得出需求和行为模式。企业可以设定关键词对数据进行查询，并进一步对数据进行分析和挖掘，能更加精准地预测顾客的需求，为顾客提供个性化的服务，提高企业盈利能力。

（4）虚拟/现实店铺协同

在服装市场多元化发展的形势下，互联网、大数据、云计算等现代科学技术不断改变着人们的消费观念和生活方式，采用单一的零售模式明显不能适应服装市场发展的进程，网上虚拟服装店铺与实体服装店铺同步运营已经成为很多服装企业的相同选择。

8.2.6.2 关键技术

（1）数据采集与处理

技术路径 1：服装市场与消费者信息体系建设。数据采集是获取服装市场信息的第一个环节，就目前的技术水平，可以通过 RFID 射频数据、图像识别、传感器数据、社交网络数据、移动互联网数据等方式获得各种类型的结构化、半结构化及非结构化的海量数据。通常采用数据库采集、网络数据采集和文件采集等方法实施。

技术路径 2：服装市场与消费者信息采集与数据处理。数据采集的质量水平直接影响数据分析的结果，要获得高质量的分析挖掘结果，就需要在数据准备阶段提高数据质量，将杂乱无章的数据转化为相对单一且便于处理的构型，为后期的数据分析奠定基础。通过数据清理、数据集成、数据转换以及数据规约对遗漏数据、噪音数据、不一致数据进行处理，在保持数据原貌的前提下，最大限度地精简数据量。

（2）数据挖掘与分析

技术路径 1：服装市场与消费者数据信息的表达形式与交互方法。将服装市场采集的数据背后隐藏的信息挖掘出来，制定相应的市场运营策略已经成衡量是企业核心竞争能力的依据之一。借助可视化数据分析平台，辅之以人工操作将数据进行关联分析，可以清晰有效地实现数据信息的表达与沟通。

技术路径 2：服装市场与消费者的特征表述、影响因素与预测体系建设。根据研究对象和数据的特征创建计算模型，根据数据的特点对特定类型的模式和趋势进行查找，并使用分析结果定义最佳参数，将这些参数应用于整个数据集，可以提取可行模式和详细统计信息。决策树、支持向量机、神经网络以及近年来飞速发展的深度学习等技术都是进行市场研究的有效数据挖掘算法，可以更快、更准确、更全面地获得所需信息或进行预测。

（3）市场运营体系建设

技术路径 1：服装市场信息、消费者和使用者信息采集与大数据系统建设。充分利用现代技术采集市场、消费者和使用者的动态信息，构建服装市场运营决策的基础数据库。

技术路径 2：多元化服装市场的品牌体系和商业模式建设。服装产品都要通过市场运营的商业模式实现价值。在市场上借助于各种手段与客户交流，通过产品、店铺、服务和传播建立起品牌形象。以设计理念为依据，针对市场与消费者进行品牌定位，通过服装风格、品质、形象构建可感知属性的整体印象。服务理念和互联网思维是新型商业模式的重要的前提和基础，通过完善网络营销、建立信息化管理和快速响应体系，用多元化手段多维度了解消费者，给予消费者全新的体验，与消费者建立紧密的情感和信息交流。

技术路径3：服装市场价值理论体系和价值体验设施建设。关注消费者在不同市场运营模式下购买价值的感知，包括消费者对于产品、价格、安全等基本行为需求的功能性价值感知，通过视觉、触觉、听觉、嗅觉等基础感官获得的体验性价值感知，在整个营销过程中所提供的活动产生的新颖性、个性化、便捷性的购物价值感知，与分享价值和社交形象相关的社会性价值感知所构成的综合价值感知。

技术路径4：线上/线下服装市场营销体系、服务体系和评价体系建设。根据实体店与网店异同点制订差异化营销方案，注重服装产品这个品牌形象的最基本维度，选择不同的方法提高品牌识别度及传播刺激度。在实体店铺，以选址、装潢、陈列、微环境设计来传达服装品牌形象。在线上店铺强化多媒体技术的应用，以文字、图片、动画等形式展示服装品牌形象。

技术路径5：线上/线下服装市场协同运营体系建设。充分利用互联网、大数据和现代物流的优势，实现线上/线下信息互通和资源共享。针对不同的顾客群体特点，以品牌为聚焦点，制定错位经营、相互促进、协同发展的策略和实施方法，在产品系列、店铺设计、商品展示、销售推广等方面既要体现品牌的特征，又要具有明显的差异。

8.2.6.3　技术路线图

对于服装企业而言，市场竞争是永远不可避免的挑战。只有通过企业文化建设、品牌形象打造、销售渠道重组等手段建立先进的商业竞争模式，培育企业的核心竞争能力，才能充分体现企业的价值、创造产品价值、提高投资回报和推动技术进步（图8–6）。

方向	关键技术	发展目标与路径（2021—2025）
新型服装市场运营体系	数据采集与处理	目标：即时获取市场与消费者的信息，并完成数字化转换
		服装市场与消费者信息体系建设
		服装市场与消费者信息采集与数据处理
	数据挖掘与分析	目标：运用科学的方法对数据进行分析，为制定服装市场运营策略提供依据
		服装市场与消费者数据信息的表达形式与交互方法
		服装市场与消费者的特征表述、影响因素与预测体系建设

续图

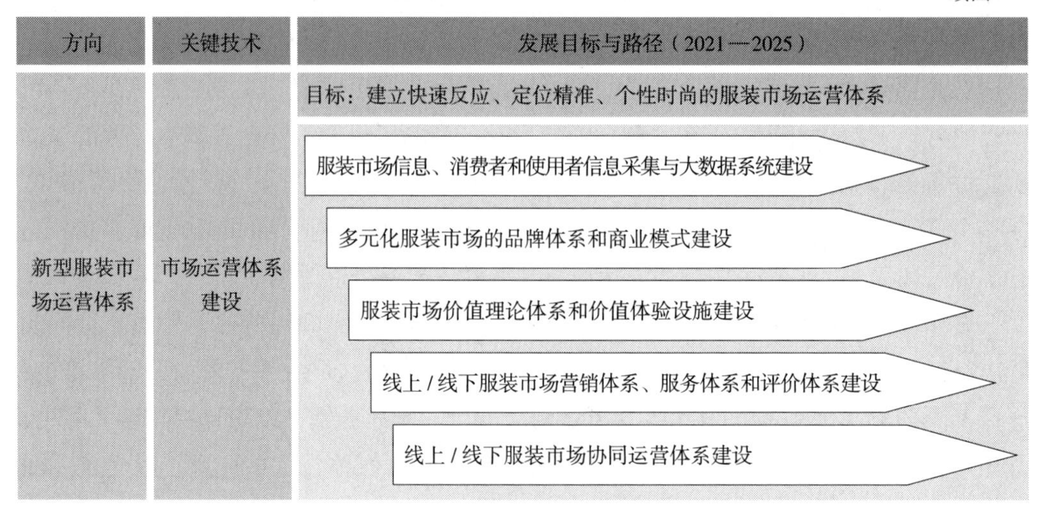

图 8-6　新型服装市场运营体系技术路线图

8.3　趋势预测（2050年）

在科技创新成果的引领下，服装产业的全球化、信息化、知识化步伐加快，现代科技发展助推服装行业的转型升级，也促进了服装设计与工程学科与其他学科的深度融合。

材料学科的发展为服装提供了新素材，能够扩展服装在生活、医疗、军事、防护、娱乐活动中的适用性，改善服装的穿着体验感，为人体提供优良的微环境，推动设计与生产技术改革创新。云计算、大数据、物联网、移动互联网技术将应用到服装设计、生产、物流、销售等各个环节，改变服装产业的运营模式。智能化制造技术将应用在服装设计与生产的设备、工艺和管理，通过自动化设备和机器人装备，改变服装产业链的结构和模式。服装产品设计和生产加工环节中会更多地体现文化特征、人文理念，服装流通环节会更加突出以人为本的特点。体验感、愉悦感和趣味性将成为相关活动的关注点。

服装产业的可持续发展任重道远。用现代科技构建设计、生产、流通全过程的绿色产业体系，提高服装生产和消费过程的环境相容性；在人、服装、环境的复杂系统中进行创新实践，展示产品的时尚文化内涵；提升服装产品和制造过程的智能化水平，构建全新的市场运营模式是未来相当长一段时期内的努力目标。

8.3.1　服装材料的识别与感知

8.3.1.1　需求分析

材料是服装物质属性与精神属性的载体，服装设计与生产的对象就是材料。服装材料的品种繁多、性能各异，为服装设计提供了无限的空间，也为服装生产提出了巨大的挑战。

在现代服装设计与生产体系中，计算机辅助、自动化和智能化技术逐渐替代人工操作，服装材料的识别与感知，并以数字化形式进行表达是先进技术全面进入服装领域的前提和基础。

通过材料的识别和感知实现材料的数字化表达可以建立服装材料的加工性能评价体系、建立服装材料与服装之间的联系、预测服装材料的性能，建立一个对服装的质量、外观和实用性能进行客观评价和预先控制的科学系统，用数字化或可视化的方法实时表达服装材料的特征和性能。借助于先进的传感技术和信息技术，对服装材料进行感知和识别，还可以为服装自动化和智能化生产提供工艺和技术的过程控制。

服装材料的感知与识别也是服装产业逆向供应链中材料回流和循环利用环节的重要支撑技术，可以在分拣、处理和再加工等流程中实现高效、快速、无人化操作。

8.3.1.2　关键技术

（1）服装材料识别

服装材料的识别包括外观和性能两个方面，需要能够模拟人的视觉与触觉功能。

技术路径 1：服装材料特征要素及其表达方法分析。针对具体的目标，分别从设计需求、生产需求和消费需求等方面建立识别对象和外观与性能评价体系，以数字化形式表达识别的结果。

技术路径 2：服装材料特征信息采集、数据化表达、分类标准和虚拟展示。应用图像技术和计算机视觉技术代替人的视觉系统对图形、色彩、纹理进行识别，应用传感技术采集服装材料质感和性能方面的特征信息。根据这些信息对服装材料进行分类、建立服装生产工艺与材料表面性能之间的关系、确定适当的算法建立模型，实现服装材料的虚拟展示。

技术路径 3：服装材料特征信息储存与传输。服装材料识别获得的信息对于实现真正意义上的智能化生产至关重要。将感知获得的材料信息进行储存、加工处理、判断和反馈，转化为服装生产系统的指令，可以克服自动化设备在服装生产系统中普及应用的障碍，提高生产设备的智能化水平。

（2）服装材料感知

对识别获得的信息进行加工，加入经验和知识的作用就可以对材料形成某种认识，用于指导服装设计、生产和销售。

技术路径 1：服装材料性能对设计、生产、销售与使用的关系模型。综合梳理前期研究成果，在识别信息中提炼服装材料性能的信息，在服装材料性能与设计风格、结构尺寸、加工工艺、技术参数、使用条件等项目之间建立量化关系。

技术路径 2：服装材料的性能表达、影响因素与预测模型。采用科学的方法和指标表示服装材料性能，明确能够对性能产生影响的因素及其程度，建立数字化模型。

技术路径 3：服装材料信息在自动化、智能化设备上的应用。在上述两个模型的基础上，将有关服装材料的信息与自动化、智能化设备对接，以控制设备的操作和运行。

8.3.1.3 技术路线图

服装材料的识别和感知需要在服装材料研究成果和服装领域的应用需求基础上，借助于先进的传感技术、数字化技术和人工智能技术加以实现（图 8–7）。

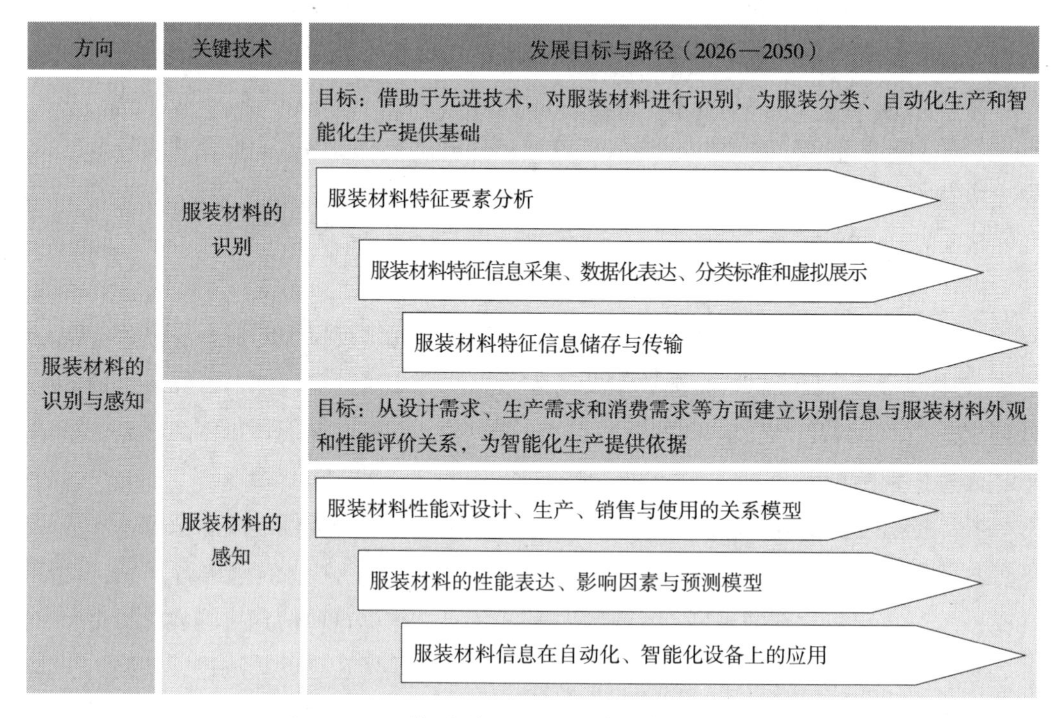

图 8–7 服装材料的识别与感知技术路线图

8.3.2 智能化服装设计平台

8.3.2.1 需求分析

在互联网技术的支撑下，建立起能够连接服装市场、设计师、消费者的平台。在这个平台上，能够完成时尚信息采集、分析与预测，统计与更新具有消费者体型特征、消费习惯的基础信息，集成服装设计规则和标准、设计师经验与专家知识，能够根据流行预测或消费者需求进行设计，在设计师与使用者之间建立起沟通和互动的通道，从而整合产品设计信息与生产技术系统的链接。

服装设计是基于市场和设计对象生活方式的设计活动，需要充分利用互联网、大数据和云技术的最新发展成果，实时精准掌握和分析服装时尚趋势和市场需求，智能化服装设计平台将为此提供有力的技术支撑。

智能化设计平台需要具备以下功能：

通过面料的质感、纹理、色彩和图案、服装的廓型、细部结构、工艺和配饰等设计要素的综合效果来体现服装的时尚流行性、社会性与文化性，并借助艺术手段和技术语言实现设计方案的表达。

能够符合时尚感知的物理、生理和心理原理，在设计实践中需要将主观感受以客观形式加以量化和表达。能够涵盖感觉特性与产品的设计特性之间关系的理论、方法及技术，有效地、客观地获取人们的感性需求，并将人们的感性需求与产品的设计要素建立起映射关系，以顾客需求为导向进行服装产品开发。

能够符合服装产品的艺术表现原理和规则，确保产品的品质和品味。同时，也要成为现代科技的载体，适应新技术、新材料、新工艺带来的变化，赋予时尚产品无限活力和生命力。

能够兼备对市场的应变功能，在设计经验和感性分析的基础上，对产品生命周期进行判断和干预，对消费者进行引导和刺激。需要借助于产品与创新模型识别技术、需求创新模型、需求创新产生技术帮助设计师从需求渠道出发，扩展思路；产品创新原理和方法可以从技术上设定创新设计的理念和目标，并通过数据的不断更新和智能化调整，使服装产品始终保持时尚性。

在相关研究成果的支撑下，智能化服装设计平台要能够实现与服装生产系统的信息传递，完成工业样板制作、生产过程控制指导、设计方案修改和优化、设计效果展示与评价等功能。

8.3.2.2　关键技术

（1）时尚信息获取与数字化表达

时尚与流行相关信息，一般可由国内外权威机构发布，服装企业设计师从中提取要素，指导产品设计过程；抑或服装企业和设计师通过对市场的观察、社会的感知和消费趋势分析，得出落地对应品牌的趋势与计划。科学的方法是获取时尚信息的主要而可靠的手段。

技术路径 1：图像采集与图像分析，对各类信息进行识别和处理。服装时尚信息首先通过对包含时尚元素的图片或动态着装视频等的信息采集获取资源；对服装时尚的视觉元素加以识别，进行数字化处理，进而借助于图像识别技术对服装时尚信息进行分析和预测。对获取的图像尺寸和分辨率进行控制，对图像的背景进行分割，运用数学形态学的方法提取廓型信息。对图像人体部位识别，根据人体各部位的比例关系确定肩、胸、腰、臀、腿等各关键点的位置。根据服装设计的规则，利用矢量处理方法获得服装各部位的尺寸。对服装色彩的识别可以利用不同的颜色模型获取色相分布，得到色彩和区域大小的数据。图案识别则可以从色彩连续性的判别方法进行数字化表达。图像识别技术还能够用于服装表面纹理、闪光灯特征效果的数字化表达。

技术路径 2：时尚信息大数据系统建设，实现对时尚信息的储存、分析和应用。图像的数字化为时尚分析提供了基础，借助于各种分析方法、数学模型、人工智能就可以实现对服装时尚的量化表达和科学预测。

（2）设计规则与专家知识集成

技术路径 1：服装设计规则与知识的数字化表达和应用。人工智能的基础是多年积累的理论与实践成果，将设计规则与专家知识以特定的形式与结构加以规范、整理和表达。在智能化设计平台上，集成服装设计的规则、设计师经验和设计相关理论，制定出服装设计规则与专家知识库的应用方案。

技术路径 2：服装设计规则与专家知识库建设与更新。构建设计规则与知识的数据库，并根据流行趋势的变化、新材料特点、设计方法和技术进步所形成的新的设计规则与知识对数据库进行动态更新。

技术路径 3：服装智能化设计平台建设与更新。将服装设计规则与知识数据库融入服装智能化设计平台，进行动态监测与实时更新。

（3）面向设计师和顾客的交互性设计的决策支持系统

在智能化设计平台上，服装设计人员与产品使用者的交互作用非常重要。为此，需要建立一个多目标的综合评估系统，来辅助交互过程的完成。

技术路径 1：多元化服装市场的品牌体系建设。服装品牌已经成为服装的标识，针对不同形式的服装市场，建立对应的品牌体系，为设计师与消费者之间的互动提供基础。

技术路径 2：服装消费者特征与行为采集、识别与分析系统建设。采用文字、图片、影像的方法获取消费者特征与行为的信息，对这些信息进行识别和分析，转化为消费者需求、喜好和认知信息，保证信息的可靠性、一致性和可交流性，实现消费者与设计师的互动，实现个性化定制、高端定制、远程定制。

技术路径 3：服装交互设计决策系统建设。采用模糊集合和模糊计算的综合评估系统，客观而准确地表达顾客需求、服装感性特征和服装设计要素之间的关系。应用此系统对不同的设计方案在不同场景的针对性应用进行评估，给出各个方案的优劣分析。经过设计师和顾客反复的互动，来实现顾客最满意的设计方案。

（4）服装设计信息与生产系统的融通

技术路径 1：服装设计要素与生产技术、工艺参数的对应关系。服装设计信息的输出形式随着生产技术的进步不断发生变化。以服装样板转化为例，服装设计方案确定以后，根据廓形、结构、尺寸转化成服装样板信息，可以输出样板或者样板信息，为后续工序服务。

技术路径 2：服装设计信息与生产设备融通。服装设计信息与生产系统的融通过程是一个设计→生产组织→生产实施的过程，需要对服装设计方案进行分析并进行工艺配置、生产工艺文件整合、生产资源的配置、生产系统运行，还要提供信息传输的通道。

8.3.2.3　技术路线图

智能化服装设计平台建设具有比较扎实的基础，在已经发展多年的计算机辅助设计平台中，在对服装的人本因素充分研究的基础上，融入更多、更强大的人工智能，能够实现设计系统与市场和生产进行对接和交互（图 8–8）。

方向	关键技术	发展目标与路径（2026—2050）
智能化服装设计平台	时尚信息获取与数字化表达	目标：即时获取时尚信息，并从物理、人体、文化、艺术等方面进行分析，完成各类信息的数字化转换
		图像采集与图像分析，对各类信息进行识别和处理
		时尚信息大数据系统建设，实现对时尚信息的储存、分析和应用
	设计规则与专家知识集成	目标：将服装设计经验和知识转化为人工智能融入设计系统
		服装设计规则与知识的数字化表达和应用
		服装设计规则与专家知识库建设与更新
		服装智能化设计平台建设与更新
	面向设计师和顾客的交互性设计的决策支持系统	目标：建立能够同时满足设计规则、生产体系和顾客需求的决策体系，实现个性化定制、高端定制、远程定制
		多元化服装市场的品牌体系建设
		服装消费者特征与行为采集、识别与分析系统建设
		服装交互设计决策系统建设
	服装设计信息与生产系统的融通	目标：服装设计信息与生产系统融通，实现设计与生产的无缝对接，为服装自动化、智能化提供保障
		服装设计要素与生产技术、工艺参数的对应关系
		服装设计信息与生产设备融通

图 8–8　智能化服装设计平台技术路线图

8.3.3 智能化功能服装产品开发与生产

8.3.3.1 需求分析

功能性服装在某一个方面或多个方面性能需要得到保障，以适应特殊使用场景的需要，功能服装的设计与生产比普通服装具有更大的难度，但是在附加值提升方面有着明显优势，功能服装的智能化将是未来服装产业持续发展的方向之一。功能服装智能化能够保证服装使用过程中，对特定的外界刺激作出反应，以达到防护、监控、预警、娱乐等目的。

智能化功能服装产品开发与生产需要在设计阶段针对相关功能或智能需求加以平衡与优化，制订切实可行的设计方案；根据功能或智能的目标确定其在服装上的实现方法和手段；持续引进相关领域的最新科技成果与服装产品融合，实现功能与智能的创新；建立智能化功能服装的动态评价体系。

8.3.3.2 技术关键

（1）功能服装的人体需求智能化识别技术

技术路径 1：功能服装智能化需求模型。从未来的发展趋势分析，医疗、军事、运动、娱乐是此类服装的主要应用领域，设计的目标以检测人体生理指标、调节人体着装微环境、根据环境控制服装的外观或性能等方面。

技术路径 2：建立智能化功能服装的表达体系。在现代化服装设计平台和生产系统中，将服装的智能与功能用技术语言进行表达，建立完整的指标体系，用机器能够识别的形式在供应链各个环节实现信息传递和交流。

（2）服装上实现功能化和引入智能的方法

技术路径 1：服装设计规则在智能化功能服装中的应用。从材料、结构和工艺对服装的智能和功能进行设计。首先考虑功能性和智能化服装材料的应用，通过材料感知温度、湿度、应力、光线等外界刺激，既满足了服装的穿着基本需求，又能够具备智能响应。

技术路径 2：柔性传感、无线通信、多信号融通、远程监控、智能反馈等技术在服装上的应用。将服装与电子元器件相结合，借助于信息技术实现服装智能化。在满足服装美观和使用的基本功能前提下，植入柔性传感器，通过无线通信技术进行信息传输和显示。随着电子元器件的集成化、柔性化程度不断提高，传感器和处理器与服装的结合会更加便捷。

技术路径 3：智能化多功能服装综合评估体系建设。以服装的智能和功能需求为导向，建立评价体系和质量标准，对服装的质量、智能项目与水平、功能项目与水平进行综合评估，为智能化功能服装的设计、生产和销售提高依据。

（3）服装的经济性和实用性

技术路径1：智能化功能性服装材料优选。开发与选择功能性和智能化纺织材料，根据服装智能与功能的识别结果，综合服装的基本性能要求，优选出性价比高的材料。

技术路径2：智能电子元器件优选。开发与选择能够具体特定智能、能够与服装相结合的电子元器件，以降低智能电子元器件成本、保证服装功能、实现预定智能水平、优化服装加工与使用性能、改善电子元器件供电方式、降低服装保养过程对服装智能的影响等因素进行多目标优选。

技术路径3：智能化多功能服装使用和保养方法与规范。对服装的不同的使用和保养条件进行模拟，建立使用和保养与服装智能和功能水平的关系，提出服装在特定条件下的保养方法与规范。

8.3.3.3　技术路线图

智能化功能服装以特定用途为目标，能够满足不同于普通服装的功能要求，通过材料科学和智能技术进步实现预定目标，并满足服装的基本性能、加工和使用要求（图8–9）。

方向	关键技术	发展目标与路径（2026—2050）
智能化功能服装产品开发与生产	服装功能和智能需求识别	目标：获取不同服装使用需求，建立以人体生理指标、服装微环境、性能特征、刺激相应等指标表达的服装功能与智能
		功能服装智能化需求模型
		建立智能化功能服装的表达体系
	服装上实现性能和引入智能	目标：针对服装的功能和智能需求进行综合平衡，制订优化的设计与生产方案
		服装设计一般规则在智能化功能服装中的应用
		柔性传感、无线通信、多信号融通、远程监控、智能反馈等技术在服装上的应用
		智能化多功能服装综合评估体系建设
	智能化多功能服装的经济性和实用性	目标：建立能够同时满足功能与智能需求，又能够推广应用的设计方案和生产方式，扩大智能化功能服装的应用领域
		智能化功能性服装材料优选
		智能材料与电子元器件优选
		智能化多功能服装使用保养方法与规范

图8–9　智能化功能服装产品开发与生产技术路线图

8.3.4 先进服装制造系统

8.3.4.1 需求分析

具有自主感知、学习、分析、决策、协调控制能力，能动态地适应服装材料、加工工艺、制造环境和市场需求的变化。服装智能化制造系统的目标不仅仅停留在对劳动力的替代，更要在普通劳动力不能完成的任务方面体现优势，能够实现小批量和定制的自动化作业，确保加工质量水平，大幅提升工艺水平和生产效率。

8.3.4.2 技术关键

服装智能化制造系统是产业链全方位的智能化，系统的建设是一个漫长的过程，需要相关产业发展和持续科研作为支撑，需要在已经实现的生产数据优化、专家知识集成、传感技术导入、设计与生产技术创新基础上，重视人的智能在人工智能制造系统中的作用。

（1）智能制造信息集成与互通

技术路径 1：服装制造信息模型和数据库构建。服装智能化制造系统需要具备工业大数据分析能力，集成服装制造相关领域多年积累起来的经验和知识，构建科学的数据结构对数据进行分类、维护和管理。通过人工智能技术进行数据分析，从而进行决策和评估。借助于可视化技术对制造过程进行展示，并对制造信息进行实时智能分析，提供最优化的生产组织方案。

技术路径 2：覆盖所有相关环节的服装制造信息网络构建。智能制造融合了信息化与自动化技术，在产品生命周期内对整个价值创造链的组织和控制的基础上，要从创意、订单到研发、生产、终端客户产品交付，再到废物循环利用，包括与之紧密联系的各服务行业，在各个阶段都能更好满足日益个性化的客户需求。所有参与价值创造的相关实体形成网络，实现所有相关信息的实时共享，用数据资源创造价值。

技术路径 3：智能制造信息互通。在纺织服装领域，智能制造通过数字信息技术集成加以实现，实现智能车间信息系统与企业资源系统的数据相互融合。经过生产全程自动化、控制系统智能化和在线监测信息化，节约人力，提高效率，使整个生产过程保持高度连续性，减少人工消耗，产品质量得到了进一步稳定和提高，提高了生产效率和劳动生产率。

（2）智能制造设备集成

技术路径 1：服装设计、生产、物流信息互联互通。服装智能制造需要实现智能设计与智能生产的信息互通，在实现服装计算机辅助服装设计的基础上，融入使用环境、个性需求和感性需求等非工业知识数据，将服装设计方案以数据形式直接传输到裁床、缝纫、整烫等生产设备，缩短工序连接之间物料、运输和人工成本。

技术路径2：服装设备自组织、自学习功能集成。将人工智能技术与生产设备相融合，使服装加工设备具备根据输入信息组织生产，在生产过程中进行学习、根据信息变化进行调整的能力。

技术路径3：服装设备执行功能集成。服装生产设备是服装智能制造的关键之一，主要包括智能设备和智能机器人两个部分。未来的服装生产设备形式会有巨大变化，以一机多能、一机全能的形式完成多项或全部加工功能。智能生产设备的品种适应性、工序适应性、加工速度和质量稳定性会明显提高。借助于多源信息感知系统、数据实时采集系统、设备运转系统、信息交互系统、服装生产专家系统实现智能作业。能够与服装部件、操作人员、其他机器进行交互作业和信息交流，能够模拟人的动作，实现协同作业。

（3）服装逆向产业链构建

实现服装的可循环利用，也是循环经济中的一个分支，需要在目前产业链的基础上，建立回收、再利用、再循环的逆向产业链。

技术路径1：服装回收、分拣、分解与分类系统建设。建立服装产品消费及其废弃的全过程中，减少废弃物的数量，将废弃物转化为资源，降低废弃物对环境的影响。实现可持续发展。

技术路径2：服装逆向产业链构建方案及成本规划。对服装产业传统增长模式的根本变革，针对服装产品品种多、生产量大、消费量大、废弃量大的特点，构建服装逆向产业链，采用系统工程的思维将分类系统加以集成，降低逆向产业链的运行成本。

技术路径3：服装材料再生与再利用的技术、质量与标准。借助于正向产业链的设备和技术，采用利用、改造、研发的方法，对逆向产业链的各个环节进行支撑，同时也要研发部分逆向产业链的专用设备。在设备的基础上，建立逆向产业链的专用技术标准，针对服装再生和再利用的特点制定相应的质量标准，搭建新的技术平台。

技术路径4：服装逆向产业链评价体系建设与技术经济分析。针对逆向产业链运行状态、再生产品的性能指标、再生产过程中产生的碳排放建立评价指标体系，对逆向产业链进行评估和优化。探索逆向产业链运行成本控制途径与方法，提升逆向产业链运行所产生的利润，保证循环产业链的可持续发展。

8.3.4.3　技术路线图

先进服装制造系统的建设是智能与设备的共同体，需要服装制造与软件开发、机械制造、电子设备加工、信息管理等领域进行深度合作（图8-10）。

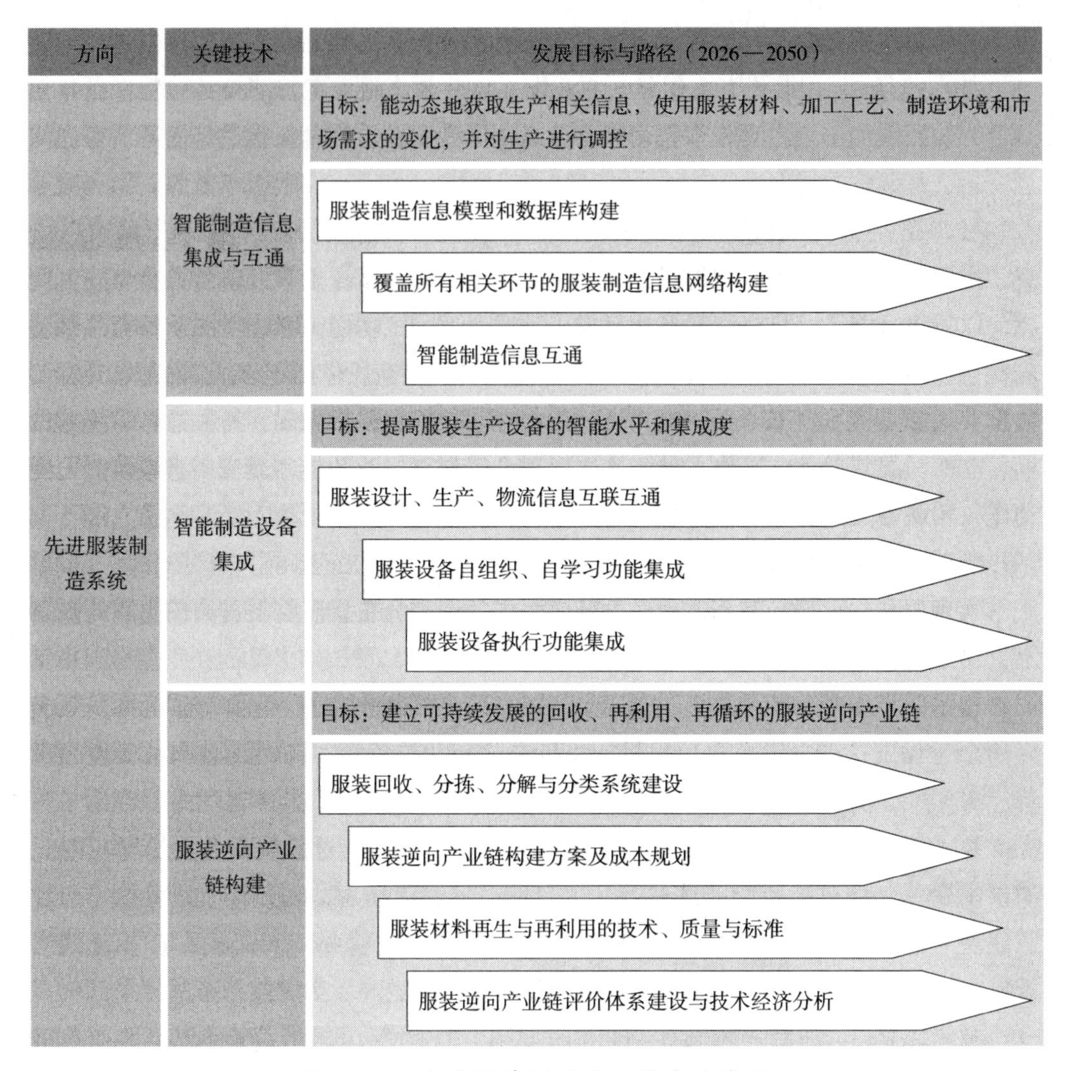

图 8-10　先进服装制造系统技术路线图

8.3.5　服装供应链合作平台

智能制造已经成为全球经济增长的热点之一，对于服装产业来说，推行智能制造的最终目的是在市场上赢得竞争，通过互联网、物联网、大数据等新技术对市场态势、客户需求进行观察和判断，对局部的、分散的智能化设计与生产能力进行协同、指导和优化，需要通过供应链合作平台得以实现。

8.3.5.1　需求分析

（1）企业合作平台

服装智能制造能够解决产品生产的问题，必须要与先进的经营模式对接，过度依赖产品和先进技术，并不能保证企业的成功。服装企业应该是一个平台，要有与客户、专家、生产、服务、政府部门、合作伙伴、供应商等对接的接口，保证平台上的各个接口顺畅对接，在各项生产要素的优化配置的基础上，通过流程优化创造价值。以经营模式为导向的先进生产体系是未来服装产业的发展方向。中小型企业也可以通过不同的形式接入这样的平台，通过平台创造价值、实现共赢，在供应链上创造价值。

（2）行业合作平台

随着当今时尚市场对个性化、定制化需求的日益增长，小批量柔性生产和大量定制生产成为服装供应链的两个发展方向。服装中小企业需要发展与其他企业的合作关系，采用适当的供应链合作战略应对竞争。

行业供应链合作平台可以实现真正意义上的匿名生产。传统意义上的服装企业是设计和生产服装的地方，但是服装企业采用外发、外包部分设计和加工、甚至定点或采购服装产品，产品的品牌比生产商更加受到关注，匿名生产也将成为服装产业的趋势。在行业供应链合作平台上供需双方不需要直接对话，平台就可以将客户需求与企业生产能力进行最优化匹配，保证企业的资源优势能够得到充分的发挥。

8.3.5.2　关键技术

（1）知识管理

在跨学科研究领域相互融合、跨学科技术成果向服装产业逐步渗透的背景下，知识管理是现代技术推广应用的关键。

技术路径1：对服装企业供应链信息管理平台建设。集成传统服装行业相关资源管理、生产管理、产品管理和市场运营管理的经验和知识，针对服装材料、加工技术和市场需求的快速变化，对知识进行动态管理，并在控制的范围内公开分享。

技术路径2：服装企业供应链评价体系与优化管理。针对供应链合作平台建设的目标，对各个环节运行构成要素进行分析，建立服装企业供应链的评价指标体系和运营模型，用于模拟供应链的运行状态，对运行结果进行评价的基础上进行优化管理。

技术路径3：服装企业数据互通和应用。建立服装企业的数据平台，在企业平台内部实现信息互通和动态调控，接入行业平台提供为服装行业的供应链合作提供数据资源。

（2）工业互联网合作平台建设

技术路径1：面向不同对象的接口的标准化和流程规范化建设。现代化信息技术要与服装产业对接还存在不小的空白地带，服装行业大平台需要面向不同对象，需要实现大平台上各个接口的标准化和流程规范化，要实现软件与软件的对接，软件与各种硬件设备的对接，要能够确保信息安全和运行可靠。在这个平台上集成了各种数据、生产模型、工业控制系统和智能学习模型，可以进行市场需求和企业生产能力数据采集和处理，实现产业链各环节的运程监测和调配。

技术路径 2：工业互联网平台的合作模型建设。在供应链合作平台上采用不同模型实现资源共享、合作共赢。针对纺织服装供应链中服装生产阶段的跨组织合作，将规模相似的服装生产企业之间实施资源共享机制。通过设计开发中央订单处理系统，以优化需求驱动模式下的整个服装供应链为目的，整合纵向合作和横向合作的创新型跨组织供应链合作模式，可以优化按订单生产的整条服装供应链。在这个平台上，利用多智能体仿真技术实现了供应链合作创新模型，为各种服装企业带来显著的效益。

技术路径 3：供应链合作平台的监控与评价系统建设。利用大数据、云平台技术获取各项数据信息，对这些信息进行学习、分析和挖掘，获取合作平台的实时运行状况。基于仿真的启发式算法用于优化资源共享的最佳方案，可以得出多标准下的最佳资源共享方案。应用服务提供商选择的启发式算法，以便根据平台接收到的各个需求选择最佳供应商。利用离散事件仿真技术对不同条件下的新型合作模型进行仿真，得出需求驱动的服装供应链新型协同模型，可以对在不同生产季、不同供应链阶段、不同服装企业的利润水平进行评估。

（3）经济效益分配与供应链优化

技术路径 1：效益分配规则制定。建立供应链合作平台的价值计算模型，不仅包括企业进行服装设计与生产活动的成本和收益，还应该包括时间、效率、品质、服务等附加值，体现供应链合作平台为服装领域创新活动的特征，提升企业参与合作平台的动力。

技术路径 2：供应链合作平台的运行模式。供应链平台的参与企业要能够实现自适应生产，将企业的人员和设备资源都按照客户需求进行调配，通过软件系统进行信息沟通，将企业资源与市场连接起来。以工业 4.0 为核心，实现机器与产品对话、机器与机器对话是指：服装加工需要的材料、加工流程与要求、在线品数量、运输路线、加工时间、质量水平等生产信息都会通过云平台、互联网进行交流，使得生产系统具有思考能力。

技术路径 3：合作平台的供应链优化。针对供货周期缩短、供货量减少的市场要求，采用降低订货比例、加大补货比例、提高快速反应能力的对策。加大信息平台建设的力度，将零售、分销、物流、财务整合在同一个平台上。在信息平台上可以实现对供应链各环节的全方位跟踪监控，实时收集销售、库存情况并进行数据分析，实现财流、物流、信息流的一体化，促进精细化管理，保证供应链的高效与及时性。

8.3.5.3 技术路线图

服装供应链合作平台是在全面实施信息化、网络化和智能化基础上，融合各种类型服装企业的资源，从效率、质量、周期实现供应与需求的最佳匹配（图 8–11）。

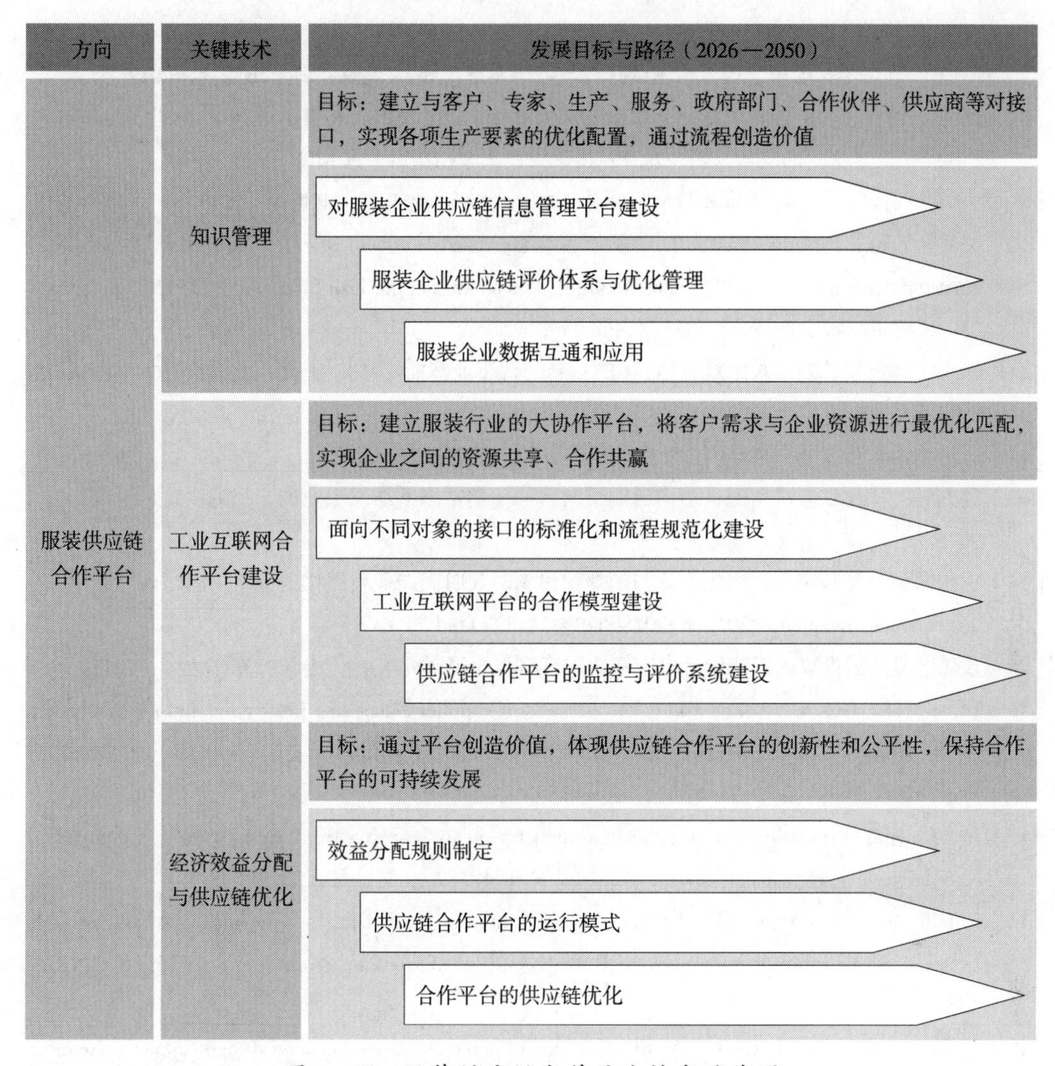

图 8-11　服装供应链合作平台技术路线图

参考文献

[1] DAMITH C. RANASINGHE．物联网 RFID 多领域应用解决方案（国际信息工程先进技术译丛）[M]．北京：机械工业出版社，2014.

[2] 奥拓·布劳克曼（Otto Brauckmann）．智能制造：未来工业模式和业态的颠覆与重构 [M]．张潇，郁汲，译．北京：机械工业出版社，2015.

[3] 乌尔里希·森德勒（Ulrich Sebdler）．工业 4.0：即将来袭的第四次工业革命 [M]．邓敏，李现民译．北京：机械工业出版社，2014.

[4] 王喜文．中国制造 2025 解读：从工业大国到工业强国 [M]．北京：机械工业出版社，2015.

[5] Shishoo R. The Global Textile and Clothing Industry [M]．2012.

[6] 卡尔·乌里奇，史蒂文·埃平格（Karl T. Urich，Steven D. Eppinger）．产品设计与开发 [M].

杨青，吕佳，芮詹，等译. 北京：机械工业出版社，2015.
[7] 魏一鸣，刘兰翠，廖华，等. 中国碳排放与低碳发展 [M]. 北京：科学出版社，2017.
[8] 塞西尔・博扎思、罗伯特・汉德菲尔德（Cecil C. Bozarth，Robert B. Handfield）. 运营与供应链管理 [M]. 第 3 版. 邵晓峰，译. 北京：中国人民大学出版社，2014.
[9] 孟早明，葛兴安. 中国碳排放权交易实务 [M]. 北京：化工工业出版社. 2017.
[10] Xianyi Zeng，Jie Lu，Etienne E Kerre，Luis Martinez，Ludovic Koehl. Uncertainty Modeling in Knowledge Engineering and Decision Making：Proceedings of the 12th International FLINS Conference [M]. World Scientific Publishing Co. Pte. Ltd.
[11] 李杰，邱伯华，刘宗长，魏慕恒. CPS：新一代工业智能 [M]. 上海：上海交通大学出版社，2017.
[12] 孙浩然. 服装设计中材料的创新应用研究 [J]. 纺织报告，2018.
[13] 孙瑞哲. 优化供应链生态，迈向云制造时代——新常态下纺织工业的云机遇 [J]. 纺织导报，2016.
[14] 中国服装设计师协会. 聚焦文化与消费探讨新时代时尚产业发展机遇——中国时尚大会 http://www.fashion.org.cn/news/201806/t20180629_3741327.html.
[15] 段然. 基于云计算的服装设计供应链协同策略与应用研究 [D]. 上海：东华大学，2017.
[16] Hlioui，R.，Gharbi，A. and Hajji，A. 2017. Joint supplier selection，production and replenishment of an unreliable manufacturing-oriented supply chain [J]. International Journal of Production Economics，2017（2）：53–67.
[17] Iu，K. et al. Fit evaluation of virtual garment try-on by learning from digital pressure data [J]. Knowledge-Based Systems Elsevier，2017（7）：174–182.
[18] Rauch，E.，Dallasega，P.，Matt，D. T. Sustainable production in emerging markets through Distributed Manufacturing Systems（DMS）. Journal of Cleaner Production，2016（6）：127–138.
[19] L. Wang，X. Zeng，L. Koehl，Y. Chen. A human perception-based fashion design support system for mass customization. Knowledge Engineering and Management，2014：543.
[20] L. Wang，X. Zeng，L. Koehl，Y. Chen，Transactions on Human-Machine Systems [J]. IEEE，2014（45）：95–109.
[21] Yan Hong，Xianyi Zeng，Pascal Bruniaux，et al. Intelligenta fashion recommender system：Fuzzy logic in personalized garment design，2014（45）：95–109. International Journal of Clothing Science and Technology，2017（226）：29.
[22] Yasin，S.，Behary，N.，Rovero，G.，& Kumar，V. Statistical analysis of use-phase energy consumption of textile products [J]. The International Journal of Life Cycle Assessment，2016：1–13.
[23] Tartaglione，A.，& Antonucci，E.（2013）. Value Creation Process in the Fast Fashion Industry：Towards a Networking Approach. In The 2013 Naples Forum on Service. Service Dominant Logic，Networks & Systems Theory and Service Science：Integrating Three Perspectives for a New Service Agenda（p.91）. 2016.12.

[24] Solanki，M. Towards event-based traceability in provenance-aware supply chains. The International Semantic Web Conference（ISWC）2015.

[25] Probst，L.，Frideres，L.，& Pedersen，B. Traceability across the Value Chain：Advanced tracking systems. European Commission（2015）.

撰稿人

陈　雁　李　俊　沈　雷　梁惠娥

第9章　产业用纺织品工程领域科技发展趋势

产业用纺织品是纺织业的重要组成部分，它不同于一般的服装用、家用纺织品，而是指经过专门设计、具有工程结构特点的纺织品。产业用纺织品被广泛应用于医疗卫生、环境保护、土工建筑、交通运输、应急安全、航空航天等领域，技术含量高，应用范围广，市场潜力大，是战略性新材料的组成部分，也是全球纺织领域竞相发展的重点。发达国家产业用纺织品占全部纺织产品的40%以上，而在我国仅占26%左右，且大多为中低端产品。我国产业用纺织品行业存在企业规模偏小、整体创新能力较弱、新产品开发和应用市场拓展缓慢、中低端产品价格竞争激烈等问题，需要政府、行业、企业形成合力，共同推进关键共性技术突破和跨部门跨行业对接，提升高质量产品服务供给能力，营造公平竞争环境。纺织类高校、研究机构及企业投入大量资金和技术力量到新技术的研究开发中，在战略新材料产业用纺织品、环境保护产业用纺织品、医疗健康产业用纺织品、应急和公共安全产业用纺织品、基础设施建设配套产业用纺织品、“军民融合”相关产业用纺织品等方面的理论研究和成果转化都取得了显著的科技进步，必将引领今后产业用纺织品行业的技术升级。

通过对近年来产业用纺织品领域基础理论研究和科技进步成果的总结，分析各项技术在未来实现产业化应用的可行性和途径，将有利于引导本领域科技人员进行科技攻关，促进产业用纺织品领域的科技发展和转型升级。

9.1　现状分析

9.1.1　发展概况

近年来，产业用纺织品行业存在企业规模小、整体创新能力弱、新产品开发和应用市场拓展缓慢、中低端产品价格竞争激烈等问题。我国产业用纺织品优势主要集中在材料生产制造环节，自主创新、协同创新能力不强，产品附加值低，高端产品开发应用进展缓慢，整体技术水平和市场拓展能力与国际先进水平差距较大。为推动产业用纺织品行业的可持续发展，工业和信息化部、国家发展和改革委员会联合印发了

《产业用纺织品行业“十三五”发展指导意见》，旨在引导产业用纺织品行业结构调整和产业升级，推进智能制造技术，加快纺织强国建设，满足国民经济相关领域需求。另外，《纺织工业发展规划》《纺织工业“十三五”科技进步纲要》等对推动产业用纺织品提升创新能力、优化结构、拓展产业用纺织品应用和制造技术的产业化提出了指导意见。

近年来，我国产业用纺织品行业快速发展，市场应用不断拓展，质量效益不断改善，成为纺织工业主要经济增长点，产业用纺织品在战略新材料产业、环境保护产业、医疗健康产业、应急和公共安全产业、基础设施建设配套产业、“军民融合”相关产业等方面不断发展，为满足消费升级需求、加快纺织工业结构调整、促进国民经济相关领域发展做出了积极贡献。

战略新材料是产业用纺织品发展的重要基础，其内涵主要包括纤维基增强复合材料、生物基纤维制品以及纺织柔性复合材料。纤维基增强复合材料中高性能碳纤维、玻璃纤维及对位芳纶等是纤维基复合材料重点品种，如轻量化车身（新能源汽车领域）、高性能碳纤维及其复合材料（汽车、高技术轮船、国产大飞机等领域）、高性能对位芳纶纤维及其复合材料等项目。我国柔性复合材料的销量每年约为 10 多亿 m^2，作为高档材料约占市场份额的 10%，约为 1 亿 m^2，产值达 50 亿~ 80 亿元，前景广阔。

环境保护产业用纺织品的研究工作全面展开，技术成果已进入产业化应用，国内多家企业开发推出了新型高性能低成本滤材，高效常温滤材和水处理滤材加工技术和产品的标准化工作已经展开，土壤环境修复材料、可降解农用纺织品的基础研究工作十分活跃，这将有利于促进环境保护产业用纺织品的开发。

医疗健康产业用纺织品以纤维为基础，纺织技术为制造方法，医疗应用为目的，发展具有防病毒、高阻隔、轻量化、超薄舒适、可降解等特点的产品。目前医用健康纺织品已由简单个体医用卫生防护材料，逐渐发展成复杂的高技术含量制品。近几年，医疗健康用纺织品技术在国际国内迅速发展，特别是在加强新技术交叉融合，包括生物医学、纳米技术的交叉融合方面。医疗健康纺织品产业的发展则相对比较平稳，产业的集中度也比较高，行业的出口比重比较大。由于我国医保政策和产品认证体系的因素，一次性医用纺织品在我国医院的应用比例还不高，产品主要是以原始委托生产（OEM）的形式生产并出口国外。

应急和公共安全产业用纺织品，国外发达国家已形成比较完善系统的产品链，正向快速化、智能化、成套化、一体化方向发展。国内应急产业虽起步较晚，但发展速度迅猛，国家成立了全国应急产业联盟，相关企业开发应急产品热情也在不断高涨。工信部 2017 年发布应急产业“三年计划”，技术转化重点加快推进人工智能、新材料等高新技术应用于突发事件应对并形成新产品、新装备、新服务，通过培育应急产业骨干力量，形成大中小企业相互支撑、协同合作的产业格局。到2020年年末，预计实现培育10家左右龙头企业，100家左右骨干企业的目标。目前，我国应急产品种类已达上千种，但高端关键应急产品主要依赖进口。据美国知名调查机构Grand View Research（GVR）研究报告；全球安全防护用纺织品2016年的市场估值约57亿美元，防弹类纺织品占全部安全防护用纺织品的29%，其次是阻燃热防护、机械防护、化学防护和电防护纺织品，占比分别为21%、16%、16%和9%，预计到2025年将达77.76亿美元。

近年来，国家在固定资产方面的巨额投资和“一带一路”倡议的推进，使得我国基础设施建设配套产业用纺织品得到了快速发展，功能性篷盖材料的研发应用正向新一代技术型过渡发展。土工用、建筑用、结构增强材料、绳带缆等纺织品的发展使国际化发展水平和市场影响力明显提升，阻燃高强、智能抗冻抗融、多功能吸排水、高强抗老化、生态修复等土工用纺织材料得到进一步发展，这将有利于促进基础设施建设配套产业用纺织品的开发。结合“一带一路”倡议推进，基础设施建设重点在大型水利设施、城市地下管网、高速铁路、大型机场改扩建、港口码头建设等领域。围绕基础设施建设需求，要加强与交通、水利、建筑等应用领域对接，发展适应极端环境、不同用途、多种功能的基础设施配套用纺织品。

军民融合是我国国家战略，2016年《关于经济建设和国防建设融合发展的意见》指出军民融合是在全面建成小康社会进程中实现富国和强军相统一的必由之路，为纺织行业与军工行业双向融合、互动发展提供了新机遇。国外从20世纪30年代就开始进行防护服装与织物的研究，国内对屏蔽织物的研究起步较晚，到90年代才出现一些较成熟的防辐射围裙等产品，近年来使用高性能有机聚合物成为新型核屏蔽材料的发展方向。耐烧蚀复合材料根据烧蚀机理可分为升华型（如碳/碳复合材料）、熔化型（如石英和玻璃基复合材料）、碳化型（如碳纤维增强酚醛树脂复合材料）等，主要用于中程、远程和洲际导弹的弹头鼻锥和壳体部件，火箭发动机喷管和喉衬，航天飞机的鼻锥、机翼前缘等部位以及载人飞船的返回舱热防护层上。

产业用纺织品行业的技术进步取得显著成效，突破了纤维增强复合材料、中空纤维膜、纤维原料和机械装备等方面的关键基础理论和共性技术，共有40余项科技成果获得国家科技进步奖或技术发明奖。“高性能碳纤维复合材料构件高质高效加工技术与装备”获得国家技术发明奖一等奖；“干喷湿纺千吨级高强/百吨级中模碳纤维产业化关键技术及应用”获得国家科学技术进步奖一等奖；多项产业用纺织品相关项目荣获中国纺织工业联合会科技进步奖一等奖及省部级一等奖。国家高度重视科技体制改革和成果转化，开展了一系列促进科技研发和成果转化的推动和引导工作，有力推动了产业用纺织品行业的发展。

9.1.2 主要进展

9.1.2.1 战略新材料产业用纺织品

（1）纤维基增强复合材料

纤维基增强复合材料是用纤维或纺织结构预制件作为结构增强物与基体材料复合而成，增强材料主要有高性能玻璃纤维、碳纤维、对位芳纶、硼纤维、碳化硅纤维、玄武岩纤维、超高分子量聚乙烯、聚酰亚胺、聚苯硫醚纤维、高强度高模量聚乙烯醇缩甲醛纤维、PBO 纤维、聚四氟乙烯纤维等，具有轻质、高性能、低成本等特点，作为结构件、功能材料或者结构－功能一体化材料在航空航天、风电叶片、体育休闲、汽车船舶、压力容器、混配模成型、建筑、电子电气等领域有着广泛的应用。目前，德国、美国、日本依旧处于行业领先地位，中国紧随其后，印度市场发展动力十足，碳纤维增强复合材料、芳纶等高性能材料将进入应用面积扩张、产业化程度提升的最关键时期。

纤维基增强复合材料主要进展有以下几个方面。

1）航空航天用复合材料。纤维基复合材料在飞机上的使用部位大致包括：舱门、翼梁、减速板、尾翼结构、油箱、副油箱、舱内壁板、地板、直升机旋翼桨叶、螺旋桨、高压气体容器、天线罩、鼻锥、起落架门、整流板、发动机舱（尤其喷气式发动机舱）、外涵道、座位与通道板等。构件集成化、整体化、大型化复合材料是大型整体化结构的理想材料，复合材料用量大幅提高，国外新一代军机和民用运输机已普遍采用高性能树脂基碳纤维复合材料。目前西方国家军机上复合材料用量占全机结构重量的 20%～50%，波音公司 X–45 系列飞机复合材料用量达 90% 以上，诺斯罗普·格鲁门公司的 X–47 系列飞机也基本上为全复合材料飞机。在过去的 10 年，波音公司和空客公司在 Dreamliner 和 A350 XWB 机型上使用了超过 50% 的复合材料。

2）新能源用复合材料。新能源用复合材料主要包括风电叶片用、新能源汽车用（轻量化车身）及相关构件等领域。在风电领域，2017 年低风速风场和海上风电共同推进了叶片的大型化发展，碳纤维在风电领域持续高速增长。风电用碳纤维复合材料主要应用方式有拉挤碳板和多轴向非屈曲碳纤维织物，风电用碳纤维复合材料已初步完成产业化。汽车市场主要受全球燃油经济性标准和使能技术影响，在北美及一些地方，轻型汽车二氧化碳允许排放量继续下降，美国环保局规定的 2025 年燃油经济性将比 2012 年的汽车高出 60%，比皮卡 2012 年的规定高出 35%，汽车继续向轻质化发展。复合材料成型工艺方面主要向着短周期、高精度、大型化、产业化发展，主要研究有短周期树脂传递模塑快速成型工艺（RTM）、热塑性基体材料预浸料复合材料加工技术等。

（2）纺织柔性复合材料

纺织柔性复合材料的种类繁多，按照其结构可分为以下三大类：平面膜结构柔性复合材料、三维充气柔性膜结构材料和网格结构柔性复合材料。

1）平面膜结构柔性复合材料。平面膜结构柔性复合材料是指结构为二维平面状的膜结构复合材料。国外早期的平面膜结构复合材料使用的多为涤纶基质的层压复合材料，近年来高性能芳纶、超高分子量聚乙烯、聚酰亚胺等纤维越来越多地用于开发恶劣条件下使用的膜结构复合材料产品，但由于这些高性能纤维分子链排列非常规整，在带来优异力学性能的同时，粘接难度也变得非常大。

2）三维充气柔性膜结构材料。三维充气柔性膜结构材料是通过涂层和充气处理，直接充气成形或由间隔丝连接上下表面辅助充气成形的立体膜结构复合材料。平流层飞艇囊体蒙皮材料是三维充气柔性复合材料中的重要代表，美国、俄罗斯、日本、韩国、以色列等国家和地区等提出了平流层飞艇计划，投入了大量的人力、物力和财力对临近空间飞行器进行研制。目前，我国多家航天企业及配套产业开发了平流层飞艇囊体材料，如主体结构为柔性充气囊体、飞艇用带有形状控制骨架的气囊等。此外，高品质超大隔距三维立体间隔织物可以满足国家在军用与航空航天领域的重大需求，也是三维充气柔性膜结构材料重点品种，可用于制造充气式飞机、巨型海上军用平台、海上太阳能发电站平台等。现有的机械设备无法进行大隔距高效生产，研发专用的超大间距织物高速智能化的生产装备迫在眉睫。

3）网格结构柔性复合材料。网格结构柔性复合材料是产品的结构为网格多孔结构。一般是以纤维制成具有网格状结构的基材，然后将基材表面涂层进而形成具有网格结构的柔性复合材料。网格结构柔性复合材料具有轻质、高性能、功能化、低热膨胀等优异特性，可用于太阳帆、星载天线等空间可展开结构中，在深空探测中具有重要地位。主要进展有“航天器用半刚性电池帆板玻璃纤维经编网格材料”的成功开发，并应用于“天宫”“天舟一号”等航天器，以及“高性能卫星大型可展开柔性天线金属网材料经编生产关键技术及产业化”技术开发并应用于“北斗”导航、“天通一号”“鹊桥”等高性能卫星。

9.1.2.2 环境保护产业用纺织品

（1）大气污染治理用纺织品

为解决大气污染治理用纺织品的成本问题和技术问题，应重点推动高效低阻长寿命、有害物质协同治理及功能化高温滤料和经济可行的废旧滤料回收技术的研发应用，扩大袋式除尘应用范围，另外袋除尘节能降耗应用技术是未来的重点发展方向。

近年来，大气污染治理用纺织品的研究着重在空气过滤材料，相关技术主要进展有以下几方面。

1）中空纤维碳素膜。中空纤维碳素膜采用磺化聚苯醚（SPPO）进行湿法纺丝后，将制得的中空纤维进行特殊处理，然后分别于600 ℃、650 ℃和700 ℃热空气中碳化1h而得，从而实现超高纯度氢气精制技术。相关技术的最新进展主要集中在过滤膜材的制备以及膜结构调控技术。

2）PIM中空纤维非对称膜。PIM中空纤维非对称膜可成功分离空气中的氮和氧，也可分离回收CO_2，从而抑制地球的暖化。研究工作进展主要在气体选择性分离技术，开发新型PIM中空纤维非对称膜，以提升气体选择性、提高空气过滤效率等。

3）袋式除尘。袋式除尘具有可高效净化细颗粒物、处理风量范围广、粉尘性质影响小等特点，是颗粒物高效净化的主流设备，工业应用十分广泛，应用比例逐年攀升。相关技术的进展包括先进过滤材料的开发，提高除尘效率和微米粒子的捕集效率，延长使用寿命，适应消费升级需求。

（2）水处理及污染治理用纺织品

水处理及污染治理用纺织品被列入“十三五”纺织工业科技攻关及产业化推广项目，已进入产业化应用阶段，国内多家企业开发推出了水处理及污染治理用纺织品，提升了水过滤用纺织品性能水平，推动了水处理及污染治理用纺织品的技术进步和产业的健康发展。主要技术进展包括以下几方面。

1）中空纤维分离膜。中空纤维分离膜表面的细孔密度高，主要应用于半导体、电镀、化工等工厂的含药剂废水的处理以及除去回收溶剂中的杂质等。此外，开发研究膜结构设计，大大提高了过滤效率。

2）高性能滤布。主要研究有耐热、耐腐高端滤料的开发，提高滤料的产品适应性；采用聚酰亚胺纤维、聚苯硫醚纤维、PTFE纤维、芳纶纤维等国产高性能纤维，提高国内市场占有率。

3）纳米纤维膜。先进的纳米技术和先进的纳米材料与膜分离技术相结合，为加速膜的发展创造了巨大的潜力。

4）海水淡化用反渗透膜。结合高效大型分离膜元件的研发，反渗透膜的低环境负荷海水淡化法得到开发利用，以高效阻防盐分和杂质。

（3）土壤污染治理用纺织品

土壤污染治理用纺织品主要有两种形式：一种是矿山生态修复用、重金属污染治理用、生态护坡加固绿化用等修复型土工纺织材料；另一种是麻地膜、聚乳酸非织造布等可降解农用纺织品。相关产品已经在新疆棉田、内蒙古沙漠等重点地区开展应用试点示范，土壤污染治理用纺织品的最新研究已适应消费升级需求。研究天然高分子材料的改性技术和成型工艺，通过光降解、生物降解、化学降解三类降解方式，可达到农用纺织品完全可降解的目的，相关技术已达到产业化。

9.1.2.3 医疗健康产业用纺织品

（1）医疗卫生用纺织品

现阶段，医疗卫生用纺织品在医学研究领域上具有突出的价值，纺织材料的创新开发与新工艺的出现，能有效保证医疗卫生纺织品满足更多的临床需要。同时许多纤维材料的制备工艺，包括湿法、静电纺丝为纺织材料的创新研究提供了技术帮助，中空纤维、超细纤维以及纳米纤维在医疗卫生纺织品的生产制作中具有良好的应用。例如在对竹纤维研究不断深入的背景下，使其在止血纺织材料中实现了新的应用，竹纤维同玻璃纤维结合运用，可用作快速止血绷带，如丝带橄龙表层的玻璃纤维具有加凝固血液的功能，而内层的竹纤维可引导血液流入玻璃纤维层，同时发挥止血消毒的作用。近年来，我国对医疗卫生用纺织品投入更多的财力物力，更多的产品出现在大众的视野中，应用于人造皮肤、人造补片、人工肾脏等的医用生物材料，应用于“三抗”手术服、病毒隔离服的高端医用纺织品，具有促进伤口愈合、止血性能良好和舒适、高抗菌性能的辅料成为2018年中国国际产业用纺织品展上的重头戏，也是近年来我国在医疗卫生用纺织品上做出的重要成果。

（2）可穿戴智能纺织品

近年来，具有便携、可穿戴、易打理等特点的可穿戴智能纺织品发展迅速，能满足各个领域的不同需求。可穿戴智能纺织品的发展主要在两方面：可穿戴智能设备与可穿戴智能服装。

1）可穿戴智能设备由传感器、驱动器、显示器和计算机等元素组成，可以利用信息传感设备接入移动互联网，实现人与物随时随地的信息交流，目前主要是以传感器、医疗芯片、监控系统等方面进行深入研究，并取得了一些进展，例如氧化还原石墨烯纳米片涂覆聚偏氟乙烯纤维制成纳米纤维，进而可制成均匀的三维网络导电膜；在惰性气体中对平纹织物进行碳化处理，即可获得集柔性和高导电性为一体的碳化平纹棉织物，其可以制成柔性可穿戴应变传感器。

2）“智能服装”是将功能性与时尚美相融合的崭新载体，是将微电子技术与服装结合的产物。智能服装不仅能感知外部环境或内部状态的变化，而且可以通过反馈机制实时地对变化做出反应。研究热点主要集中在感知、响应和反馈三个方面，目前研究者研究出一些智能服装，比如可演奏音乐的智能音乐服装系统，将传感器与婴儿连体衣加以融合的用以监控婴儿状态的智能监控服装、智能康复服装、形状记忆服装等。

（3）康复护理用纺织品

在康复护理用纺织品中，纺织品的抗菌整理一直以来是康复护理用纺织品研究的重点方向。一般的纺织品对菌体没有抑制和杀灭作用，常被认为是滋养微生物的良好媒介。在合适的温度、湿度以及相应养分下，微生物能够迅速生长并繁殖，而多孔性纺织品极易吸收人体汗腺和脾腺分泌的排泄物，为微生物提供了所需养分，因而某种程度上纺织品是微生物的支持者。纺织品上微生物的存在不仅影响其性能，导致菌斑生成，使纺织品产生霉变、脆化甚至变质，而且也会给服用者带来不适感，甚至对皮肤产生有害刺激，引发皮肤病，危害人体健康。此外，微生物分解人体分泌物所产生的氨等异味物质，也严重影响了周围的环境卫生，因此，对织物进行抗菌整理非常必要。通过对纺织品的抗菌整理可阻碍并抑制微生物在织物使用及储存过程中的代谢和繁殖。传统抗菌剂如 Ag^{+}、季铵盐、卤胺化合物、壳聚糖等都具有一定的抗菌效果，但其应用于织物抗菌整理过程时均存在自身缺陷。近年来，国内外研究学者致力于新型抗菌材料的开发，如稀土、石墨烯、环糊精等，并探索了其在纺织品中的应用，取得了一定成果。

9.1.2.4　应急和公共安全产业用纺织品

（1）应急救援用纺织品

应急救援类纺织品主要用于应对洪水、地震、海啸、台风等灾害，当前阶段全球正处于突发公共事件高发时期，中国气象局发布的《2010 年中国气候公告》显示，2010 年是 21 世纪以来中国气候最为异常的一年，极端高温和强降水事件频发，我国气象灾害造成的损失为 21 世纪以来之最，而且在未来很长一段时间内还将面临突发公共事件所带来的严峻考验。因此妥善、快速进行灾后处理工作，安置受灾人员成为重要问题。应急避险场所建设是社会公共安全体系建设的重要组成部分，篷盖布作为产业用纺织品中传统的大类产品，服务于社会各相关领域，是纺织工业新的经济增长点。在玉树和汶川抗震救灾中，篷盖材料发挥了重要作用，提升了产业用纺织品的影响力。近年来，新型材料和生产技术的快速发展提升了我国产业纺织品的品种和质量，赋予高新技术的篷盖材料在保障人民生命财产的安全，完善城市功能、增强应对突发事件和各类自然灾害的能力上起到了重要作用。

救援现场用纺织品是指当突发情况产生时，救援工作人员应适用的纺织品，这类纺织品根据情况不同，应有不同的防护类型。例如，火灾现场需要工作人员配备隔热性能良好的防护服，同时要求纺织品的阻燃性能高，这对救援工作人员的生命安全是十分必要的，因此要求对防火防爆领域应急救援防护服在测试条件及性能指标方面有较高的要求；而洪涝灾害救援现场则需要密度低、质量小、防水性能好的纺织用品。另外救援人员应配备必要的智能纺织品，利用现代电子和传感技术可以开发出多种智能纺织品，用于职业安全防护领域。如一种有毒介质探测织物，通过将光导纤维传感器结合到织物中赋予其危害因素探测功能。当这些传感器接触到某些气体、电磁能、生物化学制剂或气体有毒介质时，会产生相应的报警信号，提醒暴露在危险环境中的穿着者。这些智能纺织品可以制作消防人员、应急救援人员或有毒物质环境中工作人员的保护性服装，对救援人员的生命安全起着重要的作用。

（2）安全防护用纺织品

安全防护用纺织品是指人们在日常生活、工作等环境中，为免受各种物理、化学或生物等因素的伤害而使用的纺织品。按最终的防护功能，可分为热（冷）防护、阻燃防护、化学防护、生物防护、电防护、辐射防护、冲击保护、高可视度防护等。功能性安全防护纺织品虽起步较晚，但经历几十年的快速发展，已经在材料、技术和产品体系等方面取得了丰硕的成果，表现在产品的极大丰富、产品性能的不断提高，以及产品应用领域的不断拓展等方面。随着高性能纤维技术的突破及成本的降低，高性能纤维被研究者广泛应用于安全防护纺织品中，尤其是现代战争手段的多样性使得防护对象对防护服的需求趋于多样化和复合化，对于具有防弹、防刺、耐热阻燃、防化等功能或多功能复合的防护服投入了更多的精力。并且对于新材料的开发与应用也受到越来越多的研究，如应用相变材料来作为智能调节温度的工具、高强高模聚乙烯纤维是制作防刺穿、防切割的高强度工作服或防割手套的理想材料，还用来制作高强度绳索，用于安全生产和应急救援的救生索、安全缆绳、安全带、安全网等以及纳米等新材料的应用。同时，由于越来越多的工业领域显示出对防护服装备的良好需求，也促进了职业安全健康防护服市场的广泛创新，一些国际知名公司，如 Teijin（帝人）、DuPont（杜邦）、Royal TenCate（皇家天佳集团）、PBI（必能宝）、W. L. Gore & Associates（戈尔公司），Honeywell（霍尼韦尔）、Kimberly-Clark（金佰利）等将职业安全健康领域的防护服作为其主要业务之一。

9.1.2.5 基础设施建设配套产业用纺织品

（1）土工布建筑纤维材料

土工布建筑纤维材料的关键是如何实现土工材料的宽幅化、高强化和生产装备高效化，突破国产土工布生产技术的瓶颈。近年来人们在土工布生产装备的研发方面获得了突破，推动了土工布建筑纤维材料的应用。国产的 YYG301 系列片梭织机可用于生产高强、低延伸率的机织土工布，7.4 m 的幅宽填补了国内机织土工布幅宽限制的空白。奥地利 AUTEFA 开发的侧钩针刺成网机 NL9/S-H1/RB 可大幅提高土工布的针刺密度，并提高产品强度、缩短工艺流程、降低生产成本。

在新型环保热防护产品开发方面的研究也在不断深入。如上海新联纺进出口有限公司、上海特安纶纤维有限公司等公司联合完成了“芳砜纶火灾防护用品的研发及应用”项目，芳砜纶织物长期耐温 250 ℃，遇热时释放的烟毒远低于致毒量，可用作建筑耐火材料、高温管道及容器的隔热保温材料，该项目成功通过国家防火建筑材料质量监督检验中心 GB 20286—2006 的阻燃性测试。天津工业大学依据隔热材料的烧蚀机理，制备出具有耐烧蚀、隔热、不燃、拒液、遇热或熔融后能够保持形态完整且放出毒害气体低于致毒量的热防护织物，创建了热流在三维织物内传递的数值模型，为热防护织物的制备与性能评估提供依据。

（2）功能性篷盖材料

篷盖材料是集纺织科学与技术、精细化工、材料科学、结构力学等为一体的柔性复合材料。因其轻质、高强、柔软等特点，被广泛应用于体育文化设施、公共商业场合、交通运输、航空航天、军事、能源、环保等国民经济各个领域，市场需求极其广泛。功能性篷盖材料已从基础研究向产业化应用发展，主要发展方向为多功能性、永久性、低成本、环保、可循环使用、安全可靠。随着经济的发展以及观念的更新，柔性建筑及轻型结构的产品已经逐步取代传统材料制品，广泛地应用，行业呈现良好的发展势头。近几年我国篷盖材料发展迅猛，2017 年销量约 250 万 t 以上，占我国产业用纺织品的 1/5 以上。近年来篷盖布已突破原有的概念，涌现出各种各样新型篷盖布产品，所采用的纤维原料、基布的组织结构和整理加工工艺技术也在不断地更新，篷盖材料的研发应用正向新一代技术型过渡发展。其类型包括多功能隐身篷布、新型多功能篷盖布、柔性篷盖类材料、防水透气篷盖布、高强涤纶丝双轴向经编产品等。如东华大学、上海申达科宝新材料有限公司、浙江明士达新材料有限公司、江苏维凯科技股份有限公司联合完成了“功能性篷盖材料制造技术及产业化”项目，攻克了篷盖材料增强体组织结构设计与加工、膜材与增强体复合加工等关键技术难题，完备了轻质高强自清洁篷盖材料全套生产技术，解决了聚氯乙烯（PVC）膜材表面活化处理的关键技术，建立了高性能篷盖材料性能评价体系，已在面积 100000 m^2 以上的工程中使用。

9.1.2.6 “军民融合”相关产业用纺织品

（1）屏蔽用纺织品

电磁屏蔽材料要求所用材料具有在磁场中能够自由移动的载流子，此类材料具有良好的导电性，如金、银、铜等。电磁屏蔽材料一般包括表层导电型屏蔽材料、填充复合型电磁屏蔽材料、本征导电高分子电磁屏蔽材料、导电织物型电磁屏蔽材料（金属纤维混纺织物、金属及合金类电磁屏蔽材料）。

1）表层导电性电磁屏蔽材料。表层导电性电磁屏蔽材料主要分为银系、铜系、镍系，化学镀银锦纶织物的电磁屏蔽效果更佳，屏蔽效能最高可达到 70 dB 以上，可用于航天、军用电子设备；铜系导电涂料导电性好，但铜抗氧化性较差，可采用抗氧化剂进行表面处理或者添加还原剂等；镍系导电涂料导电性好，屏蔽性能好，是欧美国家主流电磁屏蔽涂料。美军在 20 世纪 60 年代将银系导电涂料作为电磁屏蔽材料，其导电性最好，性能稳定，屏蔽效果可达 65 dB 以上，但成本太高，且银容易向表面迁移。国际上镍系涂料产品有 TBA 公司开发的 ECP502X 和 ECP503，A. Cheson Colloids 公司的 Electrody 440S 以及 BEE 化学公司 ISO 1ex R65 等。

2）填充复合型电磁屏蔽材料。填充复合型材料由绝缘材料、导电材料及一些添加剂通过拉挤成型等工艺制成，常用的树脂有聚丙烯、尼龙、ABS 等，导电材料有金属粉末、金属纤维、石墨烯、碳纳米管等碳系材料等，具有材料成型与屏蔽一体加工、可大量生产等优势。石墨烯是理想的电磁屏蔽导电材料，成为填充复合型屏蔽材料研究热点。

3）本征导电高分子电磁屏蔽材料。本征导电高分子材料由于具有导电功能，密度小、韧性好、强度高、耐腐蚀等特点，越来越多地用于屏蔽电磁波包装材料和处理废物电磁污染方面。

4）导电织物型电磁屏蔽材料。采用金属纤维与其他纤维混纺、并捻、交织可制得导电织物屏蔽材料，也可制成碳基高分子泡沫复合材料、泡沫金属等多空三维网状结构泡沫材料，在保证电磁屏蔽效能的同时，实现轻质、透气等功能。稀土元素具有调节介电损耗和磁损耗的特性，是电磁屏蔽材料重要的发展方向。

（2）军用耐烧蚀材料

耐烧蚀材料既满足结构件承力要求，又具有耐超高温的功能，是典型的结构 – 功能一体化材料，在航空航天等领域均具有重要应用。主要品种有：

1）碳 / 碳复合材料。碳碳复合材料性能优异，成为大型固体火箭喉衬、发动机的喷管、扩散段，端头帽等的首选材料，美国的民兵 –III 导弹采用了碳 / 碳复材鼻锥，民兵 –III 导弹第三极火箭喷管喉衬采用了碳布浸渍树脂，满足 3260 ℃工作 60 s 的需求。采用碳 / 碳复合材料制成烧蚀材料，热力学性能优异，防热效果好，美国碳 / 碳复合材料在 3837 ℃高温持续 255 s 的过程中，线烧蚀率只有 0.005 mm/s，保证了航天飞机在 1650 ℃的环境中连续工作 40min 安然无恙。

2）碳布增强新型耐烧蚀树脂聚芳基乙炔（PAA）材料。树脂基烧蚀材料（如碳 / 酚醛）成本低廉、防热耐烧蚀性能优良，被广泛应用于一次性使用的部件上，如弹头大面积防热层材料、发动机喷管材料等。但传统的酚醛树脂（低压钡酚醛）残碳率低、抗机械冲刷和烧蚀能力差。为改善碳 / 钡酚醛材料的性能，目前已研制出多种高残碳率耐烧蚀树脂，如氨酚醛、铝酚醛、硼酚醛、三嗪酚醛、聚芳基乙炔（PAA）等。载人飞船返回舱再入大气层初始速度为 7.7 km/s 左右，经历苛刻的气动加热，表面将产生高温，碳纤维 / 酚醛复合材料作为重要的耐烧蚀材料应用其中。现代火箭如先进纤维缠绕制造复合材料壳体、火箭喷管和再入保护壳体常使用碳纤维 / 酚醛材料或者碳 / 碳复合材料进行热防护。

3）火箭耐烧蚀纳米复合材料。火箭耐烧蚀纳米复合材料（NRAM）是一种新型火箭耐烧蚀纳米复合材料，由于固体火箭发动机（SRM）排气羽流的流体环境十分恶劣，温度达 1000 ~ 4000 ℃，烧蚀粒子喷射速度大于 1 km/s，需要用耐烧蚀材料保护发射系统部件。目前火箭喷管组件通常由碳酚醛树脂复合材料如 MX-4926 制造，但是为了提高耐烧蚀材料的各项性能，将酚醛树脂和纳米粒子结合，使耐烧蚀材料更轻、更耐烧蚀、更绝热。

9.2　趋势预测（2025年）

近年来，产业用纺织品领域的科技工作者围绕落实国家相关重大战略部署，突出需求导向，开展了一系列科技攻关，取得丰硕的科研成果，并已经进入产业化应用阶段。通过进一步的技术攻关，解决产业化过程中的关键共性问题，有望实现在全行业进行推广应用，提升整个产业用纺织品行业的技术水平和可持续发展。

通过对近年来产业用纺织品领域新技术和新工艺发展情况的总结分析，本节列出了战略新材料产业用纺织品、环境保护产业用纺织品、医疗健康产业用纺织品、应急和公共安全产业用纺织品、基础设施建设配套产业用纺织品、“军民融合”相关产业用纺织品六个方面的发展趋势预测，分析了技术需求、关键技术，给出了发展路线图。

9.2.1　战略新材料产业用纺织品

9.2.1.1　需求分析

战略新材料产业用纺织品是“十三五”产业用纺织品重点发展方向，也是制造业发展的重要驱动力，涵盖领域广泛，包括航空航天、新能源、轨道交通、汽车船舶、医疗卫生等领域。根据产业用纺织品行业“十三五”发展指导意见，三维、异形截面、大型纤维基增强复合材料与生物基纤维制品及纺织基电池隔膜等功能性或高性能纺织柔性材料在各领域的需求越来越大。随着“中国制造 2025”以及“可持续发展战略”的推进，战略新材料产业用纺织品的重大瓶颈技术的攻关越来越迫切，如高性能国产碳纤维产业化技术、新型纺织结构预制件成型技术、高效稳定的复合材料成型技术、轻质高强囊体材料技术、大隔距三维立体间隔织物及充气柔性材料、柔性复合材料专用涂层制备工艺装备的开发及经编三维大隔距经编编织技术成套装备的开发等关键技术。

纤维基增强复合材料作为战略新材料重要品种，得到了世界范围内的高度重视，世界各国争相进行高性能纤维基增强复合材料产业布局。2017 年全球碳纤维需求总量为 84200 t，价值 23.4 亿美元；玻纤产能超过 508 万 t，利用率 93%；树脂基复合材料总量 12.95 万 t，价值 126.5 亿美元。美国方面，2017 年复合材料行业表现良好，玻璃纤维市场增长 4%，销量约 113.4 t，价值 21 亿美元，交通、建筑、管道和储罐是玻纤三大应用领域，占产量 69%。欧洲方面，2017 年，同比 2016 年增长 2%，达到 110 万 t，德国的 GFRP 产量最大，增幅最大，欧洲南部意大利、法国、西班牙和葡萄牙也一直在保持增长，GFRP 组件主要在是运输和建筑市场，占到总产量的约三分之一。印度方面，近几年也呈增长态势，玻璃纤维占据了纤维增强材料 99% 的市场份额，碳纤维的需求量从 2011 年的 30 t 倍增到 2015 年的 60 t，复合材料产量在 2016 年达到 31.5 万 t，预计在 2020 年达到 41.8 万 t。

纤维增强复合材料由于具有低密度、高性能、低成本、多功能等特点，越来越多地用于各种承力结构、非承力结构及功能结构来替代金属材料以实现轻质化的目标。随着高性能复合材料应用领域的扩展，立体、异形、多层、大截面等复合材料的需求越来越大，需要开发新型纺织结构预制件成型技术及高效稳定的复合材料成型技术来研发出三维、异形、大尺寸的纤维增强复合材料。

柔性增强膜材或蒙皮、三维充气结构材料，已越来越广泛地应用于建筑、运输以及安全防护等领域，如柔性多层复合材料在轻诱饵（示假）、飞艇、软着陆系统、柔性减速囊体、空间充气展开结构、太空舱等领域的应用。随着科技的进步以及军事、民用新的需求的不断提出，柔性复合材料广泛应用新一代浮空器领域，尤其是平流层飞艇（高空飞艇）作为一种经济、高效和长时间服役的高空观测、通信中继的平台，正在引起世界各国的高度重视。因此，轻质高强囊体材料技术、大隔距三维立体间隔织物及充气柔性材料、柔性复合材料专用涂层制备工艺装备的开发及经编三维大隔距经编编织技术成套装备的开发等关键技术的开发非常有必要。

9.2.1.2 关键技术

（1）高性能国产碳纤维产业化技术

目标：T800 级国产碳纤维的产业化，T800 级、T1000 级碳纤维实现千吨级量产。

技术路径 1：开展碳纤维基础理论及干喷湿纺技术研究，碳纤维的制备强度和模量相互制约，纤维是从乱层石墨到类石墨，研究两种结构特征的有机结合，建立高强高模碳纤维的结构模型，同时研究碳纤维弱节产生机理，突破干喷湿纺关键技术，开发弱节减少方法。

技术路径 2：开发建立高性能碳纤维产业化生产线，开发高温石墨化国产装备；研究干喷湿纺产业化技术，干喷湿纺原丝细旦化、高取向化技术，借助设备，提高工艺速度，进行大丝束化，减少后续的制造步骤，形成更便于应用的复合材料。

（2）新型纺织结构预制件成型技术

目标：三维编织异形纺织结构预制件的研发。

技术路径 1：开展纺织结构复合材料结构设计与应用机理的研究，设计新型织物组织结构，建立多尺度结构模型，在纤维、纱线、单胞和宏观上揭示纺织结构复合材料的动静态力学特性，研究纤维束排列布局的设计、工艺过程的动态模拟。

技术路径2：突破织物结构设计与编织技术，形成具有参数可调整型的设计程序，真正实现工业化设计，形成具有自主知识产权的软件，配套使用三维编织机和三维缝纫机，建立复杂异形纺织结构预制件生产线。

（3）高效稳定的复合材料成型技术

目标：产品精度高、成型速度快的大型复合材料成型工艺的开发。

技术路径1：在保证产品质量及尺寸精度的基础上，开发大尺寸构件SMC材料相应的大尺寸构件受压机台面。建立严格系统的复合材料装备及模具制造工艺，研究解决复合材料模具表面密封性较差及表面硬度较低的问题，开发品质优良、高精度的复合材料模具。

技术路径2：突破关键技术，研发关键装备，设计合理结构及工艺，建立机械化生产线。掌握液体成型工艺技术原理，改良复合材料成型工艺，突破热压预定型技术、高精度混合注射技术等，掌握HP-RTM、C-RTM、T-RTM等关键工艺技术，加强主承力结构复合材料研究，实现在汽车车身、飞机壳体、大型船舶等领域的工程化应用。

（4）轻质高强囊体材料技术

目标：轻质高强囊体蒙皮材料的开发及国产化。

技术路径1：根据不同材料类别组织材料设计、性能测试、环境分析评价、改性和优化等研究工作，同时配合加工企业解决大批量纺织柔性材料工业化生产中的设备、工艺和复合等技术问题，进行纺织柔性材料结构整体设计技术。运用新材料或新的纺织工艺技术提高纺织柔性材料的强力，从而可以提高应用可靠性和低花费性。纺织柔性材料的整体性应进一步提高，纺织柔性材料耐摩擦和揉搓性能、剥离性能要给予充分重视。研究多层复合结构及功能杂化涂层技术，提高纺织柔性材料的耐候性和环境适应性。空间应用时吸热量的增大促使囊体气温升高，囊体压力猛增，又对纺织柔性材料产生巨大的拉伸应力。所以纺织柔性材料环境适应性，外表面的光滑性、低吸热性也十分重要。

技术路径2：针对目前轻质高强囊体材料存在的难题，突破囊体材料结构设计、高功能化膜材料设计制备、质量稳定性控制、应用服役性能评估技术等关键技术，研制综合性能优异的囊体材料，提升新型囊体材料整体工艺技术水平，形成稳定批产能力。通过囊体材料力学、阻氦性、保压抗压、使用寿命、环境适应性等考核，满足空间应用环境的要求。最终形成高比强度、低透氦率、耐临近空间环境的高性能轻质高强囊体材料技术，建立囊体材料的性能测试规范和环境使用评估方法，实现产业化批量生产，满足国家高分专项及重大需求的应用。

（5）大隔距三维立体间隔织物及充气柔性材料

目标：大隔距三维立体间隔织物及充气柔性材料的研发及产业化。

技术路径 1：对三维大隔距纺织结构柔性材料结构设计复杂、服役失效不明确的问题，开展纺织结构柔性材料结构设计与应用机理；研究高性能纤维的特种整经、编织技术，设计新型三维大隔距经编增强织物组织结构，设计新型三维经编机成圈机构及成圈部件，研究超大隔距间隔纱梳栉平移控制系统，满足隔距 300 mm 以上织物的编织控制，突破经编三维间隔织物结构设计与编织技术。

技术路径 2：建立三维大隔距纺织结构织物工艺质量稳定性与评价技术方法，形成抗撕裂三维大隔距纺织结构生产关键技术。提升三维大隔距织物的宽幅双层涂层整理技术，形成批量生产规模，形成三维经编增强织物及其柔性复合材料增强结构设计理论与应用机理，多重复合及界面调控理论研究，建立在应用环境条件下柔性复合材料的服役行为与失效机理评价体系。

（6）柔性复合材料专用涂层制备工艺及装备

目标：柔性复合材料专用涂层制备工艺及装备的开发。

技术路径 1：将纺织柔性材料拼接形成飞艇、充气结构等材料时，要尽量减少拼接防止强度和气密性下降，开发宽幅多层涂层工艺控制及稳定性技术，以确保制备的材料具有良好的层间黏结性能，有效控制涂层内部及表面缺陷。

技术路径 2：研究膜材的后处理工艺技术，选择合适的涂层材料及表面后处理方法及工艺装备设计；创新高速浸渍的传动形式、张力控制、联动和平衡系统，保证在幅宽方向施加稳定的张力与涂层运行速度相互配合一致；优化改进涂布设备和宽幅多道涂层、烘干、定型一体化控制及复合成型工艺，保证涂层工艺及过程控制的稳定性，达到批量生产的工艺水平。

（7）经编三维大隔距经编编织技术成套装备

目标：超大宽隔距（300 mm 以上）三维立体间隔织物的智能化成套装备的研制。

技术路径 1：采用数字化电子摆幅控制技术、数字化电子张力补偿技术，将梳栉传统的摆动方式，设计为不规则摆幅纱线恒张力控制技术、创新宽隔距梳栉平移技术、突破智能控制超大隔距梳栉平移控制技术、智能化实时动态控制张力补偿技术、梳栉顶头二维平移等技术等，实现超大隔距三维经编织物的编织生产。

技术路径 2：开发超大宽隔距（300 mm）三维立体间隔织物的智能化成套装备，突破智能电子横移技术、智能化物联网云端控制等技术，满足隔距 300 mm 及以上的送经、编织、牵拉和卷取的恒张力和高精度控制。

9.2.1.3　技术路线图

方向	关键技术	发展目标与路径（2021—2025）
战略新材料产业用纺织品重大技术攻关	T800级国产碳纤维的产业化	目标：T800级国产碳纤维的产业化，T800级、T1000级碳纤维实现千吨级量产
		开展碳纤维基础理论研究，建立高强高模碳纤维的结构模型，突破干喷湿纺技术
		开发碳纤维国产生产装备，建立高性能碳纤维产业化生产线
	新型纺织结构预制件成型技术	目标：三维编织异形纺织结构预制件的研发
		纺织结构复合材料结构设计与应用机理的研究
		开发组织结构设计软件，建立复杂异形纺织结构预制件生产线
	产品精度高、成型速度快的大型复合材料成型工艺的开发	目标：产品精度高、成型速度快的大型复合材料成型工艺的开发
		开发品质优良、高精度、大尺寸的复合材料装备及模具
		设计合理结构及工艺，建立机械化生产线
	轻质高强囊体材料技术	目标：轻质高强囊体蒙皮材料的开发及国产化
		根据不同材料类别组织材料设计、性能测试、环境分析评价、改性和优化等工作
		研制综合性能优异的囊体材料，形成稳定批产能力
	大隔距三维立体间隔织物及充气柔性材料	目标：大隔距三维立体间隔织物及充气柔性材料的研发及产业化
		突破经编三维间隔织物结构设计与编织技术
		提升三维大隔距织物的宽幅双层涂层整理技术，形成批量生产规模
	柔性复合材料专用涂层制备工艺及装备	目标：柔性复合材料专用涂层制备工艺及装备的开发
		开发宽幅多层涂层工艺控制及稳定性技术
		研究膜材合适的涂层材料及表面后处理方法及工艺装备设计

续图

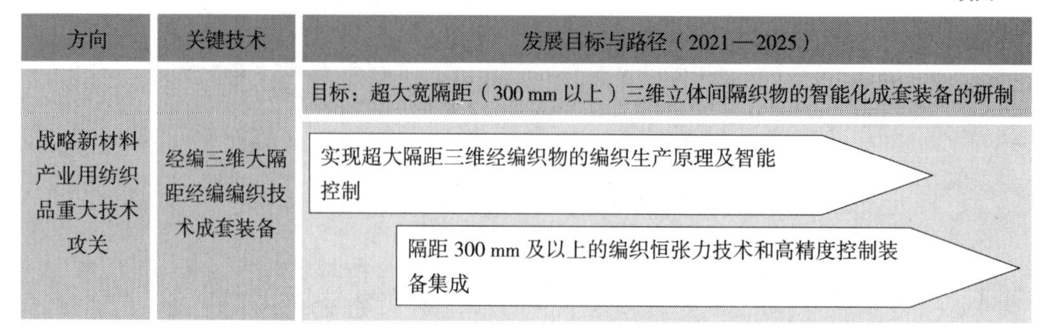

图 9-1 战略新材料产业用纺织品重大技术攻关技术路线图

9.2.2 环境保护产业用纺织品

9.2.2.1 需求分析

“十三五”期间，产业用纺织品劳动生产率年均增长 8% 以上，百家骨干企业研发投入占销售收入比重达到 2.5%，比 2015 年提高 0.6 个百分点。到 2020 年，环境保护用纺织品主要技术达到世界先进水平。环境保护产业用纺织品技术含量高、应用范围广、市场潜力大，为了满足消费升级需求，促进国民经济相关领域发展，需加快汽车滤清器、空气净化器、吸尘器、净水器、土壤治理等用途新型过滤材料的开发应用。环境保护产业用纺织品存在成本问题和技术问题，过滤效率低，寿命有限，特别是有害物质协同治理效率低，功能化程度不高，且缺乏经济可行的废旧滤料回收技术。在国际范围内，中国对环境保护产业用纺织品的研究具备高端性和完整性，这是因为中国具备足够大的外部实验环境和恶劣的粉尘条件。得益于国家环保要求的日趋严格，布袋除尘等方面的需求增加，滤布等过滤与分离用纺织品保持较高速度增长。还存在技术优化水平低、催化剂使用量大、科技创新能力不高、生态修复用纺织品应用范围小等问题，难以突破高温滤袋的技术瓶颈。环境保护产业用纺织品主要包括大气污染治理用纺织品、水处理及污染治理用纺织品和土壤污染治理用纺织品，这几种纺织品都需要在制备工艺上进行自主创新，以减少资金成本，提高国内环境保护产业用纺织品的国际竞争力。

随着我国生态文明建设的推进以及环境治理要求的提升，环保产业将保持较快发展势头，高性能环境保护产业用纺织品市场空间广阔。“十二五”期间，袋式除尘在燃煤电场达到了装机总量的 30%，超额完成 10 个百分点，有利于环境友好型过滤材料的开发推广，大大降低环境污染的程度，提高过滤材料的效率。可降解农用纺织品，通过光降解、生物降解、化学降解三类降解方式，可达到完全可降解的目的，制备过程中无须添加化学助剂，环境友善，降低生产成本，已在新疆棉田、内蒙古沙漠等重点地区开展应用试点示范。随着我国生态文明建设的推进以及环境治理要求的提升，环保产业将保持较快发展势头，高性能环保用纺织品市场空间广阔。“十三五”期间，围绕大气、水、土壤污染治理三大专项行动，继续提升空气过滤、水过滤用纺织品性能水平，扩大生态修复用纺织品应用范围。重点提升袋式除尘用纺织品性能，适应超低排放要求。加快汽车滤清器、空气净化器、吸尘器、净水器等用途非织造过滤材料的开发应用，适应消费升级需求。推动环境友好、可生物降解农用纺织品开发推广。

国家鼓励企业严格执行环境保护相关法规，实施绿色发展战略，加快绿色化改造提升，促进企业环境信息公开，建设绿色企业。因此，为了提高企业的环境保护产业用纺织品比例，需要开发新型滤材高性能低成本研究关键技术，使过滤效率和成本相适应。实现环境保护产业用纺织品的推广应用仍有许多技术需要攻关解决，其中，开发高效长久过滤介质研究关键技术，做到对寿命、效率的保证非常关键。

9.2.2.2　关键技术

（1）新型滤材高性能低成本研究关键技术

目标：降低过滤材料的成本，开发出性价比高的新型滤材。

技术路径 1：通过加大对新型合成纤维滤材的研究，提高滤材的过滤效率；在一般的过滤环境下，全面替代无纺布及玻璃纤维，覆盖粗、中、高效（G3–H13）全系列过滤产品，实现高性能和环保的目标。

技术路径 2：进一步提高高性能纤维的低成本加工技术水平，提升滤材的工艺质量，扩大其在袋式过滤器及高效过滤器中的应用范围。

（2）高效长久过滤介质研究关键技术

目标：研发出具有长久过滤效果的介质。

技术路径 1：通过加强过滤介质的基础理论研究，系统研究滤材结构应用设计，复合多种过滤器进行过滤，优化工艺条件，提升过滤产品质量。

技术路径 2：研究过滤介质与水接触时反应机制，研究相关作用电吸附电荷电场，构造细菌通过微孔的通道障碍。

（3）功能性纤维的开发及应用技术研究关键技术

目标：各类功能性纤维材料的开发，实现滤材结构与功能的集成化。

技术路径 1：研究增强体纤维规格，提高相关组织结构设计水平，扩大适用于环境保护产业用纺织品的功能性纤维品种；研究功能性纤维在过滤过程中的作用，设计开发功能性水过滤材料。

技术路径 2：研究开发新型功能性整理剂，优化配比方案，完成膜结构材料复配加工。

（4）滤材结构对性能的影响定性研究

目标：确定滤材结构对过滤性能的影响，确定合理的调配纤维材料要素。

技术路径 1：在传统研究过程即微观测量、流量测试和容尘测试之前，构造材料的三维仿真结构模型。

技术路径 2：应用计算机仿真的方法，对材料的性能进行估计。

（5）高性能水终端过滤膜研究关键技术

目标：开发效率更高、性能更优异的水终端过滤膜。

技术路径 1：立足于现有水终端过滤膜生产技术，利用多重技术，并通过层压复合技术与涤纶筛网和活性炭纤维毡进行复合。

技术路径 2：采用多针头静电纺设备制备 CS/PVA 混合静电纺膜。

9.2.2.3 技术路线图

方向	关键技术	发展目标与路径（2021—2025）
环境保护产业用纺织品	新型滤材高性能低成本研究关键技术	目标：降低过滤材料的成本，开发出性价比高的新型滤材
		研究新型合成纤维滤材，提高滤材的过滤效率
		高性能纤维的低成本加工技术水平的提高
	高效长久过滤介质研究关键技术	目标：研发出具有长久过滤效果的介质
		过滤介质的基础理论研究，优化工艺条件
		研究过滤介质与水接触时反应机制
	功能性纤维的开发及应用技术研究关键技术	目标：各类功能性纤维材料的开发，实现滤材结构与功能的集成化
		研究增强体纤维规格，研究功能性纤维在过滤过程中的作用
		研究开发新型功能性整理剂，完成膜结构材料复配加工
	滤材结构对性能的影响定性研究	目标：确定滤材结构对过滤性能的影响，确定合理的调配纤维材料要素
		在传统研究过程即微观测量、流量测试和容尘测试之前，构造材料的三维仿真结构模型
		应用计算机仿真的方法，对材料的性能进行估计

续图

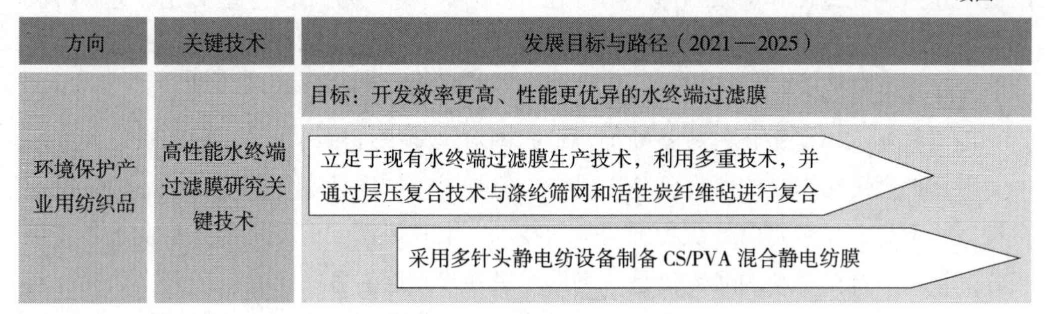

图 9-2　环境保护产业用纺织品技术路线图

9.2.3　医疗健康产业用纺织品

9.2.3.1　需求分析

医疗健康用纺织品是我国产业用纺织品中成长最快的市场，随着人口老龄化以及健康中国相关规划的推进，市场应用潜力巨大。需进一步提高一次性医用纺织品应用比例，推进人造皮肤、可吸收缝合线、疝气修复材料等高端医疗用纺织品开发应用，大力发展智能健康、康复保健、老年易护理等功能性纺织品。据中国产业用纺织品行业协会统计，2015 年我国出口医疗卫生用纺织品 31.9 亿美元，同比增长 1.35%。在 2016 年，医疗与卫生用纺织品的纤维加工量为 144.7 万 t，增速为 8.9%。我国医用敷料、非织造布制手术服的生产能力比较大，出口比重高。2016 年，我国出口医用敷料 9.62 亿美元，出口一次性非织造布防护服 7.34 亿美元，分别比 2015 年均有不同程度的下降。截至 2017 年，妇女卫生用品比较稳定，每年增速在 5% 左右，产品逐渐朝高档化发展；婴儿纸尿裤发展速度依然比较快，在 15% 左右，中国已经能够引领世界纸尿裤产业的创新与发展；而成人失禁用品依然还处于市场培育期，潜力非常大，年增长超过 30%；擦拭产品（湿巾和干巾）是另一个高速增长的市场，增速超过 10%；我国的卫生材料还正在积极开拓海外市场。

近年来，随着生命科学和柔性医用材料科学领域的进一步渗透，医疗卫生用纺织品将更多地关注在提高生命健康和生活质量的技术创新上。我国生物医用纺织品科技与估计水平还存在很大的差距，产品主要依赖进口，国内生产技术达不到人们的需求，所以要从纤维原料、加工技术和机械装备、新技术的开发等方面重点发展医疗卫生用纺织品。近一阶段需要突破的一些关键技术有植入性医用纺织品关键技术、非植入性医用纺织品关键技术、多维多重微成型关键技术。

可穿戴智能纺织品与健康产业的发展越来越密切，健康监测等可穿戴智能纺织品研发离不开智能材料，离不开多个领域技术的配合。当前可穿戴智能纺织品多属于主动智能纺织品，存在着智能化水平不高、穿着智能条件要求过高等问题，在自我调节以适应外界环境变化和刺激方面还有待进一步的研究。为了解决这些问题，近一阶段急需突破的关键技术有功能性新型纤维、纳米纤维产业化关键技术、可穿戴医疗芯片的研究开发关键技术。

随着我国人口老龄化进程不断加剧，我国对康复护理用纺织品的需求量也大大增加，康复护理用纺织品的研究已趋于成熟，但是对于抗菌性康复护理纺织品的研究还存在一些不足，虽然国内外织物抗菌整理技术已渐趋成熟，但是抗菌产品也不断应用于各个领域，抗菌材料的研究仍是一个需要进一步发展的方向。并且随着人们环保意识和健康意识的增强，人们对于高安全性、低毒性的抗菌纺织品需求更强，纺织品抗菌整理也应朝着环境友好型、人体健康型去研究发展。

9.2.3.2 关键技术

（1）植入性医用纺织品技术

目标：研发出多种新的医用材料，为植入性医用纺织品提供重要的材料保障。

技术路径 1：对天然高分子聚合物进行设计与改性，研发更多种类的生物可降解材料；对已有的可降解材料进行功能化研究，对经编疝气补片材料研发出新的网格结构。

技术路径 2：采用表面改性和接枝的方式对纤维原料进行改性；重视纺丝成形加工机理的研究，为新型纤维的发展提供理论基础。

（2）非植入性医用纺织品技术

目标：生产技术进一步提高，推动产业化，并增加我国非植入性医用纺织品的附加值。

技术路径 1：理想的医用敷料应具有体液吸收性高、经无臭无味的材料制成，保证伤口处不受细菌感染、对人体无刺激性这三点性能，未来几年对于非植入性医用纺织品的生产技术需要进一步提高。

技术路径 2：目前在非植入性医用纺织品中应用比较多的是非织造技术，应研发新的技术领域，建立融合核心技术的产业数据库，进一步提高我国非植入性医用纺织品的附加值，并进行产业化推广。

（3）多维多重纺织微成型关键技术

目标：形成完善的多维多重纺织微成型技术。

技术路径 1：纳米纤维与静电纺丝技术结合是形成多维多重医用纺织品的关键技术。由于其表面积大，表面活性大，所以极易凝结，很难以固体形式存在，为了更好地利用纳米材料，应解决其载体问题。

技术路径 2：静电纺丝技术是近年来出现的一种新型纺丝工艺技术，将纳米纤维与静电纺丝技术相结合，开发出更加适合多维多重纺织微成型的技术。

（4）可穿戴医疗柔性织物芯片的研究开发关键技术

目标：使可穿戴医疗柔性织物芯片具有低功耗、小体积、全集成化、低噪声的性能。

技术路径1：研究柔性织物芯片制备，为降低芯片本身的功耗，可降低电源电压和消耗电流；实现极低截止频率的模拟前端的全集成化，主要是得到大数值的电阻、电容及小数值跨导的过程。

技术路径2：在降低噪声的技术中，斩波稳定结构在生物电信号处理电路中降噪技术的开发。实现与可穿戴设备集成技术，由此设备会根据环境进行识别，选择最优的传输方案。

（5）功能性新型纤维、新型康复护理纺织品产业化关键技术

目标：功能性新型纤维、新型康复护理纺织品产业化生产。

技术路径1：近几年来的发展主要集中在不同种类功能性新型纤维应用技术研究上，应开发新型实用纤维，利用新兴技术开发新的功能性纤维。

技术路径2：康复护理用纺织品对于舒适性、便携性、安全性等方面有着独特的要求，未来产品会更加注重生物活性和智能性，因此改进并研发纺丝技术，为康复护理用纺织品的大规模生产提供理论技术；开发新的产品，针对不同群体设计不同种类的康复护理用纺织品，并使功能性新型纤维、新型康复护理纺织品产业化生产。

（6）抗菌抑菌康复护理纺织品研发关键技术

目标：研究出环境友好型、人体健康型抗菌抑菌康复护理纺织品。

技术路径1：研发多功能纺织品，仅需一次纤维整理工艺便可以实现纤维的多种新功能，减少整理工序，大幅度提高纺织品的附加值。

技术路径2：抗菌抑菌康复护理纺织品应朝着环境友好型、人体健康型去研究发展，研究出高效、广谱抗菌、具有抗菌耐久性、安全无毒、绿色环保且不易使细菌产生耐药性的新型抗菌整理剂。

9.2.3.3　技术路线图

方向	关键技术	发展目标与路径（2021—2025）
医疗健康产业用纺织品	植入性医用纺织品技术	目标：研发出新的医用材料，为植入性医用纺织品提供重要的材料保障
		研发更多种类的生物可降解材料，对已有的可降解材料进行功能化研究
		采用表面改性和接枝的方式对纤维原料进行改性；重视纺丝成形加工机理的研究

续图

方向	关键技术	发展目标与路径（2021—2025）
医疗健康产业用纺织品	非植入性医用纺织品研发关键技术	目标：生产技术进一步提高，增加我国非植入性医用纺织品的附加值，并产业化
		对医用敷料的材料进行更深入的研究，尽量达到理想医用敷料的特点与功能
		研发新的工艺技术领域，建立融合核心技术的产业数据库
	多维多重纺织微成型关键技术	目标：形成完善的多维多重纺织微成型技术
		解决纳米材料载体问题
		纳米纤维与静电纺丝技术结合工艺 与开发
	可穿戴医疗柔性织物芯片的研究开发关键技术	目标：使可穿戴医疗柔性织物芯片具有低功耗、小体积、全集成化、低噪声的性能
		柔性织物芯片制备，降低电源电压和消耗电流；极低截止频率的模拟前端的全集成化
		开发斩波稳定结构在生物电信号处理电路中降噪技术、实现上述技术与可穿戴设备集成的技术
	功能性新型纤维、纳米纤维产业化关键技术	目标：功能性新型纤维、新型康复护理纺织品产业化生产
		开发新型实用纤维，并研发纺丝技术
		强化大规模生产的理论研究开发新类型的产品，针对不同群体设计不同种类的康复护理用纺织品
	高端抗菌抑菌康复护理纺织品研发关键技术	目标：研究出环境友好型、人体健康型抗菌抑菌康复护理纺织品
		达到仅需一次纤维整理工艺便可以实现纤维的多种新功能，减少整理工序
		研究出高效、广谱抗菌、具有抗菌耐久性、安全无毒、绿色环保且不易使细菌产生耐药性的新型抗菌整理剂

图 9-3　医疗健康产业用纺织品技术路线图

9.2.4　应急和公共安全产业用纺织品

9.2.4.1　需求分析

随着我国经济发展、社会进步和公众安全意识的提高，应急产品和服务需求不断增长，根据估算2015年专用产品和服务的产值超过万亿元规模。产业用纺织品在个体防护、应急救灾、应急救治、卫生保障、海上溢油应急、疫情疫病检疫处理等方面均发挥了重要作用。“十三五”期间，在自然灾害救援、生产安全事故处置、卫生与公共安全应对等领域，进一步提高应急防护用纺织品功能性、可靠性、便利化、智能化水平。2017年，在工信部和国家发改委联合公布的《应急产业重点产品和服务指导目录》中，囊括了监测预警产品、预防防护产品、处置救援产品和应急服务产品4个领域，细分为包括自然灾害监测预警产品、事故灾难监测预警产品等在内的15个发展方向，包含无人机监测设备、各类机器人、云计算安全服务、地震台站等266个产品和服务。国家对公共安全的重视、社会对应急产业的需求、各方面发展应急产业的积极性均达到前所未有的态势。

和国外相比，国内的应急产业仍以应急产品的提供为主，社会化、市场化的应急服务（如应急救援服务、应急教育、培训、演练服务、应急咨询服等）还处于起步阶段，未来有很大的发展空间。国内应急产业市场已经形成并初具规模，国内市场主要分散在专业市场如消防、民政、交通、卫生、环境、安监、气象、地震等领域，市场呈现碎片化，其中消防和卫生医疗救援的市场相对成熟，其他领域的市场还处在快速发展阶段。目前国内应急市场的用户主体主要还是政府和专业救援队，和国外相比，国内的志愿者救援市场及公众市场还没有得到充分开发，蕴藏着巨大的市场潜力。国内的市场规范化管理和准入门槛尚未完全形成，除消防和医疗救援等较成熟的领域外，其他领域的检测和认证体系缺失，迫切应急领域的行业组织加强这方面的工作。

我国应急产品种类繁多，但不同产品技术发展情况差异较大。目前，高端的关键应急装备产品仍依赖进口，国产技术水平较国外仍有较大差距，如高端消防救援装备、搜救仪器装备、应急监测检测仪器装备、防护装备等进口比例在70%以上；普通应急产品国内技术比较成熟，国产化率较高，如工程救援装备、安置保障装备（应急沐浴、宿营、净水装备等）、后勤保障装备等，国产化率可达80%～100%，但是面临的竞争比较激烈。

应急安全保障作为国家重大战略需求，急需大力提升我国应急安全预防准备、监测预警、态势研判、救援处置、综合保障等关键技术水平，为健全我国应急安全体系、全面提升我国应急安全保障能力提供有力的科技支撑。

9.2.4.2 关键技术

（1）高性能纤维及结构复杂环境和特殊应用研究

目标：建立材料参数数据库，研究材料之间的共性与特性，建立结构、性能、功能系统理论体系。

技术路径 1：理论研究方面重点研究高性能纤维的可编织性以及复合材料效应。高性能纤维及结构复杂环境及特殊应用研究，建立系统的理论体系。在应用领域方面，根据不同产品要求，设计合理的结构，改善产品性能，实现产品的功能化、智能化、人性化。

技术路径 2：开发新型复合材料结构与技术，研究涂层、层压、SMC 压缩模塑、RTM、RIM 等复合材料成型技术数字化、智能化、整体化以及材料 - 成型一体化技术。

（2）高性能纤维纺织技术的研发

目标：突破芳纶、超高分子量聚乙烯纤维、高性能玻璃纤维等高性能纤维技术瓶颈，实现在应急产业中的产业化。

技术路径 1：研究纤维改性技术，国产 PBO、聚酰亚胺、vectran 等高性能特种纤维将突破实验室阶段，实现在企业中的中小批量量产，国产碳纤维性能进一步提高，达到 T1000 级。

技术路径 2：突破三维大隔距经编间隔织物生产工艺、大面积均匀宽幅涂层或层压工艺以及复合材料焊接技术，应急救援用纺织品性能及使用寿命得到进一步提高。

（3）耐紫外线辐射、耐腐蚀、耐蠕变高强绳缆的研发

目标：耐紫外线辐射、耐腐蚀、耐蠕变高强绳缆实现产业化和批量化应用。

技术路径 1：超高分子量聚乙烯纤维改性研究，在增强其耐紫外线辐射、耐腐蚀、耐蠕变性能的同时保持其高强度、高刚度的特性。

技术路径 2：新型高性能编织结构设计与设备工艺开发。

（4）防护服的多功能化

目标：双功能防护服技术发展成熟，并实现产业化，种类大幅提高，三种功能集成的多功能防护服开始高速发展。

技术路径 1：常用纤维的改性，多组分、异形结构纤维的开发。

技术路径 2：高性能特种纤维、功能纤维、智能纤维的可编织性改良及其与常用纤维的混纺研究以及复合材料结构研究。

（5）防弹防刺装备的轻质化

目标：轻质化防弹防刺装备的开发和产业化应用。

技术路径 1：以开发新型特种材料为主，剪切增稠 STF 防弹织物结构设计，重视石墨烯与蜘蛛丝的研究。

技术路径 2：从纺织品结构入手，设计防弹道冲击组织结构、复合材料结构、复合材料增强体组织结构，优化复合材料成型工艺，开发复合材料成型模具，建立数字化、智能化、产品高精度的机械化生产线。

9.2.4.3 技术路线图

方向	关键技术	发展目标与路径（2021—2025）
应急和公共安全产业用纺织品	高性能纤维及结构复杂环境及特殊应用研究	目标：建立材料参数数据库，研究材料之间的共性与特性，建立结构、性能、功能系统理论体系
		高性能纤维的可编织性以及复合材料效应
		研究复合材料成型技术和数字化、智能化、整体化以及材料－成型一体化技术
	高性能纤维纺织技术的研发	目标：突破高性能纤维技术瓶颈，实现在应急产业中的产业化
		研究纤维改性技术
		三维大隔距经编间隔织物生产工艺、大面积均匀宽幅涂层或层压工艺以及复合材料焊接技术
	耐紫外线辐射、耐腐蚀、耐蠕变高强绳缆的研发	目标：耐紫外线辐射、耐腐蚀、耐蠕变高强绳缆实现产业化和批量化应用
		实现耐紫外线辐射、耐腐蚀、耐蠕变超高分子量聚乙烯纤维绳缆批量化应用
		研发新型高性能编织结构设计与设备工艺
	防护服的多功能化	目标：双功能防护服技术发展成熟，并实现产业化，三种功能集成的多功能防护服开始高速发展
		常用纤维的改性，多组分、异形结构纤维的开发
		高性能特种纤维、功能纤维、智能纤维的可编织性改良及其与常用纤维的混纺研究以及复合材料结构研究
	防弹防刺装备的轻质化	目标：轻质化防弹防刺装备的开发和产业化应用
		以开发新型特种材料为主，剪切增稠防弹织物结构设计，石墨烯与蜘蛛丝的研究
		设计防弹道冲击组织结构，复合材料结构，复合材料增强体组织结构，优化复合材料成型工艺，开发复合材料成型模具

图 9-4 应急和公共安全产业用纺织品技术路线图

9.2.5 基础设施建设配套产业用纺织品

9.2.5.1 需求分析

《产业用纺织品行业“十三五”发展指导意见》特别提出，基础设施建设配套产业用纺织品是重点发展方向，需要围绕国家相关重大战略部署，结合“一带一路”倡议推进，基础设施建设重点培育新的增长点，开发高端产品，形成行业经济发展的新动能。2017 年我国铁路行业固定资产投资完成 8010 亿元，新开工项目 35 个，新增投资规模 3560 亿元；公路建设累计完成固定资产投资 21162.5 亿元，同比增长 17.7%；落实水利投资 7176 亿元，再创历史新高。

2017 年，中国产业用纺织品行业协会举办了首届亚欧土工用纺织材料会议（EAGS · 2017），该会议围绕发展机遇、市场分析、工程案例解析、检测标准与方法等方面，通过报告交流和桌面展示的形式，从工程设计、原料供应、产品生产、工程应用和服务等角度，对土工 / 建筑用纺织品领域全产业链进行立体解析，并为行业学术交流和商务会谈搭建平台，加强亚欧土工行业技术、信息和市场资源交流。

土工布建筑纤维材料的市场和国家的基础设施建设密切相关，随着土工布建筑纤维材料的快速发展，人民生活水平得以提高，土工布建筑纤维材料的生产效能得以提升。土工布建筑纤维材料的关键是如何实现土工材料的宽幅化、高强化和生产装备高效化，突破国产土工布生产技术的瓶颈。近年来人们在土工布生产装备的研发方面获得了突破，国产纺粘生产线工艺速度突破 400 m/min，超宽幅重磅织物的技术得以实现，推动了土工布建筑纤维材料的应用。但土工布建筑纤维材料行业依旧面临着发展技术劳动力缺乏、专家顾问缺乏、资金和技术匮乏等发展难题。

除土工布建筑纤维材料外，还有功能性篷盖材料被开发用于基础设施建设中。如开发环保、可循环使用的材料和高安全性的材料，可提高功能性篷盖材料的综合性能；开发阻燃抑烟篷盖材料，形成系统化解决方案，并将其列入科技部高新技术发展规划，可推动基础设施建设配套产业用纺织品的快速发展。为完善基础设施，中国政府投入大量资金用于基础设施建设，以提升行业整体服务能力和市场话语权。但与国外相比，基础设施建设配套产业用纺织品技术相对落后，制备难度大，还处于摸索阶段。

9.2.5.2 关键技术

（1）抗撕裂、耐老化聚烯烃纺粘针刺关键技术及装备

目标：开发具有优良耐酸碱性能 PP 土工布加工技术，实现产业化应用。

技术路径 1：系统研究纤维堆积排列的方法，解决现有针刺土工布制造方法的瓶

颈问题；研究双组分复合纺粘非织造布的关键技术及装备，制备弹性模量高、黏结性好、撕裂顶破性能优异的新型土工布；提高聚烯烃双组分纺粘法非织造土工布的性能，推动产业化应用。

技术路径 2：进一步研究复合纺丝成网技术及其与针刺加固工艺结合技术，优化工艺条件，满足市场对具有优良耐酸碱性能 PP 土工布的需求。

（2）高性能、绿色、阻燃、耐老化纤维制备

目标：开发多功能纤维制备技术，实现结构与功能的集成化。

技术路径 1：选用合理的结构参数和采取恰当的技术措施，研究工艺参数对功能纤维制备的影响，优化制备工艺条件，开发多功能纤维加工体系。

技术路径 2：开发多功能纤维，建立结构与功能的集成化加工体系。

（3）功能性篷盖材料的设计

目标：开发多功能性篷盖材料体系，实现产业化应用。

技术路径 1：进行功能性篷盖材料的集成开发研究，开发兼备保暖、抗紫外光辐射、防风、自清洁和抗老化等多种功能的篷盖材料，提高产品适应性；开发新型树脂和憎水拒油、抗紫外线辐射等功能性整理剂，研究优化配比方案，完成膜结构材料复配加工。

技术路径 2：解决增强体生产产业化，功能涂层界面调控技术，功能性膜材质量稳定性。

（4）生态型复合土工防渗垫（EGCL）关键制造技术及工程应用

目标：促进我国新型生态相容性好、阻水时效性长、自愈密封的土工防渗垫制备技术的发展。

技术路径 1：研究新型土工防渗垫结构设计和制造技术，开发人工钠化等改性工艺及粒径控制技术。

技术路径 2：开发膨润土与土工布复合时均匀分散技术，提高生态型复合土工防渗垫复合后的强度、防渗性能，开发复合土工防渗垫生态性和抗渗稳定性等技术。

（5）涂层工艺研究

目标：提高功能性篷盖材料竞争力。

技术路径 1：进一步研究涂层设备制造技术与涂层工艺，选定合适的涂层工艺线，节约成本。

技术路径 2：根据产品性能优化设计材料结构与涂层工艺，创新功能复合涂层技术，用于提高篷盖材料综合性能。

9.2.5.3 技术路线图

方向	关键技术	发展目标与路径（2021—2025）
基础设施建设配套产业用纺织品	抗撕裂、耐老化聚烯烃纺粘针刺关键技术及装备	目标：开发具有优良耐酸碱性能 PP 土工布加工技术，实现产业化应用
		系统研究纤维堆积排列的方法，解决现有针刺土工布制造方法的瓶颈问题
		进一步研究复合纺丝成网技术及其与针刺加固工艺结合技术，优化工艺条件
	高性能、绿色、阻燃、耐老化纤维制备	目标：开发多功能纤维制备技术，实现结构与功能的集成化
		选用合理的结构参数和采取恰当的技术措施，研究工艺参数对功能纤维制备的影响
		开发多功能纤维，建立结构与功能的集成化加工体系
	功能性篷盖材料的设计	目标：开发多功能性篷盖材料体系，实现产业化应用
		进行功能性篷盖材料的集成开发研究，开发兼具多种功能的篷盖材料
		解决增强体生产产业化，功能涂层界面调控技术，功能性膜材质量稳定性
	生态型复合土工防渗垫（EGCL）关键制造技术及工程应用	目标：促进新型生态相容性好、阻水时效性长、自愈密封的土工防渗垫制备技术的发展
		新型土工防渗垫结构设计和制造技术，开发人工钠化等改性工艺及粒径控制技术
		开发膨润土与土工布复合时均匀分散技术，复合土工防渗垫生态性和抗渗稳定性
	涂层工艺研究	目标：提高功能性篷盖材料竞争力
		进一步研究涂层设备制造技术与涂层工艺，选定合适的涂层工艺线，节约成本
		性能优化设计材料结构与涂层工艺，功能复合涂层技术，提高篷盖材料综合性能

图 9-5 基础设施建设配套产业用纺织品技术路线图

9.2.6 “军民融合”相关产业用纺织品

9.2.6.1 需求分析

2016年《关于经济建设和国防建设融合发展的意见》把军民融合发展上升为国家战略，为纺织行业与军工行业双向融合、互动发展提供了新机遇。产业用纺织品行业积极贯彻国家战略，加强与军队相关需求单位的对接交流，构建军地双方合作交流机制，能够共同解决制约防护和装备发展中的纺织材料问题，既推动军工先进成果在纺织行业应用，也为产业用纺织品强国战略蓄能助力。在此过程中需要对相关技术进行深入研究，如新型屏蔽纤维的研究、磁控溅射镀金属技术研究、基材对屏蔽织物效果的研究、三维编织结构树脂模型研究、高性能碳基体材料研究等。

为了满足电磁屏蔽织物在民用市场中的应用，需要改善金属混纺技术中金属纤维束不易牵伸、细纱的粗细节多、混合不均及断头效率高等问题，在确保可靠的电磁屏蔽效果的前提下减少金属纤维用量，提高织物可染性和可洗性。此外，降低屏蔽织物制备过程中的污染，开发多功能、多用途、健康环保电磁屏蔽材料也是贯彻军民融合战略中的重要任务。

三维编织结构树脂传递模塑成型（RTM）产品纤维含量高、制品薄且均匀、层间强度高、耐烧蚀性能好，是制造轻质、高强、低成本的树脂基复合材料制品极具潜力的成型工艺，开发各种异型件编织技术及配套的复合材料是耐烧蚀材料产业化的重要一环。碳/碳复合材料在飞机刹车盘市场、航天部件、热场部件等市场中应用较多，碳/碳复合材料碳纤维需求也从2004年的500多吨发展到了2017年的2000多吨，在2025年之前，期望达到航空复合材料占总结构重量≥60%，碳/碳复合材料使用温度≥2500℃，此外碳基体材料具有优异的耐烧蚀性能、高模量、高强度、高温下力学性能和尺寸稳定性好等优点，具有不可替代的发展优势，因此深入研究高性能碳基体材料技术，对于推进军转民用，落实军民融合战略具有重大意义。

9.2.6.2 关键技术

（1）新型屏蔽纤维的研究

目标：低成本、满足民用需求的新型屏蔽纤维的开发。

技术路径1：对金属纤维的材质、细度以及织物结构设计等进行工艺创新与优化，减少金属纤维用量，提高织物可染性和可洗性。

技术路径2：开发新型的本征型导电聚合物纤维，研究导电聚合物纤维与普通纤维的混编技术；采用纺织复合方法制备电磁屏蔽织物，充分开发现有材料性能潜力、增进材料吸波性能。

（2）磁控溅射镀金属技术研究

目标：绿色环保型屏蔽织物制备工艺的开发。

技术路径 1：利用新型材料或技术取代昂贵的贵金属靶向试剂，其研究方向是采用等离子体、超声波辅助、激光等技术取代原有的织物前处理工艺，使织物表面镀层更加致密，光亮度更好，并使镀助等离子体和吸波物质保护层技术，在织物表面沉积金属膜。

技术路径 2：通过化学镀和磁控溅射技术相结合，辅底与薄膜结合牢固，且还兼具了一定的吸波性能。利用真空磁控溅射技术，通过控制镀膜时间和改变靶材的材质，能够制得不同厚度和材质的膜层。将银镍复合材料、不锈钢、银、镍、铜等不同材料溅射到涤纶织物表面；研究化学镀液的合理组分，提高镀液的稳定性，用无毒或低毒的还原剂代替传统的甲醛等；开发多元复合镀层，进一步提高现有电磁屏蔽织物的屏蔽性能，研发可自愈合的镀层技术等。

（3）基材对屏蔽织物效果的影响及作用机理

目标：多功能电磁屏蔽织物的开发。

技术路径 1：研究各类纺织物基材对磁控溅射镀膜的屏蔽效果影响，比如通过改变基材的种类、均匀性、状态，规格（紧度、密度）等可以调控成膜速率、连续性，从而影响屏蔽效能，不仅使基材趋向多样化，还能提高织物的综合电磁屏蔽效能。研制具有宽频段电磁屏蔽性能的复合材料，在自然空间中的电磁波是连续的，但现有产品大多功能单一，还没有一种适合防各种电磁波辐射的纤维或织物。

技术路径 2：对屏蔽的机理和测试方法深入系统地研究，通过采用不同基材、具有多功能性的镀膜材料以及采用多层镀膜技术等实现电磁屏蔽织物的抗静电性能、防紫外性能；增加电磁屏蔽织物的透气性；实现抗腐蚀等功能，并且可以通过仿生学构造特殊表面来实现其自清洁功能等。

（4）三维编织结构模型及耐烧蚀服役机制研究

目标：三维编织预制件树脂传递模塑（RTM）耐烧蚀复合材料成型工艺的开发。

技术路径 1：开发三维异形件增强体编织技术和编织机以及相应配套的高精度、高质量的成型工艺模具，研究异形件及相应复合材料力学性能及耐烧蚀性能。

技术路径 2：建立多尺度模型，揭示耐烧蚀复合材料界面应力传播机制、耐烧蚀机理，研究树脂流变工艺改善及快速成型技术，设计稳定高效的耐烧蚀复合材料生产线，建立全面系统的耐烧蚀复合材料性能检测方法体系。

（5）高性能碳基体材料研究

目标：抗氧化、高性能碳 / 碳复合材料的开发。

技术路径 1：研究碳 / 碳复合材料碳化、石墨化机理，缺陷弱节分布模型，设计精密稳定的碳化、石墨化工艺，研发出高性能、耐烧蚀的碳 / 碳复合材料。

技术路径 2：运用涂层或杂化技术等解决碳 / 碳复合材料高温抗氧化性差、导热率高等问题，系统研究碳系材料高温抗氧化机理，设计合理的抗氧化方法等，开发高温抗氧化、导热率低的耐烧蚀碳 / 碳复合材料，并制定碳 / 碳复合材料、碳 / 陶复合结构材料标准。

9.2.6.3　技术路线图

方向	关键技术	发展目标与路径（2021—2025）
“军民融合”相关产业用纺织品技术	新型屏蔽纤维的研究	目标：低成本、满足民用需求的新型屏蔽纤维的开发
		对金属纤维的材质、细度以及织物结构设计等进行工艺创新与优化
		开发新型的本征型导电聚合物纤维，采用纺织复合方法制备电磁屏蔽织物
	磁控溅射镀金属技术研究	目标：绿色环保型屏蔽织物制备工艺的开发
		采用等离子体、超声波辅助、激光等技术开发新型织物前处理工艺
		将化学镀和磁控溅射技术相结合，开发绿色环保型屏蔽织物制备工艺
	基材对屏蔽织物效果的影响及作用机理	目标：多功能电磁屏蔽织物的开发
		研究各类纺织物基材对磁控溅射镀膜的屏蔽效果影响
		深入系统地研究屏蔽的机理和测试方法，开发多功能电磁屏蔽织物
	三维编织结构模型及耐烧蚀服役机制研究	目标：三维编织预制件 RTM 耐烧蚀复合材料成型工艺的开发
		研发三维异形件增强体编织技术及配套的复合材料成型工艺及理论
		设计稳定高效的耐烧蚀复合材料生产线，建立系统的耐烧蚀材料性能检测方法
	高性能碳基体材料研究	目标：抗氧化、高性能碳 / 碳复合材料的开发
		设计精密稳定的碳化、石墨化工艺，研发出高性能、耐烧蚀的碳 / 碳复合材料
		运用涂层或杂化技术等解决碳 / 碳复合材料高温抗氧化性差、导热率高等问题

图 9-6　“军民融合”相关产业用纺织品技术路线图

9.3 趋势预测（2050年）

随着科学技术的发展，特别是通过多学科之间的交叉融合，一些高新技术在产业用纺织品领域的应用研究成为人们研究的热点。包括高性能碳纤维可编织技术、损伤定点检测及无损检测技术、体外装置高端纺织品的研发关键技术、高性能应急救援用纺织品的研发关键技术、多功能电磁屏蔽材料的研发关键技术、屏蔽材料的非晶体化和纳米化技术研究关键技术、自动化、智能化加工和控制技术等，并建立了相关产权与监督评价标准化体系。这些技术发展在产业用纺织品领域中的应用研究将大大推动产业化程度，克服产业用纺织品行业目前所面临的瓶颈问题，实现可持续发展。

本节将归纳总结相关技术的研究成果，对技术的需求、实现产业化应用需要解决的关键技术和实现途径进行分析，并预测实现相关技术在产业用纺织品中应用的发展路线图。

9.3.1 战略新材料产业用纺织品

9.3.1.1 需求分析

随着人工智能浪潮的到来，材料结构－功能一体化、功能材料智能化、材料与器件集成化、制备及应用过程绿色化成为材料研发的重要方向，材料研发周期缩短、可应用材料品种快速增长，在资源和能源的可持续发展中发挥着越来越重要的作用。布局智能化复合材料生产系统，发展高性能碳纤维可编织技术、低成本制造技术、损伤定点检测及无损检测技术，创建纺织柔性材料创新能力建设工程对于发展战略新材料产业用纺织品以及抢占第四次工业革命制高点具有重要意义。

随着我国经济的快速发展，碳纤维的需求与日俱增，国际上一些公司的T300级原丝和碳纤维产品开始对我国解冻，但高模量M系列碳纤维仍然技术封锁，碳纤维及其复合材料的生产是关系到国防建设的高科技，我国也在同时加大国家投入和攻关，或通过技术引进，尽快掌握核心技术，降低生产成本，研制生产高性能、高质量的碳纤维，以满足军工和民用产品的需求。因此，研究高性能碳纤维可编织技术，开发各种类型的碳纤维织物增强体，建立稳定精准智能化、低成本复合材料生产系统以及相应的无损检测系统十分有必要。

9.3.1.2 关键技术

（1）智能化复合材料生产系统的建立

目标：建立智能化复合材料生产线。

技术路径1：突破复合材料组织成分设计、性能控制、加工成型、建模测试、应用模拟等数字化技术，开发增强材料制造、数字加工中心等成套生产装备及专用软件。

技术路径 2：突破数控技术，将机械化、自动化、智能化技术应用到预制件成型中去，实现复合材料设计制造一体化。加强织物结构设计及新结构力学、几何等理论研究，组合各传统成型技术优势，满足产品在三维空间上的外观轮廓、机械性能等要求。

技术路径 3：改良复合材料生产装备，建立高度集成化工艺自动化生产线，掌握一体化装备设计制造技术，开发数字化、智能化生产装备，实现复合材料设计 - 制造一体化、整体成型一体化等。

（2）高性能碳纤维可编织技术及特殊功能技术

目标：高性能碳纤维可编织技术的研发。

技术路径 1：系统深入地研究碳纤维内部多级结构，结合分子模拟技术、晶体学、分子原子力学、量子力学等研究建立碳纤维微观尺度力学模型，研究碳纤维韧性改良机理。

技术路径 2：结合纳米材料技术、有机无机杂化、分子交联技术、化学改性技术等，开发碳纤维韧性改良、特殊功能技术。

技术路径 3：设计碳纤维专用机织、纬编、经编装备，调控喂纱速度，上机张力等参数，开发碳纤维上机工艺。

（3）损伤定点检测及无损检测技术

目标：损伤定点检测及无损检测系统的开发。

技术路径 1：整合现有测试评价、设计应用、大数据等平台资源，完善性能检测、质量评估、模拟验证、数据分析、表征评价和检测认证方法，建立完善材料综合性能评价指标体系与评价准则。

技术路径 2：进一步研究纺织柔性材料应用变形条件下宏观 - 细观多种尺度坐标的一系列规律，明确变形时多物理场下的应用服役作用机理。结合超声、射线、激光超声等技术，开发损伤定点检测及无损检测技术，以发现复合材料结构中的分层、脱粘、气孔、裂缝、冲击损伤等缺陷，并给出缺陷的定性、定量判定，为工艺分析提供依据。

技术路径 3：为保证产品的安全性、可靠性及交付后的可维修性，完善材料全尺寸考核、服役环境下性能评价及应用示范线等配套条件。

9.3.1.3 技术路线图

方向	关键技术	发展目标与路径（2026—2050）
战略新材料产业用纺织品	智能化复合材料生产系统的建立	目标：建立智能化复合材料生产线
		开发增强材料制造、数字加工中心等成套生产装备及专用软件
		将机械化、自动化、智能化技术应用到复合材料设计制造一体化中
		建立高度集成化工艺自动化生产线，加快工业在线检测和控制技术开发应用
	高性能碳纤维可编织技术及特殊功能技术	目标：高性能碳纤维可编织技术的研发
		研究碳纤维韧性改良机理
		开发碳纤维韧性改良技术、特殊功能技术
		开发碳纤维上机工艺
	损伤定点检测及无损检测技术	目标：损伤定点检测及无损检测系统的开发
		建立完善材料综合性能评价指标体系与评价准则
		多物理场下的应用服役作用机理，开发损伤定点检测及无损检测技术
		完善材料全尺寸考核、服役环境下性能评价及应用示范线等配套条件

图 9–7 战略新材料产业用纺织品技术路线图

9.3.2 环境保护产业用纺织品

9.3.2.1 需求分析

随着工业 4.0 和智能制造理念不断引入制造业的各个领域，传统的制造业开始转变思想，现代科技在制造业中得到了更加广泛的应用。近年来，环境保护产业用纺织品受到人力成本上升、增加品种、拓展应用和节能减排等多重压力以及缩短交货期、提高产品质量、降低库存成本和提升服务等方面的需求，产业用纺织品企业逐渐认识到了应用智能化制备技术的重要性。

2017 年，我国经济结构加速调整，产业用纺织品行业面临着更为复杂的发展环境，生产的增速回落至 4.00%，全年的纤维加工总量为 1508.3 万 t。目前，已有较多的产业用纺织品企业引入自动化、智能化技术，提升企业的生产管理水平。环境保护产业生产及装备智能化，主要有工艺参数在线采集与自动控制，对生产设备的工艺参数进行实时的数据采集，并由自动控制装置按照工艺要求进行在线实时的调整；产品原材料的自动选择和自动输送，实现车间物料的自动计量和输送，提高劳动生产率。采用智能化技术可以大大提高企业的环境保护产业用纺织品工艺稳定性以及生产运行可靠性，提高生产效率和产品品质，同时可以降低成本，实现绿色生产。但目前环境保护产业智能化技术的应用还很不普及，企业智能化技术的应用面还很小。

9.3.2.2　关键技术

（1）过滤材料智能化技术和数字化装备开发

目标：实现智能化技术、数字化装备在不同过滤材料加工环节的应用。

技术路径 1：开发适合过滤材料生产各工序和设备的需求自变量和因变量分布区间关联函数的求解方案，原辅料需求量、设备生产效率和人员配备等参数与订单交货期相关联的数学模型并求解优化算法。

技术路径 2：研究适合不同过滤材料的质量和性能快速检测方法，各工序的物料在线精确监测及控制技术；开发生产过程工艺参数实时快速在线监测及反馈控制系统、物料精准自动配制与输送系统。

技术路径 3：最新智能化技术的引入，智能化技术、工业机器人以及数字化装备在不同过滤材料加工环节的应用推广。

（2）可降解纺织品全流程无人化生产系统的建立

目标：可降解纺织品全流程无人化生产系统的建立和推广应用。

技术路径 1：整合天然高分子材料设计和可降解性测试、优化改性技术和成型工艺、配方管理、原料检测统计相关技术，形成智能化材料设计和可降解性效果、改性工艺管理系统，实现快捷准确计算配方，智能科学地优化工艺，系统全面地管理数据。

技术路径 2：进行可降解纺织品企业工业化和信息化深度融合，结合互联网、物联网、云计算、大数据等科技前沿手段，开发工艺全流程的自动化、数字化、信息化和智能化管理系统。

技术路径 3：最新智能化技术的引入、人工智能技术更新，实现全产业的推广应用。

9.3.2.3 技术路线图

方向	关键技术	发展目标与路径（2026—2050）
环境保护产业用纺织品	过滤材料智能化技术和数字化装备开发	目标：实现智能化技术、数字化装备在不同过滤材料加工环节的应用
		智能化技术应用基础研究
		在线精确监测、反馈控制系统、物料精准自动配制与输送系统开发
		最新智能化技术的引入，智能化技术以及数字化装备的应用推广
	可降解纺织品全流程无人化生产系统的建立	目标：可降解纺织品全流程无人化生产系统的建立和推广应用
		智能化材料设计和可降解性效果、改性工艺管理系统建立
		引入互联网、物联网、云计算、大数据等前沿手段，开发工艺全流程的自动化系统
		最新智能化技术的引入、人工智能技术更新，实现全产业的推广应用

图 9-8 环境保护产业用纺织品技术路线图

9.3.3 医疗健康产业用纺织品

9.3.3.1 需求分析

在医疗用纺织品领域创新依然停留在学习吸收阶段，自主的高科技产品非常少，尤其是用于诊断、治疗、修复或替换人体组织、器官或增进其功能的高技术材料，基本依赖进口，每年进口量可达 60 亿美元。而与此同时，医疗防护意识不够、保障力度不足等又使新产品开发的先导性和替代意识滞后之间存在着突出矛盾，导致国内生产的很多高品质产品绝大部分出口，例如高品质医用防护材料及其制品。此外，巨大的市场潜力和行业满足能力之间的矛盾以及产业链衔接度不够等问题也不容忽视。

尽管近年来可穿戴设备得到迅猛发展，尤其是在医疗级可穿戴设备方面取得一定成果，但目前可穿戴医疗设备产业及发展的关键技术仍然存在一定的不足：①远程接入服务尚未实现；②高端微型便捷设备仍需进一步改进并产业化；③可穿戴时代的用户的隐私权和信息安全还未得到足够的保障。康复护理用纺织品发展较为成熟，市场产品种类繁多，但对产品的规划并不长远，应进一步发展材料技术和纺织工艺，最终使康复护理用品能够充分应对各种复杂情况。

9.3.3.2 关键技术

（1）高端技术集成研究关键技术

目标：建立独立的技术集成体系，使中国成为生物医用领域的强国。

技术路径 1：建立完善的“生物医用纺织材料”国家级研究基地。

技术路径 2：创建生物医用纺织材料与生物体的互动响应机制。

技术路径 3：建立国际生物医用纺织材料基因库，并且形成完善的纺织检测平台和管理体系。

（2）远程接入服务技术

目标：实现可穿戴智能纺织品的远程接入服务。

技术路径 1：对可穿戴智能健康纺织品进行远程接入服务研究开发，使可穿戴医疗设备实现远程病情监控。

技术路径 2：将远程监控数据进行远程反馈，并分析数据的趋势，有助于对使用者身体状态的把握。

技术路径 3：改进新的医疗诊断技术，用于各种慢性病远程监测以及各种疾病的远程治疗。

（3）相关产权与监督评价标准化体系的研究

目标：建立成熟的市场监管机制和相关产权，促进康复护理用纺织品的研发和市场健康稳定的发展。

技术路径 1：深入探究市场行情与规则，寻找护理用纺织品最佳立足点，研究探讨适合中国市场行情的监督体系。

技术路径 2：形成监督体系，并推广实施。

技术路径 3：完善行业标准和纺织行业知识产权保护机制，对康复护理用纺织品形成初步的监督评价体系标准。

9.3.3.3 技术路线图

方向	关键技术	发展目标与路径（2026—2050）
医疗健康产业用纺织品	高端技术集成研究关键技术	目标：建立独立的技术集成体系，使中国成为生物医用领域的强国
		建立完善的“生物医用纺织材料”国家级研究基地
		创建生物医用纺织材料与生物体的互动响应机制
		建立国际生物医用纺织材料基因库，形成完善的纺织检测平台和管理体系

续图

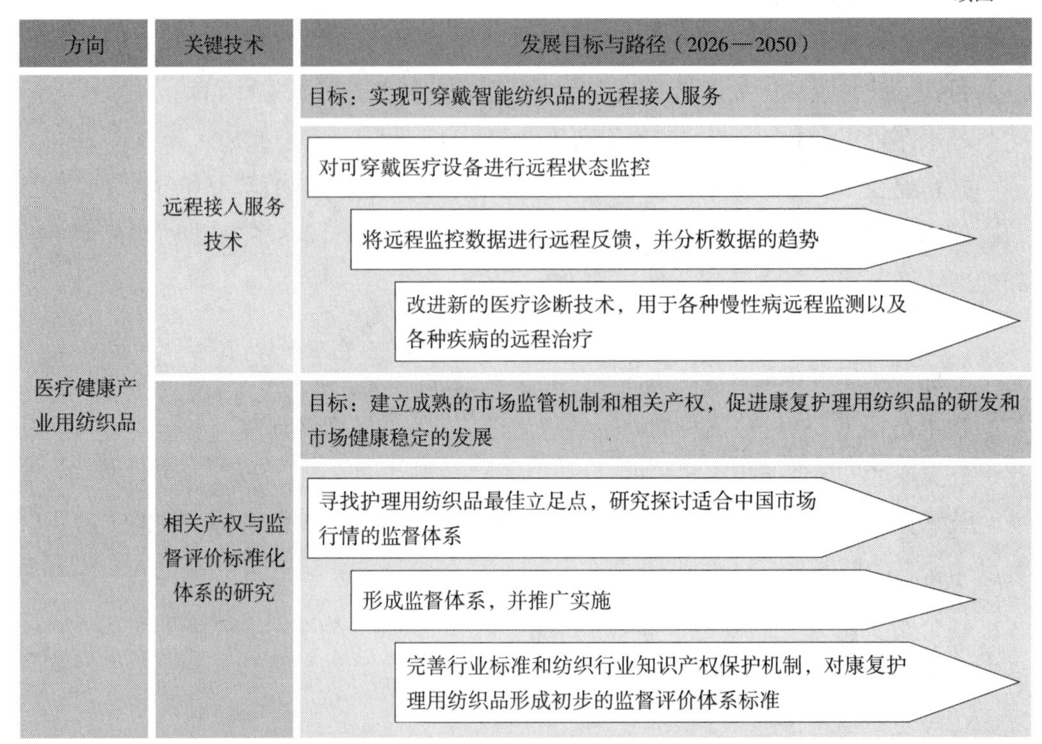

图 9-9　医疗健康产业用纺织品技术路线图

9.3.4　应急和公共安全产业用纺织品

9.3.4.1　需求分析

国产的应急装备及系统产品在功能上与国外差距已经不大，但是在产品的质量、工艺、人性化设计、使用寿命、使用便捷性、便携性、标准化、成套化方面与国外还有较大的差距，还存在很大的技术创新和改进空间。

从全球范围来看，安全防护用纺织品将在未来很长一段时间内保持稳定增长的态势，但地区之间的技术与应用格局的差异暂时难以打破，尤其是在先进技术和高端产品方面，欧美等发达国家和地区占有绝对优势，这对发展中国家和地区的安全防护用纺织品研发、生产企业造成了巨大的挑战。随着经济的发展、法制的健全以及民众健康防护意识的日益增强，未来我国安全防护用纺织品无疑将以高品质、功能化、专业化、体系化为目标，同时向更多应用领域拓展。

9.3.4.2　关键技术

（1）消防服的智能化

目标：实现消防服的智能化，并推动产业化。

技术路径 1：继续发展消防服的信息检测、传递与接收技术，为消防员提供准确的环境信息以及传递、接收消防员的地理位置信息、生命安全信息，确保消防员的生命安全从而提高营救效率。

技术路径 2：选择合适有效的感应材料，设计合理的传感器结构以及在服装中集成微电子元件。

技术路径 3：探索合理的性能检测方法以及建立系统全面的性能评价体系，包括智能感应指标以及服装穿着及防火隔热功能等的评价指标。

（2）生化防护装备的智能化

目标：实现生化防护装备的智能化。

技术路径 1：生化防护装备首先应保证防护的可靠性，在此基础上引入智能监控、自响应、自适应、自清洁等功能，实现单兵防护装备系统集成技术。

技术路径 2：开发更多新型的智能自清洁技术，通过开发更多种类的新型功能性纤维如导电纤维、形状记忆材料等，并辅以涂层或添加酶、催化剂等技术。

技术路径 3：复合材料结构、涂层、镀层、层压、掺杂杂化等方式引入智能层或传感器结构，开发出新型纺织品结构智能响应防护系统。

9.3.4.3　技术路线图

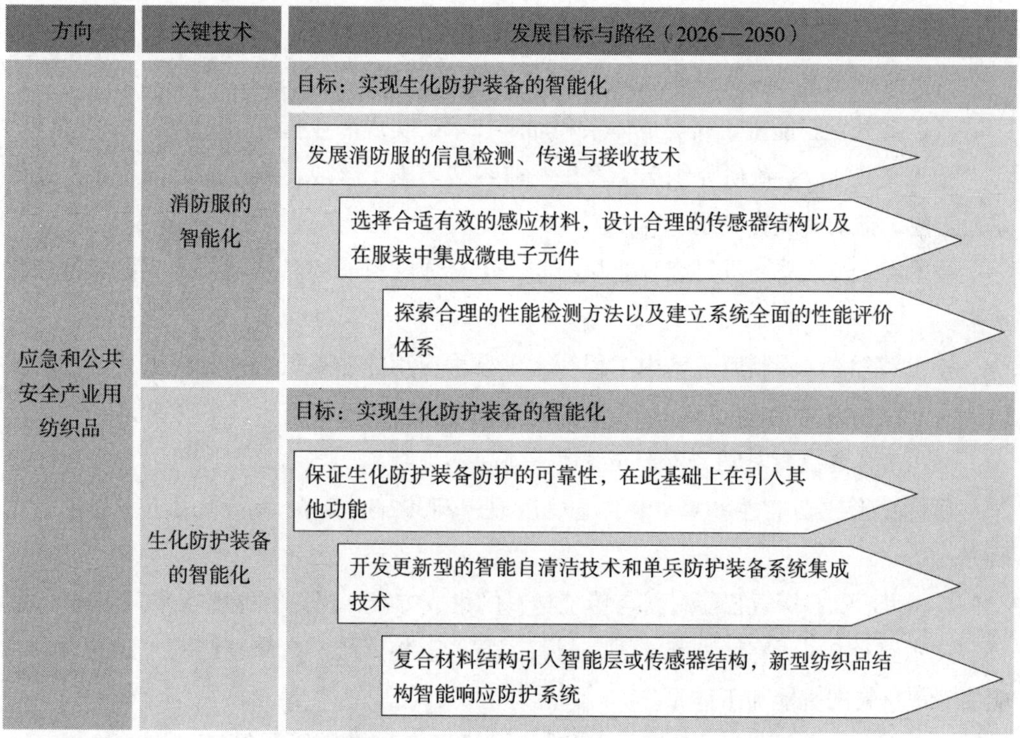

方向	关键技术	发展目标与路径（2026—2050）
应急和公共安全产业用纺织品	消防服的智能化	目标：实现生化防护装备的智能化
		发展消防服的信息检测、传递与接收技术
		选择合适有效的感应材料，设计合理的传感器结构以及在服装中集成微电子元件
		探索合理的性能检测方法以及建立系统全面的性能评价体系
	生化防护装备的智能化	目标：实现生化防护装备的智能化
		保证生化防护装备防护的可靠性，在此基础上在引入其他功能
		开发更新型的智能自清洁技术和单兵防护装备系统集成技术
		复合材料结构引入智能层或传感器结构，新型纺织品结构智能响应防护系统

图 9-10　应急和公共安全产业用纺织品技术路线图

9.3.5 基础设施建设配套产业用纺织品

9.3.5.1 需求分析

近年来，随着国家工程招投标政策的调整和工程项目对土工材料性能指标的提高，篷帆布的投资增长 26.22%，土工布的投资增速达到 28.41%。从工程设计、原料供应、产品生产、工程应用和服务等角度，已开发了一系列土工材料的全套生产装备，但还不能满足市场的需求。随着人们生活水平的提高，对产业用纺织品的功能性有了新的需求，特别是纺织品在基础设施领域的应用不断扩大，功能性土工布的需求日益增加。土工合成材料的发展需要开发宽幅、高强工艺技术的土工织物、土工格栅、复合土工膜、防水卷材、生态环保用三维土工网等产品。

同时，随着基础设施的新建与升级，基础设施建设配套产业用纺织品企业发展状况良好，这主要是由于产品的技术含量高，市场竞争力强，市场高速发展，企业的发展空间非常大。土工材料的幅宽普遍在 7 m 左右，且因为材料是柔性的，吊装后变形较大，所以要实现自动包装的难度很大。而如何健全基础设施建设配套产业用纺织品标准体系，还需要深入的研究，梳理和补齐该领域重点产品的相关检测或产品标准。

9.3.5.2 关键技术

（1）智能土工布集成技术及装备

目标：开发智能土工布集成体系和加工技术，实现产业化应用。

技术路径 1：系统研究织造、经编、非织造等土工合成材料纺织品体系，提高体系稳定性，推动产业化应用。

技术路径 2：进一步研究智能材料与土工合成材料纺织品结合技术，提高智能化水平。

技术路径 3：研制用于结构工程和土工技术应用的非平行数据分析工具，及时反馈土木工程现场性能数据，并推广其应用，促进我国基础设施建设实现智能化。

（2）智能篷盖材料调控及加工技术

目标：形成功能性篷盖材料体系，实现基础设施建设配套产业用纺织品创新性研究。

技术路径 1：探索智能材料与传统材料的集成方案，提高智能化水平。

技术路径 2：研究新型智能篷盖材料，智能温控系统、自修复结构，建立适合功能性篷盖材料的智能加工体系。

技术路径 3：开发兼具传感功能和相关监控系统的智能篷盖材料。

9.3.5.3　技术路线图

方向	关键技术	发展目标与路径（2026—2050）
基础设施建设配套产业用纺织品	智能土工布集成技术及装备	目标：开发智能土工布集成体系和加工技术，实现产业化应用
		系统研究织造、经编、非织造等土工合成材料纺织品体系，提高体系稳定性
		进一步研究智能材料与土工合成材料纺织品结合技术，提高智能化水平
		研制用于结构工程和土工技术应用的非平行数据分析工具
	智能篷盖材料调控及加工技术	目标：形成功能性篷盖材料体系，实现基础设施建设配套产业用纺织品创新性研究
		探索智能材料与传统材料的集成方案，提高智能化水平
		新型智能篷盖材料，能温控系统、自修复结构，功能性篷盖材料的智能加工体系
		开发兼具传感功能和相关监控系统的智能篷盖材料

图 9-11　基础设施建设配套产业用纺织品技术路线图

9.3.6　“军民融合”相关产业用纺织品

9.3.6.1　需求分析

促进信息技术与新材料融合发展，推动新材料设计、加工、制造及测试过程数字化、智能化，利用互联网技术加强新材料供需对接，支持发展新模式、新业态。需要推进新材料军民融合深度发展，加快军民共用新材料技术双向转移转化，积极发展军民共用新材料，实现“军民融合”相关产业用纺织品产业化。

将电磁屏蔽填料非晶体化、纳米化可以提高电磁屏蔽性能在内的综合性能，开发经济环保的水溶性涂料、无机填料和导电高聚物混用是今后的研究方向，其未来的发展方向为成本低、无污染、轻质耐用、屏蔽频带宽、综合性能的新型屏蔽材料，如研究结构 - 功能一体化的智能型屏蔽材料，使屏蔽材料既能屏蔽电磁波，也能承重。此外，耐烧蚀材料需要进一步轻质化以及在民用应用领域的推广。

9.3.6.2　关键技术

（1）屏蔽材料的非晶体化和纳米化技术研究

目标：非晶化、纳米化电磁屏蔽材料的开发。

技术路径 1：通过材料的非晶化和纳米化对材料内部组织进行优化，甚至使材料内部晶粒细化到纳米级别。

技术路径 2：本征型导电高分子材料的工程化以及材料的非晶化和纳米化，对影响电磁屏蔽材料屏蔽效能的因素进行关联优势分析，获得各影响因素的优先次序。

技术路径 3：对材料内部组织进行优化，提高材料的综合性能，开发薄、轻、宽、强的吸波织物材料，建立相应的屏蔽理论、材料的表征参数及材料的设计机制。

（2）耐烧蚀材料品种多样化及多功效机制

目标：布局耐烧蚀材料多品种发展及多功效机制体系。

技术路径 1：陶瓷基复合材料低成本制备技术以及新型高性能高温防热透波材料及制备技术。

技术路径 2：碳碳复合材料低成本技术和进一步提高耐烧蚀性能以及烧蚀外形对称技术等。

技术路径 3：低密度防热复合材料的开发，使其具有多功能效果，如提高烧蚀隔热性能、烧蚀吸波性能、烧蚀透波性能等，构建多功效机制体系。

9.3.6.3 技术路线图

方向	关键技术	发展目标与路径（2026—2050）
“军民融合”相关产业用纺织品	耐烧蚀材料品种多样化	目标：非晶化、纳米化电磁屏蔽材料的开发
		通过材料的非晶化和纳米化对材料内部组织进行优化
		本征型导电高分子的工程化以及材料的非晶化和纳米化及屏蔽效能影响因素分析
		开发薄、轻、宽、强的吸波织物材料
	屏蔽材料的非晶体化和纳米化技术研究	目标：布局耐烧蚀材料多品种发展
		陶瓷基复合材料技术改进及产业化布局
		碳碳复合材料技术改进及产业化布局
		低密度防热复合材料的开发，构建多功效机制体系

图 9-12 “军民融合”相关产业用纺织品技术路线图

参考文献

[1] 赵永霞，宋富佳，张荫楠，等. 世界纺织科技新进展（一）[J]. 纺织导报，2018（1）：29-36.

[2] 严涛海，蒋金华，陈东生. 经编织物预型件的研究进展[J]. 玻璃钢/复合材料，2016（3）：89-94.

[3] Mccoul D，Hu W，Gao M，et al. Recent Advances in Stretchable and Transparent Electronic Materials [J]. Advanced Electronic Materials，2016，2（5）：1361-1665.

[4] Maziz A，Concas A，Khaldi A，et al. Knitting and weaving artificial muscles. [J]. Science Advances，2017，3（1）：e1600327.

[5] 张春春，巩继贤，范晓丹，等. 柔性吸声隔音降噪纺织复合材料[J]. 复合材料学报，2018，35（8）：1983-1993.

[6] 樊威，孟家光，孙润军，等. 混杂纤维增强结构隐身复合材料研究进展[J]. 纺织导报，2017（1）：66-68.

[7] 芦长椿. 纳米纤维素增强复合材料的研究与开发现状[J]. 纺织导报，2017（2）：39-42.

[8] 胡燕萍. 复合材料在发动机应用中的发展前景[J]. 玻璃钢/复合材料，2015（1）：118.

[9] 周熠，陈晓钢，张尚勇，等. 超高分子质量聚乙烯平纹织物在柔性防弹服中的应用[J]. 纺织学报，2016，37（4）：60-64.

[10] Yu L，Ruan S，Xu X，et al. One-dimensional nanomaterial-assembled macroscopic membranes for water treatment [J]. Nano Today，2017，17.

[11] 徐玉康，朱尚，靳向煜. 聚四氟乙烯耐腐蚀过滤材料结构特征及发展趋势[J]. 纺织学报，2017，38（8）：161-171.

[12] Naskar A K，Keum J K，Boeman R G. Polymer matrix nanocomposites for automotive structural components [J]. Nature Nanotechnology，2016，11（12）：1026-1030.

[13] Haghi M，Thurow K，Stoll R. Wearable devices in medical Internet of things：scientific research and commercially available devices [J]. Healthcare Informatics Research，2017，23（1）：4-15.

[14] 彭飞飞，刘子凡，梁熙. 相变材料微胶囊制备技术及其在建筑节能中的应用研究进展[J]. 材料导报，2016（S1）：436-439.

[15] 史汝琨，王瑞，刘星，等. 相变微胶囊/SMS智能调温织物的制备及性能研究[J]. 材料导报，2015，29（14）：26-30.

[16] Tate M L K，Fath T. The only constant is change：next generation materials and medical device design for physical and mental health [J]. Advanced Healthcare Materials，2016，5（15）：1840-1843.

[17] 王玲，战鹏弘，刘文勇. 互联网时代的弄潮儿——可穿戴医疗设备[J]. 科技导报，2017，35（2）：12-18.

[18] 张希莹，方东根，沈雷，等. 智能纤维及智能纺织品的研究与开发[J]. 纺织导报，2015(6)：103-106.

[19] 王栋，卿星，蒋海青，等. 纤维材料与可穿戴技术的融合与创新[J]. 纺织学报，2018（5）：150-154.

[20] 严妮妮，张辉，邓咏梅. 可穿戴医疗监护服装研究现状与发展趋势 [J]. 纺织学报，2015，36（6）：162-170.

[21] Sandt J D，Moudio M，Clark J K，et al. Stretchable optomechanical fiber sensors for pressure determination in compressive medical textiles [J]. Advanced Healthcare Materials，2018：1800293.

[22] Reichwein M. 用于超高强度绳索的产业用人造纤维 [J]. 纺织导报，2018（5）.

[23] 张荫楠. 智能安全防护用纺织品的研究和应用新进展 [J]. 纺织导报，2017（b10）：94-103.

[24] 翟文，魏汝斌，甄建军，等. 高性能复合材料在人体防弹防刺技术领域的应用与展望 [J]. 纺织导报，2017（b10）：66-72.

[25] 周熠，陈晓钢，张尚勇，等. 超高分子质量聚乙烯平纹织物在柔性防弹服中的应用 [J]. 纺织学报，2016，37（4）：60-64.

[26] 韩晨晨，郑振荣，张楠楠，等. 阻燃战训服的发展现状及研究进展 [J]. 合成纤维工业，2017，40（4）：50-54.

[27] 陈莉，薛洁，刘皓，等. 电磁屏蔽织物的研究现状 [J]. 纺织导报，2018（3）.

[28] Engin F Z，İsmail Usta. Development and characterisation of polyaniline/polyamide（PANI/PA）fabrics for electromagnetic shielding [J]. Journal of the Textile Institute，2015，106（8）：8.

[29] Abraham J，Mohammed A P，Xavier P，et al. Investigation into dielectric behaviour and electromagnetic interference shielding effectiveness of conducting styrene butadiene rubber composites containing ionic liquid modified MWCNT [J]. Polymer，2017（112）：102-115.

[30] 刘琳，张东. 电磁屏蔽材料的研究进展 [J]. 功能材料，2015，46（3）：3016-3022.

撰稿人

陈南梁　蒋金华　邵慧奇　李建娜　苏传丽　张成龙　于清华

第10章　纺织科技创新政策与措施建议

纺织工业是我国传统支柱产业、重要民生产业和创造国际化新优势的产业，是科技和时尚融合、生活消费与工程应用并举的产业，在美化人民生活、增强文化自信、建设生态文明、带动相关产业发展、拉动内需增长、促进社会和谐等方面发挥着重要作用。今后一段时期是我国建成纺织强国的冲刺阶段，为促进纺织工业转型升级，创造国际竞争新优势，必须进一步实施科技驱动战略，加大政策措施执行力度，在引导科技创新体系建立、加强研发创新平台建设、加快科技人才队伍建设、组建产教协同创新联盟、建立多元经费投入机制和提升研发公共服务能力诸方面取得显著成效，不断提高科技进步对纺织行业发展贡献率。

10.1　引导科技创新体系建立

10.1.1　建设以纺织企业为主体的技术创新体系

积极发挥经济和科技政策的导向作用，激励和引导纺织企业真正成为研究开发投入的主体、技术创新活动的主体和创新成果应用的主体。进一步加大国家科技计划对纺织企业技术创新的支持。建立与企业的信息沟通机制，国家有关科技计划要充分反映纺织企业和行业发展的需求，项目评审要更多地吸纳企业人员参与。鼓励纺织企业参与国家科技计划项目的实施，对重大专项和科技计划中有产业化前景的重大项目，优先支持有条件的企业集团、企业联盟牵头承担，或由企业与高校、科研院所联合承担，建立以企业为主体，产学研结合的项目实施新机制。

实施技术创新引导工程，支持纺织企业建立和完善各类研发机构，特别是鼓励大型纺织企业或纺织行业的龙头企业建立企业技术中心，打造企业技术创新和产业化平台，努力形成一批集研究开发、设计、制造于一体，具有国际竞争力的大型骨干企业。开展创新型企业试点，促进形成一批有特色的纺织创新企业集群。吸引海外高层次人才回国创办高新技术企业。鼓励外资企业在我国设立研发中心，加强合作研究。

鼓励纺织企业与高等院校、纺织科研院所联合，加强工程实验室、工程中心、企业技术中心、产业技术联盟建设，加大现有研究开发基地与企业的结合，建立企业自主创新的基础支撑平台，并着重建立面向企业开放和共享的有效机制，整合科技资源为企业技术创新服务。完善符合市场经济特点的技术转移体系，将技术转移作为科技计划和公共科技资源配置的重要内容，促进企业与高等院校和科研院所之间的知识流动和技术转移。进一步加强以企业为主体、市场为导向、产学研用相结合的纺织科技协同创新体系建设，加快科研成果转化，实现科研成果的产业化应用。

创造各类纺织企业公平竞争的制度环境，打破行业和市场垄断，重视和发挥民营科技企业在自主创新、发展高新技术产业中的生力军作用。国家有关计划要加大对纺织科技型中小企业的支持力度，建立适应中小型企业创新需要的投融资机制，建立和完善支持中小企业技术创新的信息、技术交易、产业化服务的平台，营造扶持中小企业技术创新的良好环境。深化技术开发类科研机构企业化转制改革，鼓励和支持其在行业共性关键技术研究开发和应用推广中发挥骨干作用，推进国家工程技术创新基地建设和发展。

10.1.2 建设以高等院校为主体的纺织科学创新体系

高等院校是知识积累、创造与传播的主体，是原始性创新、技术转移和成果转化的重要载体与平台。科技创新既是高校提高人才培养质量的关键，自身发展的主要动力和源泉，也是提高教师队伍整体素质和学术水平的重要手段。

统筹各类高校的协调发展，加强纺织创新体系建设，提高科技创新能力，带动纺织类高校结构、效益和办学质量的提升，引导不同类型科研机构和高校根据自身实际情况，提供科技支撑和服务。纺织高校要突出重点和特色，布局纺织科技发展中的重大共性技术组织公关，结合科技服务工作强化基础研究，培养各类纺织专门人才。

夯实纺织高校科技创新工作的基础。加大对纺织高校和研究机构纺织科技创新工作的统筹力度，通过主管部门主动调整、合作各方的自主选择等方式，鼓励重点高校与科研机构紧密结合，增强高校纺织科研力量，优化科技资源配置，提高自主创新能力。国家通过平台建设、人才培养、科技计划项目等多种方式加大对地方高校纺织科技创新工作的投入，政府部门多渠道筹措经费设立创新基金，支持高校进行纺织科学研究和技术开发。深化内部科研管理体制和运行机制改革，创新科研管理与组织模式，适应现代纺织科学发展的趋势。

积极推动纺织高校扩大国内外科技合作与交流。高校之间要加强大型科学仪器设备、基础性科技数据库和资源库的开放和共享，鼓励高校之间联合建立纺织科技创新基地，合作培养高层次人才，共同承担科技计划项目；鼓励高校与国外大学、科研机构和企业开展科学研究、人才培养合作，鼓励高校教师和科研机构工作人员在国际学术、技术组织中任职或兼职。

加强对纺织高校和研究机构纺织科技创新工作的组织和领导。国家通过有关项目、人才计划进行支持和引导，支持纺织院校申报国家重点实验室、国家工程（技术研究）中心及国家大学科技园等。教育行政部门成立高校科技创新工作领导小组，制定相应计划，落实保障经费，推动并组织地方高校参与国家和区域创新体系建设，确保纺织科技创新工作高效、优质开展。

10.1.3　建设集群优势和领域特色的纺织科技创新体系

纺织产业集群的形成、壮大，是我国纺织工业取得巨大发展的主要表现之一。产业集群是我国纺织工业发展的重要模式，是推动纺织产业发展的重要平台。根据综合协调，分类指导，注重特色，发挥优势的原则，围绕区域和地方经济与社会发展需求，建设各具特色优势的区域和集群创新体系，全面提高区域和集群科技能力。

科技创新是推动产业转型升级的根本动力。今后一个时期，各纺织产业集群要进一步加强纺织科技创新体系建设，形成以企业为主体、产学研用相结合具有区域经济特色的科技创新体系。完善纺织科技创新公共服务平台，提升为中小企业服务能力。引导整合各方资源在新型纤维材料开发与应用、绿色纺织染整加工、纺织服装智能制造等领域实现技术突破和产业化应用，提高产业集群整体技术水平。推动互联网、大数据、云计算、物联网在纺织产业深度应用，促进要素资源优化配置，推动纺织制造模式和商业模式创新，形成纺织经济发展新动力。以适应消费升级为重点，鼓励纺织服装企业面向个性化、定制化消费需求，重构供需关系，创新商业模式。

纺织产业集群围绕技术创新、质量检测和认证、教育培训、信息化服务、现代物流配送等主要内容，普遍加强并完善了公共服务体系建设，提高了公共服务平台的质量检测、产品研发、人才培训等功能的专业化和市场化水平，建立起一批优质的纺织行业中小企业公共服务示范平台。

军民融合发展已经上升为国家战略，我们要积极探索和实践军民融合发展的科技创新体系，加强纺织行业国防科技工业军民融合深度发展，鼓励纺织企业、科研机构和高校要重点围绕航天航空、信息工程、海洋工程、船舶、舰艇、医疗救援、应急抢险、智能服装、作战装备、军用纺织产品等领域开展创新，开发具有明显比较优势的相关技术与产品，缩小与发达国家的差距。

10.2　加强研发创新平台建设

10.2.1　国家级纺织创新平台建设

积极培育和重点扶持高校科研院所、纺织龙头企业组建国家级纺织科技研发创新平台，包括国家重点实验室、工程实验室、工程（技术）研究中心、制造业创新中心、国家企业重点实验室、国家企业技术中心、教育部重点实验室、工程研究中心等创新主体的建设。

推进纺织领域国家重点实验室建设发展。瞄准世界纺织科技前沿，服务国家重大战略需求，以提升原始创新能力为目标，重点开展基础研究，产出具有国际影响力的重大原创成果。关注国际纺织学科领域发展新动态，遵循科学规律，适时调整实验室研究方向和任务。对在国际上领跑并跑的实验室加大稳定支持力度，对长期跟跑、多年无重大创新成果的实验室予以优化调整。

大力推动企业国家重点实验室建设发展。面向纺织行业发展需求，以提升纺织企业自主创新能力和核心竞争力为目标，围绕产业发展共性关键问题，主要开展应用基础研究等。加强与纺织学科国家重点实验室的交流合作，促进产学研深度融合。强化纺织企业对基础研究的投入，引导部门地方加大对实验室建设发展的支持，落实研究开发费用税前加计扣除、高新技术企业所得税优惠等政策。明确实验室建设标准，加强评估考核，引导企业建立实验室科研成果质量和效益评价机制，为企业创新发展提供动力。

加大省部共建国家重点实验室建设力度。以提升区域创新能力和地方基础研究能力为目标，主要开展具有区域特色的应用基础研究，依托地方所属高等学校和科研院所加快布局建设。创新运行管理机制，坚持省部共建、以省为主的管理模式，加强过程管理与评估考核，按照实验室目标任务执行情况进行动态调整。不断提升实验室科研能力和水平，推动与纺织学科国家重点实验室建立伙伴关系。推动地方政府设立专项经费，在项目、人才团队建设等方面加大对实验室的支持力度。统筹中央与地方相关专项资金等措施支持实验室建设发展。

提升国家级纺织创新平台基础设施和装备水平。应对基础研究和应用基础研究不断深化和学科交叉的大趋势，推动创新平台围绕研究方向，科学合理地进行原有实验研究硬件资源整合和配置，积极开拓仪器设施的功能和推动极限研究手段突破，搭建具有世界一流水平的公共实验研究平台。加强公共实验研究平台能力建设和管理水平提升，为突破科学前沿、实现技术变革提供充分的物质基础保障。

加强国家级纺织创新平台国际合作与交流。健全国际科技合作机制，深化与国际一流科研机构的交流与合作。根据国家发展战略需求，支持创新平台开展目标导向的国际科技合作，积极参与或主导国际大科学计划和工程，牵头承担国际科技创新合作专项项目。落实“一带一路”科技创新合作倡议，推动有条件的实验室共建“一带一路”联合实验室，开展合作研究、人才培养和科技交流等工作。

提升国家级纺织创新平台影响力。充分发挥创新平台品牌效应，鼓励创新平台在加强自身建设、提高核心竞争力的同时，进一步发挥引领带动作用，不断增强在纺织学科、领域和行业产业中的美誉度与影响力。鼓励创新平台与学会、协会保持密切联系和沟通。积极支持创新平台开展科普工作，按有关规定向社会开放。鼓励创新平台创办国际知名期刊。大力倡导和支持创新平台参与国际学术交流活动，支持和推荐更多人员到有影响力的国际科技组织和国际重要期刊应聘任职，推进任职高端化。将创新平台打造成为具有国际影响力的学术创新中心、人才培育中心、学科引领中心、科学知识传播普及和成果转移中心。

10.2.2　地方政府级研发平台建设

加强地方纺织科技创新平台建设的统筹规划。重点要围绕地方纺织产业链布局部署创新链、围绕创新链规划建设纺织科技创新平台，加强顶层设计和资源整合，鼓励和推动高校、科研院所与纺织企业形成利益共同体，联合建立纺织技术研发机构、纺织产业技术创新联盟、民营技术创新科研机构、企业博士后工作站等新型研发组织或创新载体，建立产学研协同创新机制，充分发挥纺织科技创新平台在全社会创新活动的重要载体和核心作用。

重点推动地方纺织科技创新平台建设。围绕地方发展需要，加快建设一批省级纺织重点实验室和工程技术研究中心，推进地方纺织技术转移。坚持市场导向和需求牵引，优化整合地方现有纺织创新资源，重点扶持和加强建设一批省级纺织产业技术创新重大研发平台和科技服务公共平台。支持中央企业、中央在地方科研机构和引进的重大纺织研发机构在地方实施重大科技项目。

加大纺织科技公共服务平台开放共享力度。通过与科技部共建方式，完善地方纺织创新平台运行机制、提升平台服务能力。鼓励高校、科研院所、企业兴建或共建法人实体的新型纺织研发机构，扶持研发设计企业建设公共服务平台。

强化地方纺织科技创新平台的绩效考核管理。统筹安排纺织科技创新平台资金，持续稳定支持地方科技创新平台组建、验收与运行，评估成绩优异者。中央引导地方科技发展专项资金重点支持国家级科技创新平台预备队和省级基础支撑与条件保障类科技创新平台科研能力和科研基础条件建设。依托单位主管部门要加大资金支持力度。

10.2.3　企业研发平台建设

建立规模以上纺织研发平台。在高新企业广泛建立研发平台的基础上，将研发平台向规模以上企业延伸。重点鼓励应用高新技术和先进适用技术改造提升传统纺织产业效果显著的企业，支持其建立科技研发平台，进行装备更新、工艺革新和产品创新，推进关键性技术和共性技术攻关，推动产业结构优化升级，争取规模以上企业建有研发机构的比例达到50%以上。面向经济社会发展对针织品、服装、纺织面料、产业用纺织品的个性化需求等，推动相关企业融合网络信息技术和纺织制造技术，建立网络化新型纺织品制造资源协同平台、纺织品服装大规模个性化定制平台，逐步实现纺织服装产品柔性化、个性化、高品质制造；开展纺织装备生命周期分析、虚拟维护方案制定与执行等服务，逐步推进纺织装备远程运维。

加强研发平台梯队培育。加快国家级企业技术中心建设进程。依托实力型民营企业和中外合资企业建立企业研究院。鼓励规模以上纺织企业积极向海外扩张，利用产业并购契机，低成本收购境内外研发机构。大力吸引海外工程师共同参与研发平台建设。此外，做为梯队建设的基础，加强区级研发机构培育，促动没有设立技术中心的企业加快建设研发机构，为进一步壮大工程技术中心队伍打下坚实基础。

完善研发平台评估考核。加强对纺织企业工程技术中心的精细化管理，特别是对其运行机制、财务制度的监管以及绩效的考核。完善企业工程技术中心评估考核体系，实现工程技术中心的动态管理。在考核中，对经费投入不足、科技人员配备不全，尤其是无科技项目、无专利成果、无人才引进的“三无”平台进行摘牌。促使企业工程技术中心重视技术成果、专利的申报以及科技人才的引进。

10.3 加快科技人才队伍建设

10.3.1 提升人才队伍建设的地位

纺织产业未来发展与进步的核心是人才队伍的建设，实现产业升级所必需的技术和品牌建设都必须要依靠具有创新意识和能力的专业人才。创新人才不仅包括技术研发人才，还包括管理创新、营销创新，特别是国际营销创新等方面的人才。因此，要促进我国纺织产业的创新发展，政府必须以构建全面有效的人才支持政策为重点，注重多领域、多层次人才的培养。要建立健全一套有利于专业人才培养和使用的激励机制，把引进、培养、使用、凝聚人才作为提升创新能力的重要内容，构建高素质、国际化、多层次的创新人才体系。

结合纺织行业发展需求，每年发布急需紧缺人才专业目录，按目录引才。专业人才的培养应结合市场的需求，依托专家学者、专业院校等相关资源，建立起适合于纺织产业市场的人才培训体系，全面提升专业市场人才队伍素质。积极组织开展多种形式的培训、再教育工作，力争建立全行业的人才培训、教育、评价体系，帮助企业打造创新升级的人才基础、团队基础。

按照人才优先投入的要求，政府每年划拨一定经费作为纺织人才工作专项基金，为纺织人才培养引进、技能培训、评选奖励、实施人才工程项目提供资金保障；各项经费的使用须由相关部门初核、申报，审核后支付。专项基金所需经费可根据工作需要逐年增加，形成自然增长长效机制。

在鼓励科技人才创新方面，企业应完善薪酬激励制度与科技成果评价奖励制度。制定薪酬政策时，应以满足专业人才的基本物质需求为出发点，建立一个具有内部公平性、同时又具外部竞争力的薪酬激励体系。同时，应确保科技创新的成果与收入挂钩，使绩效工资水平能够充分反映出科技人才的创新能力，而不是资历、职称等因素，从而激发企业科技人才的创新积极性。

10.3.2 加大人才政策支持力度

积极构筑创新人才高地，完善科技人才的引进激励政策。要紧紧抓住培养、吸引和用好人才这三个重要环节，充分发挥人才在纺织科技创新中的关键作用。不断完善人才引进、培养、使用的有效机制，制定和实施对各类人才具有强大吸引力的政策，完善人才激励机制，努力创造人尽其才、才尽其用的良好环境，以充分调动科技人员的积极性和创造性。用良好的机制、政策、环境吸引人才，集聚人才，为企业科技创新和经济发展奠定坚实的人才基础。

建议制定相关政策，对通过考核引进、考试录用并自愿从事纺织行业相关企业工作的全日制博士研究生、硕士研究生、本科学士和高、中级职称人员，给予不同标准的一次性安家费。各类人才在纺织行业服务未满一定服务年限的需按比例或全额退还所得安家费。

对通过考核引进、考试录用并自愿从事纺织行业相关工作的全日制博士研究生、硕士研究生、本科学士和高级职称人员，在工作所在地购买合法商品房时，可按购房面积享受一次性购房补贴。并规定所购房屋在该单位最低服务期内不得出售或转让；服务期未满一定年限辞职、离职或调离的，按未满最低服务年限比例退还所得购房补贴。

定期开展纺织行业各类人才评选表扬活动，被评选为各类优秀人才的，授予相应的荣誉称号，并给予适当补贴。对受到一定级别以上表扬表彰的先进个人以及在重点项目和基层一线表现突出的优秀干部人才，纳入人才库培养管理，同等条件下，优先提拔使用或推荐参加上级各类评选表彰。

坚持部门联动，为纺织各类人才提供优质高效便捷服务。完善党委领导直接联系服务专家人才工作机制，定期或不定期开展走访、调研，密切思想联系，加强感情交流，帮助解决实际问题。落实人才学习考察、健康检查制度；完善人才跟踪培养、服务机制，建立人才培养、服务台账。

10.3.3 加强纺织创新型人才培养

政府主管部门出台政策措施支持纺织产业复合型人才队伍培养和建设。依托纺织产业智能制造科技创新中心、重要项目、重点企业智能制造改造升级等，汇聚纺织产业智能制造科技领军人才；高校在“新工科”建设中设立纺织产业智能制造相关的“新工科”专业及工程类研究生培养方向，高职、中职院校开设相关的专业方向，并与相关企业产学研用结合建立实训基地，纺织产业智能制造升级与人才培养融合发展。

充分利用对口帮扶、区域战略合作等契机，开展区域、校地、政企合作，积极争取发达地区、高校等高层次人才服务纺织行业发展。不定期组织与纺织相关的培训活动，开展科研合作和技术交流；定期聘请与纺织行业相关的专家、学者以讲座或培训班的形式为企业研发人员讲学；支持和鼓励纺织企业与高等院校、科研院所开展交流合作，在职培养各类高层次人才和急需紧缺人才。

鼓励与纺织相关的企事业单位职工就读研究生学历、学位，取得国家承认的学历、学位后，可由所在单位报销一定比例的学费；若取得国家承认的学历、学位后于所在单位工作不满一定年限的，须全额退还报销学费。如所研究课题为企业急需紧缺方向，需脱产学习的可保留原职级和工资待遇，取得国家承认的学历、学位后，可由所在单位报销全部学费；若取得国家承认的学历、学位后于所在单位工作不满一定年限的，须全额退还报销学费。

10.4 组建产学研协同创新联盟

10.4.1 完善产学研协同创新政策体系

发挥政府科技教育相关部门的领导作用，建立能够总揽全纺织行业科技教育发展全局、整合科技教育创新资源、有效协调产学研各方的统筹协同和宏观管理体制与机制。制定促进产学研结合的配套政策和实施细则，完善机制和政策，引导地方结合区域经济发展战略和产业集群发展的特点，开展区域产学研结合的有关试点工作，共同完善推进产学研结合工作的指导性文件，完善科技创新政策体系，解决制约高校、科研院所、企业及金融等服务机构投身于产学研结合协同创新的制度瓶颈。建立相应的扶持政策并形成机制，建立如“产学研合作”等专门基金，从经费上保证产学研项目的正常运转。

对纺织企业尤其是中小纺织企业与高校或科研机构的合作研发予以资金鼓励，通过科技专项基金对产学研合作经费予以一定比例的补贴，并提供人才项目支持，鼓励中青年教师担任企业技术副总，促进产学研向深度和广度发展。政府应承担起产学研创新产品的推广和宣传工作，包括政府首购和订购具有自主知识产权的产学研创新产品、指导宣传推广工作、提供宣传推广的机遇等。

结合纺织技术学科产学研协同创新的实际情况，做好产学研协同创新的立法工作。针对产学研合作过程中出现的知识产权和信用问题，对合作主体的权利和职责、合作成果的归属等问题以法律条文的形式予以清晰明确的界定，明确产学研各方的权利、职责、合作中的资金管理、内部利益分配机制、知识产权归属与保护关系。科研团队和企业在合作前应签署具有法律效力的合同或文件，解决好合作中的利益分配和风险分担问题。政府应加强监管，对失信或违约行为加大打击力度，降低维权支出，提高失信成本。特别是要保障“知识产权私权属性”，强化“谁完成归谁享有”的原则，保障多个完成或协作单位之间的知识产权约定的履行。

10.4.2　加强产学研合作长效机制建设

必须建立健全高校、科研机构与企业间的沟通协调组织机构。例如，设立产学研协同创新促进和协调工作办公室，实行产学研合作协调员制度，负责协调合作各方的利益和矛盾、企业与研究机构合作技术的匹配以及合作方案的制定等，健全产学研协同创新的沟通协调机制。

一方面，进一步探索产学研合作机构或平台的运行和利益分配机制，推动有条件的向实体化运营模式转变，鼓励以项目实体运营、合资建立公共研发平台、引入风险投资等多种形式捆绑利益，真正形成利益共享、风险共担、共同发展、长效合作的新机制；另一方面，完善科技特派员制度创新，保障广大的科技特派员能真正深入企业和行业中开展工作，解决产业发展的实际问题，增强科研针对性和有效性，提高科技投入的效益，促进校企合作形成长效机制。

科技中介服务是一项高要求的服务，专业要求强，对技术和成果的评价复杂，成果转化应用过程中市场风险大。这对从业人员的专业水平、综合素质和职业道德等都提出了很高的要求。国外一些大的科研中介机构中50%是科学家、工程师、经济师、专利代理师等专业人才，绝大多数具有硕士、博士研究生学历，很多来自企业，熟悉市场，能提供包括技术许可、管理咨询、投资融资等高端服务。政府应加强高素质科研中介机构人员的培养和引进，建立一批高素质的科研中介机构。

政府应建立并完善信息服务系统，帮助产学研协同创新的参与者更方便快捷地展现自身的需求与特色。科委或科协一方面可通过官方网站介绍高校以及各科研机构的专业特色和研究专长，让企业清晰地了解各高校和科研院所的专业特色和研究专长；另一方面企业在发展过程中遇到哪些技术问题可随时到科委或科协备案，高校及科研院所的科研人员可到科委网站查询研究课题，以便尽快完成申请，科委审核批准立项，通过这种方式使高校及科研院所的研究直接服务于企业，实现产学研技术供需双方信息的无缝对接。

10.4.3 完善产学研协同创新评价体系

进一步加大产学研经费投入，按照《国家中长期科学和技术发展规划纲要（2006—2020年）》要求，到2020年，全社会研究开发投入占国内生产总值的比重提高到2.5%以上，纺织作为我国支柱产业应该起引导和先行作用，迅速有效地提高产学研经费投入水平和投入效益。建立一套程序化的资金运作流程，以防止资助资金“打水漂”现象。同时，积极引导银行、保险、风险投资等金融资本支持产学研合作，努力建立以企业为主体、市场为导向、政府引导带动、社会金融资本相结合的多元化纺织科技创新投入体系，努力解决目前产学研合作中试环节的资金瓶颈问题。

构建协同创新的评价体系，加强高校、科研院所分类指导，政策上避免一刀切，尽快研究建立“以创新质量和贡献为导向的科研评价机制”，更加突出原始创新和解决重大现实问题的实效。从评价体系上引导高校、科研院所将科技创新的指导思想从“以出成果为目的”转变为“以解决问题为目的”。在构建协同创新的人才培养模式上，研究推进高校与企业共同培养创新性人才的培养模式。将行业高级技术人员引入为高校导师。一方面推动高校人才培养质量，另一方面为企业及产业培养和储备技术人才。高校及科研院所应成立专门的机构为科研人员从事产学研协同创新提供服务。企业相关研究课题往往涉及多个不同专业领域，相关机构可以把不同领域的专家结合成团队，协调团队工作，并为科研团队提供包括法律服务在内的各种保障。要建立与协同创新任务相适应的人才柔性流动和竞争、激励、退出制度。

10.5 建立研发经费多元投入机制

10.5.1 强化纺织企业研发投入主体地位

要以增加开展研发活动企业数量和规模为目标，鼓励规模以上纺织企业加大研发投入，政府相关部门要结合各自职能，采取有效措施，支持企业开展研发活动，不断增加规模以上纺织企业数量。大力培育创新型纺织企业，支持企业建立研究院、工程技术研究中心等研发机构，引进和培养创新团队和科技型企业家，承担国家和省重大科技项目，重点培育一批创新型龙头、骨干纺织企业。

建立多元化、多渠道的研发投入体系，大力发展创业投资、科技小额贷款、科技担保公司等投融资机构，支持企业利用银行贷款、创业风险投资、科技担保等金融工具和手段，多渠道吸引社会资本加大纺织研发投入力度。

鼓励企业开展产学研合作，促进科技成果转化。以高新技术开发区、科研院所、高等学校、骨干企业为依托，深化产学研合作，引进和共建一批与纺织产业发展紧密结合的工程技术中心、企业技术中心、设计中心、中试实验中心、博士或院士工作站等创新平台，支持高校院所建设一批技术转移中心、成果产业化基地，提升对研发项目的承载能力。积极发展校企联盟，广泛推进企业与高校院所建立稳定的产学研合作关系和共建研发机构，加大研发投入，创新成果转化模式，提供创新供给。

10.5.2　强化政府研发投入引导作用

加大财政科技经费引导投入力度。切实加大财政科技投入力度，逐年增加财政科技支出，探索财政经费更加有效的使用方式，充分发挥财政科技经费重要引导作用。

落实企业研发投入优惠政策。加大科技政策宣传，落实企业研究开发费用税前扣除优惠政策，确保企业上报研发投入的加计抵扣政策兑现。各有关部门对企业上报的科技开发项目凡真实可行、研发台账清晰合理的，要加强指导和审核，缩短退税流程，激发企业积极性。对研发活动形成的专利，要按照政策规定由财政资金给予一定资助。

10.5.3　建立健全全社会纺织研发投入考核机制

建立动态监测机制。对列入动态监测的大中型纺织企业，要安排专人负责台账记录、研发投入统计和上报工作。相关部门机构对上报数据要加以分析研究，并适时公布。科技部门要会同统计部门加大对纺织企业研发投入统计工作的培训力度，提高研发投入申报工作的质量，确保企业一个不漏、人员一个不少，做到应统尽统。主要考核各部门和相关企事业单位的研发投入统计工作，对全社会研发投入统计工作先进集体和先进个人进行表彰、奖励。

推动全社会加大研发投入是一项任务重、难度大的工作，各有关部门切实加强对该项工作的组织领导，要制定实施细则、方案及配套政策，加强监督检查，抓好落实工作。对各高校和研究机构的研发投入也应建立相应的考核机制。

10.6　提升研发公共服务能力

10.6.1　提升科技孵化服务

推进科技孵化基地建设。积极鼓励新办和发展一批企业成为纺织科技孵化器，根据纺织产业导向鼓励高等学校和企业进入孵化，加快中试和产业化步伐，积极推动纺织科技成果孵化基地的形成和作用发挥。同时，制定优惠政策措施和配套支持，同时完善企业进入孵化的审核、退出与淘汰机制。

加大孵化基地招商力度。营造良好创业环境，重点拓展海外引才和吸引高层次人才创业，围绕纺织智能制造、绿色化生产，建立招商项目库、招商信息网，进一步完善招商政策、宣传政策和推广政策。把好引进企业入驻关、在孵企业培育关和毕业企业成长关。此外，力争把科技孵化平台建设成为集聚科技创业，集聚高端人才的基地。

完善科技孵化服务体系。打造涵盖集企业注册代理、创业培训、人力资源、知识产权、投资融资等功能为一体的创业服务体系。服务部门要组织开展面向全纺织行业孵化企业的创业辅导培训会，并通过小型创业沙龙为企业提供点对点对接服务。要构建孵化器网络招聘平台，与高校院所合作定期举办大型公益招聘会等为孵化企业量身输送人才。要争取建立在孵企业融资平台，为孵化企业提供小额贷款，聘请风险投资家担任孵化器投资顾问，为孵化企业提供投资咨询服务等。要为企业提供工商注册、财务代理和项目咨询等服务，建立孵化器基地联络员制度，定期走访企业，深入调研，及时发现在孵企业运行中存在的问题，加强对孵化器基地和联络员的考核等。

10.6.2 提升科技创新服务

提升公共平台服务功能。设立公共服务平台，并提升服务能力，为中小纺织企业提供从知识产权申请、管理、信息利用、维权的一条龙知识产权托管服务。此外，加快完善平台的展示功能，展示重点高校、科研院所科技成果，公共科技创新服务平台系统和企业风采等，进一步扩大平台影响力。

拓展企业平台服务领域。鼓励和引导企业搭建为纺织行业和区域服务的科技咨询、科技成果转化、检测检验、设备共享等专业服务平台。可通过政府引导、企业运作的形式，推动市级以上工程技术中心建立仪器、设备共享机制，整合已有的检测资源搭建设备共享平台，做好相关配套服务工作，为中小微纺织企业技术创新提供有效支撑。

按照政府推动与市场调节相结合，发展与规范相结合，全面推进与分类指导相结合，专业化分工与网络化协作相结合的原则，以促进纺织科技成果转化和加强创新服务为重点，建设社会化、网络化的科技中介服务体系。制定出台支持科技中介机构发展的税收政策，建立有利于科技中介机构发展的运行机制和政策法规环境。

鼓励多种所有制投资主体参与科技中介服务活动，充分发挥高等院校、科研机构和各类社团在科技中介服务中的重要作用。把依靠中介机构完善管理和服务，作为转变政府职能的重要内容，对科技中介服务能够承担的工作，积极委托有条件的科技中介机构组织实施。通过任务委托等方式，培育骨干科技中介机构，发挥示范带动作用。

大力开展培训工作，提高科技中介机构从业人员的业务水平和素质。加强行业协会建设，充分发挥行业协会在推动技术创新中的服务和协调功能。加强先进适用技术推广应用，加快纺织技术推广体系改革和创新，鼓励各类纺织科技服务机构和社会力量参与创新型的纺织技术推广服务。

10.6.3　提升科技金融服务

大力引进纺织创业投资机构。充分发挥创业风险投资引导资金作用，加大政策扶持力度，引进股权投资和创业投资机构。在鼓励股权投资的基础上更强调对初创型科技企业的投资。不断扩大投资项目库和专家库规模，并以此引导政府未参与的创业投资机构进入初创型纺织科技中小微企业领域，对政府引导基金介入的创业投资机构实施监控，拓宽企业融资渠道、提升企业管理运营水平。

尽快筹建科技类支行。设立当贷款出现风险时用于风险代偿的“风险池基金”和用于科技支行、担保公司、贷款企业补贴的“科技金融专项资金”，引导实力型担保公司专业为科技型中小微企业提供担保服务。政府出台相关配套政策通过对科技支行、担保公司、贷款科技企业给予一定的利息补贴、担保费补贴、贷款贴息和风险补偿机制，更好地为纺织科技型中小微企业提供专业、专注、高效的金融服务，扶持科技型中小微企业快速发展。

引导民间资本有序投向纺织高新技术。鼓励民间资本参与设立小额贷款公司、融资性担保公司、股权投资基金、融资租赁公司、典当行等各类融资服务组织，并重点投向科技型中小微企业和纺织高新技术项目。适时考虑设立科技金融服务公司，着力规范民间金融秩序和有效投入。

撰稿人

高卫东　王　蕾　王文聪　孙丰鑫　苏　静　刘建立　蔡　倩